电气图的识读与绘制项目式教程

主编　彭芳
审核　孙龙亭　罗阳成

国防工业出版社
·北京·

内容简介

本书内容包括照明控制线路、供配电线路、电动机及机床控制线路、变频及PLC控制系统的识读与绘制等六个学习单元，每一个学习单元都包含了引导项目、讨论项目和自主项目，以项目引导学生自主地学习。项目设计由简单到复杂，知识点由浅入深，循序渐进，强调知识技能与工作过程并行的系统性。

本书可作为高职高专、高级技校、技师学院机电类、电气类专业的培训教材，也可供广大工程技术人员参考。

图书在版编目(CIP)数据

电气图的识读与绘制项目式教程／彭芳主编．—北京：国防工业出版社，2013.9

ISBN 978-7-118-08931-8

Ⅰ.①电… Ⅱ.①彭… Ⅲ.①电路图—识别—高等职业教育—教材②电气制图—高等职业教育—教材 Ⅳ.①TM02

中国版本图书馆CIP数据核字(2013)第201009号

※

国防工业出版社出版发行

(北京市海淀区紫竹院南路23号 邮政编码100048)

北京奥鑫印刷厂印刷

新华书店经售

*

开本 787×1092 1/16 **印张** 16 **字数** 392千字

2013年9月第1版第1次印刷 **印数** 1—4000册 **定价** 33.00元

国防书店：(010)88540777 发行邮购：(010)88540776

发行传真：(010)88540755 发行业务：(010)88540717

前　　言

为了适应社会经济和科学技术的迅速发展及教育教学改革的需要，根据“以就业为导向”的原则，注重以先进的科学发展观调整和组织教学内容以增强认知与能力的有机结合，强调培养对象对职业岗位(群)的适应程度，力图对自动化类教材的整体优化有所突破、有所创新，由此编写了本书。

电气图形是电气技术人员和电工进行技术交流和生产活动的“语言”，是电气技术中应用最广泛的技术资料，是设计、生产、维修人员进行技术交流不可缺少的手段。通过对电气图的识读、分析，能帮助人们了解电气设备的工作过程及原理，从而更好地使用、维护这些设备，并在故障出现的时候能够迅速查找出故障的根源，进行维修。在识读的同时，本书重点讲解了运用专业电气绘图软件 PCschematic ELautomation 绘制电气图的相关内容，包括控制回路图、主回路图、电气元件安装接线图、元器件布置图等内容。

本书具有以下特色：

(1) 通过“任务驱动”的“项目化”教学强调每个项目的完整工作过程，以此体现“学中做、做中学”的现代工程教育的职业特色。

(2) 与企业资深工程师合作编写，教学内容与企业需求一致。

(3) 绘图使用的 PCschematic ELautomation 软件是专门为电气设计领域开发的，较一些基于 AutoCAD 平台上开发设计工具，更能满足电气设计领域的一些特殊的需求。目前已有很多企业选用了该软件，本书通过实例导航的形式，详细深入地讲解 PCschematic Elautomation 各种电气图的设计方法与经验技巧。

(4) 书中的每个项目都包含了识读与绘制两方面内容。

(5) 以企业和行业标准来规范学生，做到零距离就业。

本书由苏州工业园区职业技术学院彭芳编著，在编写过程中得到了深圳比思电子有限公司以及编者所在学院领导和老师的大力支持，在此对曾给予帮助的同志一并表示感谢。

由于编者的水平有限，书中错漏之处在所难免，恳请广大读者批评指正。

编　者
2013 年 5 月

目　录

单元六　PLC 控制系统的识读与绘制

单元一　照明控制线路的识读与绘制

【学习目标】

了解基本照明控制线路的结构组成和基本原理，根据对具体的照明控制线路的分析，掌握照明控制线路的识读方法和绘制方法。

项目一　典型的小区楼宇照明线路

一、项目下达

照明控制线路是利用光电能源将电能转换成光能的电路，它将各种电气部分通过线路组合连接，最终实现控制各种照明灯具的点亮与熄灭。根据不同的使用环境，照明控制电路可分为室内照明和室外照明两种。楼宇照明系统是指在楼宇公共场所设置的照明系统，通常设置安装于楼梯、楼道和楼体位置，用于为小区居民提供照明服务。通常在楼宇的内部设置安装楼梯和楼道的照明灯，在楼宇的外部设置安装楼体的照明灯，图 1－1 所示为典型的楼宇照明灯的连接原理图。

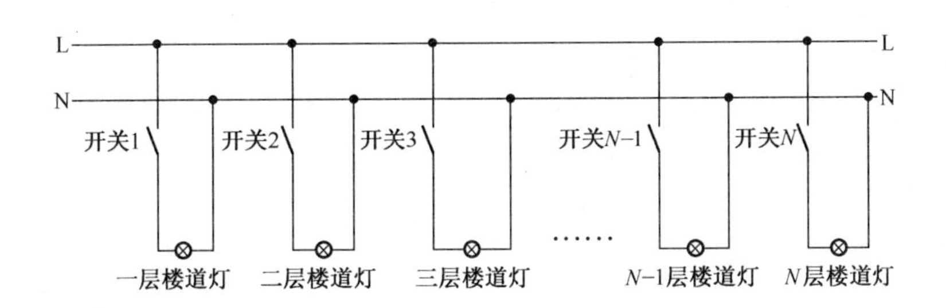

图 1－1　典型的楼宇照明灯的连接原理图

二、项目分析

（一）识读分析

对于照明线路走向和控制方向，可从图 1－1 进行识读。从该电路图的相关线路标识，可看出各楼层的楼道灯是并联的关系，每层的楼道灯与开关是串联的关系，即一个开关控制一盏灯，按照其接线原理图将灯具与开关进行连接。

从变配电室引出的导线分别接到各楼门前的入楼配电箱中，由配电箱引出的导线分出各支路分别接到各楼层照明灯具上。楼内楼道灯的照明系统主要由 N 个局部楼道灯照明系统组成，其中每个楼道灯照明系统分别负责各楼层的照明。每个局部的楼宇照明系统通常由照明灯具、线路和开关等部分组成，正常采用交流 220V 电源进行供电。

(二) 绘制分析

设计流程及运用的基础知识点如表 1-1 所列。

表 1-1

设 计 流 程	运用的基础知识点
步骤一:创建设计方案	创建新页面、填写设计方案数据
步骤二:放置元件符号	符号库的使用
步骤三:复制及摆放符号	复制功能、对齐功能
步骤四:编辑文字符号	编辑文字功能
步骤五:连线	连线功能

三、必备知识

(一) 安装和启动 PCschematic Elautomation

1. 系统需求

辅助程序,就能够独立运行此软件。这个程序对硬件的最低要求是 CPU 为 500MHz 主频、128MB 以上内存、SVGA 显示器、操作系统为 Windows 98 以上版本。

2. 安装

要安装本软件,最好关闭所有其它正在运行的程序。请注意,这里示例的是试用版的安装,正式版的安装,特别是网络版的安装,比这个要复杂一些。

具体步骤:①把 PCschematic Elautomation CD 插入到光驱中,稍等一下就会自动显示安装画面;②点击安装 PCschematic ELautomation,按照提示操作,直至安装完成。

如果插入 CD 后,没有自动出现安装画面,可以找到 CD 中的文件 cdmenu. exe,双击它,也会显示安装画面。

3. 启动 PCschematic ELautomation

选择"开始"-"程序"-"PCschematic"-"PCschematic ELautomationDemo",点击它就可以运行程序了。如果是正式版,则没有 Demo 字样,如图 1-2 所示。

另外,找到 PCschematic ELautomation 所在的硬盘后,打开 PCSLDEMO(正式版为 PC-SELCAD)文件夹,用鼠标双击 PCschematic ELautomation 图标,也可以启动程序。

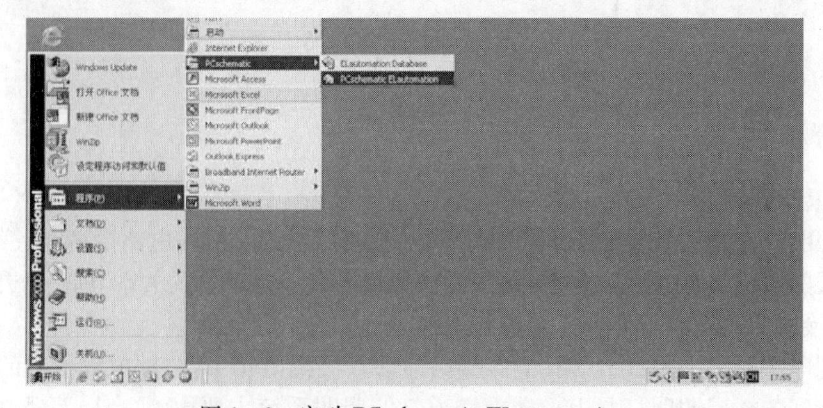

图 1-2 启动 PCschematic ELautomation

4. 退出 PCschematic ELautomation

打开 PCschematic ELautomation 窗口的文件菜单,选取其中的退出选项,即可退出,如图

1－3 所示。也可以用鼠标双击图框右上方的控制钮，同样也可以退出。

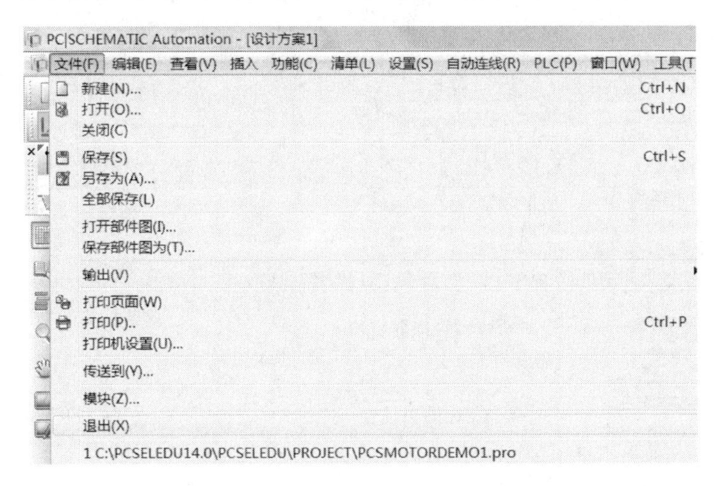

图 1－3　退出 PCschematic ELautomation

如果有修改过而未保存的文件，那么当试图退出时，程序会出现提示，询问是否保存对原文件的修改。选“是”则保存，选“否”则放弃，选“取消”表示不退出 PCschematic ELautomation。

(二) PCschematic Elautomation 的工作区域

启动程序后，可以选择是新建一个设计方案，还是打开一个已有的设计方案。如果不想打开一个设计方案，就选择“文件”－“新建”，或点击“新建文件”按钮。这时会显示“设置”对话框，其中包含“设计方案数据”、“页面数据”、“页面设置”三个选项。可以在这里输入此设计方案的数据信息，以及指定图纸的页面设置和使用绘图模板等，如图 1－4 所示。点击“取消”、“确认”或按下“Esc 键”，都可以离开这个对话框。

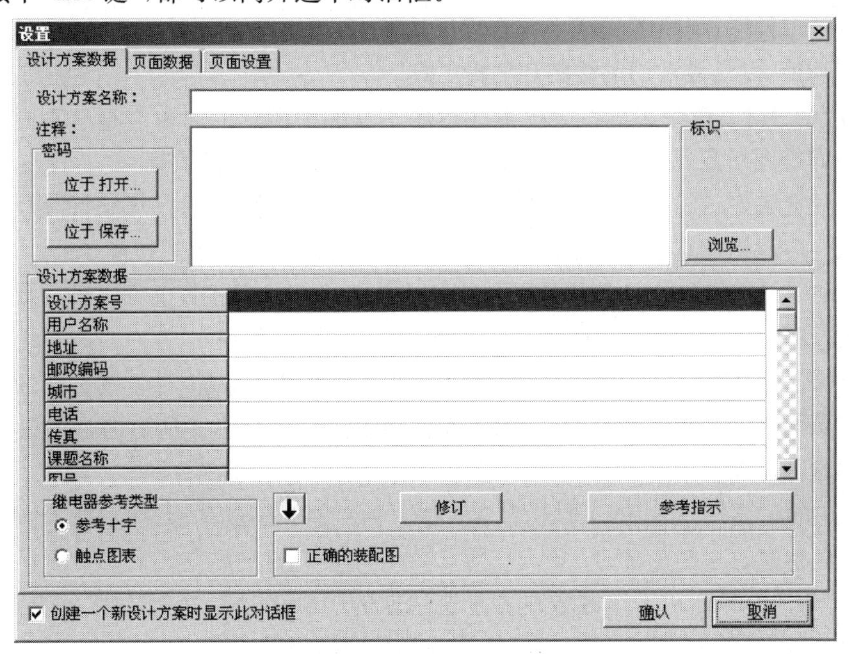

图 1－4　“设置”对话框

打开一个设计方案时，屏幕的显示如图 1-5 所示。

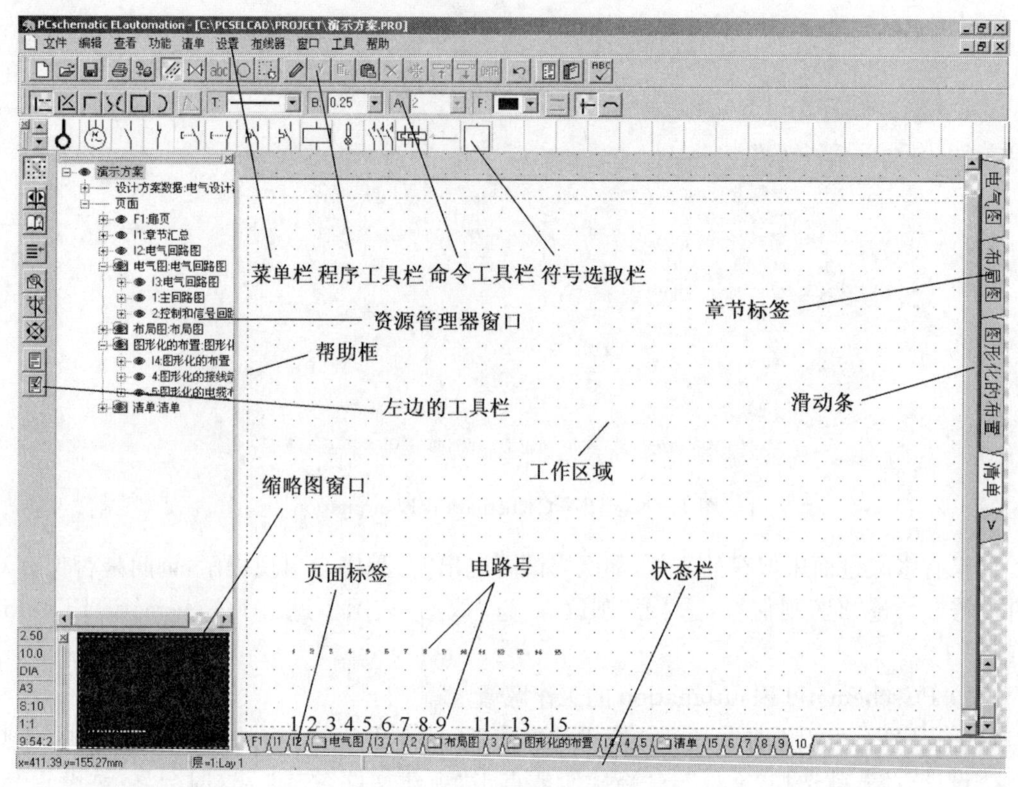

图 1-5 设计方案的屏幕显示

(1) 菜单栏：在菜单栏中，可以看到包含程序中所有功能的菜单。可以使用鼠标在菜单栏内选中一个主题。

(2) 程序工具栏：程序工具栏中包含程序按钮，可以选择不同的程序功能，具有最常用的文件和打印功能，以及最常用的绘图和编辑工具。

(3) 命令工具栏：命令工具栏会根据在程序工具栏中所选的对象类型有不同的显示。它包含针对不同绘图对象，如线、符号、文本、圆和区域的功能和编辑工具。

(4) 符号选取栏：在这里可以布置一些最常用的符号，这样就可以随时使用它们，把它们布置到图纸中。点击选取栏左边的箭头，可以在不同的选取栏菜单间切换。

(5) 帮助框：帮助框显示出了图纸的标准边距。它可以被关闭，也可以激活打印机帮助框(它显示了打印机打印的页面边距)。

(6) 资源管理器窗口：在这里可以显示出设计方案信息，以及设计方案页面的缩略图。点击设计方案页面前的"眼睛"符号，相应的页面就会显示在屏幕上。所有激活的设计方案都会显示在资源管理器窗口中。

(7) 左边的工具栏：左边的工具栏包含一些页面功能和缩放功能，在它的下面还包含了页面设置方面的信息。

(8) 工作区域：屏幕的工作区域对应于所选取的图纸大小。在对话框"设置"-"页面设置"中可以指定图纸的大小，也可以直接插入一个绘图模板。

(9) 缩略图窗口：缩略图窗口中显示出了整个页面的小的缩略图。当前屏幕上显示的页面部分，会以一个黑色的框显示。

(10) 状态栏：在这里可以看到坐标、层的标题以及不同的提示文本信息。当鼠标指针停留在屏幕的一个按钮上时，就会显示相应的解释文本。

(11) 电路号：电路号显示在两个不同的位置，即在设计方案中指定的位置以及屏幕的下方。放大图纸的一部分时，电路号仍会显示在屏幕的下方。这样，能时刻知道自己在图纸中的位置。

(12) 页面标签：点击“页面标签”，可以在不同的页面间切换。

(13) 滑动条：放大一个区域后，可以拖动滑动条来移动区域。

(14) 章节标签：点击“章节标签”，可以跳转到所选章节的第一页。

(三) PCschematic 屏幕/图像功能

本节介绍和屏幕有关的一些功能。相应的功能按钮，都布置在左边的工具栏中。

请注意，在程序中可以使用很多预先定义的快捷键。当然，也可以指定和改变这些快捷键。所有的快捷键都可以被改变。详情见后叙内容。

1. 缩放、滑动、刷新

在 PCschematic ELautomation 中，可以决定在屏幕上显示页面的哪些部分。

1) 缩放

要放大页面的一部分时，可以点击“缩放”按钮(快捷键[z])，然后用鼠标在屏幕上选取一个区域。按以下方法操作(如图 1-6 所示)：

(1) 点击并按下鼠标(不要松开)；

(2) 拖动鼠标，在屏幕上选取需要的区域，再松开鼠标键。现在选取的区域会被放大。

选择“查看”-“缩放”，也有同样的结果。另外，鼠标的滚轮也可以用于缩放功能。

2) 缩放全部

选择“查看”-“缩放全部”，就会显示出工作区域中的所有对象。如果只有很少几个对象，则这些对象会被放大。如果有一些对象布置到了页面外面，则这些对象会被缩小，以使所有的对象都显示在屏幕上。

3) 放大/缩小按钮

点击“放大/缩小按钮”的“-”部分，就会缩小页面，这意味着可以看到图纸的更多部分。点击按钮的“+”部分，就会放大页面，这意味着图纸上的一个小区域在屏幕上放大了。

也可以选择“查看”-“放大”(快捷键[Ctrl+Home])和选择“查看”-“缩小”(快捷键[Ctrl+End])来进行相应的放大和缩小功能。

4) 滑动按钮和滑动条

“滑动”按钮可以使窗口按照箭头的方向移动(窗口内的对象会向相反的方向移动)。滑动按钮如图 1-7 所示。

按下[Ctrl]键，也可以使用箭头键移动窗口，如快捷键[Ctrl+向右箭头]。放大一个区域后，也可以使用屏幕右边和下边的滑动条来移动窗口。点击滑动条，并把它拖动到另一位置，则显示的窗口就会相应地移动。

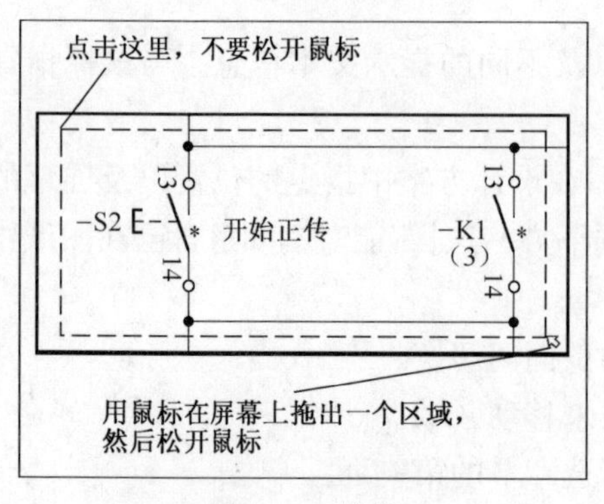

图 1-6 缩放

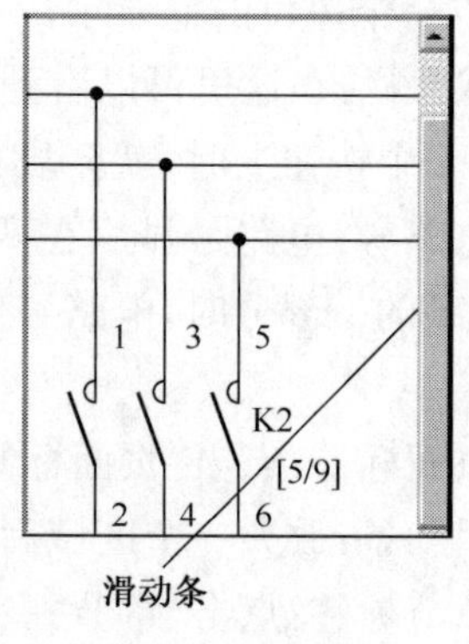

图 1-7 滑动

5）使有带滚轮的鼠标来缩放和滑动

如果使用的鼠标带有滚轮，则也可以用滚轮来实现缩放功能，如表 1-2 所列。

表 1-2

按 下	效 果
[滚轮向前]	窗口向上移动
[滚轮向后]	窗口向下移动
[Shift+滚轮向前]	窗口向左移动
[Shift+滚轮向后]	窗口向右移动
[Ctrl+滚轮向前]	以十字线为中心放大窗口
[Ctrl+滚轮向后]	以十字线为中心缩小窗口

6）保持页面缩放

选择“设置”-“指针/屏幕”，可以决定在设计方案页面间切换时，是否要保持缩放。可以选择或取消选择“保持缩放”和“保持页面缩放”来激活或关闭此功能。

2. 看完整画面和刷新

点击“缩放到页面”按钮，屏幕上会显示出完整页面。选择“查看”-“看完整画面”有同样的效果。相应的快捷键为[Home]或[z] [z]（按两次[z]键）。

要刷新屏幕上的图像，可以点击“刷新”按钮。也可以选择“查看”-“刷新”，或使用快捷键[Ctrl+g]来进行此功能。这样会更新屏幕上的图像，以及缩略图窗口。

3. 自定义要查看的完整画面

如果点击“缩放到页面”按钮时，只想显示页面上的指定区域，可以按下列步骤进行：

(1) 选择“查看”-“设定用户初始查看”；

(2) 鼠标指针现在变为双向箭头：点击要查看窗口的一个角，再点击指定另一个对角（也可以使用“缩放”功能，作一个缩放窗口）。

下一次点击“缩放到页面”按钮时（或按[Home]键）屏幕上会显示出指定的区域。设计方案中所有和设定初始查看的页面相同的页面，都会有同样的结果，如“A4 图框模板”。也可以为其它页面格式设定初始查看。

1）设定用户初始查看的快捷键

(1) 点击“缩放”按钮；

(2)鼠标指针变为双向箭头：点击指定新初始查看的一个角，按下[Ctrl]键，再点击指定的另一个角。

2）显示整个页面，而不只是用户定义的部分画面要重新显示整个页面，而不只是自定义的完整画面，可以按[z][z](按两次[z]键)。

3）去掉缩放到页面设定

要使“缩放到页面”按钮能重新显示完整页面，可以再次选择“查看”—“设定用户初始查看”，出现图1-8所示信息。

点击“除去”，可以使用“缩放到页面”按钮重新显示完整页面；或点击“新建”，创建新的初始查看。

4. 缩略图窗口

缩略图窗口是一个独立的窗口（见图1-9），被固定在“资源管理器”窗口中，或者可以布置在屏幕的任一位置。

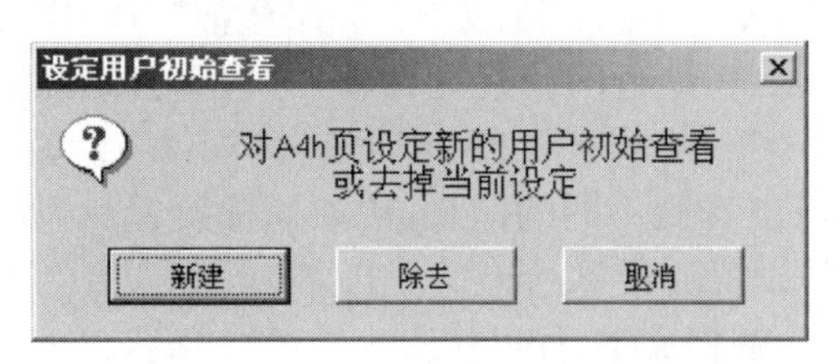

图1-8　设定用户初始查看

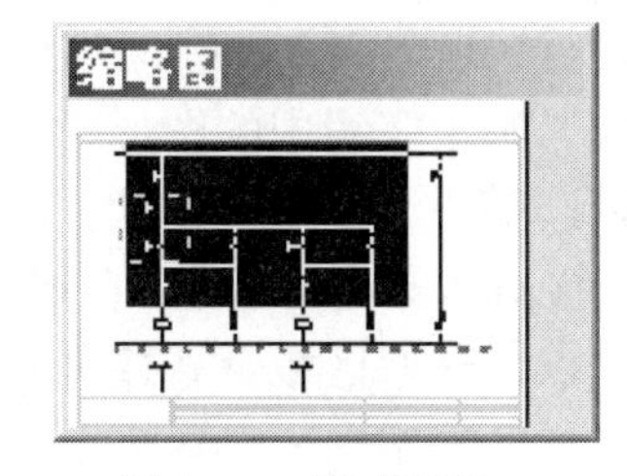

图1-9　缩略图窗口

(1) 移动显示的区域：窗口内的黑框显示了当前图纸的哪一部分(放大后)显示在屏幕上。点击黑框，拖动它，让它覆盖要在屏幕上显示的图纸部分。当鼠标指针指向黑框时，可以移动这个框。

(2) 在缩略图窗口中缩放：可以使用缩略图窗口来缩小或放大。把鼠标指针布置到黑框的边界时，它会变为一个双向箭头。现在就可以拖动边界来调整窗口的大小。

(3) 显示在缩略图窗口中的对象：页面中的对象也可以显示在缩略图窗口中。这样在放大页面的一部分后，仍然可以看到整个页面的情况。可以使用已布置的对象来选择一个新窗口。文本不会显示在“缩略图”窗口中。

要打开或关闭窗口，请选择“查看”—“缩略图窗口”，或使用快捷键[F12]。

点击“刷新”或显示另一个新的设计方案页面时，缩略图窗口会被更新。

(4) 布置缩略图窗口：点击缩略图的窗口菜单栏，按下鼠标键，把它拖动到一个新位置，就可以在屏幕上移动缩略图窗口。可以拖动它的角来放大或缩小它。

(5) 资源管理器窗口：在屏幕的左边，有一个“资源管理器”窗口。在这里，可以选择要在屏幕上显示的部分，改变页面数据和设计方案数据，改变符号和电缆的项目数据，查找符号和关闭设计方案。

(6) 捕捉：在页面上布置对象时，可以对它精确定位。可以决定对象只会布置在固定间隔为2.50mm的点上。例如，要布置一个符号时，只可以在屏幕上每次移动2.50mm，这样就可以精确地布置符号了。如果所布置符号的点间的距离为2.50mm，我们就说“捕捉”为2.50mm。

点击左边工具栏中的“捕捉”按钮，可以在普通捕捉(比如2.50mm)和精确捕捉(比如0.50mm)间切换。如果使用精确捕捉，则左边工具栏下方的“捕捉”按钮上会有红色的背景。

选择“设置”—“页面设置”，可以改变捕捉的设置。如果十字线中有一个要布置的对象，可以按下[Shift]键来使用精确捕捉布置此对象。布置了对象后，程序会自动变为普通捕捉。请注意，2.50mm是电气图中标准的普通捕捉尺寸。

(7) 栅格：布置在整个图纸页面上的点，叫做图纸的栅格。选择“设置”—“页面设置”，可以改变这些点的间隔。

选择“设置”－“指针/屏幕”，可以关闭此功能，或者选择使用方格来代替点。

栅格的尺寸以 mm 为单位，只和屏幕上显示的内容有关，并不是图纸的真实尺寸。这样，把页面缩放比例从 1∶1 改变为 1∶50 时，并不会改变屏幕上的栅格。

(8) 十字线：在设计方案图纸中，光标的位置以垂直和水平交叉的两条线显示。这叫做十字线。在“设置”－“指针/屏幕”中，可以看到十字线被设置为显示在右角的十字线。

画直线时，会显示出一条线，起点为上次点击的地方，并指向十字线。如果关闭“显示在右角的十字线”复选框(见图 1－10)功能时，将会看到当前点击时会画出的线。这条线不会总是显示结束于十字线，这和使用的捕捉有关。如果不选择此功能，则这条线总是显示为从上次点击的位置，直接到十字线。但是这条线并不是点击时画出来的实际线条。如果激活“有捕捉功能的十字线”，则十字线中的图形(如一个符号)会显示在最近的捕捉处，点击时它就会准确定位。也可以选择小十字线或指针。

(9) 直接进入菜单和标签：在屏幕的左下方，可以看到不同的信息，比如捕捉设置和当前层标题等。点击这些区域会直接进入可以改变这些设置的菜单，如图 1－11 所示。

把鼠标指针停留在一个区域上时，会出现相应的解释文字，如图 1－11 中的“捕捉”。

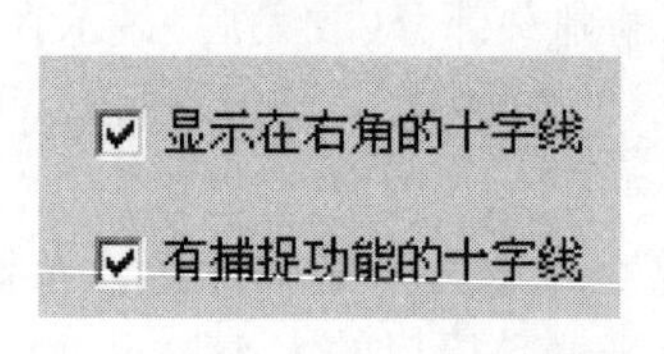

图 1－10 十字线选项

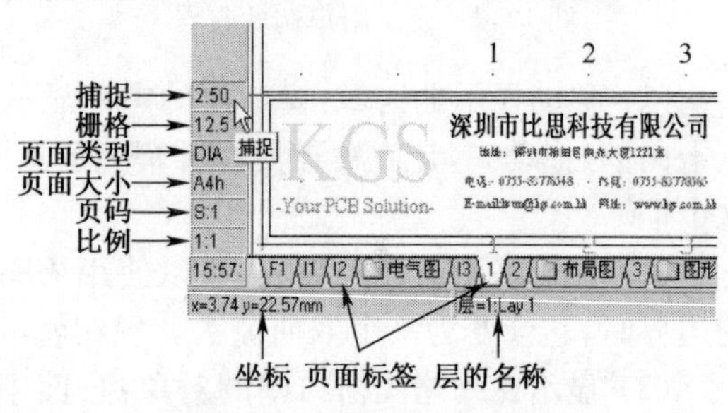

图 1－11 屏幕左下角信息

① 页面标签：点击页面标签，可以在设计方案的页面间自由切换。也可以使用快捷键[PageUp]和[PageDown]来切换页面。

② 章节标签：点击屏幕右边的章节标签，可以显示选中章节的第一个页面。

(10) 常规性的保护错误：如果发生常规性的保护错误，屏幕底部的状态栏就会开始闪烁一个红色的背景，提出一个警告，要求用另一个名称保存设计方案，并重新启动系统。请按照提示操作。

要保存设计方案时，会自动进入“另存为”对话框。这样可以防止保存一个包含错误的设计方案，而这次保存会覆盖掉上次保存时的信息。

但是，如果一定要使这个设计方案替换掉上次保存时的内容，PCschematic Elautomation 会自动创建一个备份文件(扩展名为 .pro)，这时，设计方案的原始内容也可以被找到。

四、项目实施

(一) 创建设计方案

打开 PCschematic Automation 第 14 版本软件，点击新建文档命令，弹出“设置”对话框，在设计方案标题中填写本项目名称，然后点击“确定”按钮，弹出建好的设计方案，把该文件保存到对应位置，如图 1－12 所示。

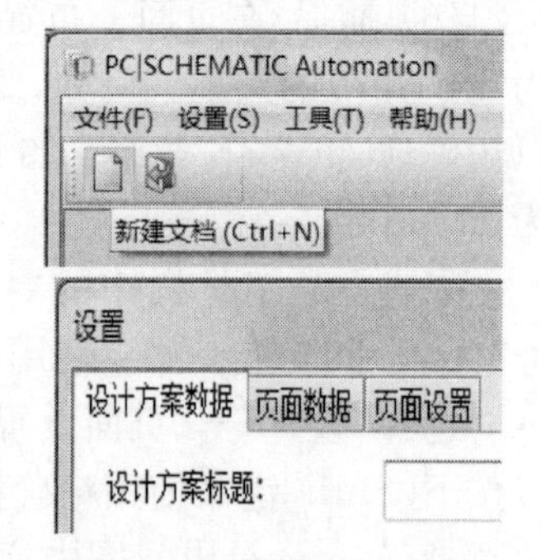

图 1－12 创建设计方案

（二）放置元件符号

在新建的设计方案中，按下电脑键盘的[F8]键，进入“符号菜单”中，在符号文件夹里选择60617，进入到符合IEC60617标准的符号文件夹里，如图1－13所示。分别拾取07－13－01. sym和08－10－01. sym两个符号。每次拾取后，都会弹出“元件数据”对话框，如图1－14所示。

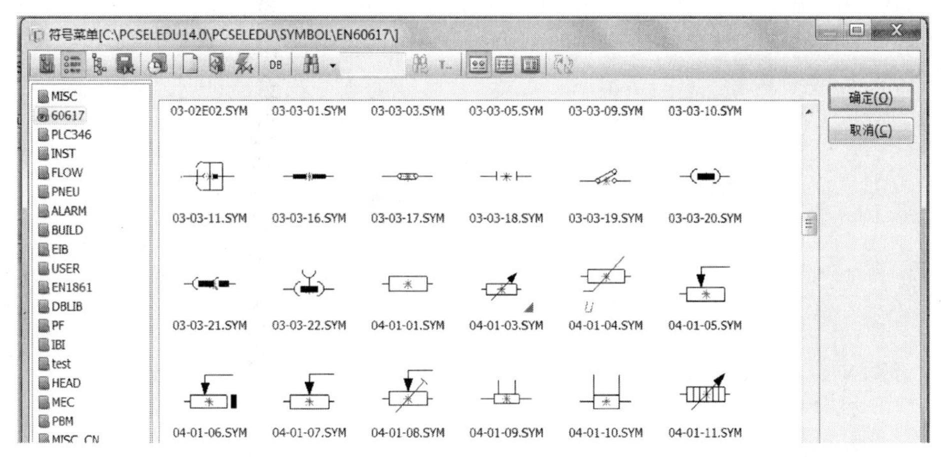

图1－13　符号菜单

在“名称”中分别填写“开关1”及“一层楼道灯”，按“确定”后，把符号放在合适的位置上，如图1－15所示。

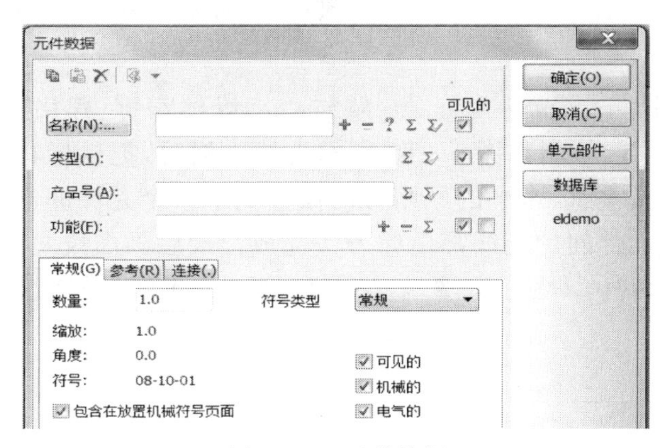

图1－14　元件数据

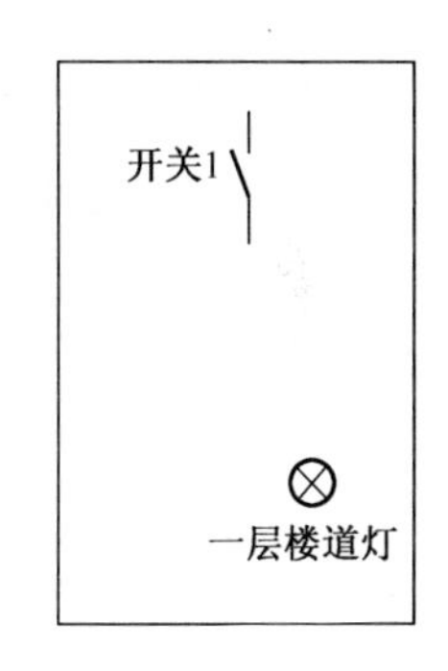

图1－15　放置好的符号

（三）复制及摆放符号

在程序工具栏中选择“符号”，按住鼠标左键并移动鼠标，区域选择已画好的两个符号，选好后按鼠标右键，选择“复制”功能，再重复放置已复制的图形，每次放置时都会弹出“对符号重新命名”对话框，选择 对符号重新命名 ，最终效果如图1－16所示。

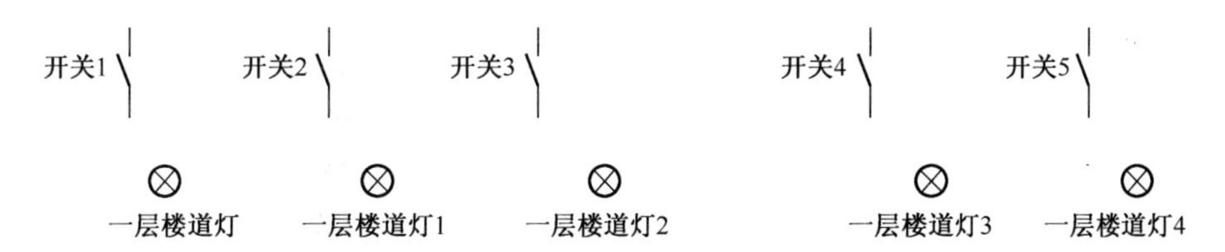

图1－16　复制及摆放后的符号

(四) 编辑文字符号

在程序工具栏中选择“文本”，鼠标左键双击要修改的文字，弹出“改变文本”对话框，如图 1-17 所示，点击按钮，可改变文字的字体、大小、颜色等。最终得到的图形如图 1-18 所示。

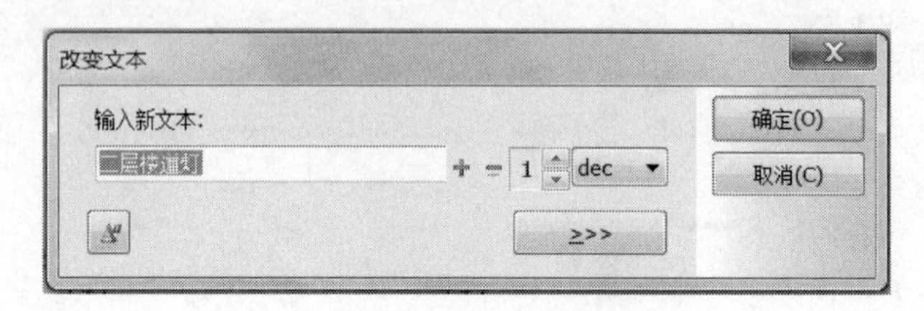

图 1-17 “改变文本”对话框

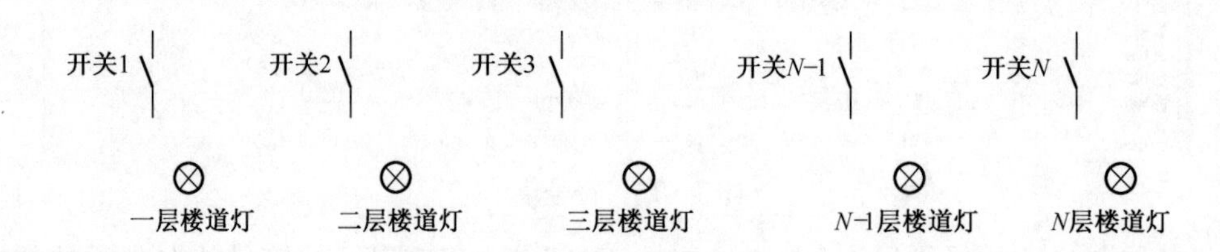

图 1-18 改变文本后的符号名称

(五) 连线

在程序工具栏中选择“线”及“绘图”，然后点击鼠标左键，弹出“信号”对话框，在“信号名称”中填写 L 及 N，绘制如图 1-19 所示直线。然后，把鼠标移到电气符号的连接点上，点击鼠标左键，按垂直、水平的原则移动鼠标到下一个元件的连接点上再按下鼠标左键，连线完成，每个元件间的连线都由此方法完成。最后画虚线之前，在命令工具栏中设置各选项为 T······· B1.0 A2 F■，绘制出想要的虚线，最终绘制图形如图 1-1 所示。

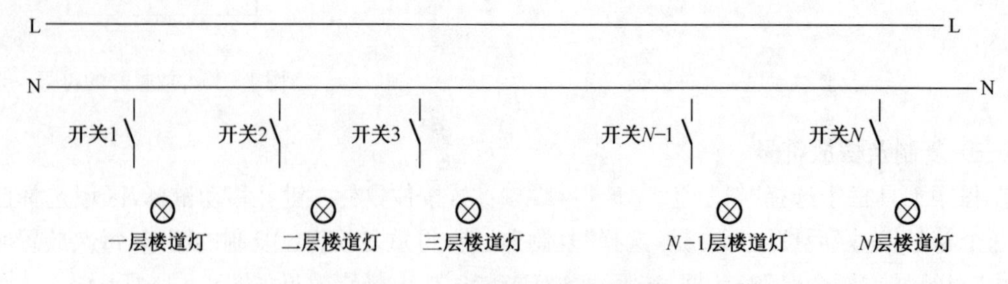

图 1-19 准备连线的符号图

五、拓展知识

(一) 电气图概述

(1) 常用的电气图有系统图和框图、电路图、接线图、布置图、功能表图等。

(2) 在保证图面布局紧凑、清晰和使用方便的原则下选择图纸幅面尺寸。应优先选用 A4～A0 号幅面尺寸。若需要加长的图纸，可采用 A4×5～A3×3 的幅面。

（3）为便于确定图上的内容、补充更改和组成部分等的位置可在各种幅面的图纸上分区。分区数应该为偶数。每一分区的长度为25mm～75mm。分区竖边方向用大写英文字母编号；分区横边方向用阿拉伯数字编号。

（4）编号顺序从左上角开始。分区代号用该区域的字母和数字表示，如B3、C5。

（二）电气图的符号及接线端子标记

（1）电气图中的图形符号：应符合GB 4728《电气图用图形符号》标准的规定。在同一图号的图中应使用同一种形式。符号可根据图面布置需要旋转或成镜像放置。

（2）电气图中的文字符号：应符合GB7 159－87《电气技术中的文字符号制定通则》标准的规定。可表示在电气设备、装置和元器件上或其近旁，以标明其名称、功能、状态和特征。

（3）接线端子标记：是指用来连接器件和外部导电件的标记。主要用于基本元件（如熔断器、接触器、继电器、变压器等）及其组成的设备的接线端子标记，以及执行一定功能的导线线端（如电源接地、机壳接地等）的识别。根据GB 4026－83《电器接线端子的识别和用字母数字符号标志接线端的通则》标准对接线端子标记有如下规定：

① 交流系统三相电源导线和中性线用L1、L2、L3、N标记。

② 直流系统电源正、负极导线和中间线用L＋、L－、M标记。

③ 接地线用E标记；保护接地线用PE标记。

④ 带6个接线端子的三相电器，首端分别用U1、V1、W1标记；尾端分别用U2、V2、W2标记；中间抽头用U3、V3、W3标记。

⑤ 对于同类型的三相电器，其首端或尾端在字母U、V、W前冠以数字来区别，即用1U1、1V1、1W1与2U1、2V1、2W1来标记两个同类三相电器的首端，用1U2、1V2、1W2与2U2、2V2、2W2来标记其尾端。

⑥ 控制电路接线端采用阿拉伯数字编号，由三位或三位以下的数字组成。标注方法按“等电位”原则进行。编号顺序一般由上而下，凡是被线圈、绕组、触头或电阻、电容等元件所间隔的线段都应标以不同的电路编号。

（三）电气图的绘制

1. 系统图和框图

系统图和框图是采用符号（以方框符号为主）或带有注释的框绘制，用于概略表示系统、分系统、成套装置或设备等的基本组成部分的主要特征及其功能关系的一种电气图。

系统图和框图的用途是为进一步编制详细的技术文件提供依据，供操作和维修时参考。

系统图和框图可在不同的层次上绘制，可参照绘图对象的逐级分解来划分层次。较高层次的系统图和框图可反映对象的概况；较低层次的系统图和框图可将对象表达得较为详细。

系统图和框图的布局应清晰，并利于识别过程和信息的流向。

系统图和框图上可根据需要加注各种形式的注释和说明。如在连接线上可标注信号名称、电平、频率、波形、去向等，也允许将上述内容集中表示在图的空白处。

图1－20所示是一个较低层次的部件框图例子。

2. 电路图

电路图是用图形符号并按工作顺序排列，详细表示电路、设备或成套装置的全部基本组成和连接关系，而不考虑其实际位置的一种电气图。

电路图通常是在系统图和框图的基础上，采用图形符号并按功能布局绘制的。

国家标准GB 6988.4－86《电气制图 电路图》中的电路图绘制规则如下：

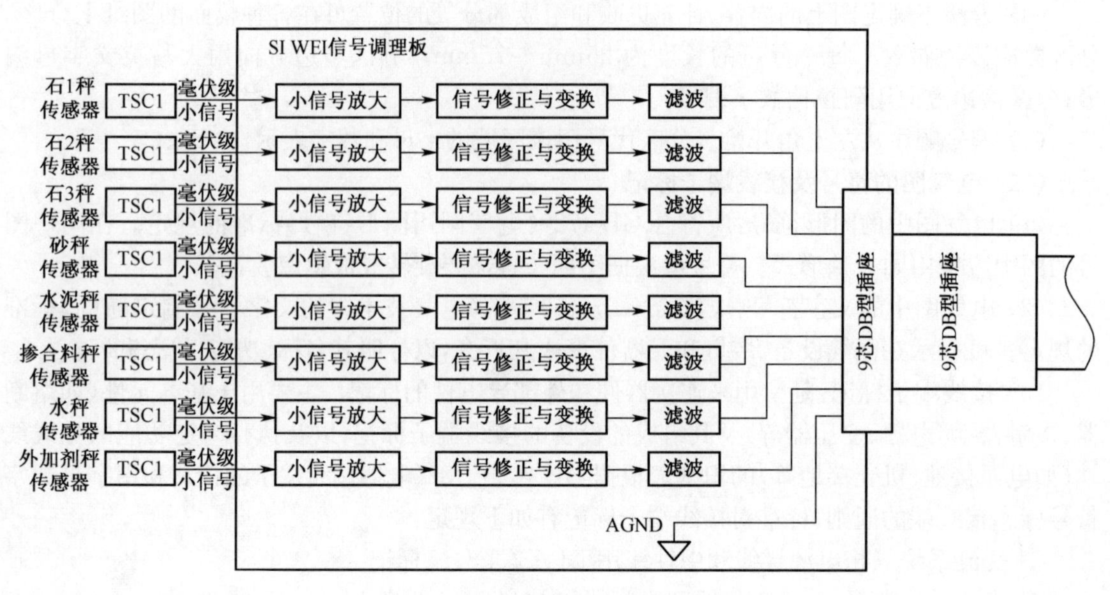

图 1-20 较低层次的部件框图例

(1) 电路图应布局合理、清晰,准确地表达作用原理。

(2) 需要测试和拆、接外部引出线的端子,应用图形符号“空心圆”表示。电路的连接点用“实心圆”表示。

(3) 电路图在布局上采用功能布局法,同一功能的电气相关件应画在一起。电路应按动作顺序和信号流自上而下或自左至右的原则绘制。

(4) 电路图中各电气元器件,一律采用国家标准规定的图形符号绘出,用国家标准文字符号标记。

(5) 电路图中的元件、器件和设备的可动部分以在非激励或不工作的状态或位置来表示。如继电器和接触器在非激励的状态;断路器和隔离开关在断开位置;带零位的手动控制开关在零位位置,不带零位的手动控制开关在图中规定的位置;机械操作开关(如行程开关)在非工作状态或位置。

(6) 电路图应按主电路、控制电路、照明电路、信号电路分开绘制。

直流电源和单相电源电路用水平线画出,一般直流电源正极画在图纸上方,负极画在图纸下方。控制电路电源可用交流 380V、220V、36V 等电源,或直流 48V、36V、24V 等电源。

多相电源电路集中水平画在图纸上方,相序自上而下排列。中性线(N)和保护接地线(PE)放在相线之下。

主电源和电源电路垂直画出。控制电路与信号电路垂直画在两条水平电源线之间。耗电元件直接与下方水平线连接,控制触头连接在上方水平线与耗电元件之间。

(7) 电路中各元器件触头图形符号,当图形垂直放置时以“左开右闭”绘制,即垂线左侧的触头为常开触点,垂线右侧的触头为常闭触点;当图形水平放置时以“上开下闭”绘制,即水平线上方的触头为常开触点,水平线下方的触头为常闭触点。

3. 位置图

位置图是表示成套装置、设备或装置中各个项目位置的一种图。如某电气控制柜上各电器的位置都由相应的位置图来表示。图 1-21 所示是位置图例子。

4. 接线图

接线图表示成套装置、设备或装置中各个项目的连接关系，用于安装接线、线路检查、线路维修和故障处理。在实际应用中接线图通常需要与电路图和位置图一起使用。接线图分为单元接线图、互连接线图、端子接线图、电缆配置图等。图 1－22 所示是系统接线图例子。

(1) 单元接线图表示单元内部连接情况，通常不包括单元之间的外部连接，但可给出与之有关的互连图的符号。单元接线图大体按各个项目的相对位置进行布置。

(2) 互连接线图表示单元之间的连接情况，通常不包括单元内部的连接，但可给出与之有关的电路图或单元接线图的图号。

(3) 端子接线图表示单元和设备的端子及其外部导线的连接关系，通常不包括单元或设备的内部连接，但可给出与之有关的图号。

(4) 缆配置图表示单元之间外部电缆的敷设。

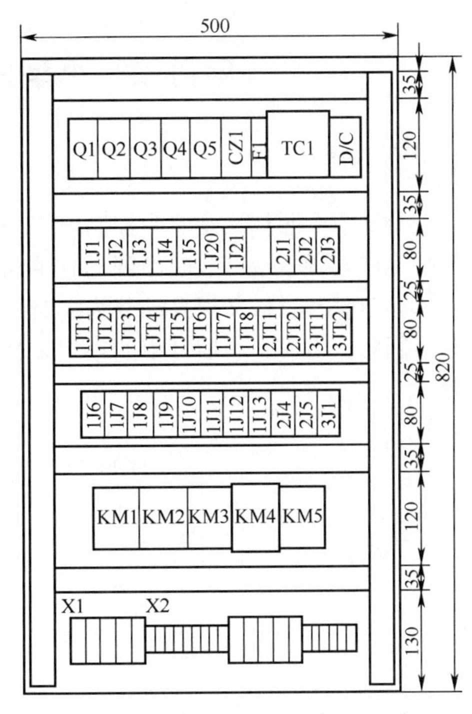

图 1－21　位置图例子

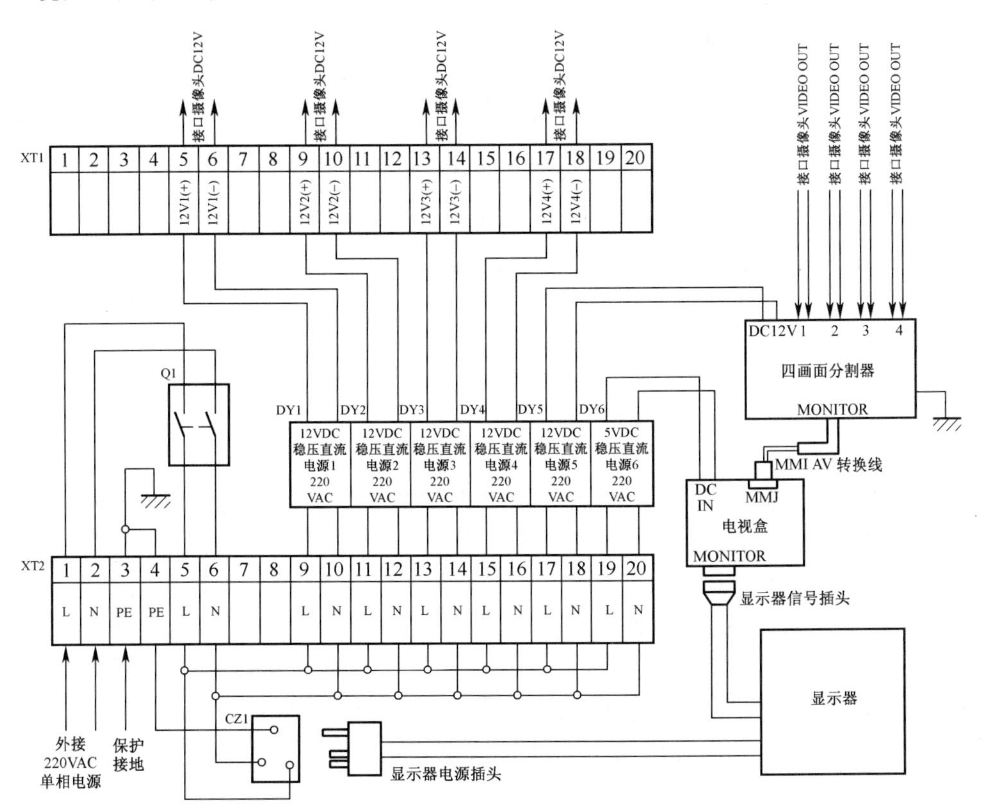

图 1－22　某摄像监视系统接线图

项目二 小型园林景观照明控制电路

一、项目下达

通常把整个园林景观照明控制电路分为主回路、控制回路两部分。园林景观照明控制方式多种多样，为便于管理，应做到具有手动和自动功能，手动主要是为了调试、检修和应急的需要，自动有利于运行，又把自动分为定时控制、光控等。小型控制电路中的控制回路由手动及定时控制回路组成。本项目中的小型园林景观照明控制回路的主回路及控制回路如图 1-23 所示。

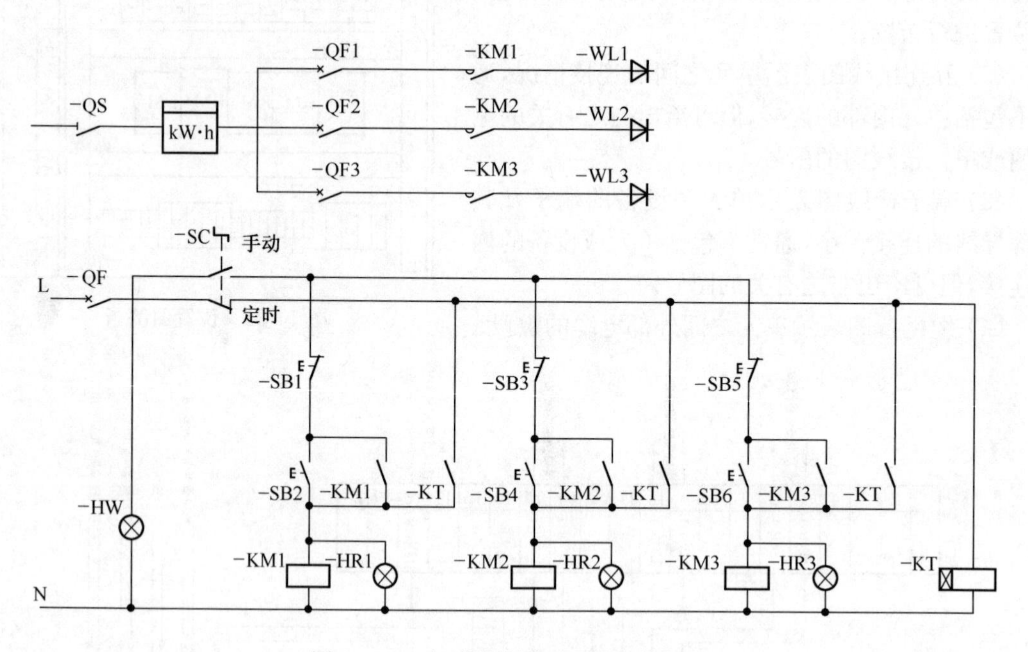

图 1-23 小型园林景观照明控制回路

二、项目分析

(一) 识读分析

主回路中的进户线先通过总隔离开关及电能表，然后将配电回路分为三条支路，每条支路都由断路器 QF、接触器的常开触电配电后经 WL 电缆线输出给景观照明灯。控制回路由控制电源、手动定时转换开关 SC、接触器 KM、定时器 KT 及信号指示灯 HW、HR 组成。当主回路中的 QS、QF 都合上，且 SC 转换到手动模式下，按下 SB2 按钮后，KM1 回路形成自锁，主回路中的 WL1 电缆线接通电源，处于准备供电状态，按下 SB1 按钮后解开 KM1 的自锁，WL1 电缆线断开电源。同理控制 WL2 及 WL3 两个电缆线。SC 转换到定时模式下，通电延时线圈 KT 开始通电，当到达设定时间后，KT 的常开触电闭合，KM1、KM2、KM3 线圈通电，WL1、WL2、WL3 电缆都处于接通状态，当 SC 转离定时模式后，所有电缆处于断开状态。

(二) 绘制分析

设计流程及运用的基础知识点如表 1-3 所列。

表 1-3

设 计 流 程	运用的基础知识点
步骤一:创建设计方案	创建新页面、填写设计方案数据
步骤二:放置元件符号	符号库的使用
步骤三:复制、摆放符号及修改符号名称	复制功能、对齐功能和编辑文字功能
步骤四:完善剩下的符号及其名称	粗略创建符号功能
步骤五:连线	连线功能

三、必备知识

(一) 绘图对象

1. 按钮

在这个软件中,绘制的任何图形对象都属于以下四种类型的绘图对象中的一种:“符号”、“文本”、“线”、“圆”。还有一个“区域”命令,它可以包含不同的对象类型。

符号[s]　　文本[t]　　线[l]　　圆[c]　　区域[a]

[]中符号是对应的功能快捷键。

在菜单栏和程序工具栏中,选取不同的绘图对象时(如“符号”、“文本”、“线”、“圆”等),相应的可操作选项也会发生变化:

——程序工具栏的改变

——程序菜单栏的改变

——此时只允许对所选类型的对象进行操作

2. 对选取的对象进行操作

可以有两种操作模式,这取决于“铅笔”按钮的状态。

(1) 绘制/布置新对象(激活/按下“铅笔”按钮),按以下步骤:

① 选择要操作的对象类型;

② 激活“铅笔”按钮;

③ 绘制/布置对象。

比如,要画一条线,可以先点击“线”按钮,然后点击“铅笔”按钮,开始画线。

请注意有时程序会自动激活“铅笔”按钮。比如在文本框区域输入文本时,或者当选中一个符号要布置时。

(2) 对已布置的对象进行操作(不激活“铅笔”按钮),按下列步骤:

① 选择要操作的对象类型;

② 关闭铅笔按钮(按[Esc]);

③ 选中要操作的对象;

④ 进行操作。

例如,要复制一个符号,首先点击“符号”按钮,按[Esc]关闭“铅笔”按钮,点击选中要操作的符号,再点击“复制”按钮进行复制操作。复制的符号现在可以被布置到图中,显示相对坐标。当移动或复制对象时,对象坐标会在屏幕底部的状态栏显示出来。

3. 选取对象

要对已有的对象进行操作时，首先必须选中对象。可以按下列办法：

点击要进行操作对象类型的相应按钮(如“文本”或“符号”按钮，关闭“铅笔”按钮(点击它或按[Esc]键)，然后点击要操作的对象。每一个选中对象的周围都会有一个彩色区域标明。当进行符号操作时，请注意选中的是整个符号还是它的一个连接点。如果选中文本，文本工具栏将会指示出所选取的是哪一种类型的文本。

(1) 所选线的标记：线是一段一段的，这取决于它包含多少个端点。第一次点击线时，它的所有段都会被选中。如果在线上再点击一次，那么只有点击的段被选中。电气的线会显示电气连接点。

(2) 通过右键点击选择：在一个对象上点击鼠标右键(已选中此种对象类型)，会选中此对象，同时会出现一个快捷键的菜单。在这个菜单中可以选择“移动”、“复制”或“删除”等命令。

(3) 在窗口中选择同一类型的多个对象。可以同时选取同一类型的多个对象。例如，如果想选择区域中的所有文本，点击“文本”按钮，用鼠标选中相应区域。在区域的一个角点击，不要松开鼠标，拖动鼠标到区域的另一个对角。现在会出现一个虚线组成的矩形，这就是选中的区域，如图 1-24(a)所示。当希望选取的对象都包括在矩形中时，松开鼠标键。现在已经选中了区域中的文本，如图 1-24(b)所示。如果想取消选择窗口中的一个或多个对象，按下[Ctrl]键，同时点击对象。

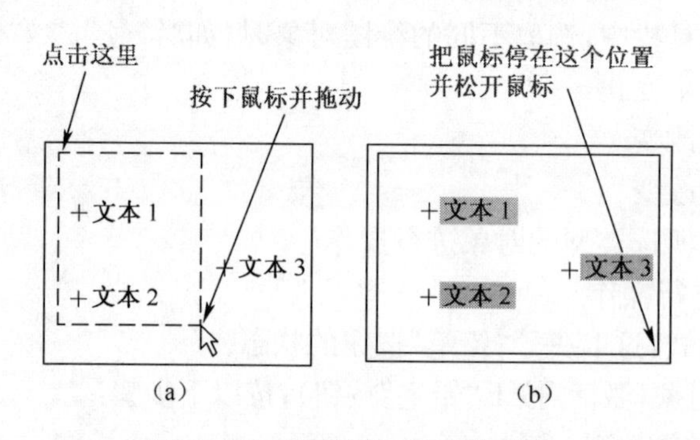

图 1-24 选择同一类型的对象

(4) 用鼠标选取同一类型的多个对象：选择要进行操作的对象类型，比如符号。按[Ctrl]键，同时点击对象。如果选中了一个符号后，又想取消选择，可以再次点击符号，仍然按下[Ctrl]键。

(5) 选取区域中不同类型的对象：点击“区域”按钮，在要选取的对象周围拖出一个窗口。这时，窗口中的所有对象都会被选中。如果要取消选择其中的一个对象，可以按下[Ctrl]键，再点击这个对象。如果要选择区域外的对象，也可以按下[Ctrl]键，再点击这些对象。

(6) 选取位于不同的层和不同高度的对象：上面介绍的选取对象的方法的前提，是这些对象都位于相同的层和相同的高度。如果要选取不同的层和不同高度的对象，在以后的章节中会有叙述。

(7) 选取页面上的所有对象：可以选择“编辑”—“全选”—“当前页面上所有对象”(快捷键[Ctrl+a])。如果区域按钮被激活，则当前页面上所有对象都被选中；如果符号按钮被激活，则页面上的所有符号被选中，依次类推。

4. 复制,移动,删除或旋转对象

要复制、移动、删除或旋转对象,可以选择相应的对象类型,选取要操作的对象。

如果没有特别说明,下面的功能都适用于"符号"、"文本"、"线"、"圆"和"区域"。

1) 移动选取的对象

移动选取的对象时,可以有三种选择:

(1) 点击"移动"按钮,这时选取的对象已经在十字线中,点击要布置的地方。

(2) 应用点击和拖动:点击所选对象,不要松开鼠标,拖动对象到要布置的地方,松开鼠标。

(3) 在窗口中点击鼠标右键。出现一个菜单,选择"移动"。这时对象位于十字线中,移动到要布置的地方,点击鼠标。

关于移动符号的说明:

要移动一个连接线的符号时,有两种方法:①和电气线连接的符号:点击符号,拖到要布置的地方。如果线是自由线,符号可以被自由移动。按下[Ctrl]键,同时点击符号,拖动到要布置的地方。②也可以自由移动符号:点击符号,按下[Ctrl]键,同时点击"移动"。另外,如果在导线上布置了一个两管脚的符号,符号会自动和导线连接起来。

2) 复制选取的对象

要复制一个或多个选取对象时,有两种方法可选择:

(1) 点击"复制"按钮,复制的对象已经位于十字线中,可以通过点击来复制一个或多个对象。

(2) 在选取的一个对象上点击鼠标右键,出现一个菜单,选择"复制"。现在同样在十字线中有一个复制对象,可以点击来复制一个或多个对象。

3) 删除选取对象

要删除对象,可以点击删除按钮,或按[Del]键,对象就会从屏幕上消失。在选中的一个对象上点击鼠标右键,在出现的菜单里选择"删除",对象就会从屏幕上消失。按"撤消"可以撤消刚才的操作。如果删除的对象还在屏幕上,点击"刷新"按钮,刷新页面。

删除符号时的说明:如果删除了一个连接导线的符号,线会变为临时线。

4) 旋转选取对象

这个功能对"文本"、"符号"和"圆"有效,但对"线"无效。这个功能也适用于"区域",同时在选取区域内的线也会旋转。所有对象都是逆时针旋转。

有四种方法旋转对象:

(1) 按空格键,对象会逆时针旋转 90°。

(2) 在选取的对象上点击鼠标右键,选择"旋转"按钮。

(3) 点击工具栏中的"旋转"按钮。

(4) 在角度区域内点击:输入旋转角度,按[Enter]键。角度可以精确到 0.1°。也可以点击区域内的下拉箭头,选择一个角度,按[Enter]键。

关于旋转符号的说明:一个两端连接导线的符号,将会旋转 180°,两个管脚会对调。如果只想旋转 90°,可以按下[Ctrl]键,同时点击"旋转"。相应地,线也会保持原来的连接。

5) 旋转区域

首先,必须选中区域,再进行"移动"或"复制"命令,使选中的区域位于十字线中,然后就可以进行"旋转"命令了。

5. 撤消

"撤消"功能是一个很重要的功能。当点击"撤消"功能一次,会撤消程序进行的最后一个操作。请注意，只可以撤消最近的五个操作。

注意：有些功能不能撤消，比如自动编排线号，或者布置页面的图纸模板。对前一种情况，可以在开始分配线号之前保存设计方案；对后一种情况，必须手工去掉绘图模板。

当鼠标停留在“撤消”按钮上时，会有提示说明可以撤消的操作内容。

（二）在对象间传送数据

可以在同一类型的对象间传送两种类型的信息：

（1）项目数据，包含连接到对象的元件的信息

（2）对象数据，只包含对象显示方面的信息。

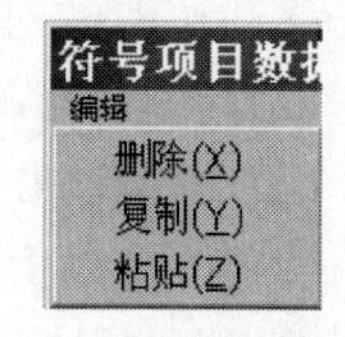

图 1-25 复制

1. 在符号或线间传送项目数据

1）在符号间传送项目数据

从一个符号向另一个符号传送项目数据时，可以先点击“符号”按钮，关闭“铅笔”（按[Esc]键）。

（1）复制项目数据：在要传送符号项目数据的符号上点击鼠标右键，选择“符号项目数据”，如图 1-25 所示。在出现的对话框的左上角，点击“编辑”，再选择“复制”。按[Esc]键离开菜单。

（2）传送项目数据到一个符号：在要接受传送内容的符号上点击鼠标右键，选择“符号项目数据”。在出现的对话框中选择“编辑”—“粘贴”命令。现在已经在符号间传送了项目数据。输入需要的符号名，点击“确认”按钮。

（3）传送项目数据到多个符号：如果要传送复制的项目数据到多个符号，可以先用鼠标拖出一个窗口，选中相应的符号。在选中区域内点击鼠标右键，选择“符号项目数据”。选择“编辑”—“粘贴”，加入复制的项目数据。

注意：如果在进入对话框时，“类型”和“项目数据”是灰色的（不可选），这表明选中的符号在这些区域没有内容。

2）在线间传送项目数据

如果要在线间传送项目数据，必须先激活“线”按钮，再选择“线项目数据”。后面的操作过程和对符号的操作过程是一样的。

2. 在对象间传送对象数据

所有的对象都有属性信息，叫做对象数据。这些属性可以叫做线数据或文本数据等。下面会看到，在不同类型的对象间可以传送具体类型的信息，如表 1-4 所列。

表 1-4

对象数据	可以被传送的信息
线数据	类型、宽度、线距和颜色。不管是不是导线或者斜线或曲线在创建符号时，跟随连接也可以传送
文本数据	所有文本数据对话框中的信息。文本本身，和它可以旋转的角度，不能传送
圆/弧数据	所有圆工具栏中的信息
符号数据	只有符号的缩放

1）在已有的对象上改变对象数据

选中一个对象。在工具栏（或对话框中）可以作相应地改动。点击“传送数据”按钮。此时改动已经传送到了选中的对象。

2）从一个对象传送对象数据到另一个对象

选中要传送数据的对象，点击“复制数据”按钮或点击对象时按下[Shift]键。选择要接收数据的对象，点击“传送数据”。

3. 传送对象数据到多个对象

可以同时传送对象数据到多个对象。比如可以做出许多相同高度和/或颜色的文本。

在这个例子中，会布置两个文本“文本 1”和“文本 2”(有不同的文本数据)，然后使两个文本有相同的高度，且不用改动文本的其它属性。

1）布置文本 1

点击“文本”按钮，在文本工具栏中点击文本区域，输入文本 1“比思”，点击“文本数据”按钮，设置“高度”为 2.5，“宽度”为 AUTO(自动)，“对齐方式”为左下，“颜色”为黑色。点击“确认”，把文本布置到页面上。操作过程和显示结果如图 1-26 所示。

2）布置文本 2

再一次点击文本工具栏中的文本区域，但是这次输入文本 2“比思”。点击“文本数据”，设置“高度”为 5.0，“宽度”为 AUTO(自动)，“对齐方式”为中心，“颜色”为红色。点击“确认”，把文本布置到页面上。操作过程和显示结果如图 1-27 所示。

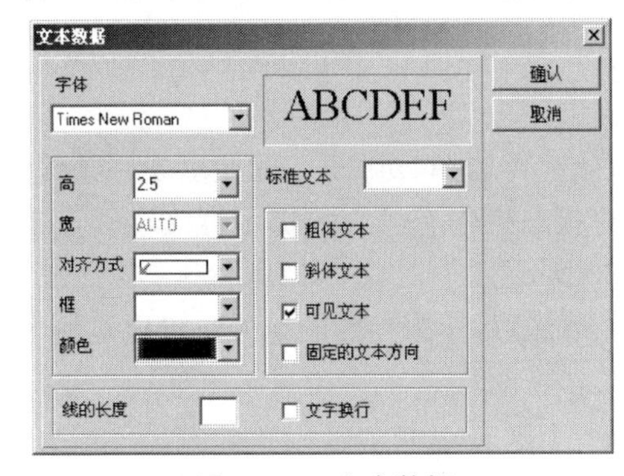

图 1-26　文本数据

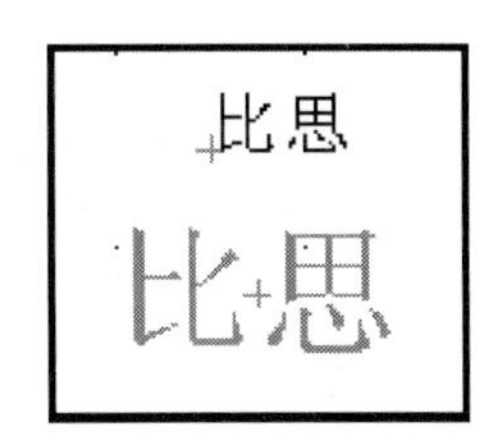

图 1-27　编辑后的文字

3）传送文本数据

选中两个文本，点击“复制数据”按钮，再点击“文本数据”按钮。

在图 1-28 所示的对话框中，可以看到哪些文本数据是一样的，在这里是“宽度”AUTO(自动)。现在设置“高度”为 8.0，点击“确认”。如图 1-29 所示，两个文本现在有了相同的高

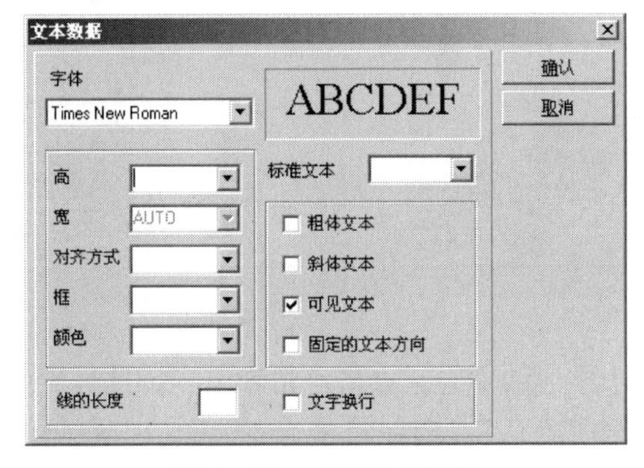

图 1-28　传送文本数据

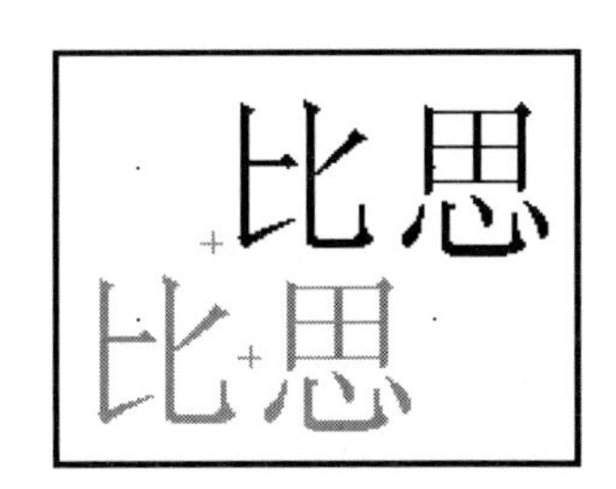

图 1-29　传送结果

度，但是它们的其它属性没有改变。文本 1 仍然是黑色的，左下对齐；而文本 2 是红色的，中心对齐。对线和圆也可以进行同样的操作。

（三）对齐和间隔功能

1. 对齐功能

可以在图中对齐对象。在下面的例子中会用到符号，当然这个功能对文本或圆都有效。对图 1－30 中的三个符号进行对齐功能，使它们都处于和最左边的符号相同的高度。激活“符号”按钮，再点击最右边的符号。按下[Ctrl]键，点击中间的符号（也可以拖出一个窗口选中这两个符号）。选中两个符号，如图 1－31 所示。

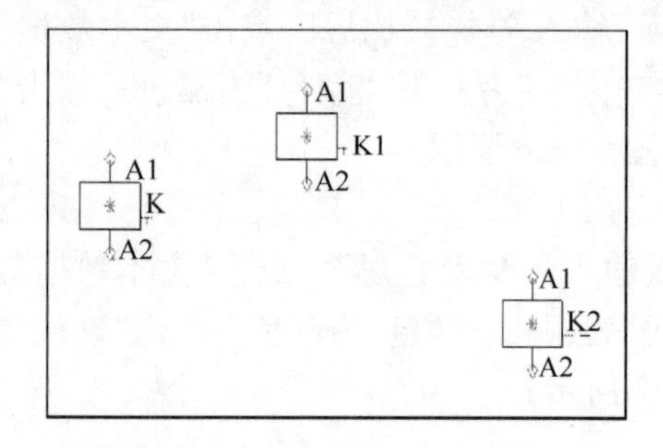

图 1－30 准备对齐的三个符号

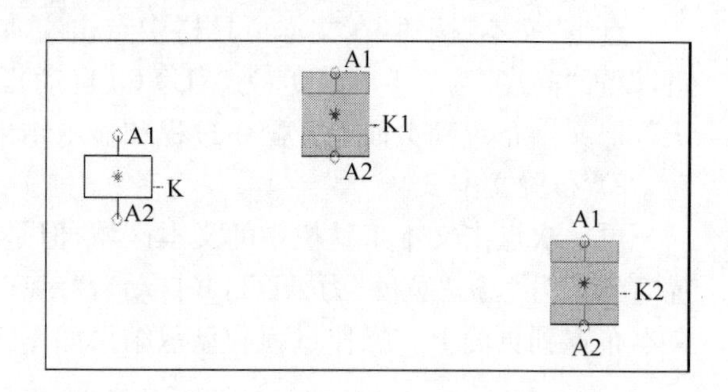

图 1－31 选中符号

选择“编辑”—“对齐”，或者在窗口中点击鼠标右键，再选择“对齐”。现在出现一条线，起点在中间的符号，终点在十字线的中心。屏幕底部的状态栏中有相应的提示性文字。点击左边的符号，则两个选中的符号会和它对齐，如图 1－32 所示。

如果符号几乎是竖向排列，则它们会竖向对齐。请注意，作为参照的符号也可以是所选中的符号之一。

2. 间隔功能

这个功能可以使布置符号时，符号之间有相同的间隔。和“对齐”功能不同，使用“间隔”功能时可以重新定位所有的符号。在下面的例子中，会再次以符号做示范。当然也可以使用文本和圆。

首先激活“符号”按钮，然后在符号周围拖出一个窗口，选中符号，再选择“编辑”—“间隔”，或点击鼠标右键，选择“间隔”。此时画面显示如图 1－33 所示。注意屏幕下方状态栏中的提示性文字。

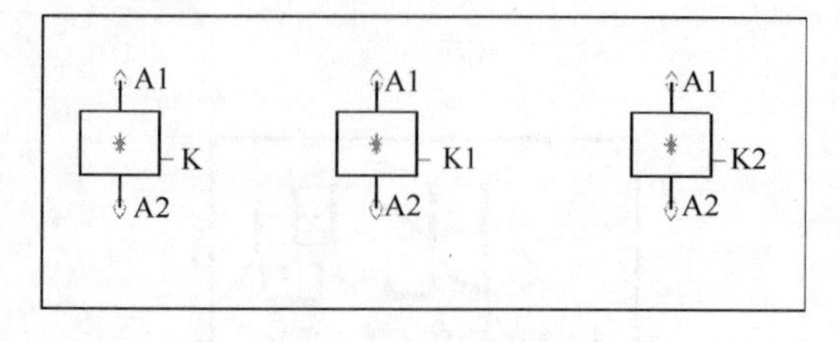

图 1－32 对齐的符号

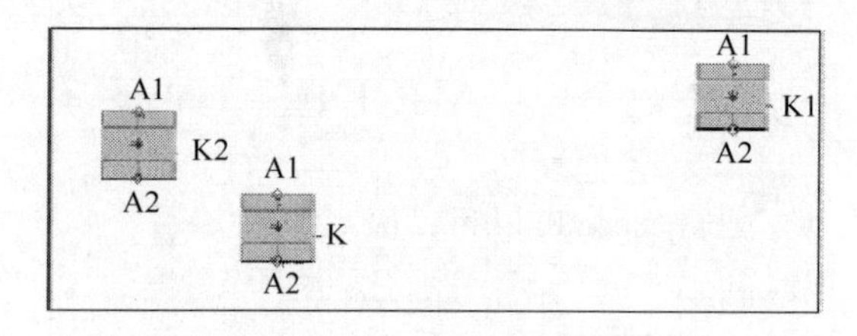

图 1－33 选中符号

现在出现一条线，起点是中间的符号，终点是十字线的中心。点击要布置第一个符号的位置。出现一个对话框，如图 1－34 所示填写。点击“确认”。现在符号会对齐排列，间隔为 20mm，按照名称排序，如图 1－35 所示。

图 1-34　“间隔”对话框

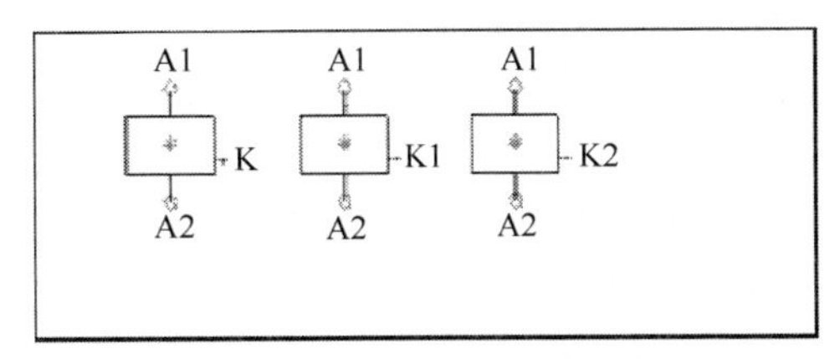

图 1-35　“间隔”后的符号

如果把“X”和“Y”的间隔设置为 0，则要求指出布置第一个和最后一个符号的位置。如果选择“按照名称排序”（只对符号而言），则符号会根据名称的排序布置。如果从左到右拖出一个窗口，则符号会从左到右布置。排序的首要标准是符号名，其次是元件组号。如果这些都相同，则根据第一个连接名排序。

（四）线的绘制

要对线进行操作时，必须先激活“线”按钮，或按下快捷键[l]。如果要画线，就点击程序工具栏中的“铅笔”按钮。“铅笔”按钮的常用快捷键为[Ins]。不过，在激活“线”按钮的情况下，也可以使用[l]作为它的快捷键。按下[Ins]或[l]可以激活/关闭“铅笔”功能。

关于如何移动，复制和删除线，以及在线间传送数据的操作，请参考前面的叙述。

1. 线的两种类型

在 PCschematic Elautomation 中，有两种类型的线：导线（电气线）和非导线/自由线条。如果激活了“导线”按钮，那么这些线只能被用于电气连接。如果没有激活这个按钮，则这些线就是自由线条，可以用于设计方案中的任何地方。点击“线”按钮时，“导线”按钮会被自动激活。

2. 线的命令工具栏

线的命令工具栏如图 1-36 所示。在这里可以选择画直线、斜线、直角线、曲线、矩形和圆弧/圆形线，可以指定是否填充（只对非导线有效）。还可以指定线型、线宽、线的颜色、是否导线等。

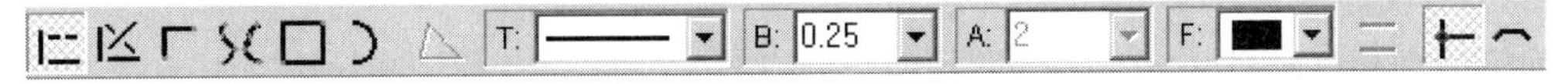

图 1-36　线的命令工具栏

1）直线

画直线时，会自动地画出直角线或折线，如图 1-37 所示。

关闭“导线”按钮（如果它被激活），激活“直线”按钮，在线的起始位置点击。

在每次要改变线的方向时点击一下鼠标，双击停止画线，或点击一下鼠标，按[Esc]键，亦能停止画线。如果关闭“铅笔”按钮（按[Esc]键），可以点击或拖动线的顶点或线的端点改变线的形状。从一个连接点拖动线以移动线时，会在线上插入一个端点。如果要插入一个线的端点，可以在线上点击鼠标右键，选择“插入线的端点”。

2）斜线

画斜线时，可以自己决定线的角度。点击“斜线”按钮，画出如右图 1-38 所示的一条斜线。画出的线还和设定的捕捉有关系。如果关闭“铅笔”按钮（按[Esc]键），可以点击或拖动线的顶点改变线的形状。斜线的端点和直线中描述的一样。

3）直角线

画“直角线”时，只需指出线的起点和终点。程序会自动创建一条直角连接线。要让线反向弯折，按空格键。这些在安装模式下绘图时，会自动连接。这个功能可以被用于正确的装配图模式中元件之间的连接，如图 1-39 所示。

4）曲线

点击“曲线”按钮。可以画出如图 1-40 所示的曲线。在曲线转折的地方点击鼠标。请注意完成后，曲线上显示的(＋)标记。如果关闭“铅笔”按钮(按[Esc]键)，可以点击和拖动(＋)标记改变曲线的形状。“曲线”只能被用于画实线。

5）半圆线

点击“半圆线”按钮，可以绘制出连贯的半圆线，以用于一些特殊的图形，如图 1-41 所示。半圆线是半个圆，逆时针方向画出。“半圆线”只可以用于绘制实线。和曲线一样，也可以点击和拖动(＋)标志改变半圆线。

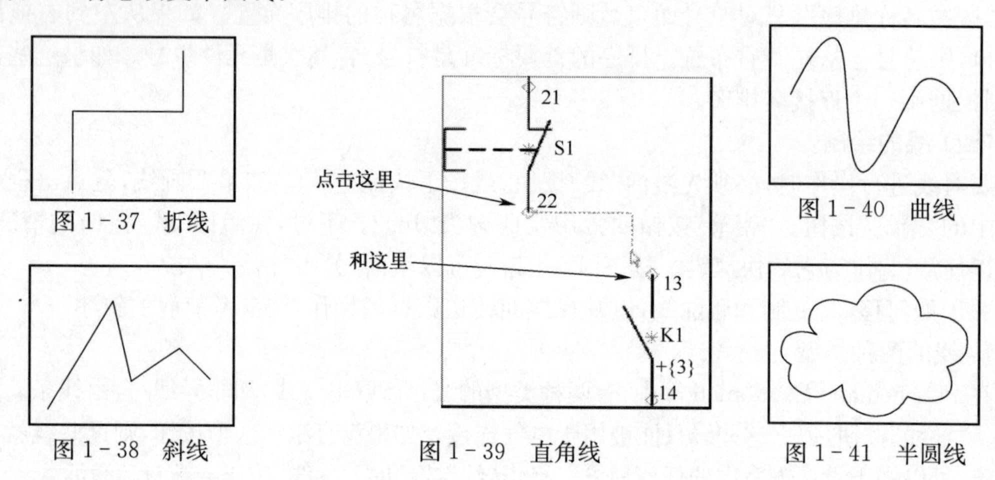

图 1-37 折线

图 1-38 斜线

图 1-39 直角线

图 1-40 曲线

图 1-41 半圆线

6）矩形

点击“矩形”按钮，再点击矩形的一个角，拖动鼠标，直到出现想要的矩形时，再点击一下鼠标，就画出了矩形。

7）填充区域

如果绘图前已经激活“填充区域”按钮，那么可以在画出的矩形、圆和椭圆中填充颜色。如果不能选择“填充区域”，此按钮会是暗色的。

8）线的类型：T

在指定线的类型的区域点击，选择要在绘图时使用的线的类型，如图 1-42 所示。

9）线宽：B

在这里可以决定画线时使用的线宽。如果线的类型是如图 1-43 所示的阴影线，线宽就是线的两个边界之间的宽度。

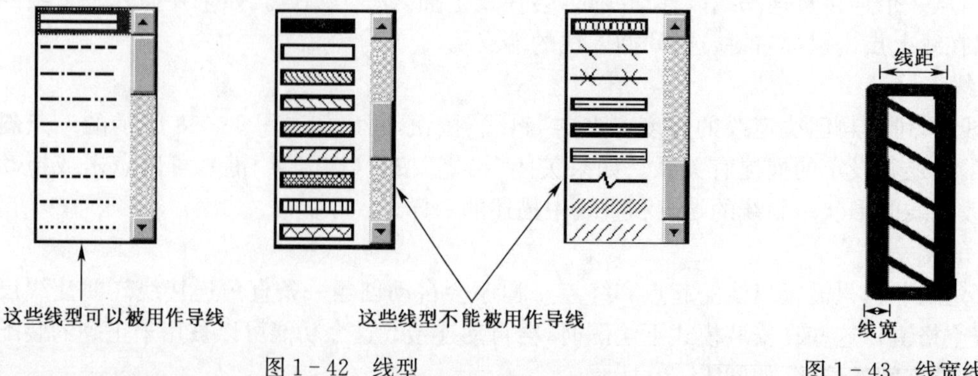

图 1-42 线型

图 1-43 线宽线距

10）线距：A

对有些线的类型，比如阴影线，必须指定两条线之间的距离，这叫做线距。它的计算，是从一条线的中心到另一条线的中心，如图1-43所示。

11）线的颜色：F

选择线的颜色时，可以选择14种不同的颜色。颜色“NP”（不打印）可以在屏幕上显示，但不会被打印出来。

3. 精确绘图

可以使用坐标功能来精确绘图。在屏幕底部的状态栏，可以看到屏幕上鼠标位置的X—Y坐标。点击状态栏中的X—Y坐标区域，或使用快捷键[Ctrl+i]，会出现一个“坐标”对话框，如图1-44所示。也可以选择“功能”—“坐标”进入这个对话框。

精确绘图时，有三种选择：

绝对坐标：其中的数值是相对于页面的起点计算出的(起点位于页面的左下角)。

相对坐标：其中的数值是相对于上次在页面中所选的点计算出来的。

极坐标：使用这个坐标，可以决定线的长度，以及线和水平线之间的角度。

关于如何使用绝对和相对坐标的例子，现在可以用不同的方法画一个100mm×50mm的矩形。点击“线”按钮，选择线的类型，关闭“导线”按钮，激活“铅笔”按钮。

1）使用绝对坐标

点击X—Y坐标区域(或按[Ctrl+i])再选择“绝对坐标”单选按钮。输入X和Y坐标的数值，这表明线从相对于页面原点的多少的位置开始，如开始于点(50，100)，则在X区域输入50，在Y区域输入100。不需要注明计算单位，系统的默认值为mm。然后，点击“确认”。起始点的设置可以在“设置”—“屏幕/指针”中改变。按以下操作：

点击X—Y坐标区域：设定X为150，Y为100，点击“确认”。

点击X—Y坐标区域：设定X为150，Y为150，点击“确认”。

点击X—Y坐标区域：设定X为100，Y为150，点击“确认”。

点击X—Y坐标区域：设定X为100，Y为100，点击“确认”。

按[Esc]键，画出矩形。

2）使用相对坐标

在屏幕上任一处点击开始画线。点击X—Y坐标区域，或按[Ctrl+i]，选择“相对坐标”单选按钮。

按[Ctrl+i]：设定X为100，Y为0，点击“确认”。

按[Ctrl+i]：设定X为0，Y为50，点击“确认”。

按[Ctrl+i]：设定X为－100，Y为0，点击“确认”。

按[Ctrl+i]：设定X为0，Y为－50，点击“确认”。

按[Esc]键，画出矩形。

3）应用带相对坐标的矩形命令

点击“线”、“矩形”和“铅笔”按钮。点击选取矩形的开始对角。点击X—Y坐标区域(或使用快捷键[Ctrl+i])，选择“相对坐标”。指定矩形的另一个对角：设定X为100，Y为50，点击“确认”，完成矩形。

4. 导线(电气线)

一条导线必须开始和结束于电气节点。电气节点可以是另一条导线，符号上的一个连接点,或者一个信号。要指定一条线是导线,必须激活“导线”按钮。

新画一条导线时,如果没有指定电气连接,则会出现图 1-45 所示的对话框,要求输入信号名称,或者可以指定这条线为临时线。

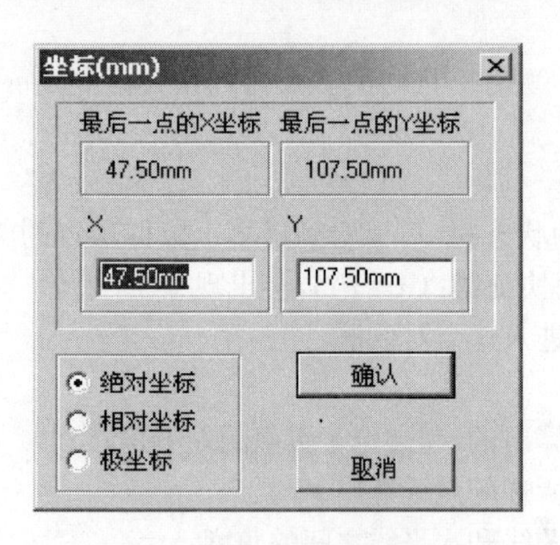

图 1-44 “坐标”对话框

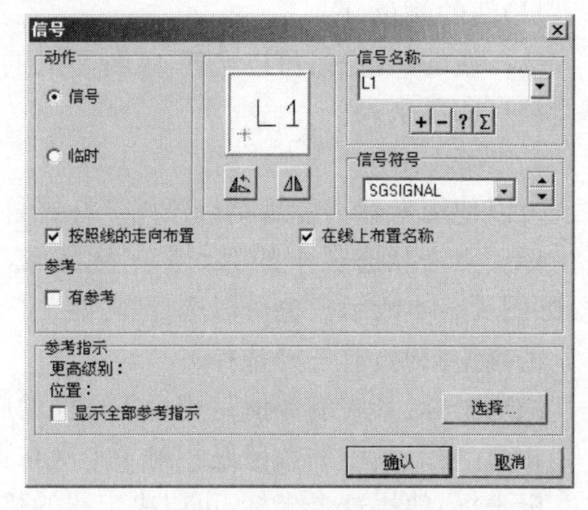

图 1-45 “信号”对话框

有信号名称的信号符号表明一个电气连接。这意味着有相同信号名称的电气节点有相同的电势(电位)。因此,它们是相连的。

1) 临时线

如果一时决定不了导线连接的对象,可以选择临时线。这时的线没有电气连接。但是,这只是暂时的,以后必须加以指定要连接的对象。在一个完整的设计方案中不应该出现临时线。

如果把一条非导线连接到符号,会出现警告。但是,如果坚持那样做,程序也是允许的。这时,不会出现连接点。

2) 显示导线

在任何时候,点击菜单中的“功能”,再激活“查看导线”,可以查看设计方案中哪些线是导线。导线变为绿色,非导线变为红色。要关闭此功能,可以再次选择“功能”-“查看导线”。

注意:不能使用传送数据功能使非导线变为导线。

5. 跳转连接

可以在绘图中加入“跳转连接”。这些跳转连接也可以自动包含在接线端子清单和接线端子布置图中。在自动布置线号时,跳转连接不会被指定线号。

1) 画出跳转连接

要画出跳转连接,按以下步骤:

(1) 点击“线”按钮,点击“铅笔”按钮。

(2) 点击“跳转连接”按钮,画出跳转连接,如图 1-46 所示。

注意:只能从一个接线端子到另一个接线端子画出跳转连接。跳转连接不能开始于另一条线的中部,或另一个跳转连接的中部。

2) 清单和接线端子布置图中的跳转连接

在“功能”-“数据区域”中,可以发现数据区域“接线端子清单”-“跳转连接”。

这个数据区域图形化地显示在接线端子清单中。布置这个数据区域后的结果如图 1-47 所示。

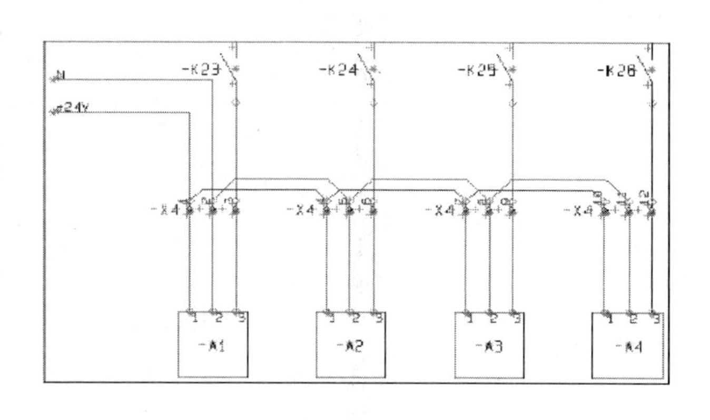

图 1-46　跳转线

External	Terminal	Intern
NanbB		Nanbe
-A1:1	-X4:1	-K12
-A1:2	-X4:2	
-A1:3	-X4:3	-K23:2
-A2:1	-X4:4	
-A2:2	-X4:5	
-A2:3	-X4:6	-K24:2
-A3:1	-X4:7	
-A3:2	-X4:8	
-A3:3	-X4:9	-K25:2
-A4:1	-X4:10	
-A4:2	-X4:11	
-A4:3	-X4:12	-K26:2

在这里布置右边校准的数据区域　　在这里布置左边校准的数据区域

图 1-47　布置后的清单

当数据区域布置在接线端子的左边时，必须向右调整，以使它能扩展到左边。当数据区域布置在接线端子右边时，必须向左调整，以使它能扩展到右边。

跳转连接也可以包含在接线端子布置图中。这里为显示跳转连接而设计了一个特别的接线端子符号，如图 1-48 所示。

6. 自动画线/布线器

在设计方案中布置符号时，可以自动画出符号的连接。画线时，也可以自动画出一些线。要使布线器功能更加方便，可以为最常使用的一些布线器功能创建自己熟悉的快捷键。

1）布置符号时自动画线

要在布置"符号"时使用布线器，首先选择"布线器"—"激活的"，可以在"激活的"前面加一个检查标记。要关闭"布线器"，再次选择"布线器"—"激活的"，则检查标记就会消失。

"布线器"菜单中的选项如图 1-49 所示，各选项对应的功能如表 1-5 所列。

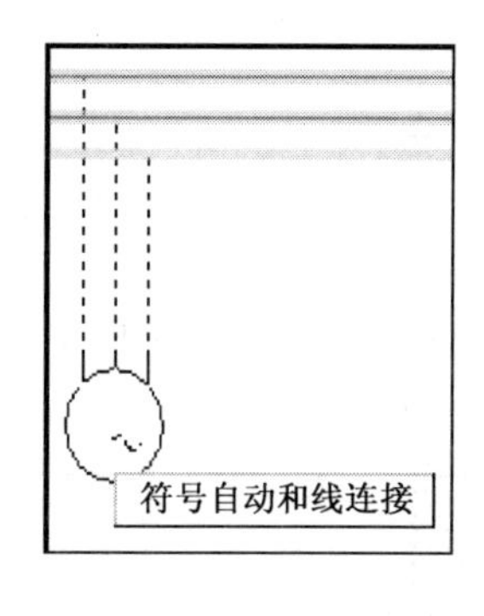

图 1-48　符号自动加线

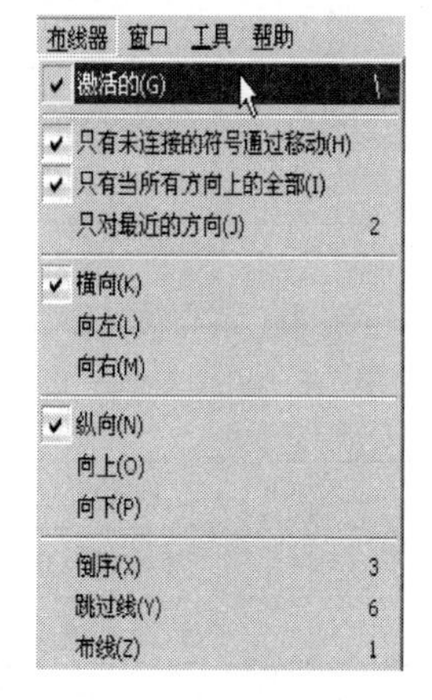

图 1-49　布线器

2）画线时的布线器

要在画线时使用布线器，选择"布线器"—"激活的"，在"激活的"前面加一个检查标记。具体操作如图 1-50 所示。要关闭"布线器"，可以再次选择"布线器"—"激活的"，则检查标记就会消失。

表 1-5

布线器	功 能
激活的	开始和停止布线器
只有未连接的符号移动时	当一个未连接的符号移动时,布线器被激活
只有方向上的所有都可能时	当选中方向上的所有连接都可以布线时
只对最近的方向	只连接离符号最近的线或连接点
横向	只会横向布线
向左	只会向左布线
向右	只会向右布线
纵向	只会纵向布线
向上	只会向上布线
向下	只会向下布线
倒序[3]	当布置多条线时,改变布线的顺序
跳过线[6]	布线时跳过一条线,连接到另一条线
布线[1]	如果选中一个已布置的符号,则符号可以被布线

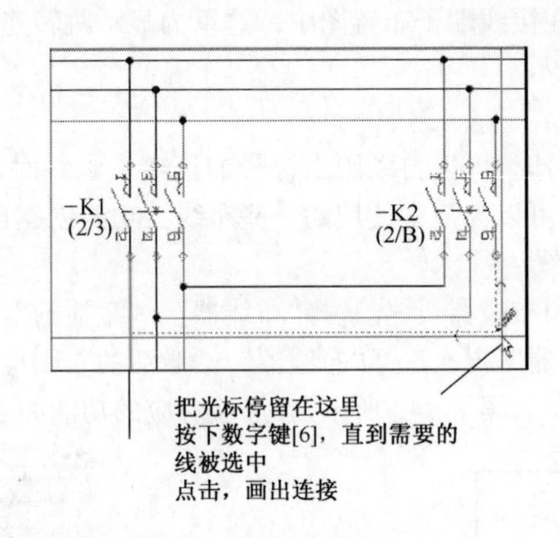

图 1-50 画线时的布线器

画线时"布线器"菜单的选项如表 1-6 所列,按空格键可以改变布线器的方向。

表 1-6

布线器	功 能	布线器	功 能
激活的	开始和停止布线器	左下	画折线时左下布线
折线	在直线和折线之间切换	右下	画折线时右下布线
水平线	只在画水平线时使用	右上	画折线时右上布线
垂直线	只在画垂直线时使用	跳过线[6]	布线时跳过一条线而布置到下一条线
左上	画折线时左上布线		

7. 延长线

对于有些类型的线,可以决定它们延长线的形状。选择工具栏中的"延长线"按钮,现在线会开始于起点处线宽的一半，结束于终点处线宽的一半。图 1－51 中的例子应用了“延长线”的功能。

画线时，动作是连续的（没有按下[Esc]键取消画线），延长线功能自动被选中。

上面的例子中显示了两条独立的线，它们连接时没有应用延长线功能。

8. 跟随连接线

这个按钮只在“编辑符号”时出现。如果符号使用跟随连接线设计，那么符号中的线会自动具有和设计方案中连接到符号的导线相同的宽度和颜色。

在图 1－52 左边的符号中，画所有的线时都应用了“跟随连接”功能。因此符号中的所有线都具有和导线相同的线宽和颜色。这可以在两个符号的连接点之间看出来。其它符号设计时没有使用跟随连接功能。一个应用跟随连接设计的符号，会和跟它连接最近的线相匹配。

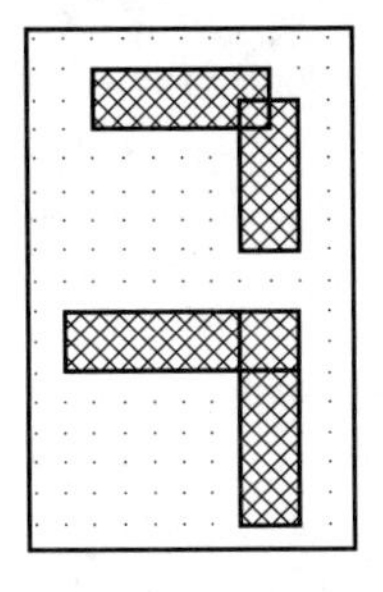

图 1－51　延长线

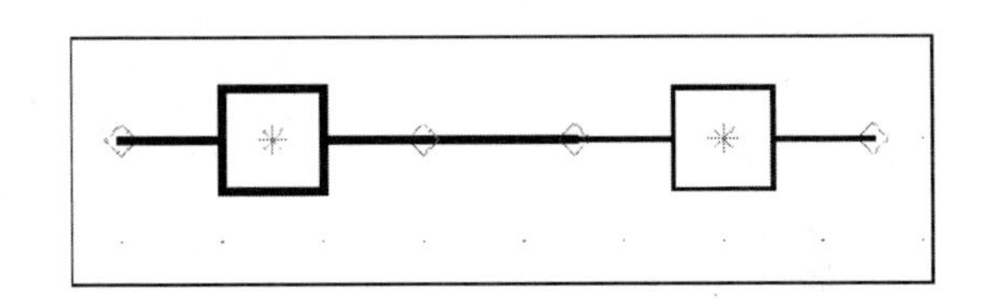

图 1－52　跟随连接线

9. 线修整功能

如果想连接两条线，可以应用“线修整”命令。点击“线”按钮，激活“铅笔”按钮，画出如图 1－53 所示的两条线。现在可以使两条线连接起来。关闭“铅笔”按钮（按[Esc]），点击选中垂直线。然后选择“编辑”—“线修整”。这时出现一条细线，起点是垂直线的一个顶点，终点是十字线的中心。点击水平线，这时垂直线就延长到两条线将要相交的地方（如果两条线都延长的话）。现在延长水平线，两条线就会连接。如果其中一条线太长的话（超过了两条线的交点），那么多余的部分会被去掉。如果两条线平行，用这个功能就没有意义了，因为平行线是不会相交的。

10. 正确的装配图

画图时可以选择正确的装配模式。程序不能自动转换一个已有的设计方案为装配模式下的设计方案，但是在不能正确装配时，会给出一个警告。另外，使用“设计方案检查”功能，程序会指出哪些图不是在正确的装配模式下绘出的。

1）激活正确的装配图

要在装配模式下工作，选择“设置”—“设计方案数据”，激活“正确的装配图”复选框，如图 1－54 所示。

如果已经在设计方案中工作，当激活“正确的装配图”时，会被告知设计方案没有工作在正确的装配图模式。在“设计方案数据”标签中，也可以指定在装配模式下线的弯曲尺寸。在“弯曲”区域内点击上下箭头，可以改变弯曲的尺寸，也可以在其中直接输入尺寸。在图 1－54 中，可以看到如何指定弯曲的尺寸。

2）在正确的装配图中画线

在正确的装配图中，要得到线的正确弯曲，画线时应使用“斜线”。在图 1－55 中，要连接 S1 到 H1，可以点击 S1 上的连接点，再点击 H1 上的连接点，会自动画出弯曲线。

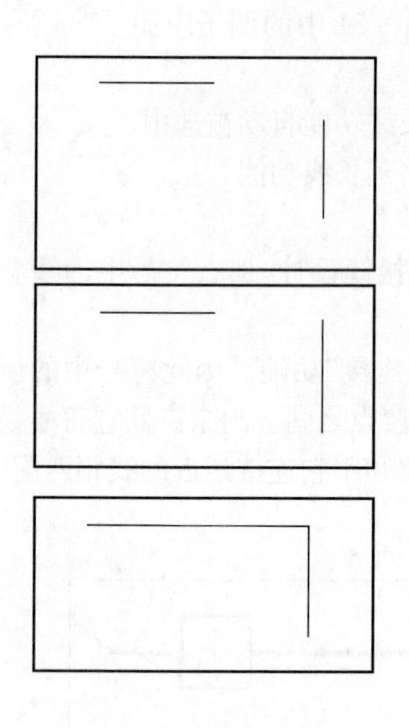

图 1－53 线修整

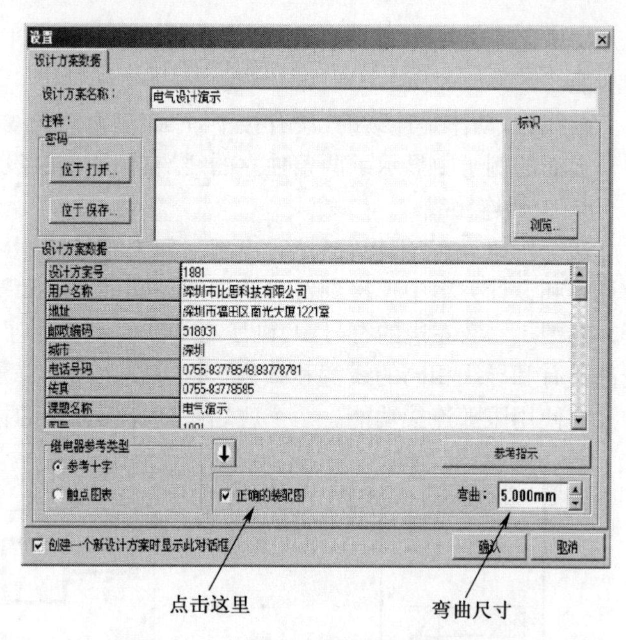

图 1－54 激活“正确的装配图”复选框

可以通过移动鼠标决定，线从 S1 出来时是水平线，再垂直连接到 H1，还是从 S1 出来时是垂直线，再水平连接到 H1。如果先点击 S1 的连接点，再水平移动鼠标到 H1，则画出的线如图 1－55 所示。如果点击 S1，垂直移动鼠标向下，则画出的线先垂直向下，再水平连接到 H1。按下空格键，也可以改变画线的方向。要改变弯曲从 45°～90°或其它角度，必须点击线，按空格键，如图 1－56 所示。

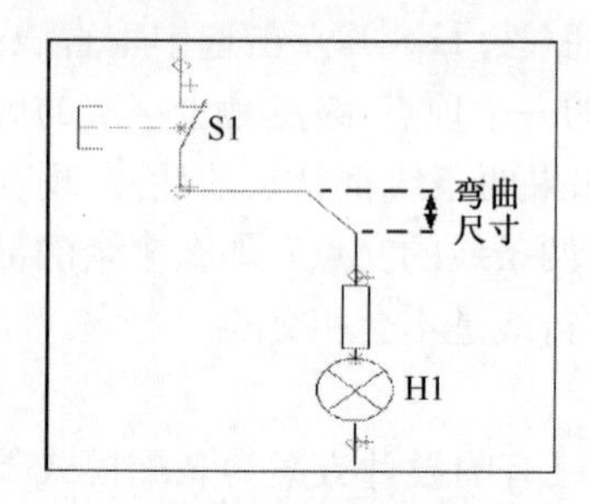

图 1－55 弯曲线

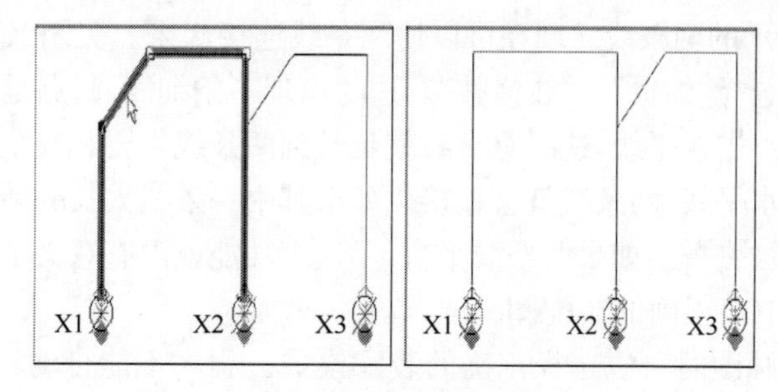

图 1－56 改变弯曲角度

3）不在正确的装配图中时的错误信息

当激活正确的装配图时，如果画出了不正确的装配连接，会出现图 1－57 的错误信息。当出现时，点击“确认”按钮。可以把正确的装配图和没有在装配模式下绘出的图混合使用。但是，如果激活了“正确的装配图”复选框，则不允许再画任何不正确的装配图。如果不想在装配图模式下画图，则必须先关闭“正确的装配图”复选框。

4）在已有的设计方案中选择正确的装配图

在“设计方案数据”标签中，激活“正确的装配图”复选框时，如果画出了不正确的装配图，则会出现图 1－58 所示的信息。

要查找不正确的装配图部分，可以选择“功能”—“设计检查”，激活“正确的装配图”复选框，如图 1－59 所示。点击“确认”，会出现设计方案中不正确的装配部分列表，如图 1－60 所示。

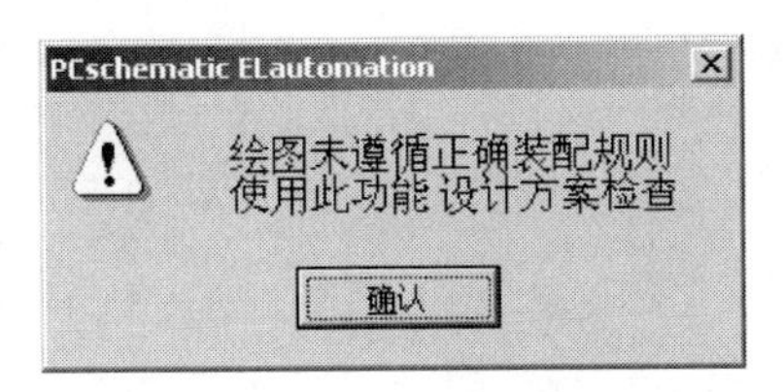

图 1-57　非法连接提示

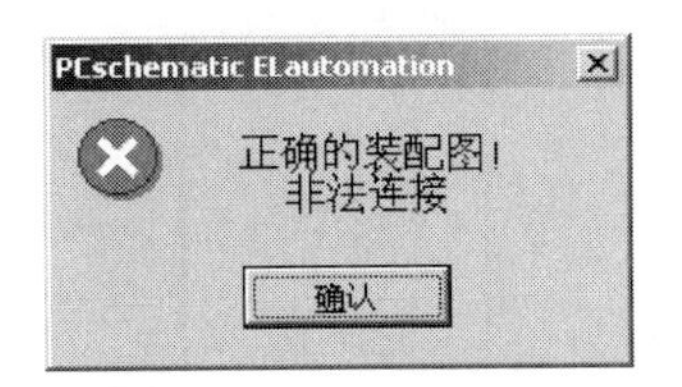

图 1-58　设计方案检查

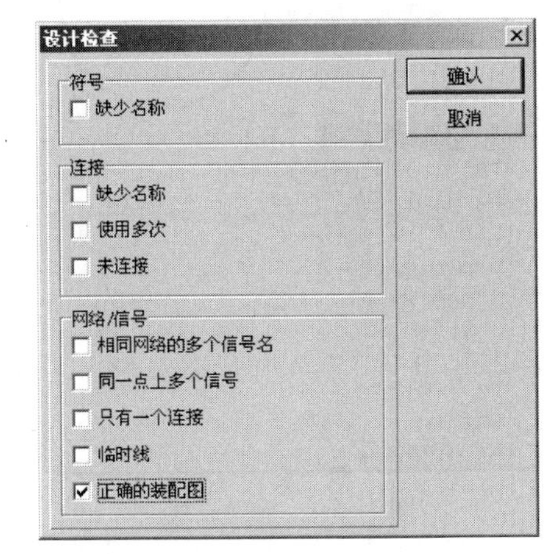

图 1-59　激活“正确的装配图”

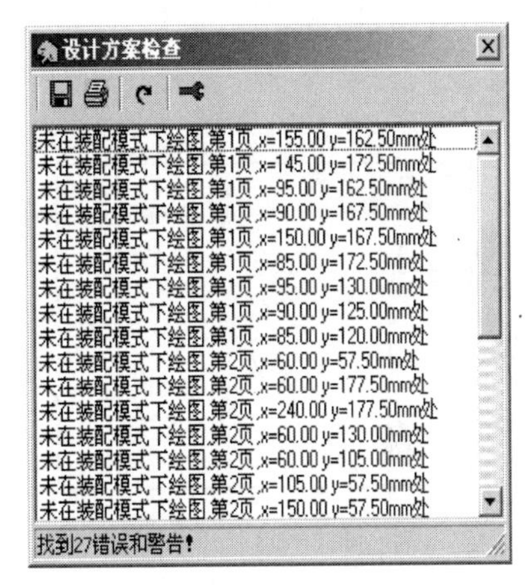

图 1-60　设计方案检查

（五）圆弧/圆的绘制功能

要画圆时，可以点击“圆弧/圆”按钮，激活“铅笔”按钮。圆弧/圆的快捷键是[c]。“铅笔”按钮的常用快捷键为[Ins]。不过，在激活“圆弧/圆”按钮的情况下，也可以使用[c]作为它的快捷键。按下[Ins]键或[c]键可以激活/关闭“铅笔”功能。

1. 圆/圆弧工具栏

R 是圆/圆弧的半径，V1 是圆弧的起始角度，V2 是圆弧的终止角度，逆时针方向，如图 1-61 所示。要画出一个完整的圆，V1 应设为 0，V2 应设为 360；要画四分之一个圆，V1 可以设为 180，V2 设为 270；要画半圆，V1 可以设为 45，V2 设为 225，如图 1-62 所示。

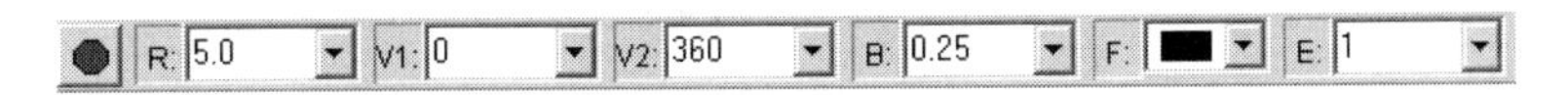

图 1-61　圆/圆弧工具栏

可以激活/关闭“填充圆/圆弧”按钮，决定圆/圆弧是否填充。B 是线宽，F 是线的颜色和填充的颜色。按下空格键，可以旋转选中的圆弧。

2. 椭圆

使用“圆/圆弧”命令也可以画出椭圆。圆/圆弧工具栏中最后的 E 区域是椭圆因数。如果因数被设为 1，画出的是一个普通的圆。如果不是 1，则为各种形状的椭圆。如图 1-63 所示。如果这时填写 V1 和 V2，可以画出椭圆形的圆弧。

3. 把圆/圆弧和椭圆转换为线

要把一个圆转换为线时，先选中圆，再选择“编辑”—“转换为线”，如图 1-64 所示。进行这个功能后，圆就被转换为线。现在要选中这些线，必须先点击“线”按钮。

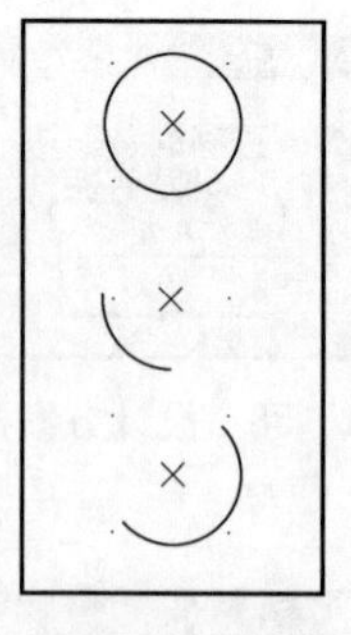
图 1-62 画圆

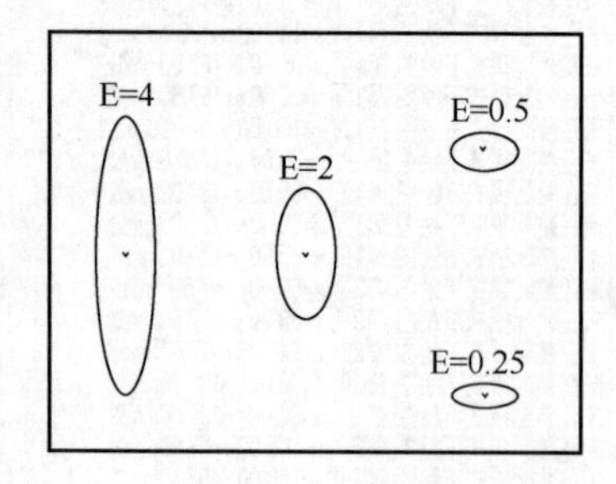

图 1-63 椭圆

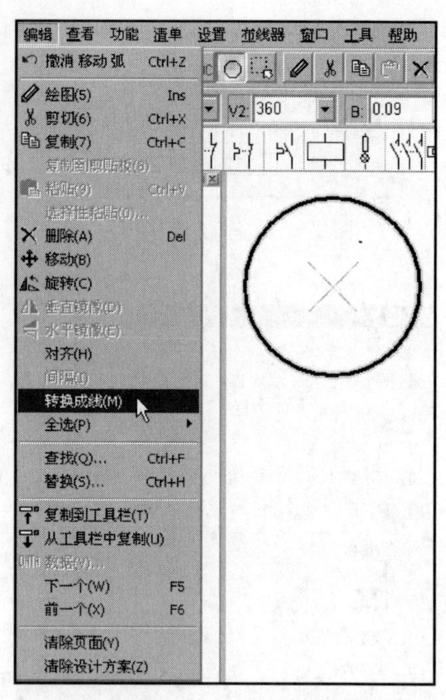

图 1-64 转换成线

(六) 文本功能

要输入文本(文字),必须先点击“文本”按钮或按下快捷键[t],再点击“铅笔”按钮。“铅笔”按钮的常用快捷键为[Ins]。不过,在激活“文本”按钮的情况下,也可以使用[t]键作为它的快捷键。按下[Ins]键或[t]键可以激活/关闭“铅笔”功能。

1. PCschematic ELautomation 中的文本类型

PCschematic 中有不同的文本类型,如表 1-7 所列。

在这本书中提到的文本,如果没有特别说明,都是指自由文本。

表 1-7

文本类型	描述
自由文本	可以被用于设计方案中任何地方的文本
符号文本	每一个符号自身的文本,包含了符号所代表的元件信息
连接点文本	每一个符号连接点自身的文本
数据区域	自动填充的文本区域

1) 自由文本

自由文本可以被用到图纸中,符号定义中或图纸模板中的任何地方。自由文本不能像其它类型的文本那样传送到设计方案清单中。如果自由文本是符号定义中的一部分,那么它在图纸中是不可改变的。

(1) 输入和布置自由文本:点击“文本”按钮,再点击“铅笔”按钮,或者在文本工具栏中的文本区域(空白区域)内点击,就可以输入文本了。输入图 1-65 所示的文本后,按[Enter]键。请注意工具栏会显示出正在进行自由文本的操作。现在文本位于十字线中,点击要布置文本的位置,这时已经在设计方案页面中布置了一个自由文本。

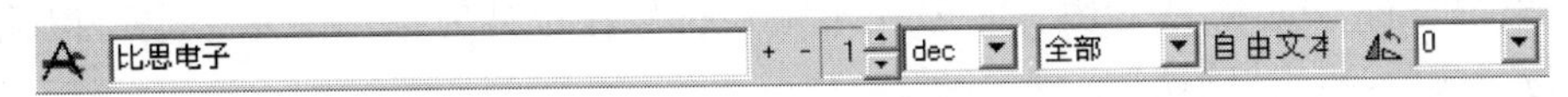

图 1-65　文本工具栏

另外，按下快捷键[k]，会进入“布置文本”对话框，如图 1-66 所示，在其中输入文本后，也可以布置到页面中。

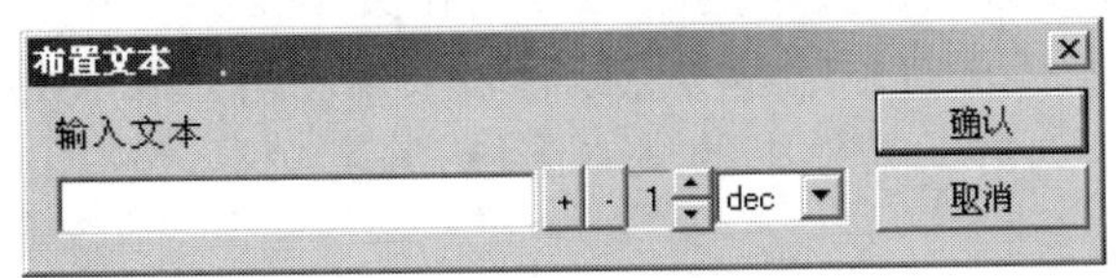

图 1-66　布置文本对话框

(2) 编辑设计方案中的文本：要编辑设计方案中的文本，可以按下列步骤：

①关闭铅笔按钮(按[Esc]键)；点击文本，再按下快捷键[k]；更改文本，并按[Enter]键(或点击“确认”)；

② 如果按[F7]键进入“对象列表”对话框，可以查看设计方案中的所有文本，并可以编辑它们。

2) 符号文本

符号文本包含了符号所代表的元件信息。这些符号文本如表 1-8 所列。

表 1-8

文本类型	描　述
符号名	符号/元件名，例如 K1，Q34
符号类型	描述了元件类型，可以使用数据库填写
符号的项目号	文本确切地描述了符号所代表的元件。可以是 EAN 号或者库存号，可以使用数据库填写
符号功能	文本用于描述符号的功能，可以使用数据库填写

输入符号文本中的信息可以被自动加入到零部件清单中。

(1) 填写符号文本：当布置符号时，会自动进入“符号项目数据”对话框。在这里可以输入符号的不同信息，也可以点击“确认”，以后再填写这些信息。如果不能自动进入“符号项目数据”对话框，可以进入“设置”—“指针/屏幕”，选择“要求名称”，激活这个功能。如果以后要输入符号文本，必须先点击“符号”按钮或使用快捷键[s]，然后在符号上点击鼠标右键，在出现的菜单中选择“符号项目数据”。

另一种方法，可以点击选中符号，然后点击程序工具栏中的“数据”按钮。现在进入“符号项目数据”对话框，可按图 1-67 所示方法填写。

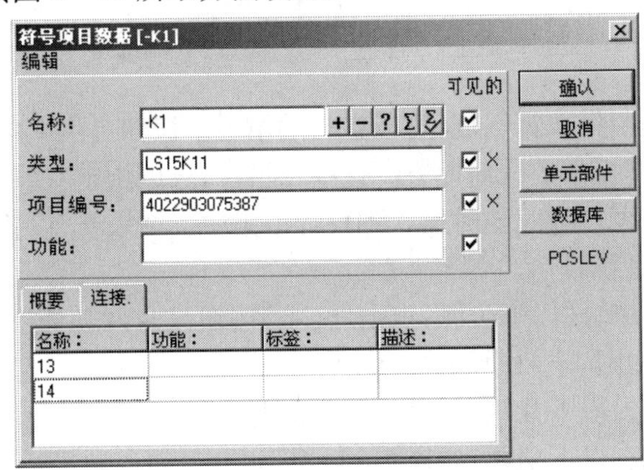

图 1-67　符号项目数据

在这里填写符号文本，决定哪些符号文本跟随符号在设计方案中显示。也可以输入连接点名，填写完成后，点击“确认”。

(2) 直接改变页面中的符号文本：一个符号可以有如图 1-68 所示的四个可显示的符号文本。可以直接改变页面中显示出来的符号文本内容：先点击“文本”，然后关闭“铅笔”按钮(按[Esc]键)，点击要改变的文本的参考点。在文本工具栏中会看到所选中的符号文本类型，如图 1-69 所示。从符号的参考点到符号文本之间会显示出一条线，这表明了符号文本属于哪一个符号。点击工具栏中的文本区域，编辑文本，按[Enter]键。现在已经改变了符号文本。

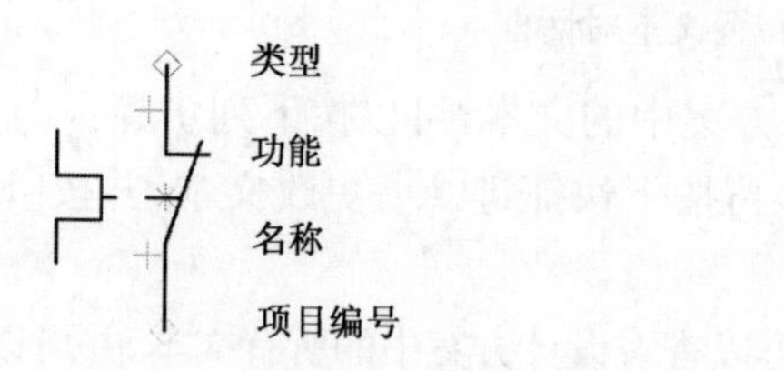

图 1-68　符号文本

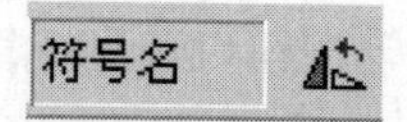

图 1-69　符号文本类型

选中了一个符号文本后，可以按下[F5]键和[F6]键，在同一个符号的不同文本间切换。

(3) 在页面中移动符号文本：要移动符号文本，先激活“文本”按钮，然后可以像前面介绍的那样移动文本，比如用鼠标拖和拉。选择文本时，必须要确认选中了文本的参考点(文本旁边红色的小十字)。如果移动文本时按下[Shift]键，可以应用精确捕捉布置文本。

3) 连接点文本

这些文本和符号的连接点(符号和导线连接点)联系在一起，包含了关于这方面的信息。连接点文本的类型如表 1-9 所列。连接点文本的填写和移动，与符号文本的一样。

表 1-9

连接点文本	内　容
名称(连接点名)	连接点的连接数目
功能(连接点功能)	连接点的功能
标签(连接点标签)	简单描述(比如 PLC 图)
描述(连接点描述)	详细描述(比如 PLC 图)

选中了一个连接点文本后，可以按下[F5]键和[F6]键，在连接点的各个文本间切换。

4) 数据区域

另一种类型的文本叫做数据区域，可以被自动填写。比如自由文本，它们可以被应用到原理图中、符号中和图纸模板中的任何地方。选择“设置”，可以指定一些数据区域的内容。这里输入的内容会在布置数据区域时随时插入到设计方案中。如果在“设置”中改变了数据区域的内容，设计方案会自动更新。

要插入一个数据区域，按以下步骤：点击“文本”按钮，选择“功能”-“插入数据区域”。进入“数据区域”对话框，如图 1-70 所示。

数据区域的内容分为以下几组，如表 1-10 所列。

菜单中的其它区域有以下功能，如表 1-11 所列。

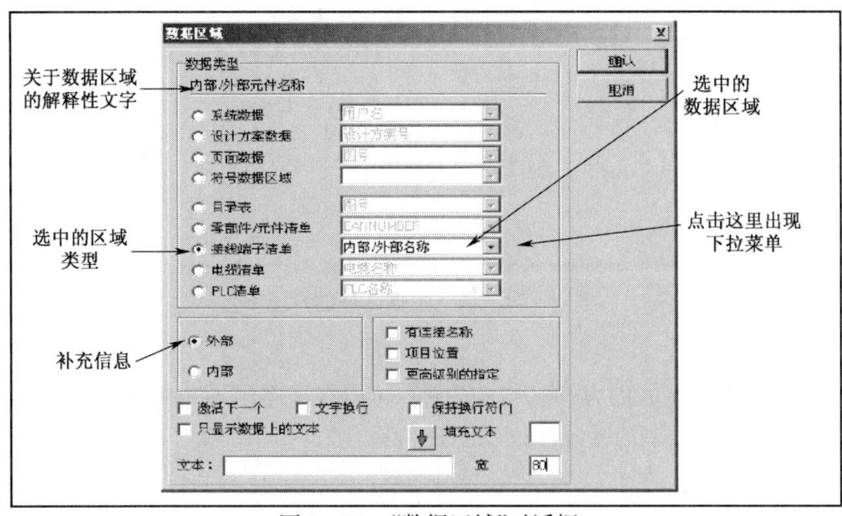

图 1-70　“数据区域”对话框

表 1-10

数 据 区 域	内　　容
系统数据	关于系统的数据。比如用户名,可以在“设置”—“系统”中输入一个人的名字。日期和时间是确切的日期和时间
设计方案数据	关于设计方案的数据。可以在“设置”—“设计方案数据”中定义
符号数据区域	可以自己定义的数据区域
目录表	关于目录表的数据区域
零部件/元件清单	关于零部件/元件清单的数据区域
接线端子清单/电缆清单	关于接线端子清单和电缆清单的数据区域。在辅助信息框中,可以决定一个数据区域属于清单中的外部还是内部
PLC 清单	关于 PLC 清单的数据区域

表 1-11

区　域	功　　能
激活下一个	当某一组信息在页面中多次重复时,可以被用于列表。每一次激活下一个时,列表中的下一组信息就会被填写到清单
限制文本	如果文本包含的字符太多,超过了区域的宽度,则文本的其它部分不会被显示出来。如果激活了限制文本,文本上会多出一条线
允许换行	选择了保留换行符(^),设计方案清单中的数据区域里也会有相应的换行符
只显示数据上的文本	这个选项只有在文本区域输入信息时才会显示。有时候,文本区域被填写了,但数据区域本身没有实际的数据。这时如果激活这个功能,将不会打印屏幕上的任何内容
红色箭头	传送选中的数据区域文本到文本区域
填写字符	在数据区域余下的宽度,文本的最后会填入一个字符。例如,页面标题和页码间会在目录表中有一行虚线
文本	这里可以在数据区域内容的前面输入文本
宽度	数据区域的最大宽度(字符数)

图 1-71 所示为两个插入数据区域的例子。请注意,这就是编辑符号时所看到的数据区域的样子,如果只是在页面中插入一个数据区域,将不会看到数据区域自身的名称,但是可以看到数据区域的内容。

应用“功能”—“插入数据区域”,选择要插入的数据区域,设置完成后点击“确认”。现在选中的数据区域在十字线中,点击要布置的地方。

要编辑一个已有的数据区域,可以在数据区域上点击鼠标右键,选择“数据区域”,进入“数

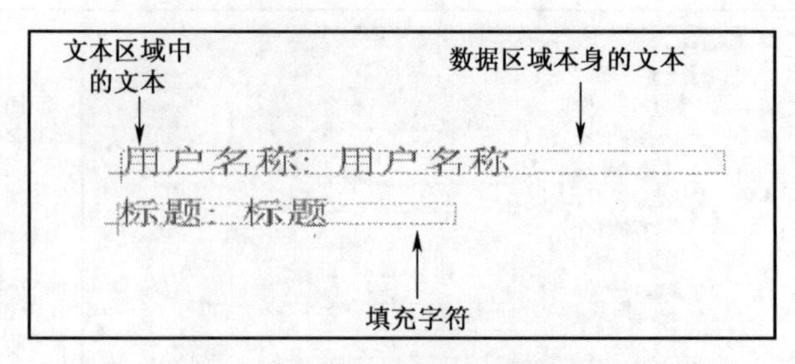

图 1-71 插入数据区域的例子

据区域”对话框。

在文本中插入数据区域的内容:应用“%”字符,可以在文本区域中的文本内插入数据区域内容。这个功能适用于表示数字的区域,比如元件的价格,如表 1-12 所列的选项。

表 1-12

插入	描 述
%s	插入未改变的数据区域的值/内容。 如果输入“价格:%s \$”,数据区域的内容为 25,则文本中的结果就会是“价格:25 \$”。 如果输入的内容没有小数,则不会显示小数。如果输入的内容有小数,也会相应地显示小数
%f	把浮点值插入数据区域
%.1f	把带小数的浮点值插入数据区域内容。可以选择从 0 到 9 的小数。如果输入“价格:%.2f \$”,数据区域内容为 25,则文本结果为“价格:25.00 \$”
%-	如果输入“%.3fkg”,数据区域内容为 17.65,则文本结果为“17.650kg” 没有插入数据区域值时,文本在“%”字符前结束。比如输入“总价:%”,则输入数据区域内容时,文本“总价:”就会插入进去 这可以被应用到清单的最下面一行,在这里数据区域总价 1 没有内容,只有清单中所有页面都添加进来时,它才会有计算结果。要达到这个目的,必须把数据区域总价 1 和文本“总价:%-”布置到左边最下一行 把数据区域总价和文本“%s \$”布置到右边最下一行 对所有数据区域选择只显示数据上的文本

要在文本中使用“%”字符时,只需输入“%”字符两次。比如输入“%.2f%%”,则结果就是“25.00%”。

2. 设计方案和页面数据

打开一个新设计方案时,会出现“设置”对话框。其中有“设计方案数据”和“页面数据”选项。可以为设计方案填写不同的数据。

要填写这些区域,只需在区域内点击,然后输入信息。按下[Tab]键可以在区域间切换。如果现在不想输入这些数据,按[Esc]键或点击“取消”。如果要填写或改变数据,选择“设置”-“设计方案数据/页面数据”,或点击“设计方案数据”或“页面数据”按钮,如图 1-72 所示。

如果要改变“设计方案数据”或“页面数据”菜单中的数据区域名(菜单左边的灰色区域),可以在要改变的区域名上点击鼠标右键。这时会弹出一个菜单,可以选择编辑区域名,删除区域名,或者添加新区域名。但是,不能改变当前设计方案中已被使用的数据区域名。点击“刷新”可以查看改变后的效果。

3. 通用的文本功能

对文本进行操作时,可以对所有文本类型应用某些文本功能。

1) 改变文本

要改变图中的文本,首先关闭“铅笔”按钮(按[Esc]键),点击文本选中它。文本位于工具栏中的文本区域内。在区域内点击,更正文本,按[Enter]键。

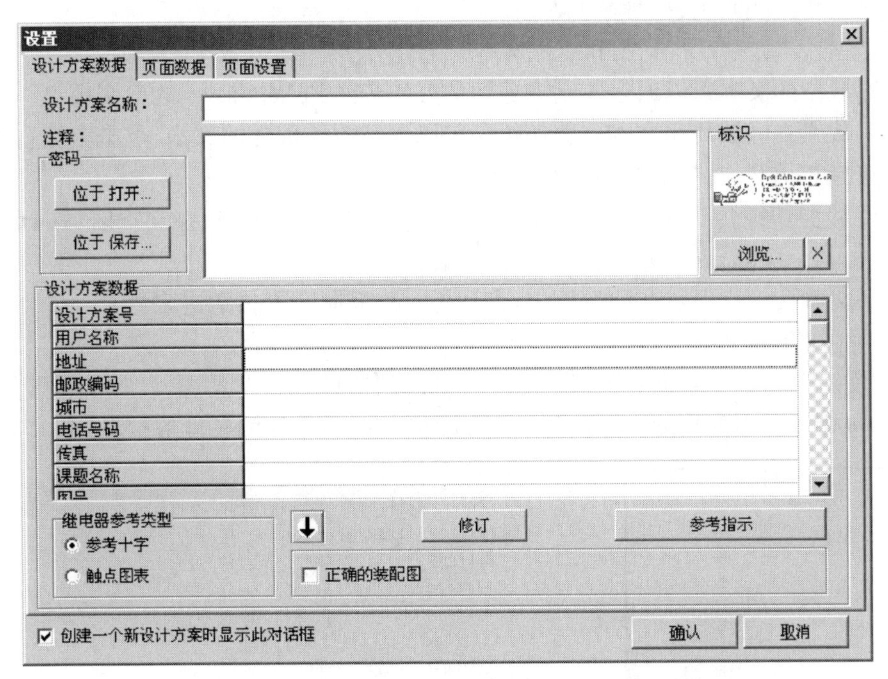

图 1-72　“设置”对话框

在文本区域内的文本上双击鼠标，文本会被选中，这时就可以对其编辑。选中一个文本时，也可以按快捷键[k]，进入一个对话框，如图 1-73 所示，可以在其中编辑文本。输入文本时，输入的文本会在文本工具栏中显示出来。

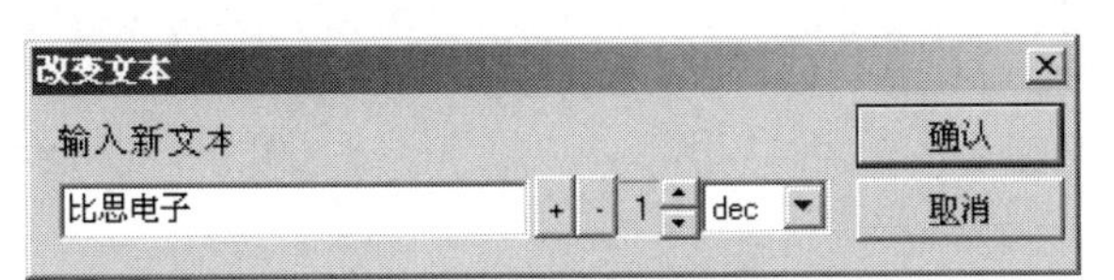

图 1-73　改变文本

2）改变十字线中的文本

要改变十字线中的文本，可以在文本区域内点击（或按[k]键），输入一个新文本，按[Enter]，布置文本。复制时也可以这样做。

3）超过一行的文本

要实现文本的换行，可以在文本间输入“^”字符。比如，“比思^电子”就会显示为两行，上面一行为“比思”，下面一行为“电子”。

4）带上划线的文本

在文本区域输入文本，选中它，按快捷键[Ctrl＋PageUp]。这时选中的文本上就会添加上划线。同样，也可以选择工具栏中的文本，点击鼠标右键，选择“上划线”（见图 1-74）。如果关闭“铅笔”按钮（按[Esc]键），在文本上点击鼠标右键，也可以选中“上划线”功能。

5）带下划线的文本

如上所述选择文本，按快捷键[Ctrl＋PageDown]，或选择文本，点击鼠标右键，选择“上划线”。如果关闭“铅笔”按钮（按[Esc]键），在文本上点击鼠标右键，也可以选中“下划线”功能。

注意：只有对数字和英文字母才可使用上（下）划线功能，并且字体不能为中文字体。对中文字使用这两个功能时，会出现乱码。

6）在文本区域内剪切、复制和插入文本

文本区域中的文本可以通过复制或剪切的方法传送到 Windows 的剪切板。

如果要从文本区域传送文本到剪切板。可以先选中要传送的文本，点击鼠标右键，在出现的菜单中选择“复制”，在剪切板中就有了复制文本。

如果要从剪切板传送文本到文本区域，那么激活“文本”按钮，在文本区域内点击鼠标右键，选择“插入”。按[Enter]键，把文本布置到图中。

复制的文本会一直保留在剪切板中，直到另一个复制文本传送进来。

7）文本中的信息

选中“文本”后，在文本上点击鼠标右键，再选择“信息”，会进入“信息”对话框，如图 1－75 所示，其中包含了文本的高度、宽度、位置、所用的字体、文本线的长度等信息。

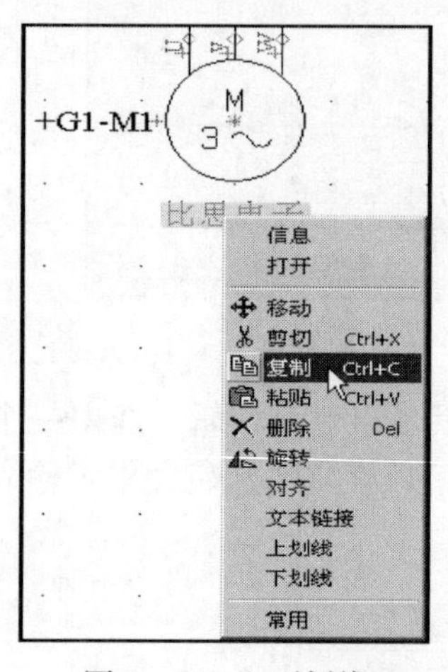

图 1－74　上下划线

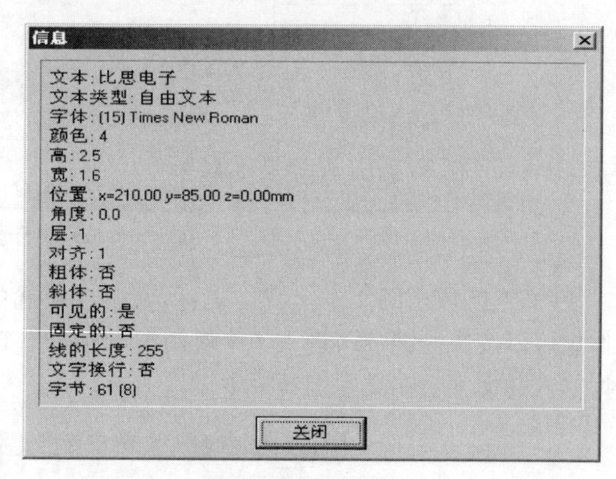

图 1－75　文本信息

4. 锁定文本类型

在文本工具栏，也可以锁定要操作的文本类型，这样可以对所选类型的文本进行计数操作，如图 1－76 所示。

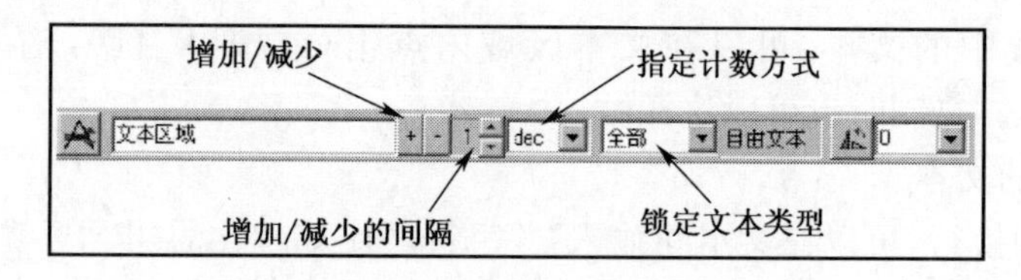

图 1－76　文本类型

在文本工具栏中，可以指定只对选定类型的文本进行操作。例如，如果选择文本类型为“符号名”（见图 1－77），那么在设计方案中，只有类型为“符号名”的文本会被选中。如果在设计方案中的一些符号周围拖出一个窗口，只有它们的符号名会被选中，如图 1－78 所示。

锁定了文本类型为“符号名”，就可以在文本工具栏的文本区域为符号输入一个名称，按[Enter]键，点击符号。按照这个方法操作，就不必点击符号中“符号名”文本的参考点。

如果要布置一个连接点文本，可以锁定相应的文本类型，然后在连接点上点击。当文本类型设为“全部”，可以选择所有类型的文本。应用一种文本功能完成操作后，记住把文本类型重新设置为“全部”。

图 1-77　指定符号类型

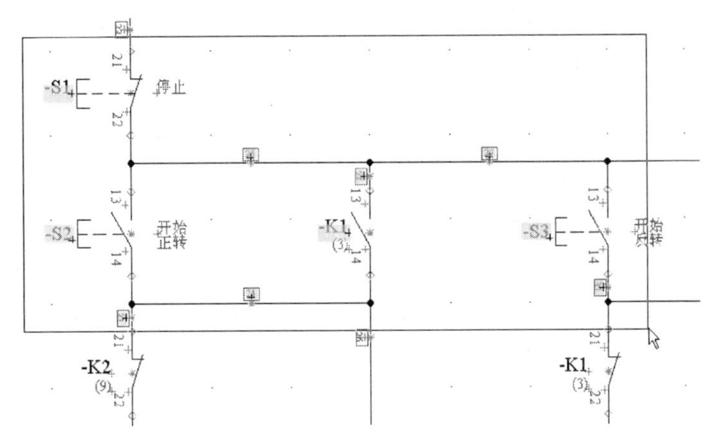

图 1-78　指定符号类型后进行选择的效果

5. 对文本计数

要使文本加计数或减计数布置时,可以指定文本加/减的单位。在这里可以选择二进制、八进制、十进制和十六进制,如图 1-79 所示。也可以选择大写/小写字母计数(比如 ALFA 或 alfa)。

在文本工具栏中的文本区域输入初始文本。可以在"间隔"区域中指定文本每一次递增多少。当点击"+"时,文本区域中的文本就会按照"间隔"区域中指定的那样递增。如果间隔设为 1,选择"十进制(dec)",那么文本 K1 下次将会自动增加到 K2。如果点击"-",文本会遵循同样的规律递减。

当按下[Ctrl]键,点击"+"时,那么每次点击新文本时,文本都会自动增加。因此,当选择文本类型为"符号名"时,在"文本"区域输入了 K1,在"间隔"中输入了 2,按下[Ctrl]键,点击"+",那么点击的第一个符号会被命名为 K1,第二个为 K3,然后是 K5,依次类推。如果按下[Ctrl]键,点击"-",文本会按照同样的规律递减。

1) 对区域中的文本进行计数操作

要加/减区域中的文本,按照以下步骤进行:点击"文本"按钮;指定文本类型、间隔和进制;选择要加/减计数的包含文本的区域(见图 1-80);在文本工具栏的文本区域输入初始文本;按下[Ctrl]键,点击"+";按[Enter]键。

选中的文本现在按照指定的标准进行了计数。请注意,系统会自动记录先点击的地方以及何时选中区域。文本的计数从哪里开始,如果默认从左边开始计数,那么选择区域时就先从左边点击。系统可以同时计数几个符号的文本,如图 1-80 所示。

图 1-79　进制

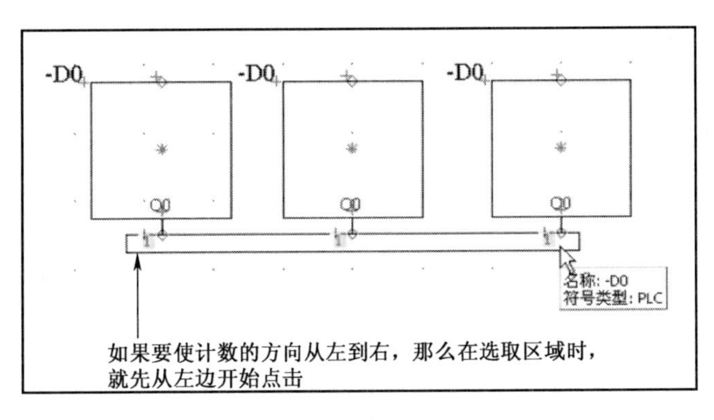

图 1-80　对区域中的文本进行计数操作

2）对文本计数的快捷键

选中一个符号、一个文本或符号上的一个连接点时，或者十字线中有一个文本时，可以增大或减小文本/符号名称/连接点名称。要增大名称，就选择“功能”－“正计数”，或者按下小键盘上的[＋]键。要减小名称，就选择“功能”－“负计数”，或者按下小键盘上的[－]键。增大/减小的间隔可以在文本工具栏中指定。

6. 指定文本数据/文本的显示

退出所有对话框，点击“文本”按钮，再点击“文本数据”按钮，如图 1－81 所示。

要改变文本的设置，可以点击对话框左边的下拉箭头，在出现的下拉对话框中加以选择。

要改变已经布置在图纸上的文本的设置，可以先点击“文本”按钮，再选中文本，点击“文本数据”按钮，然后就可以在其中做出改动了。比如，在“高度”区域，可以点击下拉箭头，选择需要的数值，也可以直接在其中输入需要的数值。

文本数据窗口中包含以下的区域：

(1) 字体：这里可以选择要使用的字体。请注意，要正常显示中文，必须把字体设置为 Times New Roman，如图 1－82 所示。如果要使用一些自定义的字体，请把相关的字体文件复制到文件夹：\PCSELCAD 中。

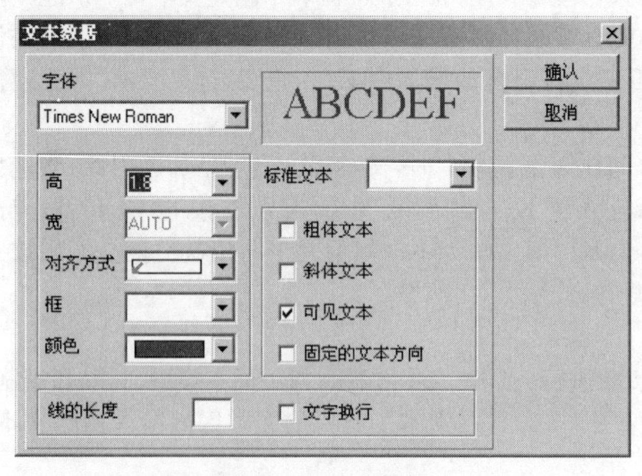

图 1－81 文本数据

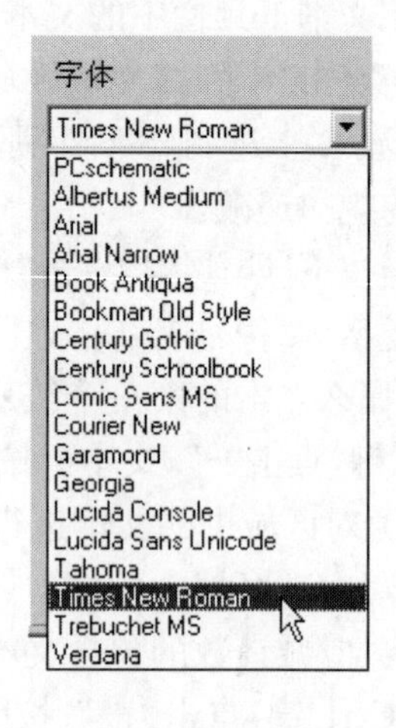

图 1－82 字体

(2) 高度：标明了文本的高度。

(3) 宽度：标明文本的宽度。这指定了字符之间的宽度和它们显示的宽度。选择 AUTO（自动）时，宽度被设为高度的 2/3。

(4) 对齐：一共有九种不同的对齐选项，如图 1－83 所示。当文本布置到一个点上时，实际上是文本的参考点定位到这个点。在“对齐方式”区域内，可以决定参考点位于文本的哪个位置（见图 1－83）。

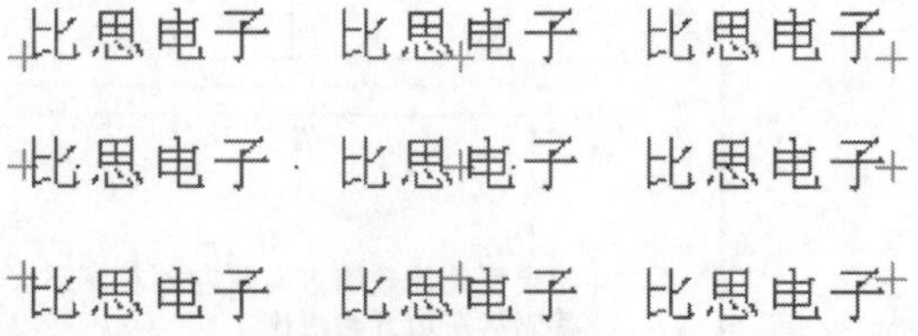

比思电子 比思电子 比思电子

比思电子 比思电子 比思电子

比思电子 比思电子 比思电子

图 1－83 对齐

文本旋转时，它是以参考点为中心旋转的。红色的小十字就是它的参考点。

(5) 文本框：要在文本上加上文本框，也可以在其中选择相应的选项，如图 1-84 所示。

(6) 颜色：标明文本和文本框的颜色。其中列出了 14 种不同的颜色，还可以选择颜色为 NP(不打印)，那么就只可以在屏幕上看到文本，却不会打印出来。

(7) 线的长度：在这里可以指定每一行最多可以包含多少个字符。如果文本太多，则多余的部分会被去掉。

(8) 文字换行：如果文本太长，则换行。

(9) 检查标记：在对话框的右边，可以选择"粗体文本"、"斜体文本"、"可见文本"和"固定文本方向"。如果要应用相应的选项，就在前面打上对勾。

(10) 从文本/符号的默认值选择文本数据：在"文本数据"对话框中，可以从"设置"-"文本/符号默认值"中指定的文本类型设置中选择设置。

在对话框上部的"标准文本"区域点击下拉箭头，会看到一个有许多文本类型的列表，可以在"设置"-"文本/符号默认值"中设置标准类型。

也可以为自由文本选择默认设置。比如，点击"符号类型"(图 1-85)，"文本数据"对话框中的设置会变为符号类型文本的默认值。这样可以使自由文本和符号文本有相同的显示大小、颜色等。

图 1-84　文本框

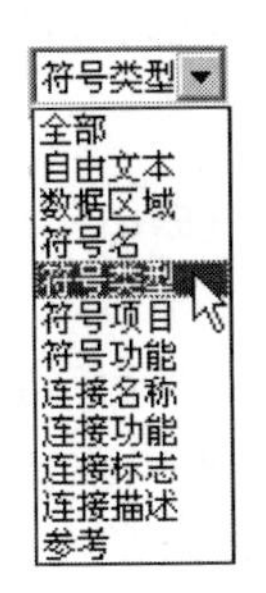

图 1-85　符号类型

7. 设计方案中显示哪些文本

1) 设计方案中显示的文本

进入"设置"-"文本/符号默认值"，可以指定哪些类型的文本在设计方案中显示出来。如果决定"符号项目号"在设计方案中不显示，那么设计方案中所有符号的项目号都不会显示出来，即使在符号的"符号项目数据"对话框中选择"可见"。另外，如果在"符号默认值"中设定"符号项目号"在设计方案中显示，那么对单个的符号，就可以决定这一项是否显示。

如图 1-86 所示，在"文本默认值"区域的左边，可以决定要改变哪些类型文本的设置；在其右边，可以决定这些文本是否要在设计方案中显示。"文本默认值"右边的内容取决于所选择的文本类型。

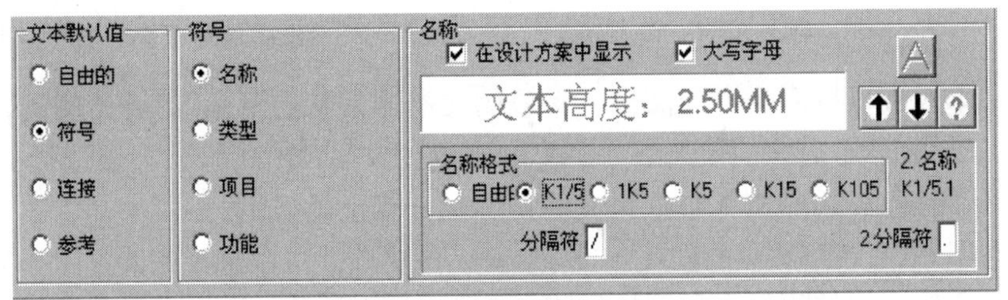

图 1-86　文本默认值

例如，要使“符号项目号”类型的文本在设计方案中显示，可以先点击“符号”，再点击“项目”，最后选中“在设计方案中显示”。如果要使文本以大写字母显示，可以点击“大写字母”。这样，在输入文本时，就只能输入大写字母。但是，已经布置到图纸中的文本不受此影响。

2）符号名的命名格式

对于符号名，可以决定页面中符号的布置和电路号是否将包含在符号名中。

3）以默认值保存

如果要把当前的设置作为标准设置保存，请点击“以默认值保存”按钮。点击“确认”。请注意只能把当前对话框中显示的文本类型设置为默认标准。如果点击这个按钮，现在只能改变符号名的设置。

要改变更多类型文本的设置，必须先选中相应的文本类型，再点击以“默认值保存”按钮。如果要对选中的文本类型应用当前的默认设置，请点击“应用默认设置”按钮。如果只是想查看默认设置，请点击“显示默认值”按钮。把当前设置作为默认设置时，将会在新的设计方案中应用这些设置。但不会应用到当前设计方案中。当回到绘图页面时，最好点击“刷新”按钮，可以刷新页面中应用新设置的文本的显示。

4）改变文本数据

应用这一项也可以改变默认显示——对不同的文本类型，系统会应用哪些文本数据。

点击一种文本类型，可以点击“文本数据”按钮，决定它的显示情况。现在直接进入“文本数据”对话框。

在图 1-87 中，点击“参考”选项，可以点击“水平参考”和“纵向参考”，决定电路号的显示情况。点击“参考十字”，可以决定要布置到设计方案中的在十字线中的文本的显示情况。点击“符号参考”，可以决定布置到设计方案中的符号间的参考文本的显示情况。“信号参考”只能在编辑符号时才可以改变。

注意：符号和连接的文本默认设置只会应用于设计符号时用到的文本数据。因此它们只有在设计/编辑符号时才可以改变。已有的符号不会受到影响。

8. 文本的阅读方向

图 1-88 所示为对一张纸的每个部分进行编号，左下角通常为 0，右下角为 1，右上角为 2，左上角为 3。无论这张纸是平放或者竖放都按照这个规律。

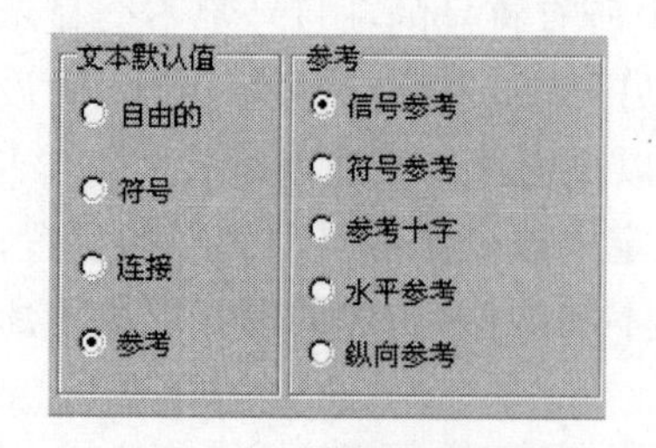

图 1-87 参考选项

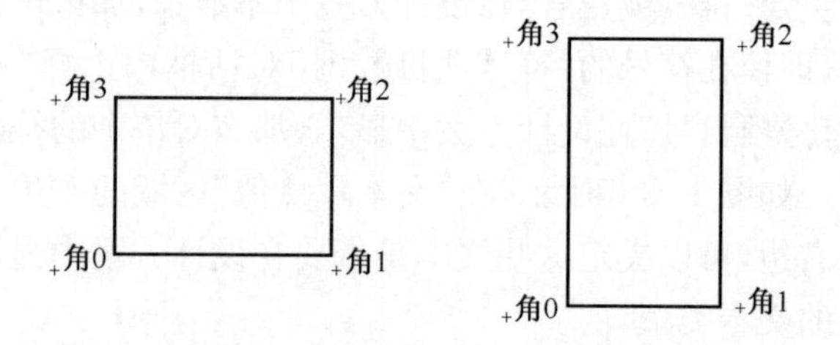

图 1-88 纸张的每个部分编号规律

图中的文本通常只按两个方向阅读。平放的文本通常从右下角“1”开始阅读。但是，如果绘制了一个平放的页面，后来打印输出，旋转后布置到文件夹中，那么必须选择阅读方向“0”（文本从 0 开始阅读）。这样文本布置到文件夹中就可以正确显示。

阅读方向可以在“设置”-“页面设置”-“阅读方向”中更改。可以选择阅读方向 0，1，2，3 或－1。这些号码表明了从文本的哪一个角开始阅读，如图 1-89 所示。这意味着文本的旋转，或者带文本的符号的旋转，都会根据选中的设置自动改变。如果要改变图的阅读方向，只需改变设置，文本会相应改变。

如果设定文本的阅读方向为－1，则文本会保持最初被布置到设计方案中时的阅读方向。如果要把一张平放的图插入到一个设计方案中，那么阅读方向必须设置为0。请注意，也可以使单个的文本固定阅读方向。例如这个功能可以被应用于公司图标中。

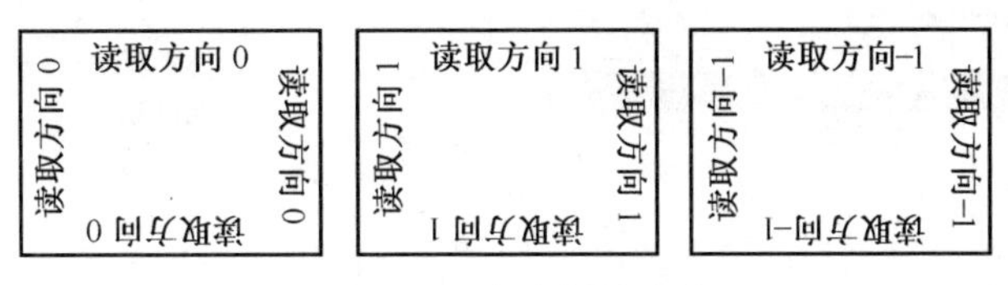

图1－89　文本阅读方向

9. 文本链接

1）什么是文本链接

应用PCschematic ELautomation的一个功能——文本链接，可以使指定同样内容的所有设计方案文本始终保持一致。当链接了两个或更多文本，编辑其中一个时，其它链接的文本都会自动改变。

2）链接文本的指示

当一个文本被链接时，则在对话框中的文本前面会有一个闪电符号指示出来，如图1－90符号项目数据对话框中所示。在“对象列表”中也可以看到这种情况。

图1－90　符号项目数据对话框

在图纸中，链接文本的文本参考点上会有一个箭头指示，如图1－91所示。

3）创建文本链接

对文本进行操作时，按如下方法创建文本链接：选择设计方案中的一个文本，比如点击“文本”按钮，然后在文本的参考点上点击鼠标右键，再选择“文本链接”，如图1－92所示；显示文本链接对话框：点击设计方案中的一个新文本，再点击“添加文本到链接”按钮，把新文本和对话框中的文本链接起来，如图1－93所示；继续添加文本到文本链接，直到所有相关的文本都被链接；点击对话框右上角的“关闭”按钮，关闭“文本链接”对话框。

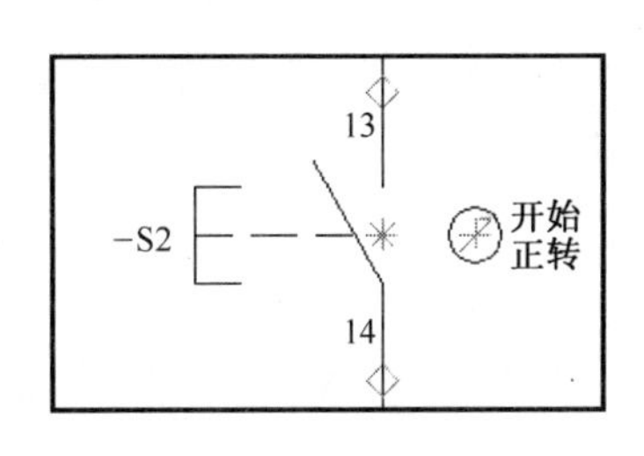

图1－91　文本参考点上的箭头指示

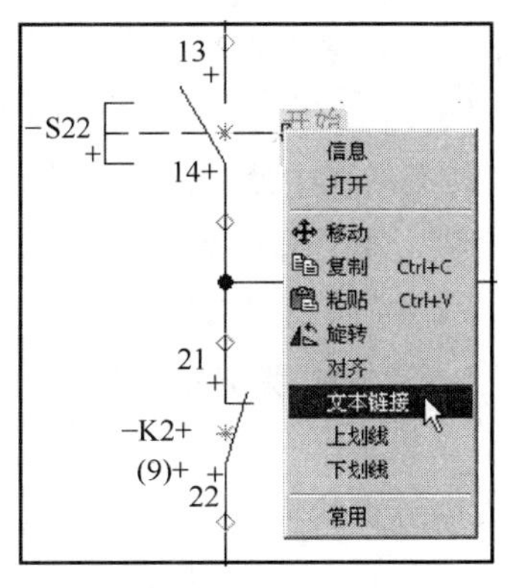

图1－92　创建文本链接

4）文本链接对话框

在文本链接对话框中，被链接的所有文本都会显示出来，如图 1-94 所示。其中包含以下的操作选项：

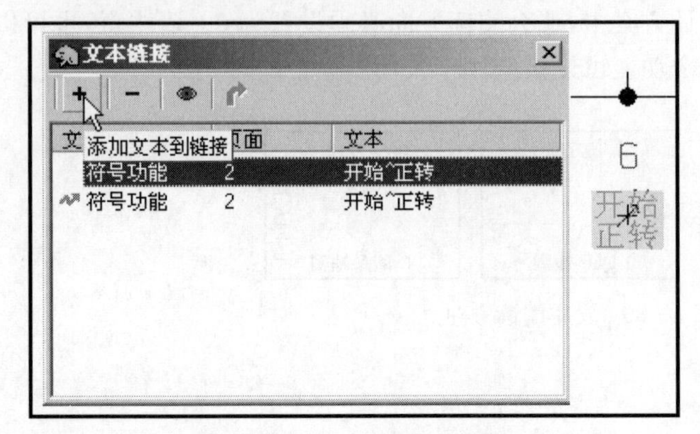

图 1-93 "文本链接"对话框

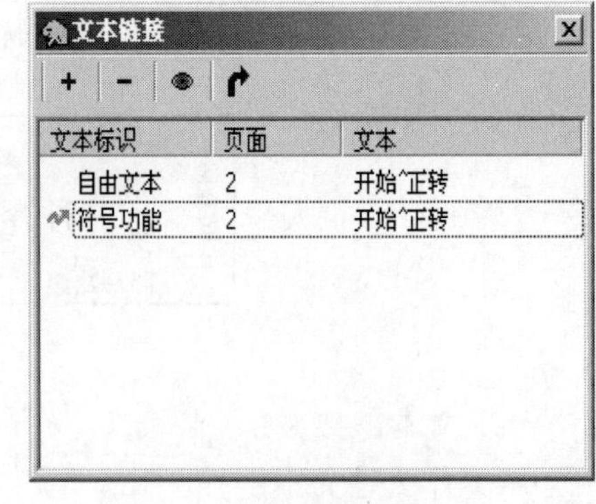

图 1-94 被链接的所有文本

(1) 把新文本和链接列表中的文本链接起来：对"文本"进行操作，并打开"文本链接"对话框时，可以先点击设计方案中的新文本，再点击对话框中的"添加文本到链接"按钮，把它们添加到链接列表中。

(2) 从选定的链接中去掉文本：对"文本"进行操作，并打开"文本链接"对话框时，可以点击对话框中的文本，再点击对话框中的"从链接中去掉文本"按钮，从链接列表中去掉指定的文本。

(3) 显示文本位置：要从"文本链接"对话框中跳转到设计方案中的文本时，有两种选择：①点击"文本链接"对话框中的文本，再点击显示文本位置按钮；②双击"文本链接"对话框中的文本。这时会跳转到设计方案中文本所在的页面，并选中文本。"文本链接"对话框在屏幕上仍处于激活状态。

(4) 加入选中文本的链接列表：打开"文本链接"对话框，选中一个新的文本，再点击"加入选中文本的链接列表"按钮，选中文本的链接列表就会出现在对话框中。

5）编辑文本链接

关闭"文本链接"对话框后，要向一个链接列表中添加文本，或要从链接列表中去除文本，可以按下列步骤进行：点击"文本"按钮；在链接列表中的一个文本上点击右键，选择"文本链接"，打开对话框；在"文本链接"对话框中可以向链接列表中添加文本，也可以点击"从链接中去除文本"按钮，去除文本；完成编辑后，点击对话框右上方的"关闭"按钮，关闭对话框。

文本链接列表中使用的文本也可以在对象列表中编辑。

6）删除文本链接列表

点击"文本"按钮；在链接列表中的一个文本上点击右键，选择"文本链接"，打开对话框；在对话框中点击"从链接中去除文本"按钮，去除文本，直到只剩下一个文本。这时就删除了链接，关闭对话框。

7）文本链接和输入 PLC I/O 清单

输入 PLC I/O 清单时，改动一个文本，那么设计方案中和它链接的其它文本，都会自动地变为相同的文本。

（七）符号功能

在 PCschematic ELautomation 中可以用一个符号在图中代表电气元件。比如，要布置一个灯，可以查找灯的符号，把它布置到图中。

对符号进行操作时，点击“符号”按钮或使用快捷键[s]。“铅笔”按钮的通用快捷键是[Ins]，也可以在对符号进行操作时应用[s]键。按[Ins]键或[s]键激活/关闭“铅笔”按钮。

1. 取出符号

点击“符号”按钮，或按快捷键[s]，可以进入符号模式，对所有符号进行操作。除了复制一个已布置的符号外，还有其它几种方法可以取出符号：

(1) 从符号选取栏取出符号；

(2) 从符号菜单取出符号；

(3) 从数据库取出符号；

(4) 输入符号文件名；

(5) 输入项目号；

(6) 输入符号类型；

(7) 直接创建符号；

(8) 从 Windows 资源管理器取出符号；

(9) 使用条形码扫描器取出符号。

使用数据库时，应用有些功能会非常方便。比如知道需要元件的完整的项目号，或者知道元件的类型，却不知道完整的项目号，可以使用数据库找到该元件。

布置符号时自动画线：布置符号时，使用“布线器”功能，可以在图中自动画出到符号的连接线，如图 1－95 所示。更详细内容，会在后面的章节中叙述。

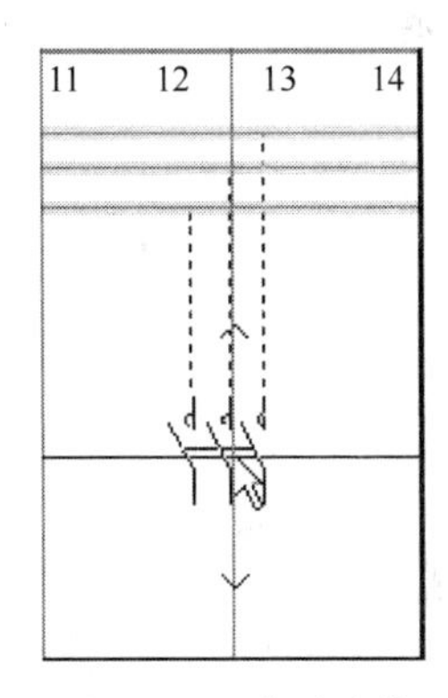
11
12
13
14
图 1－95　自动连线

1) 从符号选取栏取出符号

在屏幕的上方，可以看到符号选取栏，如图 1－96 所示。在这里布置一些最常用的符号。

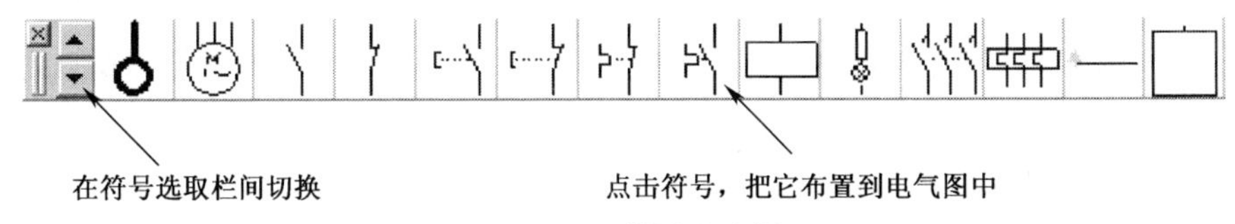
在符号选取栏间切换
点击符号，把它布置到电气图中
图 1－96　符号选取栏

点击选取栏中的一个符号，它就会位于十字线中。可以把它布置到设计方案的页面上。程序会自动转到“符号”工作模式，“铅笔”被激活。如果选取栏没有显示出来，选择“设置”－“指针/屏幕”，选中“符号选取栏”。

使用符号选取栏时，有下列选项：

(1) 符号选取栏中有项目数据的符号：符号选取栏中的符号可以和数据库中的元件联系起来。这样布置符号时，会自动为符号指定项目数据。点击数据库中包含多个功能的符号/元件，会得到包含元件所有电气符号的一个选取栏，如图 1－97 所示。点击其中一个符号，布置到页面。按[Ctrl＋F9]，可以再次显示出选取栏。如果鼠标停留在选取栏中的一个符号上，会在符号下方和屏幕底部的状态栏中显示出符号项目数据的提示。

(2) 使用选取栏进入数据库：在选取栏中点击符号时，按下[Ctrl]键，就会进入数据库。在数据库的“符号”区域，可以看到包含相应电气符号的元件。也可以在符号选取栏中的符号上点击鼠标右键，选择“数据库”。进入数据库后，选取需要的元件，点击“确认”。

(3) 可选择的电气符号：如果通过数据库(比如使用符号选取栏)取出了一个元件，有时候，可以为元件的功能选择不同的电气符号。比如，一个元件有继电器线圈和两个开关功能，开关功能可以是一个双向开关，也可以是一个常开开关，或一个常闭开关。元件的符号选取栏如图1-98所示。如果选取了其中的一个符号，则其它的符号都会消失。比如，对第一个开关功能选取了常开触点后，另外的双向开关和常闭触点符号就会从选取栏消失，如图1-99所示。

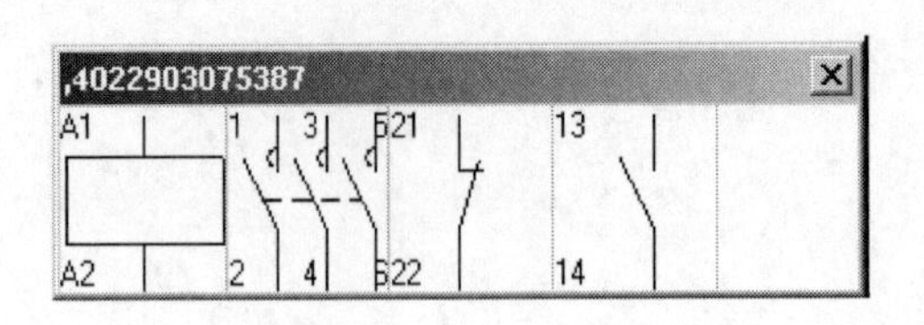

图1-97　选取栏

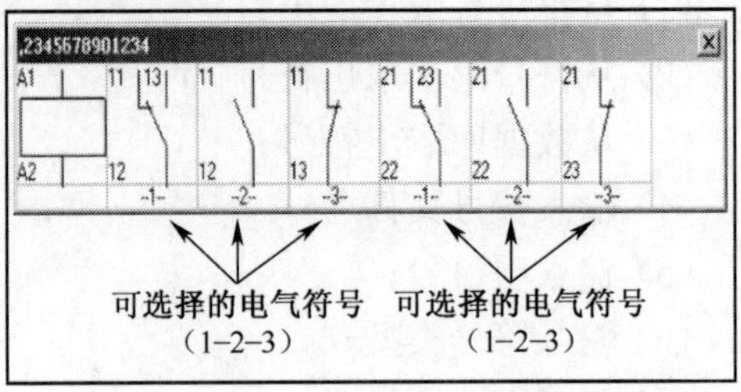

图1-98　元件的符号选取栏

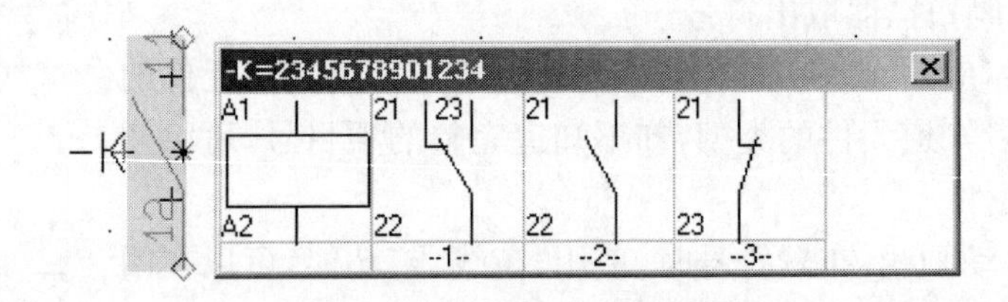

图1-99　选取后的触点符号

上面介绍的只是使用可选择的符号的一种方法，还可以使用可选择的符号的其它选项。比如画主回路控制图时，可以画一般的三相图，也可以画单线图。可以选择使用PLC模块或者是单个的I/O符号。

(4) 使用符号选取栏时的功能限制：可以创建多达999个不同的符号选取栏。点击选取栏左边的上-下箭头，可以在不同的选取栏间切换。符号选取栏可以像一般的窗口那样在屏幕上移动，也可以被锁定。如果被锁定时，它会一直在屏幕上显示。

2) 使用符号菜单取出符号

点击“符号”按钮，再点击“符号菜单”按钮(或按快捷键[F8])。在“符号菜单”中，选取需要的符号，如图1-100所示。要布置查找到的符号，先点击需要的符号，点击“确认”，或双击这个符号，返回绘图页面，同时符号位于十字线中。把符号布置到页面，按[Esc]键，去掉十字线中的符号。

在符号菜单中有如下显示：

(1) 在符号菜单中显示符号库/设计方案符号：要在“符号菜单”中查找符号，可以按下面的方法，选择要显示哪些符号。

① 通过文件夹显示库。点击从“文件夹选择库”按钮，则会在“符号菜单”的左边显示一个浏览结构，可以在其中找到有需要的符号库的文件夹。在C:\盘的Pcselcad文件夹中，可以找到Symbol(符号)文件夹。其中有许多子文件夹，包含不同的符号库。选中一个文件夹后，比

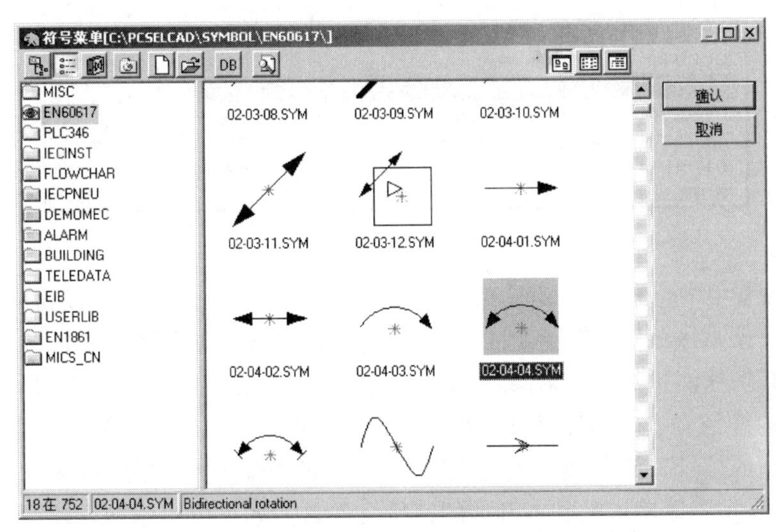

图 1 - 100　符号菜单

如 EN60617，就可以在“符号菜单”窗口中看到这些符号。如果显示出来的符号太多，可以使用窗口上的滚动条。

② 通过别名选择库。点击“通过别名选择库”按钮，“符号菜单”左边会出现已创建的别名清单。每一个别名都指向一个文件夹，其中包含着符号库。安装软件时，会自动为符号库创建别名。也可以编辑或创建任何一个指向符号库的别名。

③ 显示设计方案中的符号。点击“显示设计方案中的符号”按钮，则其中的所有符号都显示出来。

④ 显示最近使用过的符号。点击“历史”按钮，则最近从“符号菜单”中取出的 50 个符号都显示出来。这包括在所有设计方案中使用的符号。

(2) 符号菜单中的代表符号：在“符号菜单”的右上角，会发现三个按钮，它们指定了“符号菜单”中的符号如何显示。

① 以大图标方式显示符号。点击“大图标”按钮，则符号以大图标方式显示。把鼠标停留在符号上，则符号的标题、名称和类型都会显示出来，如图 1 - 101 所示。

② 在列表中显示符号名。点击“列表”按钮，会显示出符号文件名列表。把鼠标停留在符号上，则符号的标题、名称和类型都会显示出来，如图 1 - 102 所示。

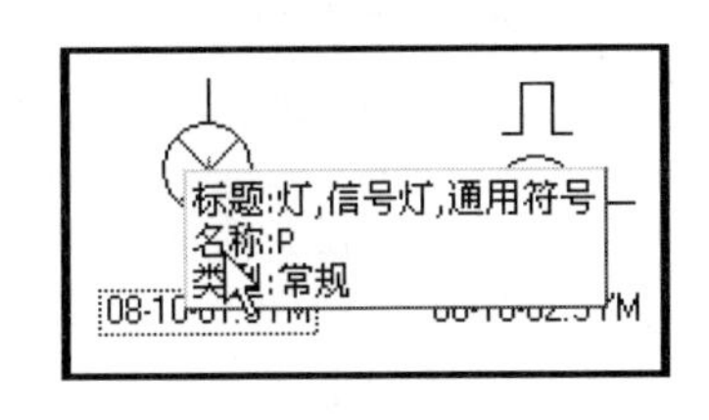

图 1 - 101　大图标显示

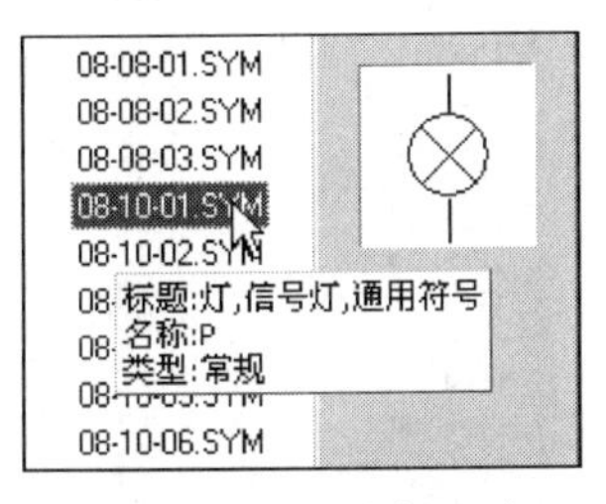

图 1 - 102　列表显示

③ 显示符号名的详细资料。点击“详细资料”按钮，会显示出符号文件名列表，还包含了选中符号的详细信息，如图 1 - 103 所示。鼠标停留在列表中的一行时，相应的符号会在菜单右边显示出来。

08-08-02.SYM	Master clock	P	常规
08-08-03.SYM	Clock with switch	P	常规
08-10-01.SYM	灯,信号灯,通用符号	P	常规
08-10-02.SYM	Signal lamp,flashing type	P	常规
08-10-03.SYM	Indicator, electromechanical	P	常规
08-10-04.SYM	Electromechanical position indicator	P	常规
08-10-05.SYM	Horn	P	常规

图 1-103 详细资料

(3) 在符号菜单中搜索:要在选中的库中搜索符号,可以点击“搜索”按钮或按[Ctrl+f]。这时会出现一个搜索区域,如图 1-104 所示,可以在其中输入要搜索的文本。

点击“搜索”按钮右边的下拉箭头,指定要搜索的类型信息,如图 1-105 所示。在搜索区域输入要查找的符号文本。当输入文本时,程序会自动查询相应的符号。要继续查询,点击“再次搜索”按钮或按[F3]键。输入大写或者小写字母时查询的结果是一样的。

通常,程序会搜索以输入的文本开始的符号文件名。如果要搜索包含输入文本的符号文件名,则点击“开始于/包含”按钮,这样按钮“T…”会变为“…T…”。这时程序会搜索包含输入文本的符号文件名。要搜索以输入的文本开始的符号文件名,只需再次点击开始于/包含按钮。这样按钮“…T…”会变为“T…”。

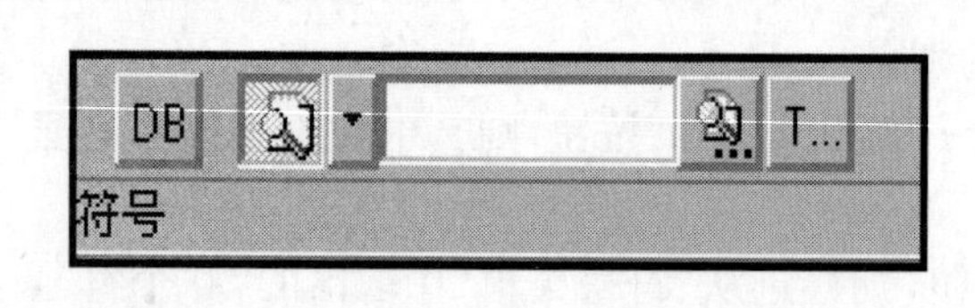

图 1-104 搜索

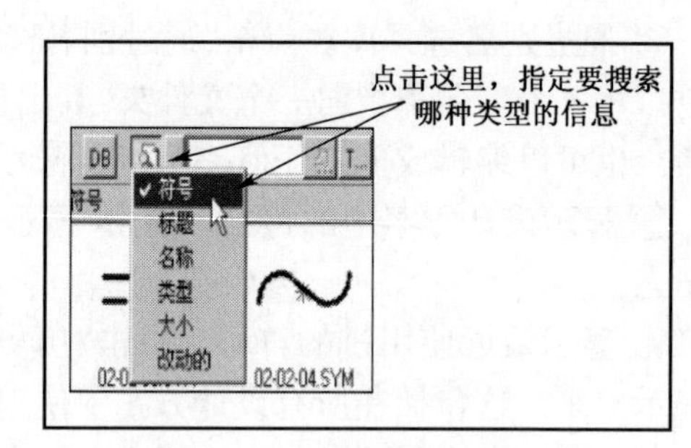

图 1-105 指定搜索类型

(4) 符号菜单中的书签:“符号菜单”显示别名或文件夹时,可以插入书签。点击一个书签,会跳转到文件夹中相应的符号上,如图 1-106 所示。

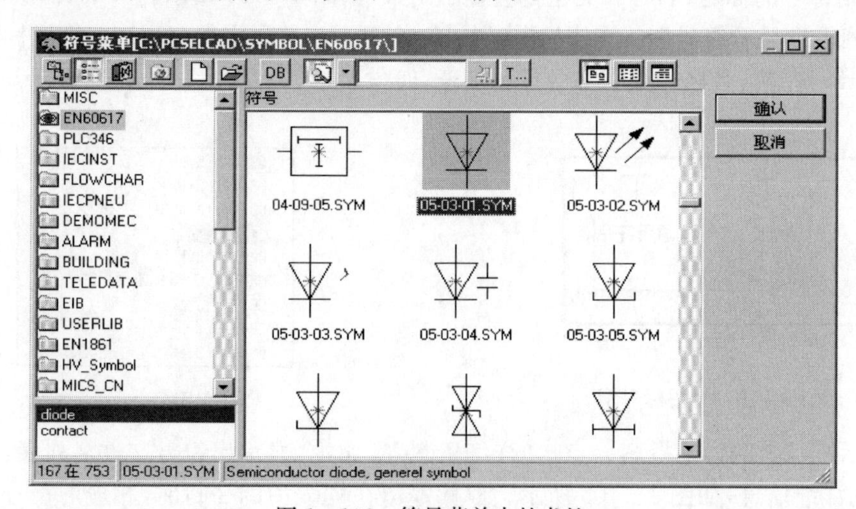

图 1-106 符号菜单中的书签

① 在符号菜单中创建书签：要创建书签，可以在“符号菜单”中的符号上点击鼠标右键，选择“创建书签”，如图 1－107 所示。进入“创建书签”对话框，如图 1－108 所示。输入书签的名称，点击“确认”。这样，当选中书签所在的文件夹时，它就会显示在对话框的左下角。

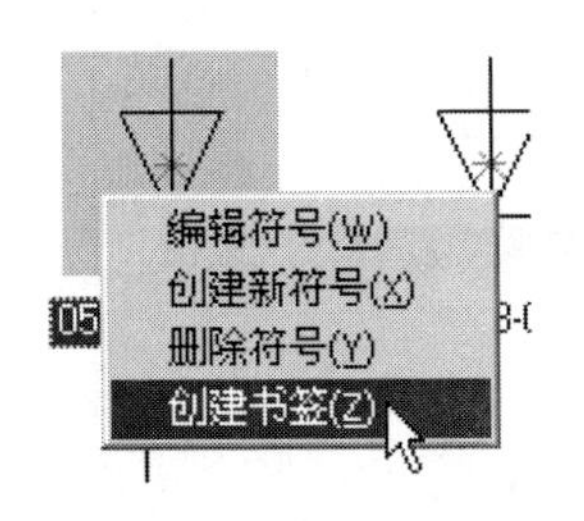

图 1－107　选择创建书签

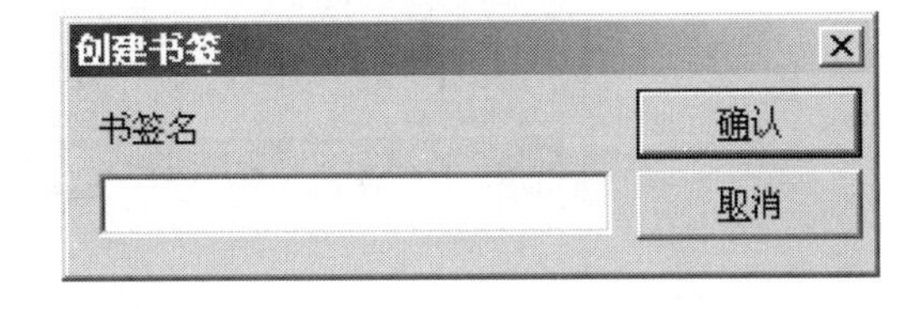

图 1－108　“创建书签”对话框

② 编辑或删除书签。在书签上点击鼠标右键，选择“编辑书签”或“删除书签”，可以进行相应的操作。

③ 书签和复制符号库。书签信息被保存在相应的符号库中。如果从网络上的其它计算机进入这个符号库，也会看到书签。复制符号库时，使用的书签也被自动包括进去

(5) 从符号菜单进入数据库：要在相关的数据库中查找符号，按以下步骤：①进入“符号菜单”；②查找需要的符号，点击它；③点击“数据库”按钮，进入“数据库菜单”。在数据库中，可以看到全部有此种类型符号的元件。

(6) 从符号菜单创建符号或编辑已有符号：要创建一个新符号，点击“创建新符号”按钮。要编辑一个已有符号，在“符号菜单”中点击它，再点击“编辑符号”按钮。

3) 从数据库取出符号

如果已经确定要使用哪些元件，可以直接从数据库取出相应的符号。

(1) 进入数据库：点击“符号”按钮，按下[Ctrl]键，同时点击“符号菜单”按钮，就会直接进入数据库。也可以按快捷键[d]，进入数据库，如图 1－109 所示。

(2) 数据库菜单中的选项：在数据库中选取符号；从数据库布置选中的符号；再次显示元件的符号选取栏。

① 在数据库中选取符号：点击一个文件夹，比如 Automatic switches / connection material，在对话框的右上角选择 Fabricate，选中一个元件。比如选择 EAN 号为 4022903075387 的元件，如图 1－109 所示，点击“确认”。

② 从数据库布置选中的符号：如图 1－110 所示，出现一个包含元件所有电气符号的符号选取栏。如果元件只包含一个符号，那么它会自动位于十字线上。如果有多个符号，就可以一个一个地选取，逐一布置到页面。当点击一个符号时，选取栏就会自动消失。

③ 再次显示元件的符号选取栏：要再次显示选取栏，选择“功能”－“再次显示可用的”或按快捷键[Ctrl＋F9]。

4) 直接输入符号文件名

激活“符号”按钮，按快捷键[k]，进入图 1－111 所示的对话框。输入需要的符号文件名，按回车键。程序会在符号菜单中上次使用的文件夹内搜索符合条件的符号。如果没有找到需要的符号，程序会搜索符号库中的别名。如果找不到匹配的符号，会进入“符号菜单”。如果符号菜单中有以输入的文本开头的符号文件名，这个符号就会被选中。

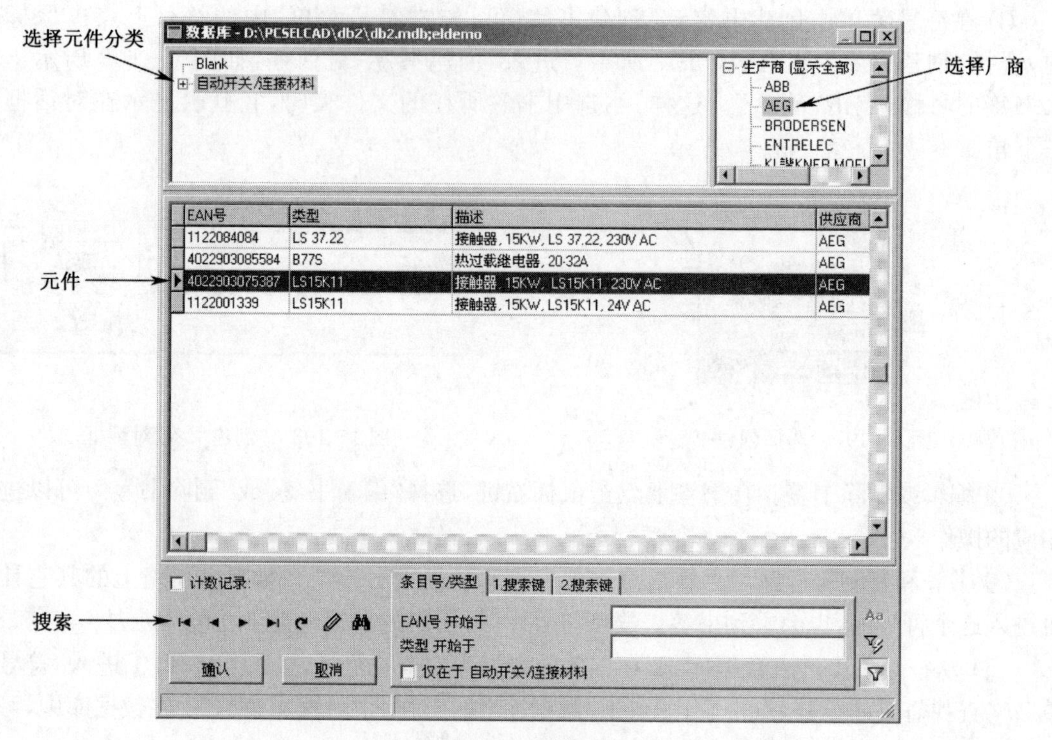

图 1-109 数据库

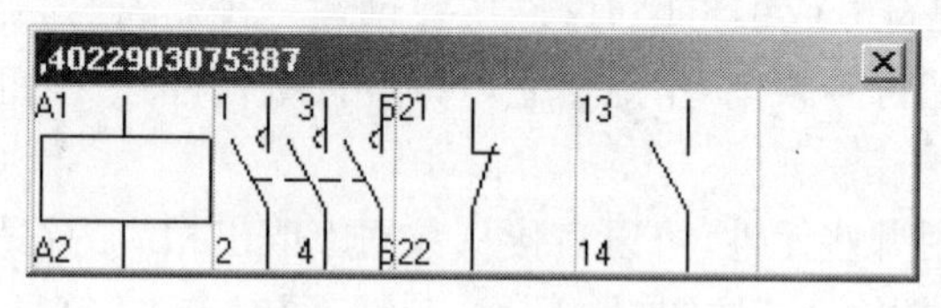

图 1-110 符号选取栏

5）直接输入项目号

激活“符号”按钮，选择“功能”-“数据库”-“查找项目”，或按快捷键[v]，进入图 1-112 所示的对话框。在这里输入尽可能完整的项目号，点击“确认”。进入数据库，全部有匹配项目号的元件都会显示出来。如果输入 40，如图 1-112 所示，则数据库如图 1-113 所示。选择需要的元件，点击“确认”。现在会出现元件的符号选取栏，或符号位于十字线中。如果输入完整的项目号，则不会进入数据库，而是直接在十字线中得到符号。

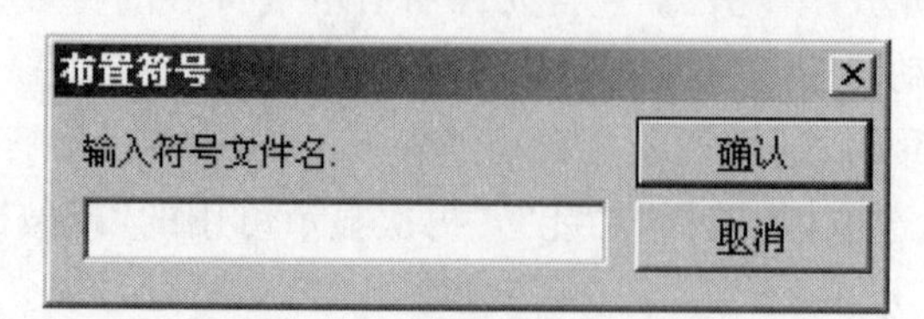

图 1-111 输入符号文件名

图 1-112 输入 40

6）直接输入符号类型

激活“符号”按钮，选择“功能”-“数据库”-“查找类型”，或按快捷键[b]，进入图 1-111 所示的对话框。这里尽可能多地输入完整的符号类型文本，点击“确认”。

进入数据库，会显示出所有相匹配的符号。如果输入 S，则数据库中会显示所有符号类型以 S 开头的元件。点击需要的元件，再点击确认。现在会出现元件的符号选取栏，或符号位于十字线中。如果输入完整的符号类型，则不会进入数据库，而是直接在十字线中得到符号。

输入符号类型时，程序会区分大小写字母。如果使用的是 ACCESS 格式的数据库，则大小写字母没有区别。如果使用的是 dBASE 格式的数据库，则大小写字母是有区别的。

2. 布置和命名符号

当符号位于十字线中时，可以用鼠标点击，把它布置到图中。布置符号时，会自动进入“符号项目数据”对话框，要求填写相关的信息，如图 1－114 所示。在“符号项目数据”对话框中，输入符号名以及其它信息。如果通过数据库选取符号，则除了符号名外，其它区域均会被自动填写。完成设置后，点击“确认”。如果不想改变其中的内容，点击“取消”。按[Esc]键从十字线中去掉符号。

图 1－113　输入项目号后

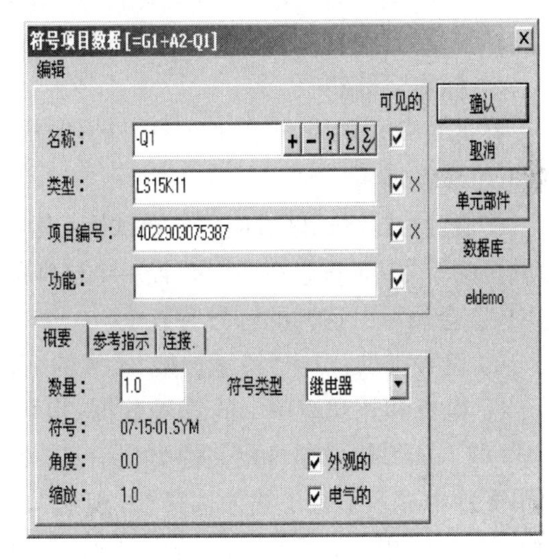

图 1－114　符号项目数据

自动命名符号：激活“自动命名”按钮时，布置的符号会被自动指定下一个可用的符号名，而不用进入“符号项目数据”对话框。按钮在屏幕上方的符号工具栏内。

如果不想每次布置符号时都进入这个对话框，可以在“设置”-“指针/屏幕”中去掉“要求名称”前面的检查标记，关闭此功能。

“符号项目数据”对话框中的选项，包括以下几项：

1) 指定符号名

在名称区域，可以输入一个名称，或使用表 1－13 所列的一个选项。

2) 符号项目数据对话框中的自动计数

如果按下[Ctrl]键，点击“＋”，则每次布置相同类型的符号时，都会在上一次的符号名上

表 1－13

按钮	功　能
＋	每次对符号名加一
—	每次对符号名减一
?	给出下一个相关符号类型的可用符号名
Σ	给出一个包含所有已使用的符号名的列表，可以在其中选择
Σ√	给出当前环境下的所有相关符号的符号名列表

自动加一。激活此功能时，会在对话框中“名称”区域的前面看到一个“+”。

如果按下[Ctrl]键，点击“-”，则每次布置相同类型的符号时，都会在上一次的符号名上自动减一。激活此功能时，会在对话框中“名称”区域的前面看到一个“-”。

如果按下[Ctrl]键，点击“?”，则布置的符号会自动被指定为下一个可用的符号名。激活此功能时，“名称”区域前会出现一个“?”。

3）命名符号时的其它选项

可以在图中直接改变符号文本。

4）符号名中的电路名

可以在符号名中自动加入电路名。

5）可见文本/不可见文本

在可见的区域设置一个检查标记，可以决定哪些信息会在页面上显示。

请注意，只有先在设置=文本/符号默认值中激活此功能后，文本才会在页面上显示。

6）标签“常规”

在标签项常规中，可以看到符号的信息，比如符号文件名、符号类型、缩放和旋转角度等，如图1-115所示。

① 数量：“数量”区域应用于单线图，表明了符号代表的元件出现的次数。比如，要使用五个同样的符号，而只想在图中布置一个这样的符号，这时就可以使用此功能。在设计方案的清单中，也会显示出这样的符号有五个。

② 符号类型：点击“符号类型”区域的下拉箭头，可以改变符号类型。

③ 电气和外观清单中的符号数据：也可以指定符号在电气和外观清单中的显示。选择“电气的”，如果符号包含相关的类型信息，则会在接线端子清单、电缆清单、PLC清单和连接清单文件中显示出来。如果选择“外观的”，则符号会在元件清单和零部件清单中显示出来。布置符号时，“电气的”和“外观的”会自动被选中。

7）标签“参考指示”

在当前的设计方案中使用参考指示时，“符号项目数据”对话框中就会出现“参考指示”标签项，如图1-116所示。在这里可以为符号选取参考指示。

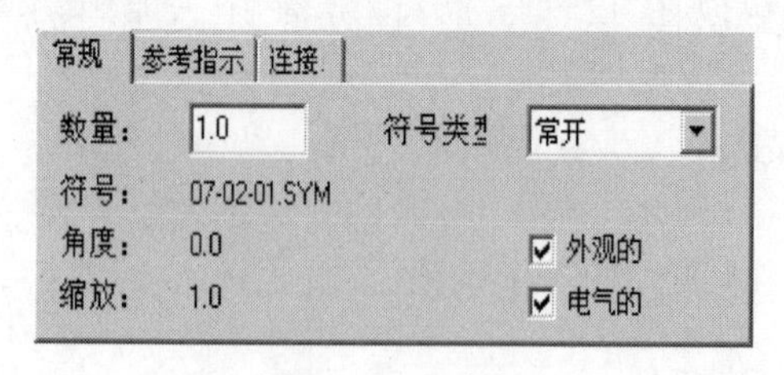

图1-115 常规

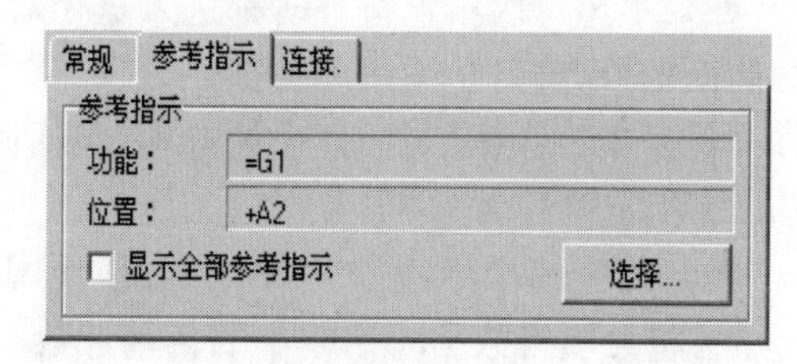

图1-116 参考指示

8）标签“参考”

所有的符号都可以带有参考。对默认情况下不带有参考的符号，可以在“符号项目数据”对话框中多出一个“参考”标签，如图1-117所示。

9）改变连接数据

如果点击“连接”标签，然后在文本区域中点击，就可以改变符号上连接点的连接文本，如图1-118所示。如果在对话框中改变了连接名，就会自动在页面中刷新。

图 1-117　参考

图 1-118　连接

从符号项目数据对话框改变连接名在符号项目数据对话框中，可以有两种方式编辑符号的连接名：

(1) 在符号定义中有可变部分的连接名：如果在符号定义中，或者在数据库的管脚数据信息中，连接名中有可变部分，则"符号项目数据"对话框中会增加一个文本区域，如图 1-119 所示。在这里输入连接名的可变部分，如果有一个"?"标记，就表明只有一个字符。如果是"*"，

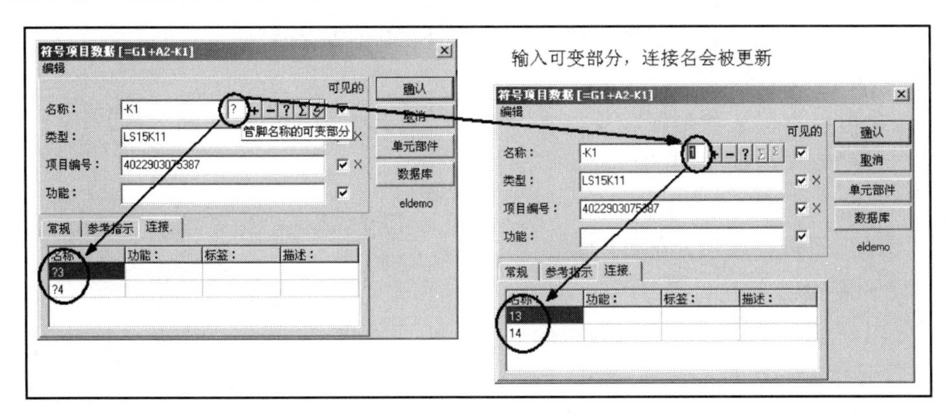

图 1-119　符号项目数据

则可以输入连接名的整个部分。这个功能可以用于接线端子符号。请注意，在连接名的可变部分的文本区域内输入 1 时，上面图中的连接名？1 和？2 都会相应地改变为 13，14。

选择了管脚名称的可变部分的文本区域时，自动计数按钮"+"、"-"和"?"也可以被使用，如图 1-120 所示。

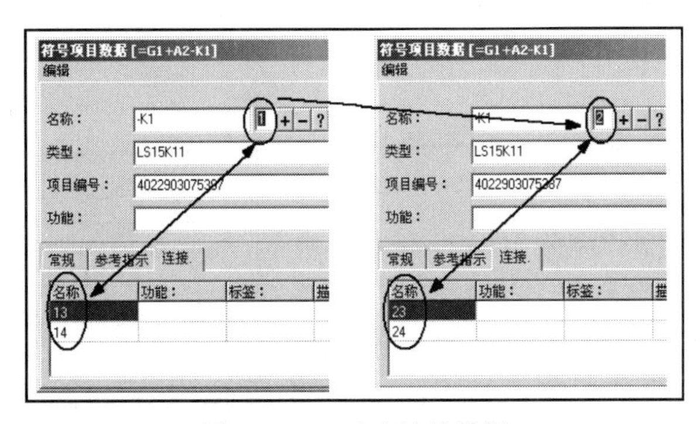

图 1-120　改变连接数据

(2) 直接在符号项目数据对话框的名称区域编辑连接名：也可以直接在"符号项目数据"对话框的"名称"区域内改变连接名。比如，输入"名称"为- K1：13，14，则连接点会被命名为 13 和 14。连接名根据符号定义时连接点的命名顺序而定。

如果在"符号项目数据"对话框中改变了连接名，它们会自动被设置为"可见"。

10）标签“符号数据”

如果创建符号时包含额外的数据区域，则会多出一个“符号数据”标签。点击“符号数据”标签，输入相应的值，如图1-121所示。

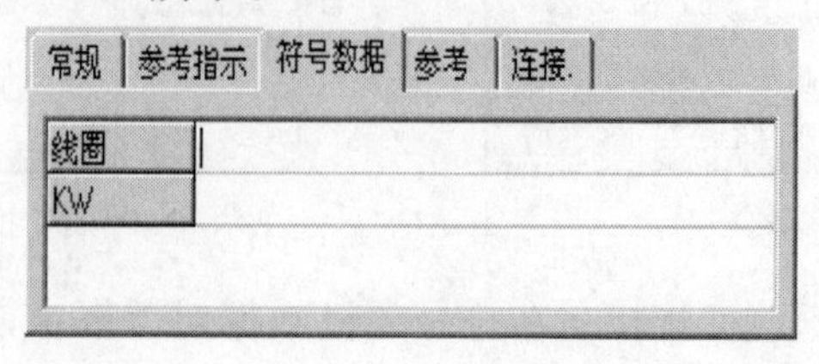

图1-121 符号数据

如果布置的符号中包含有类型为“设计方案数据”或“页面数据”的数据区域，而这些数据区域在当前的设计方案中不存在，会被提问是否要在设计方案中包含这些数据区域。

11）复制符号项目数据

如果要复制一个符号的项目数据到另一个符号，参见“对符号传送项目数据”部分的叙述。

12）从数据库收集信息

符号信息可以直接从数据库收集。在“数据库”对话框中选取需要的元件，点击“确认”，则文本区域会自动填入数据库中的信息。

13）为符号添加单元部件图

点击“Unit”，可以连接单元部件图到一个符号。

3. 移动和删除已布置的符号

这部分内容叙述了如何移动和删除符号。

1）删除已布置的符号

可以用两种方法删除已布置的符号：

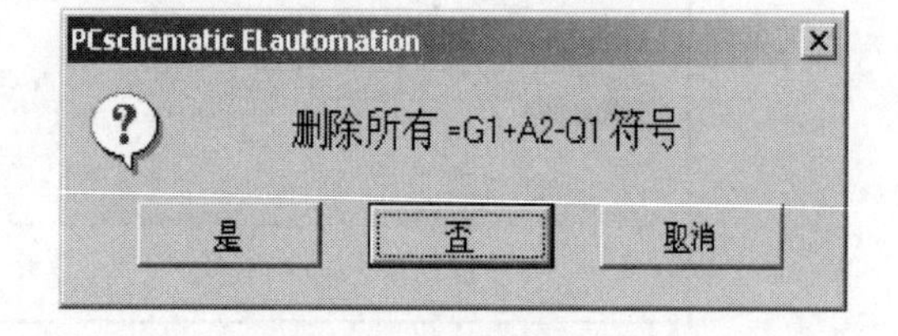

图1-122 删除符号

(1) 删除符号并重新画线。

① 点击“符号”按钮；

② 点击“删除”按钮：现在会被提问是否要删除全部有当前符号名的符号，如图1-122所示，回答“是”或“否”。选择“是”，符号会被删除，而符号所在的线会自动连接到一起，不会出现空白，如图1-123(a)所示。

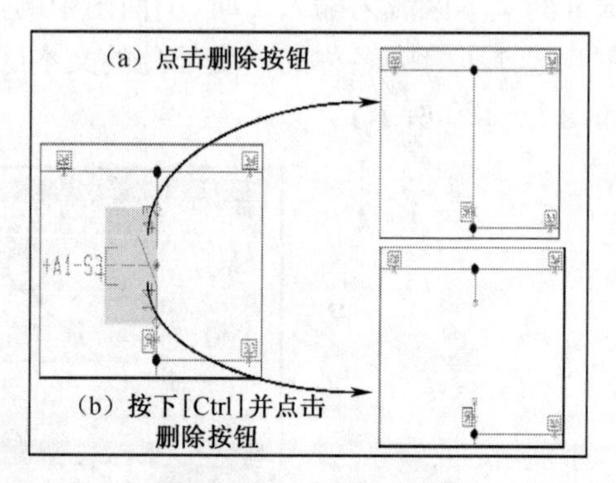

图1-123 删除后效果

(2) 删除符号，不自动画线。

① 点击“符号”按钮；

② 按下[Ctrl]键，点击“删除”按钮：现在会被提问是否要删除全部有当前符号名的符号，回答“是”或“否”。选择“是”，符号会被删除，而符号所在的线不会自动连接，留下一个空白，如图1-123(b)所示。也可以同时选中多个符号后，一次全部删除。

2）移动已布置的符号

可以用两种方法移动已布置的符号：

(1) 移动符号时，带连接线。

① 点击符号按钮；

② 点击符号，按下鼠标键，把符号拖到一个新位置。现在已经移动了符号，和它相连的连接线也被一起移动，如图 1-124(a)所示。

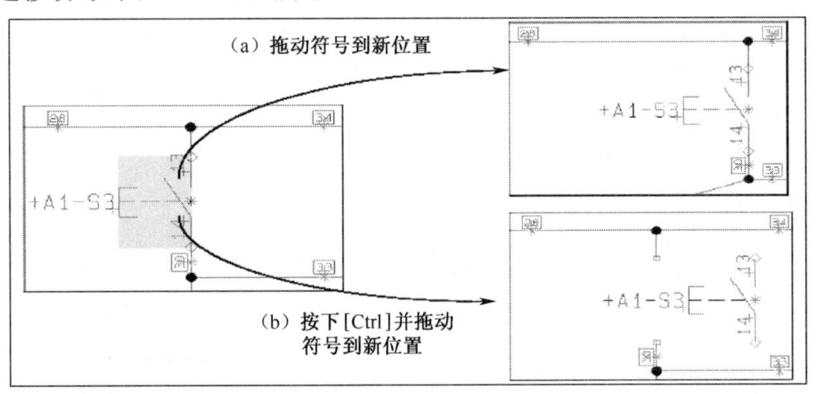

图 1-124　符号和线一起移动

(2) 移动符号时，不带连接线。

① 点击“符号”按钮；

② 按下[Ctrl]键，拖动符号到一个新位置，现在已经移动了符号，和它相连的连接线将不会被一起移动，如图 1-124(b)所示。也可以选中之后，同时移动多个符号。

移动连接点相连的符号。当两个符号布置时，它们的连接点直接相连，其中一个符号移动时，那么在两个相连的连接点之间会自动画出一条线。

4. 符号工具栏

选中一个符号后，在符号工具栏中会显示出符号信息，如图 1-125 所示。

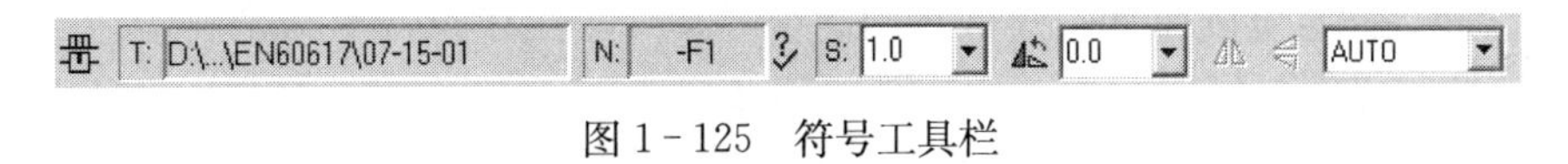

图 1-125　符号工具栏

图中，T：上一次位于十字线中的符号文件名

N：当前选中符号的名称

S：符号的缩放

1) 符号的自动命名

“自动命名”按钮被激活后，当布置符号时，符号会被自动指定下一个可用的符号名。通过选择“功能”-“自动命名”，自动命名功能可以被激活或关闭。

2) 缩放符号

如果要放大或缩小一个或多个符号，可以使用符号缩放。从缩放因数的下拉菜单中选取一个值，按回车键；或者输入一个值，按回车键，就可以缩放符号。当符号位于十字线中时，或者选中符号，输入一个值，点击“传送数据”按钮，都可以进行缩放功能。符号缩放很少用于电气图(因为不标准)。

3) 镜像符号

选中一个符号，点击“垂直镜像符号”按钮，符号会被垂直镜像。或点击“水平镜像符号”按钮，符号会被水平镜像。

4) 旋转符号

点击“旋转符号”按钮，可以旋转符号。

5）在一个区域内选择符号类型

当工作在符号模式时，在屏幕上用鼠标标记出一个区域后，可以指定选择区域内的那些符号。按以下步骤，如图1-126所示。

(1) 选择要选取的符号类型：自动（区域中最常用的符号）、符号（不为线号或信号的其它所有符号）、信号或线号；

(2) 用鼠标选取区域，再释放鼠标；

(3) 区域内要选取的符号现在已经被选中。

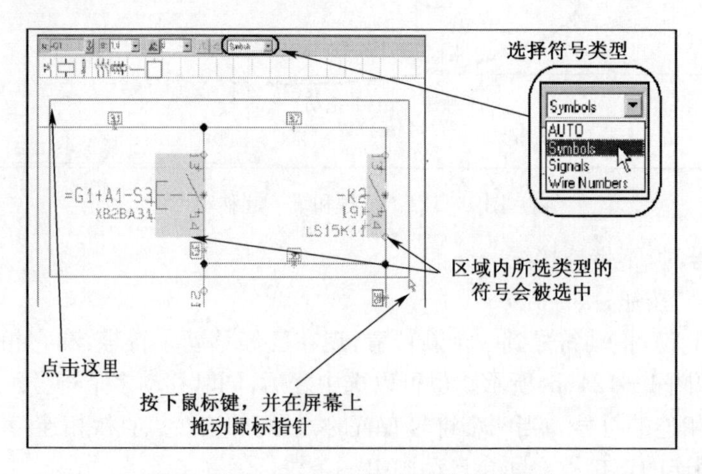

图1-126　在一个区域内选择符号类型

5. 调整符号选取栏

在符号选取栏中，可以布置一些最常用的符号。

1）把符号布置到符号选取栏

要把符号直接布置到选取栏中的空白处，首先符号必须位于十字线中，再点击选取栏中的空白处。可以从“符号菜单”或从图纸中取出符号。另外，也可以在选取栏的空白处点击鼠标右键，选择“布置符号”，这时会进入“符号菜单”。在其中点击要布置到选取栏中的符号，点击“确认”。

2）在选取栏中插入符号时包含项目数据

当符号位于十字线中时，按下[Ctrl]，把符号布置到选取栏中，则符号的项目数据也传送到了选取栏中的符号上。

3）添加项目数据到符号选取栏中的符号上

在选取栏中的符号上点击鼠标右键，选择“符号项目数据”，如图1-127所示。进入“符号项目数据”对话框，如图1-128所示。在这里可以输入类型、项目号和功能，或点击“数据库”，从数据库中选取信息。

也可以把同一类型的多个符号布置到选取栏中，可以为这些符号添加不同的符号项目数据。当鼠标停留在选取栏中的符号上时，就会显示出符号的项目数据信息。

4）使用数据库布置符号到选取栏

在选取栏的空白处点击，选择“布置符号”（见图1-129），进入“符号菜单”，点击对话框底部的“数据库”按钮。进入数据库，选取所要的元件，点击“确认”。符号和它的项目数据都会传送到符号选取栏。如果元件包含多个符号，则第一个符号会布置到选取栏中。

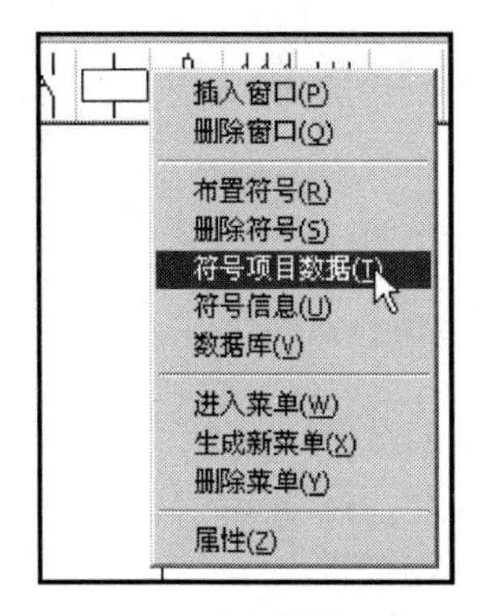

图 1－127　符号项目数据

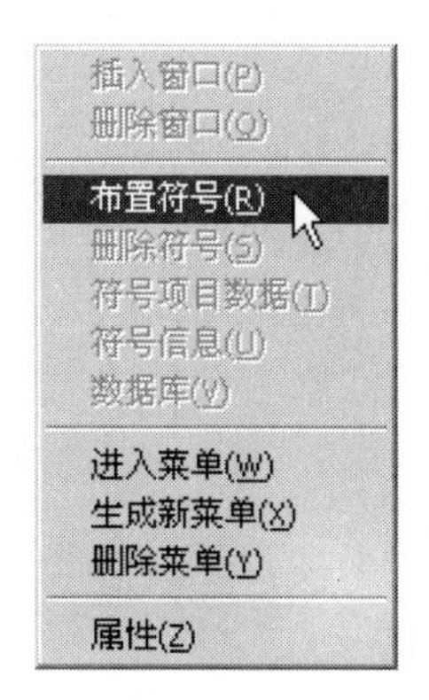

图 1－128　符号项目数据

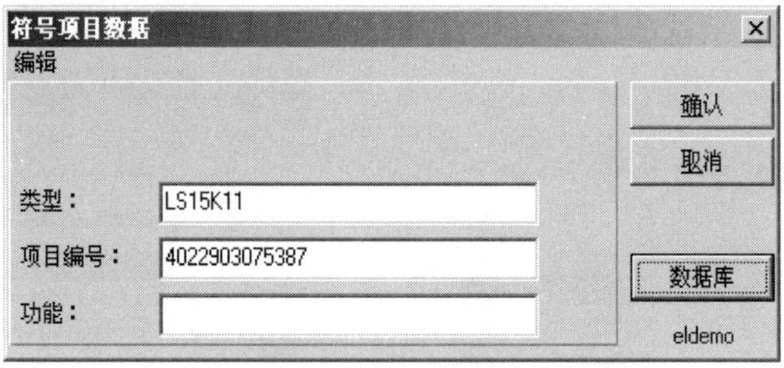

符号项目数据
编辑
类型：LS15K11
项目编号：4022903075387
功能：
确认
取消
数据库
eldemo

图 1－129　布置符号

5）在选取栏内点击鼠标右键

跳出一个如图 1－130 所示的菜单，可以从中选择要进行的操作。

（1）插入新空白框：在选取栏的一个符号上点击鼠标右键，选择“插入窗口”，则会插入一个空白窗口。

（2）删除窗口：在一个窗口上点击鼠标右键，选择“删除窗口”，则这个窗口就会被删除。原来窗口中的符号就会消失。

（3）创建新菜单：在选取栏中点击鼠标右键，选取“创建新菜单”。

（4）给出菜单标题：点击鼠标右键，选择“属性”，可以为当前菜单输入一个标题，同时可以决定选取栏的尺寸。点击“确认”。

（5）到指定选取栏：点击鼠标右键，选择“进入菜单”。会看到一个菜单列表，包括序号和标题。点击要使用的菜单。

（6）删除一个菜单：点击鼠标右键，选取“删除菜单”。当前显示的菜单就会被删除。

（7）符号信息：在选取栏中的符号上点击鼠标右键，选择“符号信息”，会出现图 1－131 所示的显示框。

6. 改变区域中的符号名

要同时改变多个符号名，可以用鼠标拖出一个窗口，选中这些符号。然后在选中的区域内点击鼠标右键，选择“符号项目数据”，如图 1－132 所示。

进入“符号项目数据”对话框，如图 1－133 所示。在对话框中，输入第一个符号的名称后，就可以应用自动计数功能，即按[Ctrl]键，同时点击“?”，再点击“确认”。现在已经改变了符号名，如图 1－134 所示。在选择的区域外点击鼠标，取消选择。

符号的命名顺序，如果在屏幕的左边点击鼠标，然后拖动鼠标到右边，选中一个窗口，则符号的命名顺序也是从左到右。如果选中窗口时，鼠标的操作是从右到左，则符号的命名顺序也是从右到左。如果按下[Ctrl]键，同时选择多个符号，则符号的命名依选择的顺序而定。

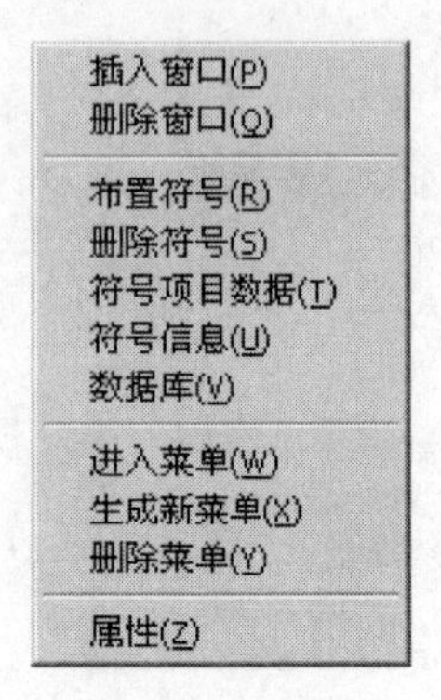

图 1－130 菜单

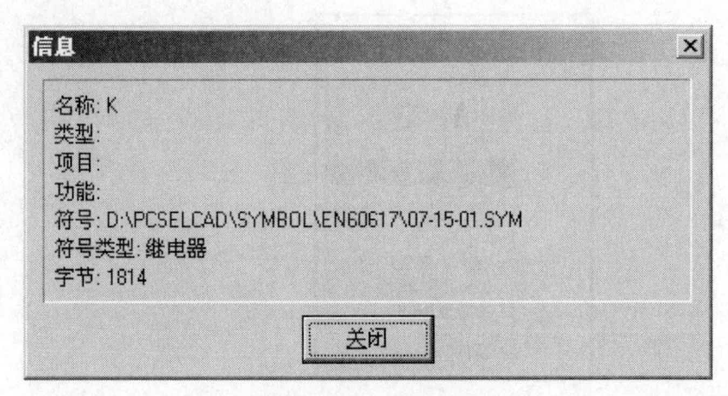

图 1－131 符号信息

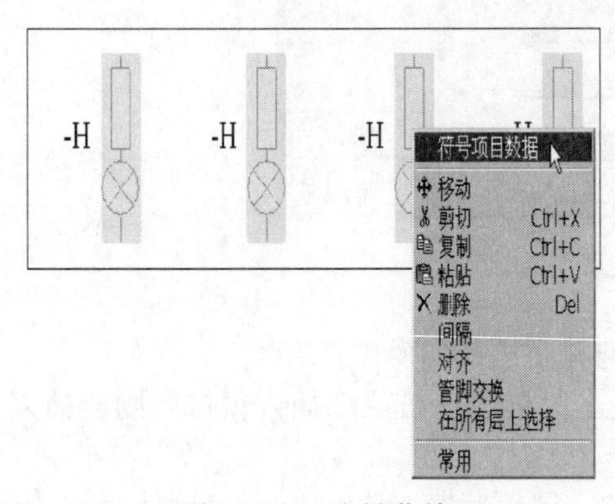

图 1－132 右键菜单

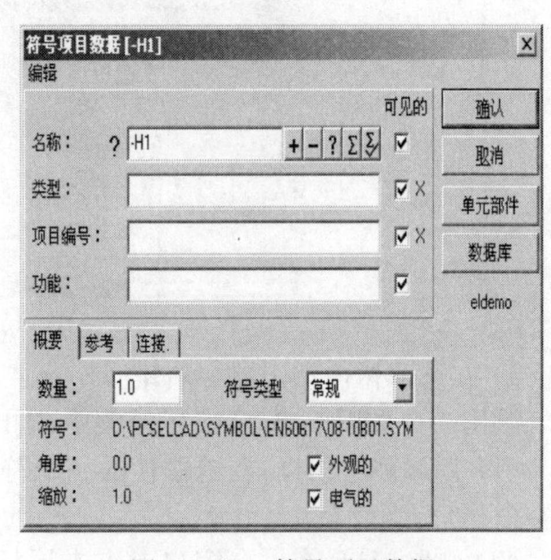

图 1－133 符号项目数据

7. 符号连接点

1）符号的连接点可以被选择

可以像选取符号那样选取符号的连接点。如图 1－135 所示，连接端子的连接点可以被选中。

2）指定连接数据

在符号连接点上点击鼠标右键，如图 1－135 所示，选择“连接数据”，出现图 1－136 所示的对话框。可以在其中改变连接点的连接数据，比如连接名。如果偶然选中了整个符号，而不是连接点，请再次点击鼠标右键选取。在“连接数据”对话框中可以输入连接数据，指定哪些连接文本在图中可见。

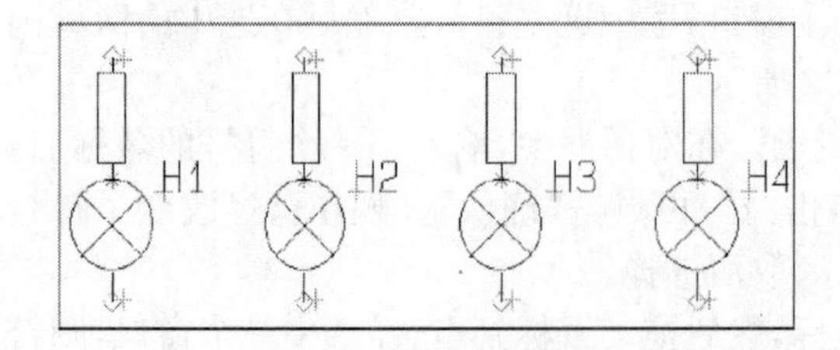

图 1－134 改变后符号名

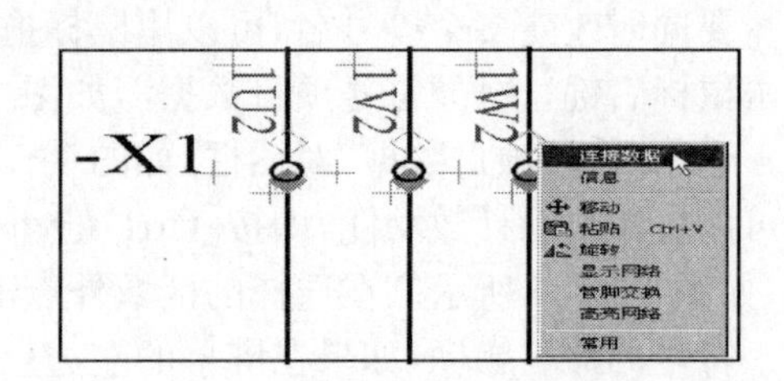

图 1－135 选择连接点

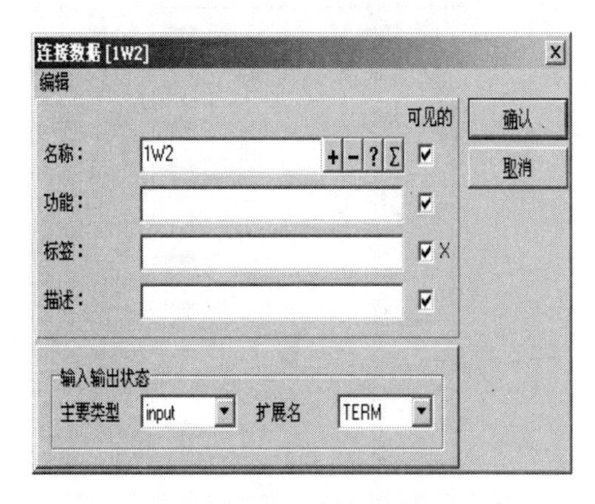

图 1-136　连接数据

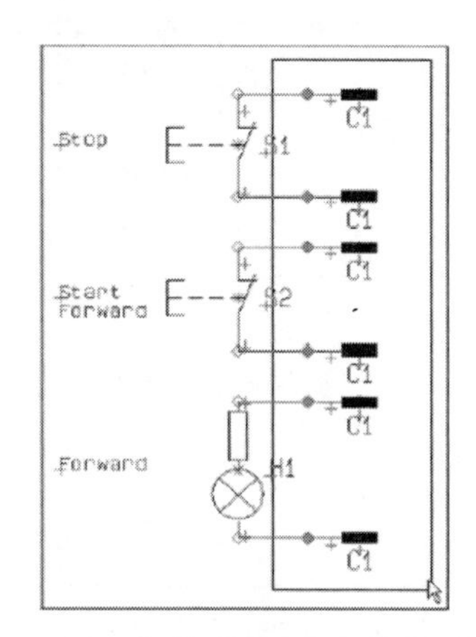

图 1-137　放开鼠标时按下[Ctrl]键，选中连接点

“可见”设置只适用于选中的连接点。只有当连接文本被设置为“可见”时，才会在屏幕上显示出来。

(1) 连接数据作为提示信息：十字线停留在连接点上时，连接点的连接数据会显示为提示信息。

(2) 显示在符号工具栏中的连接名：选中连接点时，符号工具栏中的符号名称区域内，会显示出连接名称。

(3) 从符号项目数据对话框编辑连接文本：在“符号项目数据”对话框中点击“连接”标签，可以在相关的区域内点击，然后输入相应的连接文本。参见“改变连接数据”部分的叙述。

(4) 编辑上一个/下一个连接点：选中一个连接点后，按[F5]键和[F6]键，或选择“编辑”—“下一个”或“编辑”—“上一个”，可以在同一个符号的连接点间切换。这个功能也适用于符号文本。

8. 选择区域内的连接点

激活“符号”功能，用鼠标在区域周围拖出一个窗口(拖动鼠标时不要放开鼠标)，按下[Ctrl]键，则会选中区域内的连接点，如图 1-137 所示。区域内的符号不会被选中。如果按下[Ctrl]键，点击区域外的连接点，则它们也会被选中。如果按下[Ctrl]键，点击区域内的连接点，则会取消选择这个连接点，如图 1-138 所示。

选中需要的连接点后，在区域内点击鼠标右键，选择“连接数据”。输入第一个名称(1)，按下[Ctrl]键，点击“+”，再点击“确认”，则选中的连接点会被自动命名，如图 1-139 所示。详细内容参见“符号项目数据对话框中的自动计数”部分的叙述。然后依次命名其它的连接点。如果按下[Ctrl]键后，通过点击依次选中连接点，那么它们会根据选择的次序来重新命名。

9. 管脚交换

可以使用“管脚交换”命令，交换符号连接点的位置。可以在同一个符号上使用，也可以在符号间使用。

1) 有两个连接点的符号的管脚交换

要对有两个连接点的符号进行管脚交换，先点击“符号”按钮，然后在符号上点击鼠标右键。选择“管脚交换”，如图 1-140 所示。则符号的两个连接点就会交换位置。

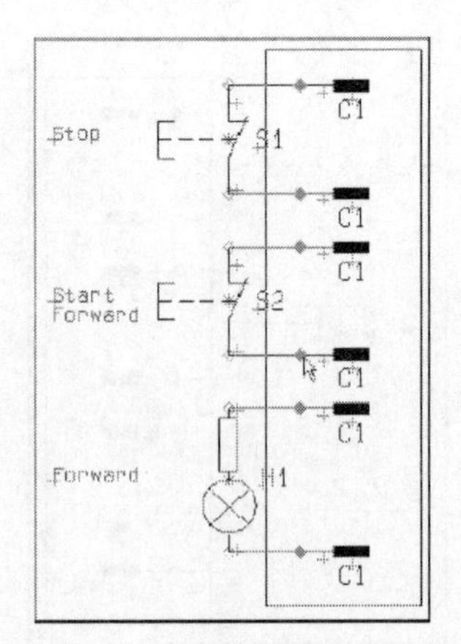

图 1-138 按下[Ctrl]键，点击不想选中的连接点

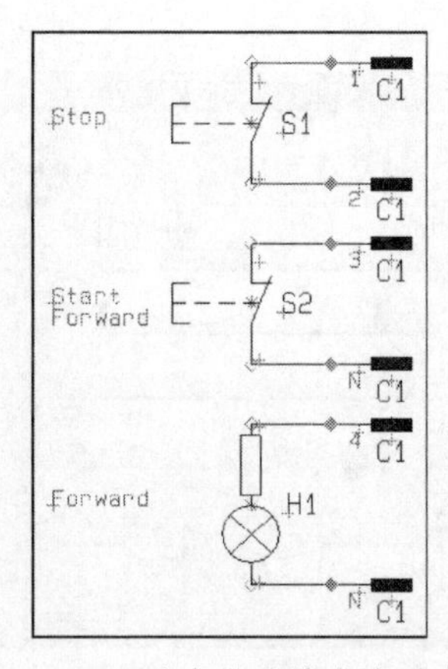

图 1-139 选中的连接点自动命名

2）区域内有两个连接点的符号的管脚交换

要对一个区域内所有具有两个连接点的符号进行管脚交换，先点击“符号”按钮，然后选中一个区域，在区域内点击鼠标右键，选择“管脚交换”，如图 1-141 所示，则所有符号的连接点都会交换位置。

图 1-140 有两个连接点的符号的管脚交换

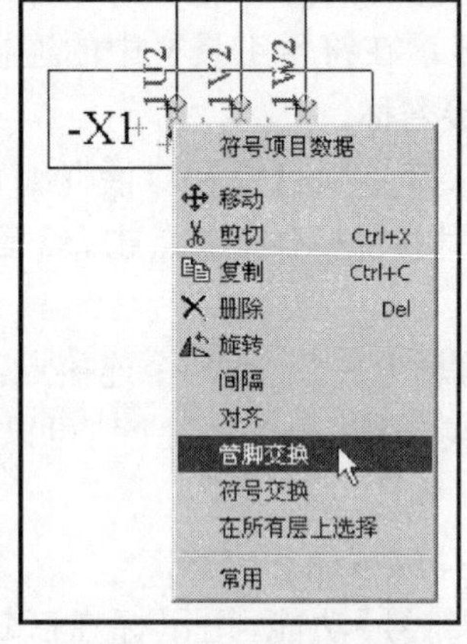

图 1-141 区域内两个连接点的符号的管脚交换

用这种方法可以方便地改变接线端子排，从输出边朝上转为朝下。关于接线端子输入边和输出边的详细内容，请参考“创建接线端子符号”部分的叙述。

区域内没有两个连接点的符号的连接点位置不会改变。也可以选择“编辑”-“管脚交换”，激活这个功能。

3）自由的管脚交换

如果符号有多个连接点，也可以进行管脚交换功能。首先激活“符号”按钮，再右键点击要操作的两个连接点中的一个。现在选择“管脚交换”（图 1-142），十字线中会出现一条橡皮线，如图 1-143 所示。点击另一个要交换位置的连接点，则两个连接点就会交换位置。

注意：可以在一个符号上交换连接点位置，也可以在符号间交换连接点位置。

4）移动连接点

要移动连接点，可以激活“符号”按钮，在连接点上点击右键，再选择“移动”，连接点会位于十字线中，在图纸中点击就可以布置连接点了。移动符号的连接点时，连接的线也会被移动。

注意：移动连接点这个功能一般用于一些特殊的目的，比如用于设计块符号。连接点不能移动出符号的边框（选中符号时显示的色彩区域）。

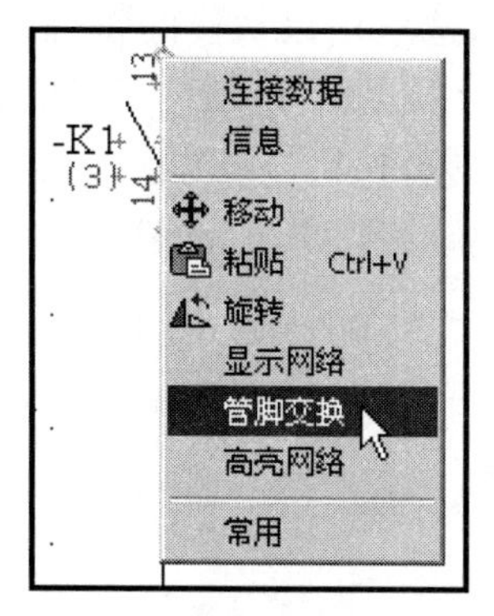

图 1-142　自由的管脚交换

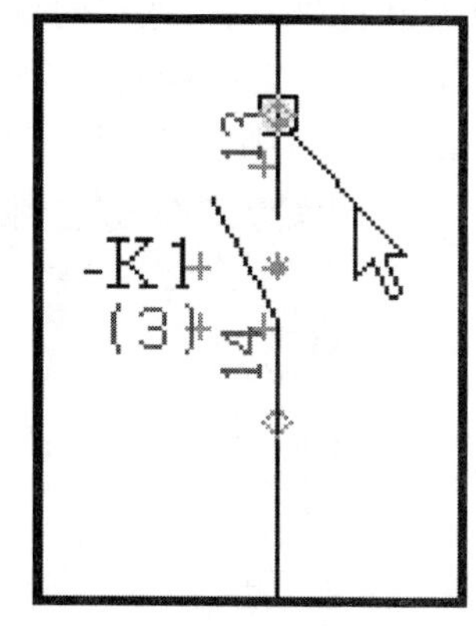

图 1-143　出现一条橡皮线

10. 替换符号

1) 自动替换符号

可以替换设计方案中所有显示的符号。例如，如果想用另一种常闭触点代替当前的常闭触点，可以在设计方案中使用这个功能。选中需要的常闭触点，再选择“功能”-“替换符号”（快捷键为[F4]）。进入图 1-144 所示的对话框。进入对话框后，会假定要保留原符号的符号文本内容，文本的位置则遵从新符号的文本位置。

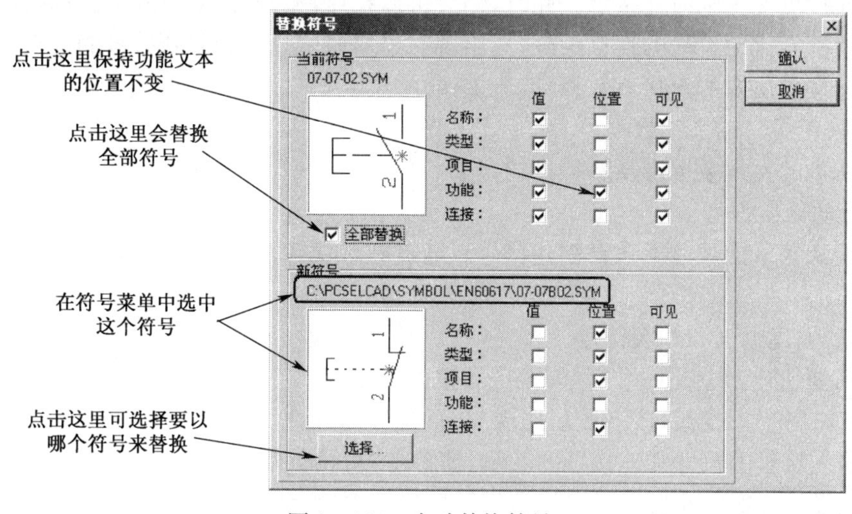

图 1-144　自动替换符号

(1) 符号文本“值”：对当前符号的一些文本的值做一个检查标记，则替换符号时这些文本不会被替换。

(2) 符号文本“位置”：可以激活当前符号的功能文本位置。这样，替换符号时，功能文本的位置和方向也都会保持不变。

(3) 符号文本“可见”：可以对新符号指定选中的可见是否将保持不变，或者可见将按照新符号的符号定义来决定。替换接线端子符号时，最好保持原来符号的可见部分，这样可以避免在替换后又不得不改变接线端子符号名称的可见性。

(4) 全部替换：要替换设计方案中所有选中类型的符号，可以选择“全部替换”。如果没有选择这一项，则只有当前选中的符号被替换。

(5) 选择新符号:点击选择对话框底部的“选择”,可以选取用以替换的符号。这时进入“符号菜单”,比如可以选择符号 07-07B01,如图 1-145 所示,点击“确认”。返回“替换符号”对话框,点击“确认”,则已经替换了符号。请注意,可以撤消“替换符号”功能。

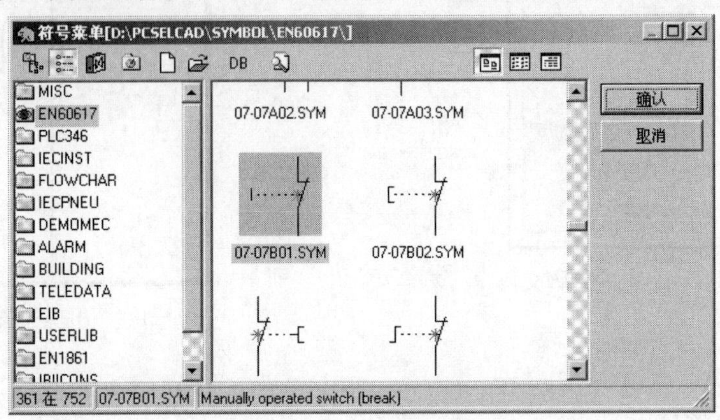

图 1-145 选择新符号

2) 替换符号时的连接点

如果原符号的连接点和新符号的连接点没有布置在相同的位置,则会出现一个警告,如图 1-146 所示,点击“确认”。只有在连接点有电气连接时会出现这样的警告。点击“确认”,则不匹配的连接点变为临时连接点。此时,仍然可以在“替换符号”对话框中去选择和替换符号。

如果新符号比原符号的连接点少,会出现一个错误信息。如果新符号的连接点多,则只要它具有原连接点位置的连接点数目,就会被接受。

3) 替换符号时的文本数据

符号文本的文本数据遵从新符号的定义。

11. 自动创建符号

可以输入符号的尺寸后自动创建符号。通过在数据库中指定符号尺寸,就可以轻松地实现此功能。

1) 自动创建电气和外观符号

如果需要快速地创建一个简单的符号,按以下步骤:

(1) 点击“符号”按钮,按[k]键,出现“布置符号”对话框,如图 1-147 所示。

(2) 输入符号的尺寸和连接点的数量,请参考“直接创建符号的结构”部分的叙述。

(3) 在设计方案中布置符号,进入“符号项目数据”对话框。

(4) 指定符号项目数据,例如符号名,点击“确认”。

创建的符号如图 1-148 所示,它已经直接布置在设计方案中。自动创建的符号,被指定符号类型为“常规”。

2) 直接创建符号的结构

两种类型的符号可以被直接创建:圆符号和箱符号。

(1) 圆符号:输入#r40mm,程序会创建一个半径为 40mm 的圆作为符号。

(2) 箱符号:要创建一个尺寸为 20mm×30mm 的箱符号,可以输入#x20mmy30mm。

(3) 指定连接点:要指定左和右的两个连接点,可以在符号的尺寸后面添加 l2r2。字母 l 代表“左”,字母 r 代表“右”。要在上述符号的每一边指定两个连接点,必须输入#x40mmy50mml2r2。输入 l2,则从上到下计数,如果输入 l-2,则从下到上计数。相应地,输入

PCschematic ELautomation
与当前符号相同位置的新符号没有连接
确认

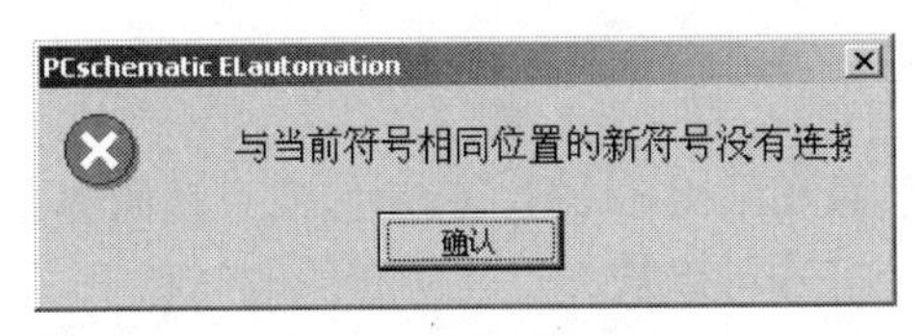

图 1-146　警告

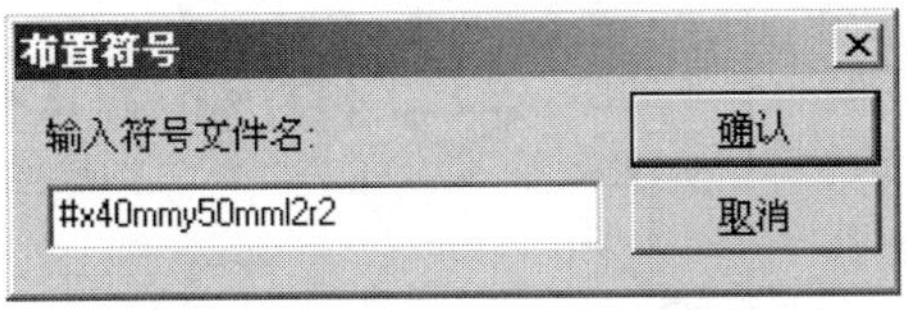

布置符号
输入符号文件名:
#x40mmy50mml2r2
确认
取消

图 1-147　“布置符号”对话框图

1
3
2
4

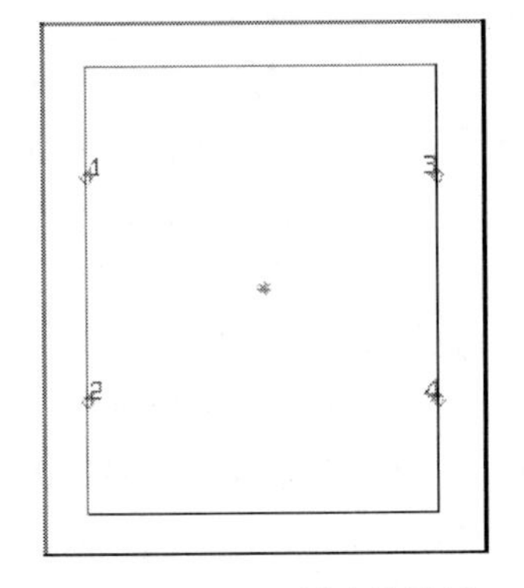

图 1-148　已创建的符号

t 代表“上”，b 代表“下”。如果要指定连接点名，可以在括号内输入代替连接点名的数字。因此，可以输入 # x40mmy50mmt(13，21)b(14，22)。这样得到一个符号：尺寸为 40mm×50mm，上面的连接点为 13 和 21，下面的连接点为 14 和 22。

(4) 布置连接点名：一般情况下，连接点名被布置在符号中。如果要把它们布置到符号外，可以在文本最后输入 o。如果输入 # x10mmy20mml2r2o，则得到一个符号：两个连接点在左，两个连接点在右，连接点名布置在符号外。

对外观符号，名称则通常布置在符号外。

3) 从数据库自动创建电气符号

要从数据库直接创建一个符号，可以在 PCSTYPE 区域输入元件的符号尺寸。

4) 从数据库自动创建外观符号

对数据库内的一些元件，可以有外观符号。可以把保存符号的文件名布置在 MECTYPE 区域。

自动创建一个外观符号：要自动创建一个尺寸为 30mm×50mm 的符号，必须在 MECTYPE 区域输入 # x30mmy50mm。如果输入 # r40mm，则会创建一个半径为 40mm 的圆作为外观符号。

12. 显示网络

在符号的连接点上，或者信号符号上，点击鼠标右键，再选择“显示网络”，可以查看在同一个电势(电位)上有哪些符号。图 1-149 显示了连接到同一电势(电位)的是符号上的哪些连接点，以及符号的位置。在对话框的标题栏中，网络名称后面显示了网络中的导线编号。双击其中一条线，会返回到图纸中，十字线会指向选中符号的连接点位置。

选择清单＝连接清单文件，可以生成连接清单文件。

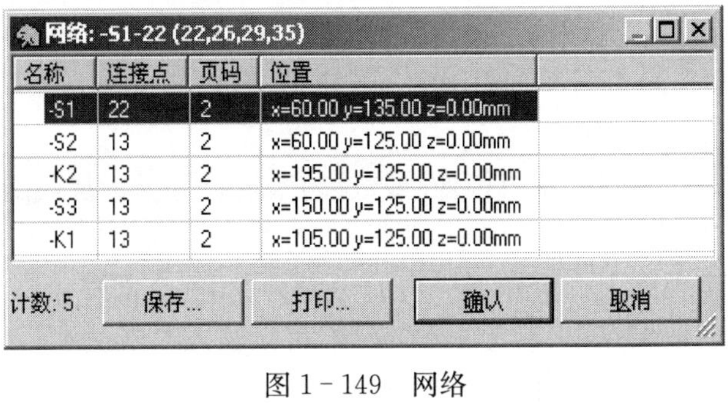

网络: -S1-22 (22,26,29,35)
名称 连接点 页码 位置
-S1 22 2 x=60.00 y=135.00 z=0.00mm
-S2 13 2 x=60.00 y=125.00 z=0.00mm
-K2 13 2 x=195.00 y=125.00 z=0.00mm
-S3 13 2 x=150.00 y=125.00 z=0.00mm
-K1 13 2 x=105.00 y=125.00 z=0.00mm
计数: 5
保存...
打印...
确认
取消

图 1-149　网络

13. 信号符号

1) 什么是信号符号

有一种特殊的符号,叫信号符号。当一条导线起始和结束于非电气点时,或只是简单地命名一个电势以容易辨认时,都要用到信号符号。信号符号可以被布置在所有的电气点上,信号符号表明了一个电气连接。

所有有相同名称的信号符号都是电气相连的。要标明一个点的电气连接,可以布置一个信号符号,同时为符号命名。程序显示有相同信号名的所有信号符号作为相同的电气连接(电势)。这意味着所有使用名称L1的信号符号都有电气连接。请注意,它只是电势名称,表明了电气连接。也就是说,如果为信号符号分配了不同的名称,就可以使用信号符号本身对应不同的电势。比如,信号符号如图1-150所示。不同类型的符号都位于符号文件夹下的子文件夹MISC中。为了对信号符号和其它符号加以区分,信号符号的命名都是以SG开头。

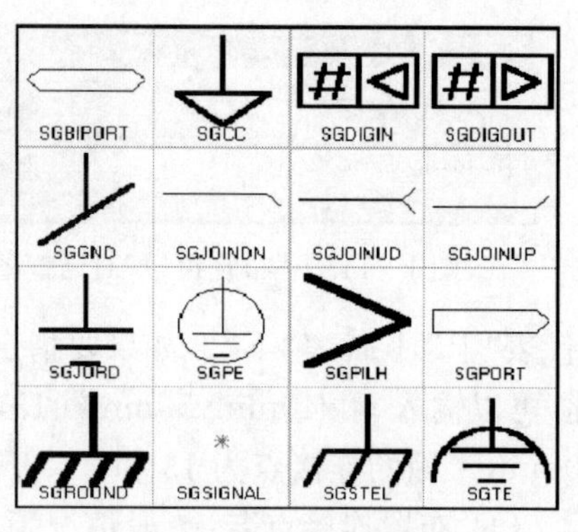

图1-150 信号符号

关于如何设计自己的信号符号,参见“创建信号符号”部分的叙述。

2) 布置信号符号

点击“线”按钮,激活“铅笔”,激活“导线”按钮(高亮),再点击要布置信号符号的地方。进入图1-151所示的对话框。

(1) 临时线:如果想以后再连接导线,可以选择临时线。点击临时线,再点击确认。会得到没有电气连接的导线。但是,这只是临时解决方法。以后应该回来为信号命名。

(2) 布置信号符号:如果想布置一个信号符号,直接点击“信号”。在“信号名称”区域,可以输入名称,也可以从表1-14所列的选项中选取。

表1-14

按钮	功能
+	每次命名信号名时加一
—	每次命名信号名时减一
?	为所选类型的符号分配下一个可用的信号名
Σ	给出一个列表,可以在其中选择已使用的信号名

也可以点击“信号名称”区域的下拉箭头,则会出现一些预定义的信号名供选择。

点击对话框右边“信号符号”区域中的上下箭头,可以滚动显示系统中已有的信号符号。选中的符号也会显示在对话框中。

在符号下方,可以点击按钮“垂直镜像”或“旋转”,对符号做镜像或旋转符号。在“有参考”区域,可以指定符号参考文本。这会用于相同信号符号的其它位置。点击“显示从/到”,可以设置相同信号符号名出现的上一页和下一页的参考。点击“全部显示”,可以显示所有信号符号名出现位置的参考。如果点击“参考文本”区域,可以输入参考文本,它们会参考前显示。如果要确认这些设置,点击“确认”,否则点击“取消”。

3）在临时线上布置信号符号

要使信号符号位于十字线中，点击“符号”按钮，取出一个信号符号，和取出其它符号时一样。

当信号符号位于十字线中时，可以把它布置到临时线上。点击图中的临时点，进入图1-152所示的对话框，按照上面的指引填写对话框。

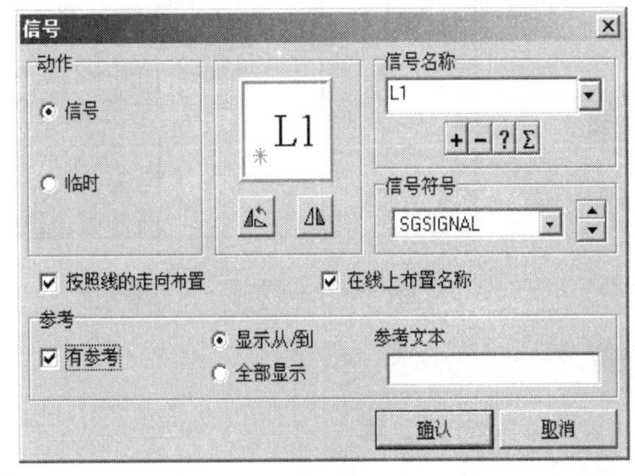

图1-151　“信号”对话框

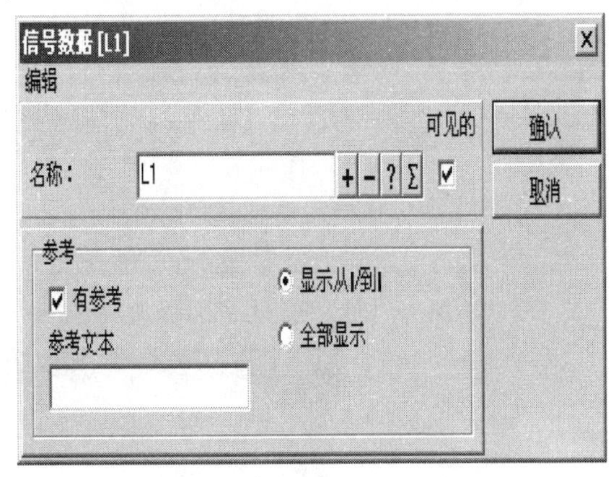

图1-152　“信号数据”对话框

4）直接布置信号符号

可以布置位于十字线中的符号(比如通过符号菜单)，点击“信号符号”把它布置到页面中。进入“信号数据”菜单，填写完成后，点击“确认”。自动激活“线”命令，十字线中有一条线，起点是信号符号。如果以后删除了线，信号符号依然保留在页面上。

信号符号也可以直接布置到符号连接点上，或一条导线上。

5）有参考指示的信号符号

可以向信号符号添加参考指示，如图1-153所示。点击“选择”，会进入“参考指示”对话框。在这里可以为信号符号选择参考指示。

6）自动在信号上插入参考指示

要想自动在信号符号上插入参考指示，可以选择“设置”-“设计方案数据”-“参考指示”，再选择“在信号上插入参考指示”，如图1-154所示。

在指定了参考指示的页面上布置信号符号时，信号符号也会带有这些参考指示。默认情况下，“在信号上插入参考指示”这一项是没有被选中的。一般可以手动在信号符号上布置参考指示。

14. 接线端子符号

布置接线端子符号时，可以指定哪些连接点是接线端子的输入，哪些是输出。这些是很重要的，会在接线端子清单中体现出来。关于接线端子清单的更多内容，参见“创建接线端子清单”部分的叙述。

接线端子符号上的输入和输出。在接线端子符号上，输出连接点是实心红色形状。要改变一个连接点是输入或输出，可以点击“符号”按钮，在连接点上点击鼠标右键，选择“连接数据”，如图1-155所示。

在“连接数据”对话框中(见图1-156)中，点击“主要类型”区域中的下拉箭头，可以选择连接点是输入或输出。对接线端子，“扩展名”可以设置为TERM(接线端子)。如果碰巧选中了整个符号，而不是连接点，那么重新在连接点上点击鼠标右键选取。关于如何设计自己的接

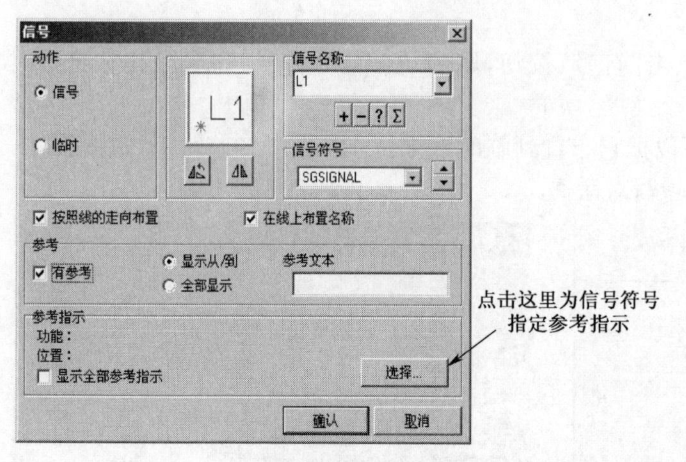

图 1-153 向信号符号添加参考指示

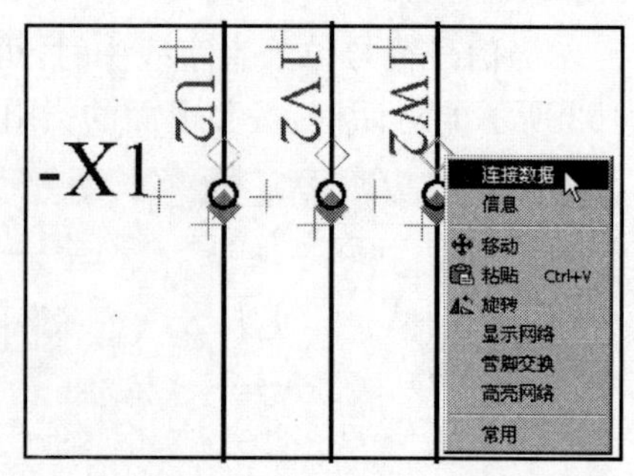

图 1-154 自动在信号上插入参考指示

图 1-155 选择“连接数据”

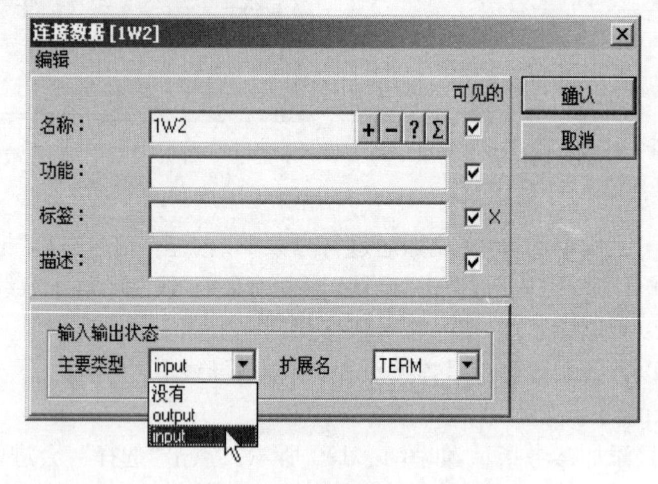

图 1-156 “连接数据”对话框

线端子符号，参见“创建接线端子符号”部分的叙述。

15. 多层接线端子

1）多层接线端子

为了处理多层接线端子，会在元件组中添加一个名称为 Pos. no. 的列，它表明了接线端子符号所代表的是接线端子的哪一层。

2）原理图页面上的多层接线端子

当通过数据库布置了有多个接线端子符号的多层接线端子时，第一个布置的符号会被指定为 Pos. No. 1，第二个会被指定为 Pos. No. 2，依次类推，如图 1-157 所示。

选择“功能”-“元件分组”，可以指定/改变位置号，如图 1-158 所示。

3）外观布置图中的多层接线端子

在外观符号上有连接号 1 的连接点，被指定为页面上符号中有连接点为 Pos. No. 1 的连接号，如图 1-159 所示。

16. 使用电缆符号

这一部分介绍了如何在图中应用电缆符号。软件中的数据库包含电缆线名称的信息。如果使用数据库，则电缆线名称会被自动使用。当选择电缆和电缆线时，会进入不同的对话框。这取决于电缆是不是有电缆线名称。

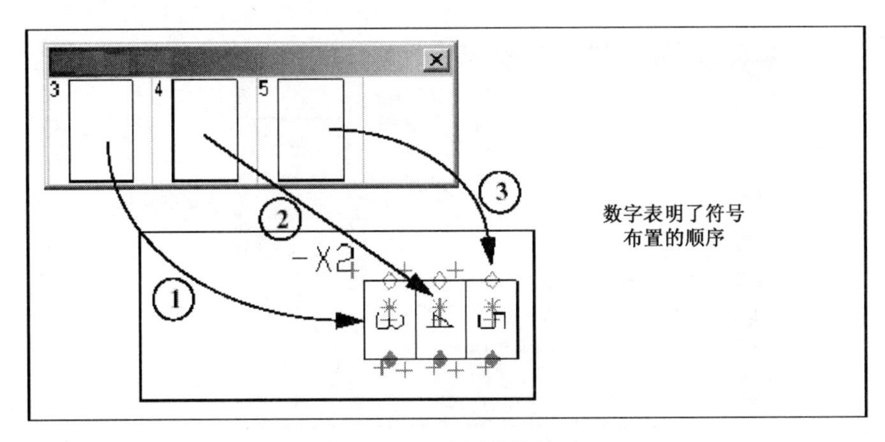

图 1－157　多层接线端子

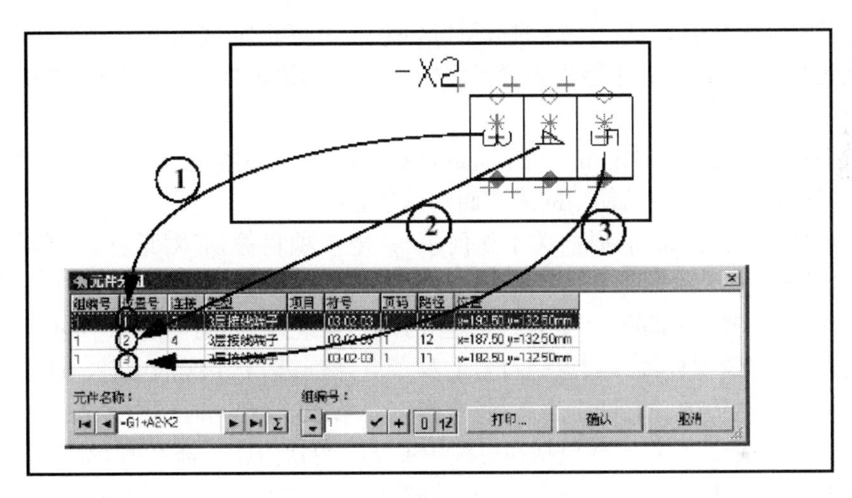

图 1－158　指定/改变位置号

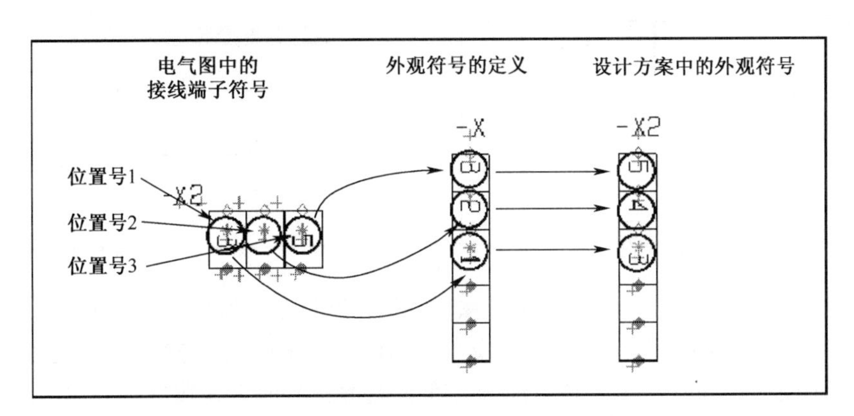

图 1－159　外观布置图中的多层接线端子

打开“符号菜单”中的 MISC 文件夹，查找选取栏中的电缆符号。在数据库中，可以在文件夹软电缆中找到电缆。

1）从数据库布置没有电缆线名称的电缆符号

当十字线中有了电缆符号时，可以把它布置在一些要包括在电缆中的线旁边。进入“电缆项目数据”对话框，如图 1－160 所示。

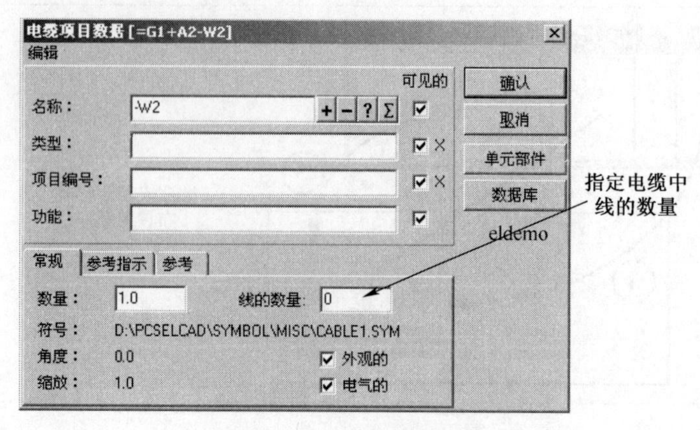

图 1-160 电缆项目数据

(1) 电缆中电缆线的数量：在“线的数量”区域中，可以指定这条电缆中有几条线。这样，当布置了指定数量的线后，就不能再布置更多的线了。如果电缆是从数据库中取出的，则“线的数量”区域会自动填写。

元件清单中线的数量：创建元件清单时，可以在清单中使用数据区域“电缆线”来插入电缆的“线的数量”信息和电缆中已使用的线方面的信息。

(2) 填写电缆项目数据对话框：关于如何填写“电缆项目数据”对话框，请参考“布置和命名符号”部分的叙述。

下面的例子是图的一部分，其中有三条垂线，都是电缆线，如图 1-161 所示。

现在会出现一条“橡皮线”，起点是符号的参考点，终点是十字线的中心。这表明可以指定要把哪些线包括到电缆中。有两个选项：每次指定一条线，或者同时选中多条线。

① 每次指定一条线。点击要包括在电缆中的线。每次点击一条线时，都会进入连接数据对话框，如图 1-162 所示。点击“确认”，则电缆符号就会包括这些线，如图 1-163 所示。

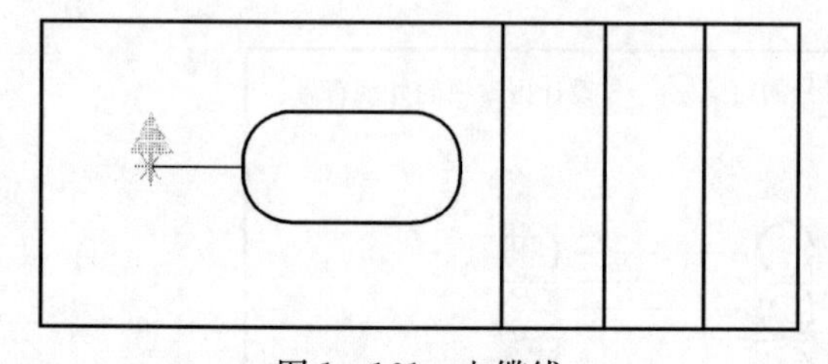

图 1-161 电缆线

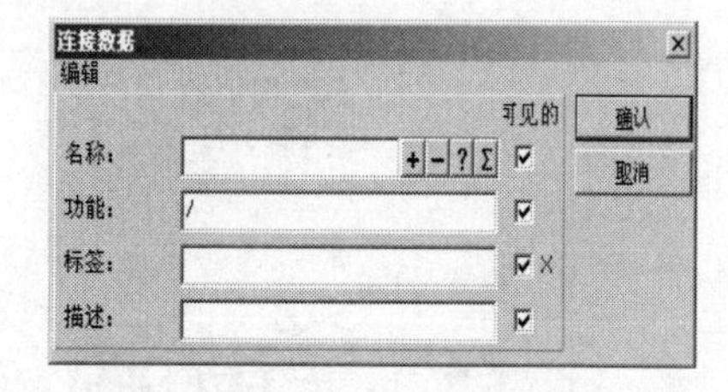

图 1-162 连接数据

不想再让电缆包括线时，按[Esc]键，“橡皮线”就会消失。如果“电缆项目数据”对话框中指定了电缆线的数量，那么当相同数量的线布置到设计方案中后，这条橡皮线也会消失。

② 在一次操作中同时指定多条电缆线。布置电缆符号时，“橡皮线”会开始于符号的参考点，结束于十字线。这时可以标记出一个窗口，把需要的线都包含进来，如图 1-164 所示。

松开鼠标时，会进入“连接数据”对话框，如图 1-165 所示，在这里可以为电缆线命名。也可以使用自动命名方式为它们命名。比如，在“名称”区域内输入 1，按下[Ctrl]键，点击“+”，再点击“确认”，则例子中的三条线会被命名为 1、2、3。

使用数据库中有指定电缆线名称的电缆时，选中的线会按照数据库中电缆线的先后顺序，自动分配名称。

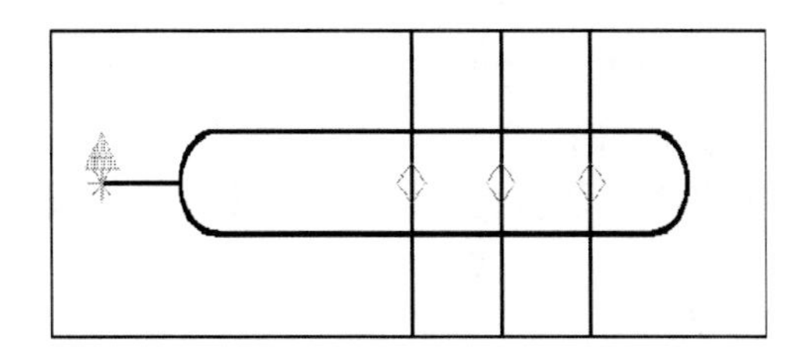

图 1-163　电缆符号包括这些线

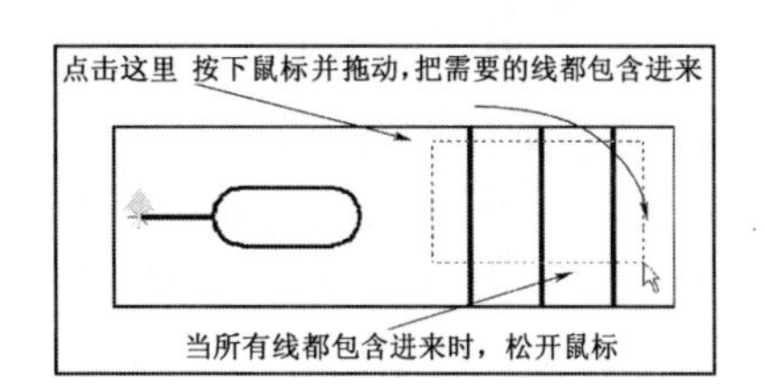

图 1-164　把需要的线都包含进来

2）从数据库布置带电缆线名称的电缆符号

使用数据库时，可以使数据库自动提供电缆线名称。

只选中一条电缆线时，进入图 1-166 所示的对话框。在这里选择要使用的电缆线，点击“确认”。每次进入这个对话框，都可以看到哪些电缆线名称是可用的，哪些已经被使用了。如果把电缆线名称更改为和数据库中不一样的名称，那么就会有标签“未知的”一项。请注意，从标签“已使用的”中，可以选择电缆线，可以在不同的地方显示电缆线。

关于从数据库中使用有电缆线名称的电缆的内容，参见“从数据库布置有颜色代码的电缆”部分的叙述。

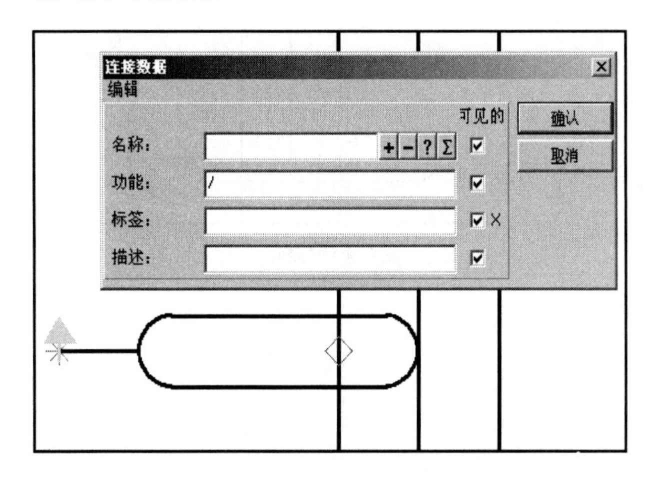

图 1-165　进入“连接数据”对话框

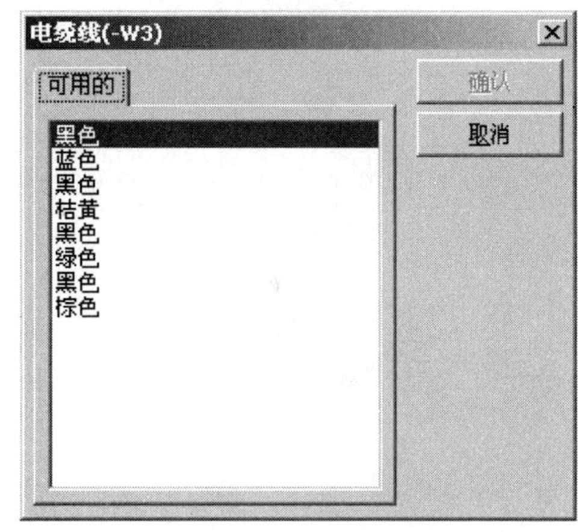

图 1-166　“电缆线”对话框

3）向已布置的电缆中添加电缆线

如果取消了电缆符号的操作后，又想向电缆中添加一条线。首先激活“符号”按钮，再用鼠标右键点击电缆符号，选择“添加电缆线”，则会出现一条线，起点是参考点，终点是十字线的中心。点击要添加到电缆中的线，每次点击一条线，这条线就会被包括到电缆符号中。按[Esc]键，结束操作。

4）从已布置的电缆中去掉一条电缆线

如果以后要从电缆中去掉一条线，先激活“符号”按钮，在要去掉的线的连接点上点击鼠标右键，选择“删除”。

5）为电缆符号添加屏蔽

使用“添加电缆屏蔽”功能时，该电缆符号的符号定义中必须有电缆屏蔽的连接点。要为已布置的电缆添加屏蔽，按下列步骤：

(1) 点击电缆符号。

(2) 在电缆符号上点击右键，选择“添加电缆屏蔽”，如图 1－167 所示。

(3) 在“连接数据”对话框中，输入电缆屏蔽名称，再点击“确认”。

(4) 电缆屏蔽的连接点会添加到电缆符号上，同时也会自动转变为“线”命令模式。从电缆屏蔽的连接点会引出一条线，如图 1－168 所示。

(5) 如果需要，可以改变线型，然后把线连接到相应的符号上。

6) 在多个地方布置同一根电缆的符号

可以把同一根电缆符号布置到图纸中的不同地方。如果为符号指定了同样的名称，则程序就认为它们是同一根电缆。

7) 改变已布置的电缆方向

要改变电缆的方向，可以在电缆的参考点上点击鼠标右键，选择“改变方向”。电缆的方向是很重要的，这可以在电缆清单中显示出来。

8) 默认的电缆方向

在“设置”-“文本/符号默认值”中，可以指定电缆的默认方向——水平方向和垂直方向，如图 1－169 所示。

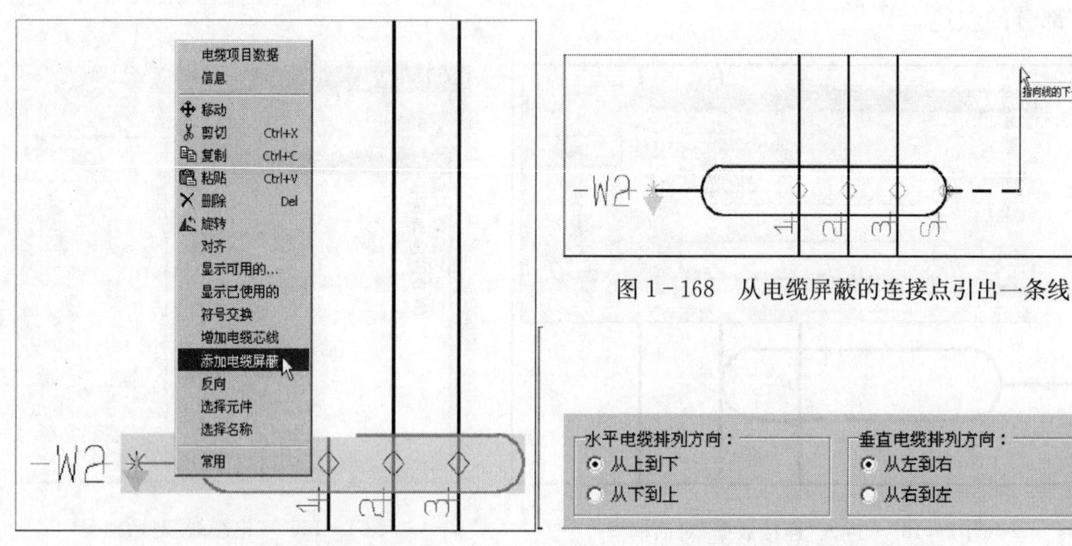

图 1－168　从电缆屏蔽的连接点引出一条线

图 1－167　选择“添加电缆屏蔽”

图 1－169　设置电缆排列方向

17. 符号文件夹

不同的符号位于不同的文件夹，这取决于它们的用途分类。因此，要取出一个符号时，最好知道符号位于哪一个文件夹。如图 1－170 所示，所有的符号文件夹都在文件夹 C:\Pcselcad\symbol 中。这些文件夹的内容见表 1－15。

四、项目实施

(一) 创建设计方案

打开 PCschematic Automation 第 14 版本软件，点击新建文档命令，弹出“设置”对话框，在“设计方案标题”中填写本项目名称，如图 1－12 所示。然后点击 确定(O) 按钮，弹出建好的设计方案，把该文件保存到对应位置。

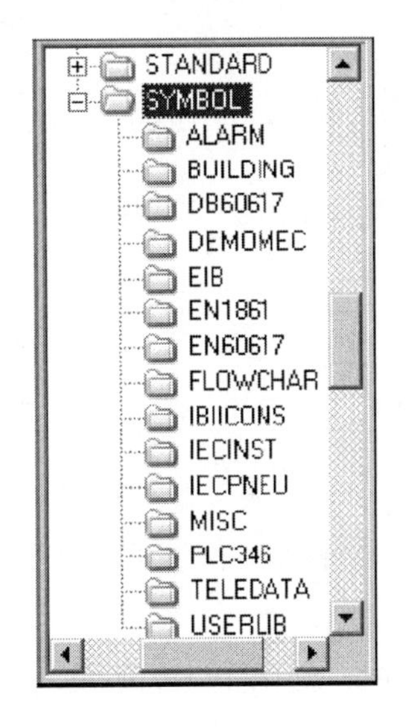

图 1-170　符号文件夹

表 1-15

文件夹	内　　容
ALARM	报警系统符号
BUILDING	建筑平面图符号:门,窗,等等
DEMOMEC	包括元件的外观图
EIB	智能建筑安装符号
EN1861	符合 EN1861 标准的符号,制冷系统和加热泵
EN60617	符合欧洲 IEC/EN60617 标准的符号文件夹
FLOWCHAR	流程图(计算机)符号
IECINST	电气安装符号
IECPNEU	气压和液压符号
MISC	图纸模板,部件清单模板,目录表模板,信号符号,电缆符号,等等
PLC346	符合 EN61346 标准,有参考指示的 PLC 符号
TELEDATA	电信和通信符号
USERLIB	用户自定义的符号

(二) 放置元件符号

1. 放置主回路元件符号

在新建的设计方案中,按下电脑键盘的[F8]键,进入"符号菜单"中,在符号文件夹里选择 60617,进入到符合 IEC60617 标准的符号文件夹里,如图 1-13 所示。分别拾取 07-13-06. sym、07-13-05. sym 和 07-13-02. sym 三个符号。每次拾取后,都会弹出"元件数据"对话框。如图 1-14 所示。

在 名称(N):... 中分别填写"QS"、"QF1"和"KM1",按"确定"后,把符号放在合适的位置上,如图 1-171 所示。

图 1-171　放置主回路元件符号

2. 放置控制回路元件符号

同理分别拾取 07-13-05. sym、07-07I04. sym、07-07B02. sym、07-07-02. sym、07-15-01. sym、08-10-01. sym 和 07-02-01 七个符号。每次拾取后,都会弹出"元件数据"对话框。如图 1-14 所示。

在 名称(N):... 中分别填写"QF"、"SC"、"SB1"、"SB2"、"KM1"、"HR1"和"KT",按"确定"后,使用对齐和间隔功能,把符号放在合适的位置上,如图 1-172 所示。

(三) 复制、摆放符号及修改符号名称

在程序工具栏中选择"符号",长按鼠标左键,区域选择已画好的符号,选好后按鼠标右键,选择复制功能,再重复放置已复制的图形,每次放置时都会弹出"对符号重新命名"对话框,选择 对符号重新命名 ,然后正确摆放。在程序工具栏中选择"文本"

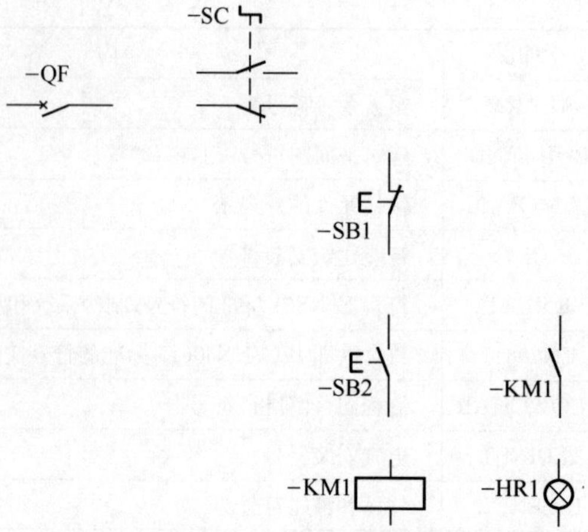

图 1-172 放置控制回路元件符号

，鼠标左键双击要修改的文字，弹出“改变文本”对话框，如图 1-17 所示，点击按钮，可改变文字的字体、大小、颜色等。对主回路操作后，最终效果如图 1-173 所示。对控制回路操作后，最终效果如图 1-174 所示。

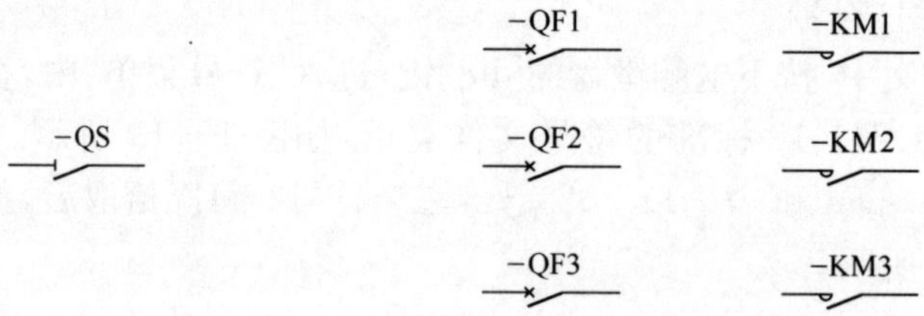

图 1-173 复制、摆放符号及修改主回路符号名称

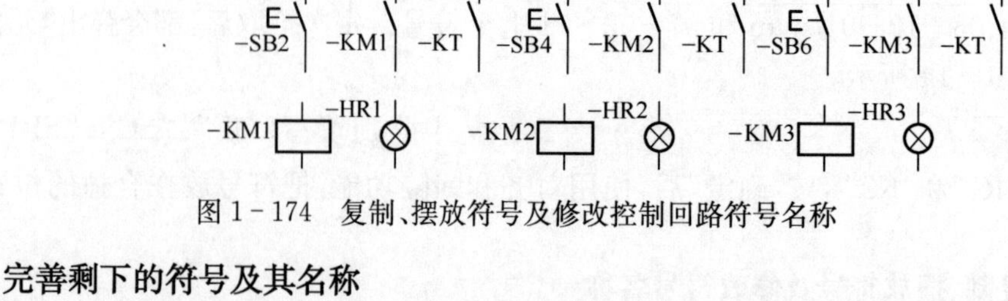

图 1-174 复制、摆放符号及修改控制回路符号名称

（四）完善剩下的符号及其名称

在主回路里的电能表及电缆线可以通过“线”命令来完成，在程序工具栏中选择“线”及“绘图”，在命令工具栏中选择“矩形”，绘制电能表的外框，再把菜单栏中“功能”-“导线”前面的“√”点掉，画出电能表整体框架，在程序工具栏中选择“文

本”及“绘图”，填写“kW · h”，得到完整的电能表。更好的做法是通过新建符号来完成这个过程（在后面章节将会讲到），目前初学先用这个方法。同理可绘制电缆线，如图 1－175 所示。

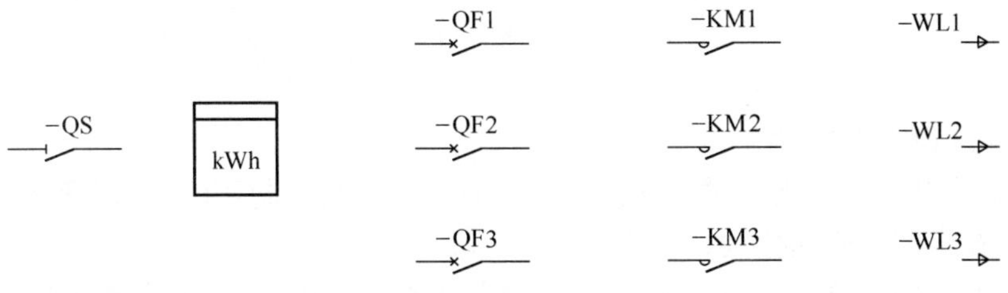

图 1－175　完善剩下的符号及其名称

控制回路中的通电延时继电器可从符号库里调用 07－15－08. sym。

（五）连线

在程序工具栏中选择“线”及“绘图”命令，点击菜单栏中“功能”-“导线”，使其前面的“√”出现。把鼠标放在合适的位置，单击左键，弹出“信号”对话框，在信号名称中填写 L 及 N，绘制控制回路的电源线。之后，把鼠标移到电气符号的连接点上，点击鼠标左键，按垂直、水平的原则移动鼠标到下一个元件的连接点上再按下鼠标左键，连线完成，每个元件间的连线都由此方法完成。主回路中的粗线，在命令工具栏中设置各选项为 T: B0.7 A2 F。最终绘制图形如图 1－23 所示。

（六）认识符号参考指示

当同一个元器件在电路图中放置的图形符号不止一个位置时，就会用到符号参考指示，例如接触器的线圈、主触点、辅助触点，经常就会在多处出现，还有继电器、PLC 等元器件也有这样的情况。

本项目绘制好的电路图页面如图 1－176 所示，其中已自动生成了符号参考指示，如图 1－177 所示。以最左边的参考十字为例，其中“. 2”表示接触器 KM1 的常开触点在图纸区间中第

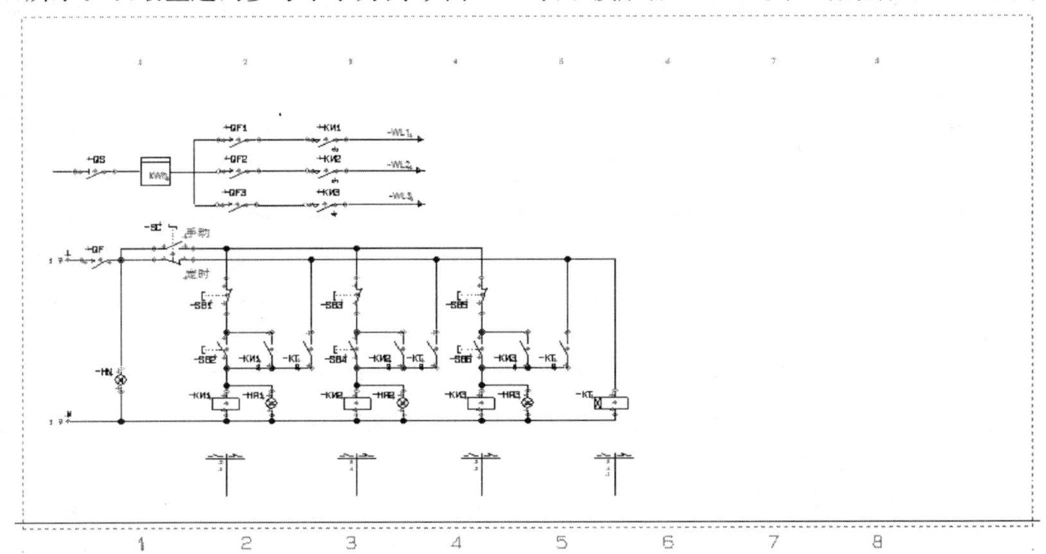

图 1－176　绘制好的电路图页面

2列里出现，点击该参考指示，页面会自动跳转到该常开触点处的图纸区间。其余的参考十字分别对应KM2、KM3、KT。这些参考指示都具有链接功能、实时更新功能，方便识图和绘图，提高效率，特别是有多个页面的时候。

五、拓展知识

(一) 园林景观照明的控制

为节能，灯光开启宜做到平时、一般节日、重大节日三级控制，并与城市夜景照明相协调，能与整个城市夜景照明联网控制。

为做到远距离频繁接通和断开交流电路，目前通常采用接触器、大功率继电器和无触点开关来达到控制目的。接触器是最常用的控制器件，其额定工作电流或额定控制功率随使用条件(额定工作电压、使用类别、操作频率、工作制等)不同而变化。只有根据不同使用条件正确选用容量等级，才能保证接触器在控制系统中长期可靠地运行，同时在设计中应选用低噪声产品。除考虑接通容量外，还应考虑使用中可能出现的过电流，并应配用适当的短路保护电器，如断路器等。

图1-177　自动生成了符号参考指示

(二) 园林景观照明的电气系统

园林景观照明场所主要为室外照明场所，它包括道路(区域性道路、人行道、步行小路)、停车场、公园、公共场所、水景、名胜古迹的照明和泛光照明等装置；也适用于室外与其它设施组合成一体的照明装置，如电话亭、公共汽车避雨亭、广告牌、城市地图牌、路标牌等的照明装置。

园林景观一般属于休闲场所，供电负荷可按三级负荷考虑，但对于晚间开展大型游园活动、装置电动游乐设施、有开放性地下岩洞或架空索道的公园，其照明负荷应该按二级负荷供电，应急照明按一级负荷供电。

由于光源电压一般情况下为交流220V，少数情况下为交流380V，水下场所可采用12V光源。园林景观范围广泛，规模大小不一，用电量也无规律可循，根据实际情况，电源可采用220/380V电压等级供电，也可采用10kV电压等级供电。采用220/380V电压等级供电时，一般该电源取自园林景观照明场所内建筑物或构建物内变电所的低压回路，此时要求园林景观照明用电为单独的专用回路。当园林景观范围较大、用电较为分散时，推荐采用10kV电压等级供电，可在不同区域设置与环境相协调的箱式变电站，10kV环网供电，既提高了供电可靠性，也容易满足光源对电压质量的要求。

正常情况下，照明器的端电压偏差允许值在一般工作场所为正负5%；露天工作场所、远离变电所的小面积一般工作场所，难于满足正负5%时，可为−10%～+5%；应急照明、道路照明和警卫照明等为+5%、-10%。电压波动是指电压的快速变化，而不是单方向的偏移，冲击性功率负荷引起连续电压变动或电压幅值包络线周期性变动，变化速度不低于0.2%/s的电压变化为电压波动。闪变是指照度波动的影响，是人眼对灯闪的生理感觉。闪变电压是冲击性功率负荷造成供配电系统的波动频率大于0.01Hz闪变的电压波动，闪变电压限值ΔU_f就是引起闪变刺激性程度的电压波动值。人眼对波动频率为10Hz的电压波动值最为敏感。

室外照明灯具安装于户外，一般不具备等电位联结的条件，又需承受种种不利的气候影响。为此在户外灯具需专门设置接地极引出单独的PE线接灯具的金属外壳，以避免由PE线引来别处的故障电压。

(三) 园林景观照明安全保护

由于园林景观为室外场所，条件恶劣，人员密集，人员接触的可能性大，实施等电位联结困难，因此对用电安全应引起格外重视。一般场所防电击措施有直接接触电击的防护、间接接触电击的防护两种。电气设备所有带电部分应用绝缘、遮拦或外护物保护，以防止有意或无意的直接接触。在室外照明装置附近但不是室外照明装置一部分的金属结构(如栅栏、网等)，不需要接到接地端子上。在园林景观中，经常会遇到水景，因其电击危险性大，其防电击措施与一般场所有所不同。

六、思考题

(一) 判断题

1. 电路图中，线路与电路是两种不同的概念，它们之间没有关系。(　)

2. 识读照明控制线路时，应首先根据电气布线图进行分析和判断。(　)

3. 小区室外照明线路中，路灯的光源器件一般采用光气体放电灯。(　)

4. 由于室外照明灯的照明是需要同时启动的，因此选择电线必须考虑到负载和强度两个方面。

5. 电源相(火)线可直接接入灯具，而开关可控制地线。(　)

(二) 填空题

1. 电气照明基本电路一般由________、________、________和________四部分构成。

2. 一般情况下，一个照明支路允许安装的灯数不应超过________个，同时该支路的电流不应超过________A。

单元二　供配电线路的识读与绘制

【学习目标】

了解供配电控制线路的结构组成和基本原理，根据对具体的供配电控制线路的分析，掌握供配电控制线路的识读方法和绘制方法。

项目一　住宅室内供配电线路

一、项目下达

供配电线路是指为工厂企业和人们生活提供和分配电能的线路，它是电力系统的重要组成部分。住宅的室内供配电线路相对比较简单，其主要由进户线、电能表、总开关(断路器)及负载线路构成，主要满足家庭照明及家用电器的需求，如图 2-1 所示。

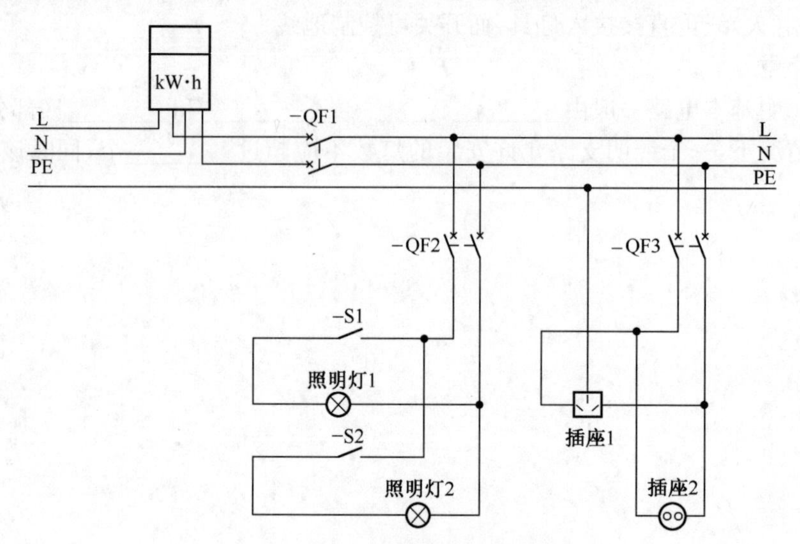

图 2-1　住宅室内供配电线路

二、项目分析

(一) 识读分析

由图 2-1 可知，来自前级配电室的 220V 低压，首先经电能表后，接入总开关及分开关，然后根据实际应用在零线与火线之间接入照明灯、控制开关及插座形成供电电路。其中，该线路中电能表用于计量耗电量，总开关(断路器)和分开关(断路器)则用于控制和保护线路，当负载线路出现过载或断路故障时，能够自动切断电路，起到保护配电线路的作用。

对该类电路进行识读时，仍按照电源引入线、电气设备、负载的总体顺序进行识读。图 2-1

中来自前级供配电线路(如配电室)的进户线经电能表后,接入总开关进行控制和保护,后级负载设备均连接在该配电线路上,其中照明电路中,控制照明灯的开关串联接在火线上。

(二) 绘制分析

设计流程及运用的基础知识如表 2-1 所列。

表 2-1

设计流程	运用的基础知识点	设计流程	运用的基础知识点
步骤一:创建设计方案	创建新页面,填写设计方案数据	步骤三:放置元件符号	符号库的使用,复制、对齐和编辑文字功能
步骤二:创建符号	创建新符号	步骤四:连线	连线功能,区域、平移功能

三、必备知识

(一) PCschematic 创建符号

在 PCschematic ELautomation 工作时,有时候会发现在程序的符号文件夹里没有需要的符号。这时,就需要自己创建一些符号。

1. 创建新符号

在下面的例子中,我们将会创建一个矩形中带有圆的新符号。另外,这个符号还包含一个自由文本和两个信号连接点。

要创建新符号,必须工作在一个设计方案中,假如不是这样,必须新建一个设计方案。点击“新建文件”按钮,按[Esc]键或点击“取消”键离开“设置”对话框。点击“符号”按钮或者使用快捷键[s],然后点击“符号菜单”按钮。当然,也可以直接使用快捷键[F8]。现在进入“符号菜单”,如图 2-2 所示。点击“从文件夹选择库”按钮,或者“从别名选择库”按钮,再选择要把符号保存在哪个文件夹中,比如文件夹 MICS_CN。选择“创建新符号”按钮或在符号区域中的任意空白处点击右键,选择“创建新符号”。现在已经进入了编辑符号模式,在左边工具栏的下方,可以看到 SYMB 中有一个闪烁的红色方框。在屏幕的中间会发现图 2-3 所示的红色的图形。中间的星号(∗)是符号的参考点,这个点表明了符号的位置,而且是将来在符号旋转时的中心点,一个符号只能有一个参考点。红色的加号(+)是符号文本的参考点。

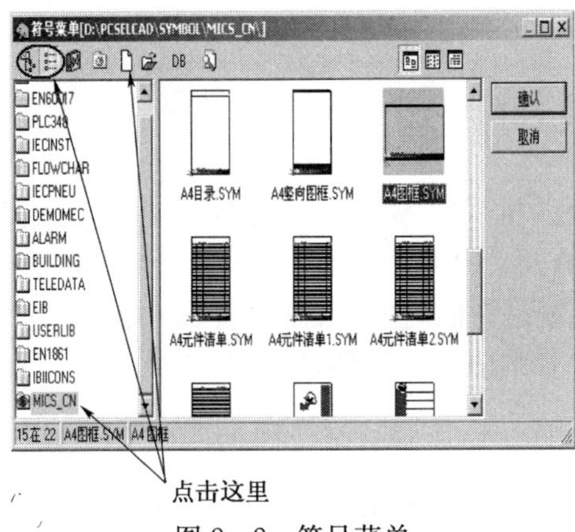

图 2-2　符号菜单

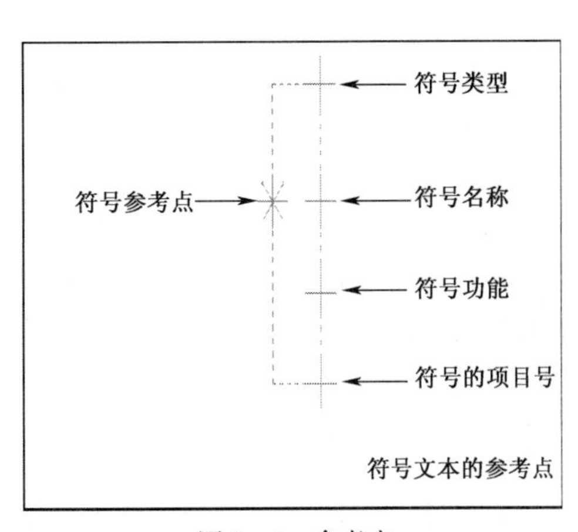

图 2-3　参考点

1）移动参考点

为了有更多的地方来画符号，可以使参考点左移。移动方法是选中参考点，然后使用鼠标拖动到希望放置的位置。

2）符号中的线

为了画线，点击“线”按钮，然后点击“画线”按钮。可以指定在使用符号时，符号中的线和连接到这个符号的导线的宽度和颜色完全一样。要实现此效果，必须激活（高亮显示）工具栏中的“跟随连接”按钮。

3）画矩形框

要在符号中画出矩形框，可以点击“矩形”按钮。在距参考点的左边 10mm，下边 10mm 处点击，指定矩形的左－下对角点。然后在距参考点的右边 10mm，上边 10mm 处点击，指定矩形的右－上对角点。现在已经在参考点周围画出了一个 20mm×20mm 的矩形。坐标和距离都显示在屏幕的左－下角，如图 2－4 所示。

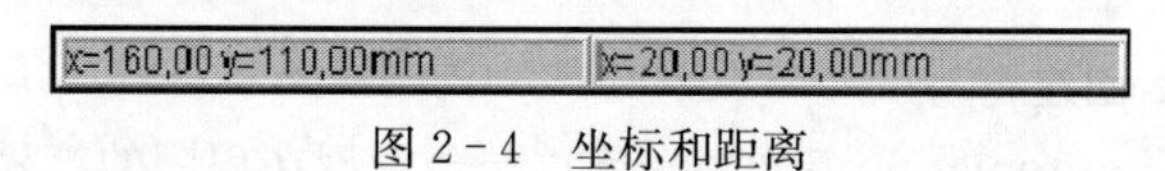

图 2－4　坐标和距离

4）布置连接点

要使符号具有电气特性，符号上必须要有一些点，可以连接电气线，这些点叫做连接点。要布置连接点，请点击“符号”按钮、“连接点”按钮和“铅笔”按钮。十字线中会出现一个连接点。点击布置两个连接点，如图 2－5 所示。布置连接点时，需要填写它们的连接点数据，如图 2－6 所示。在这里，可以对它们命名为 1 和 2。如果要使这些名称在图纸中不可见，可以去掉“名称”区域中“可见的”检查框中的“√”。

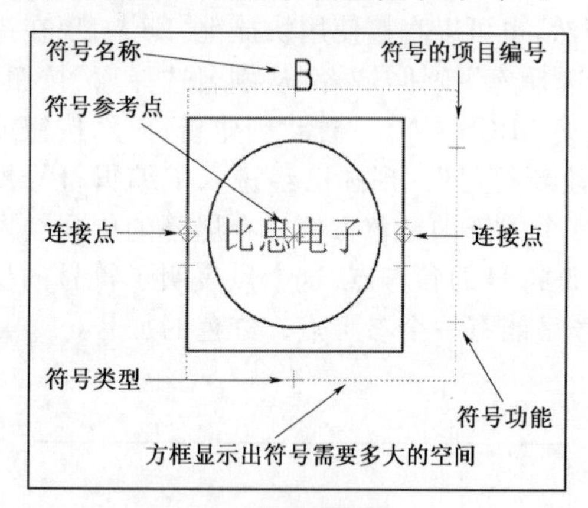

图 2－5　布置连接点

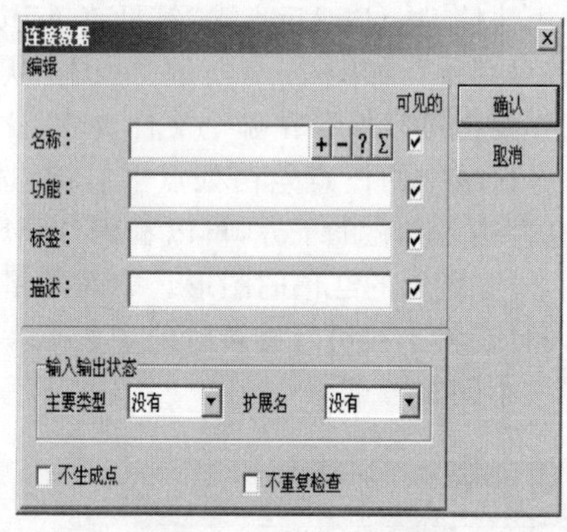

图 2－6　连接点数据

5）连接数据对话框中的多个选项

（1）名称中有不同部分的连接数据：如果输入“?1”和“?2”，则可以在设计方案中布置符号时，直接在“符号项目数据”对话框中的连接名称中输入？代表的数字或字母。比如，在布置常开和常闭符号时，事先并不知道它们的物理位置，也就是它们的连接点时，这个功能非常有用。对接线端子也是如此，如果输入“＊”，则可以在设计方案中布置接线端子时，输入连接名称的全部内容。

（2）不生成点。

（3）不检查重复：进行设计检查功能时，可以检查设计方案中包含的符号中，是否有多个连接点有相同的名称。选择“使用多次”会进行此检查。

但是,对于某些符号,比如通用的气压符号,根据行业标准,连接点有同样的名称是允许的。要在符号定义中关闭对连接点的这项检查,可以选择“不重复检查”。这样,程序进行设计检查时,就不会检查连接点名称是否被多次使用。

注意:在符号定义中关闭这个检查前,必须要确定它在本行业中是允许的。

现在已经为符号布置了连接点。按[Esc]键去掉十字线中的参考点符号。

6) 画一个圆

点击“圆”按钮(快捷键[c])和“铅笔”按钮,可以在符号中画出圆。出现圆/弧的工具栏(图2-7),同时十字线中会有一个圆。设置半径(R)为8.0,可以使圆心和参考点重合,布置圆。

7) 输入自由文本

在符号的中央,显示自由文本“块”,如图2-8所示。点击“文本”按钮,或按快捷键[t]。点击文本工具栏中的文本区域,输入文本块。按回车键,文本位于十字线中。

图2-7　圆/弧的工具栏

图2-8　文本“块”

8) 改变文本数据

点击“文本数据”按钮,把文本高度设置为3.0mm,设置对齐方式为中一中,如图2-9所示,点击“确认”。

十字线中的文本为选中状态。如果不确定如何决定文本的设置,参见“指定文本数据/文本的显示”部分的叙述。点击符号的中央,布置文本。按[Esc]键,或点击“铅笔”按钮,从十字线中去掉文本。

注意:在设计方案中布置符号时,符号定义中的自由文本不能被改变,它们只能在程序的编辑符号模式下才可以被改变。

9) 符号文本和它的文本数据

点击“文本”按钮,按[Esc]键关闭“铅笔”按钮。点击文本“符号名”的参考点,选中它。在命令工具栏中可以看到是否选择了正确的文本参考点。本文类型框中显示为“符号名”,如图2-10所示。

如果输入“B”,则这个字母就会作为符号名。若把这个符号布置在一个项目中时,按[k]键,出现图2-11所示的对话框。输入B,按回车键。如果不按[k]键,可以点击命令工具栏中的文本区域,输入B,再按回车键。选中了一个符号文本后,按下[F5]键可以在符号文本间前后切换。

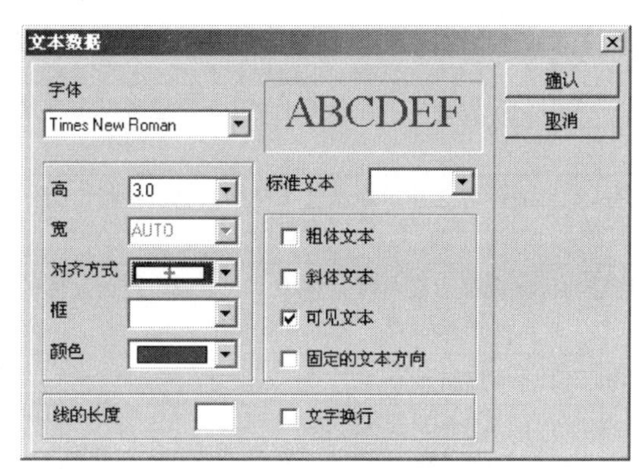

图2-9　文本

图2-10　符号名

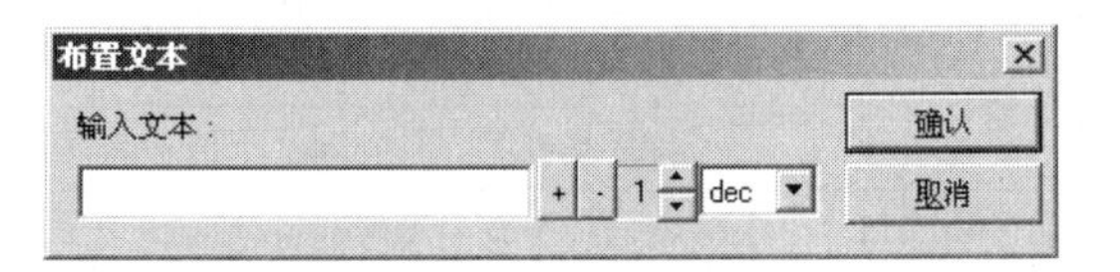

图2-11　布置文本

通常不要在符号名区域输入“－B”。如果在“设置”－“指针/屏幕”中选择了“在符号名前插入－”,则布置符号,程序会自动在符号名前插入一个“－”。如果输入“B?”,则布置符号,符号会自动被指定下一个可用的符号名。

10) 在编辑符号时改变符号文本

设计(编辑)符号时,激活“符号”按钮,屏幕上会出现图 2-12 所示的工具栏。在这里点击不同的区域,输入相关的文本,也可以改变符号文本。

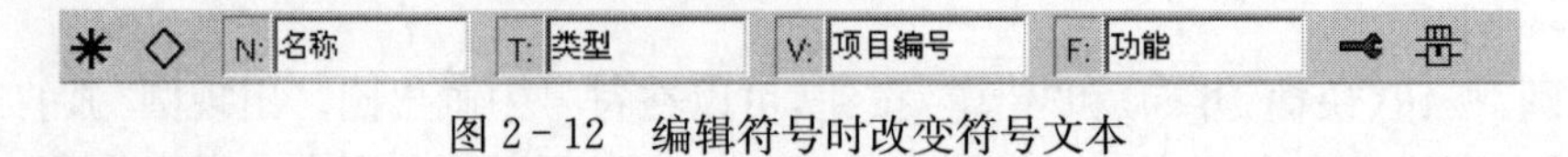

图 2-12　编辑符号时改变符号文本

11) 移动符号文本

要移动图中的文本符号名,按以下步骤:点击“文本”按钮,关闭“铅笔”(按[Esc]键)。点击文本“符号名”,再点击“移动”按钮。通常捕捉被设置为 2.5mm,这时“捕捉”按钮被选中(高亮)。要在精确捕捉模式下布置文本,可以按下[Shift]键,这时捕捉变为 0.25mm。此时可以在左下方的工具栏中看到一个红色的框。点击要布置文本的地方,松开[Shift]键,返回普通捕捉。用同样的步骤移动其它符号文本。

12) 显示符号文本

如果要查看不同符号文本的尺寸大小、颜色,或者布置的位置等,可以选择“查看”－“显示文本”,如图 2-14 所示。请注意,只有未填写的文本可以改变。

点击“文本数据”按钮,可以改变文本的显示情况。再次选择“查看”－“显示文本”按钮,关闭此功能。

13) 保存符号

如果还没有保存符号,可以点击“保存”按钮,出现符号设置对话框。为符号给出一个标题,它叙述了符号的使用和显示情况。选中符号时,这个文本会显示在“符号菜单”上方,也可以根据它来决定选取哪一个符号。

在区域内点击,比如输入“有两个连接点的块符号”,如图 2-13 所示。

注意:设计符号时,点击符号按钮,再点击符号设置按钮,也可以进入此对话框。

2. 符号类型

可以选择表 2-2 所列的符号类型。

表 2-2

符号类型	用　途
常规	没有特殊状态的符号
继电器	布置在一个原理图页面上时,符号下有一个参考十字
常开	符号表示一个常开触点。作为元件的一部分,符号的位置会显示在参考十字中。它也被指定为元件的继电器符号的参考
常闭	符号表示一个常闭触点。作为元件的一部分,符号的位置会显示在参考十字中。它也被指定为元件的继电器符号的参考
开关符号	符号表示一个开关。作为元件的一部分,符号的位置会显示在参考十字中。它也被指定为元件的继电器符号的参考
主参考	符号具有所有其它同一个符号名符号的参考,比如手动控制开关
有参考	指向一个有主参考的符号,或者指向同一个元件的上一个或下一个符号
参考	参考十字符号

（续）

符号类型	用　　途
信号	符号作为从一个电气点到另一个电气点的信号参考。关于这种符号的更多内容，参见“创建信号符号”和“信号符号”部分的叙述
多信号	用于标记到信号母线的多个符号
接线端子	表示接线端子符号
PLC	PLC 符号
数据	用于向布置到原理图中的元件添加信息。这些信息会显示在清单中
非传导	符号表示为非导线。比如，表示窗口或门的符号，都可以布置到一条非导线（墙）上
支持	属于特殊元件的符号
电缆	电缆符号，显示在电缆清单中
线号	用于导线编号的符号，比如手动或自动创建的导线编号。当手动布置线号时，程序会自动给出下一个可用的线号

上面的例子中，符号没有特殊说明，符号类型为“常规”。在图 2－14 中，“选择”被设置为“整个符号”，意味着点击符号上的任一位置，都会选中符号。如果设置“选择”为“参考点”，就意味着只有点击符号的参考点时，才会选中符号。这个功能用于可以在上面布置其它符号的符号中，比如配电盘符号。点击“确认”。在设计方案中，也可以选择那些“选择”被设置为“参考点”的符号的参考点。

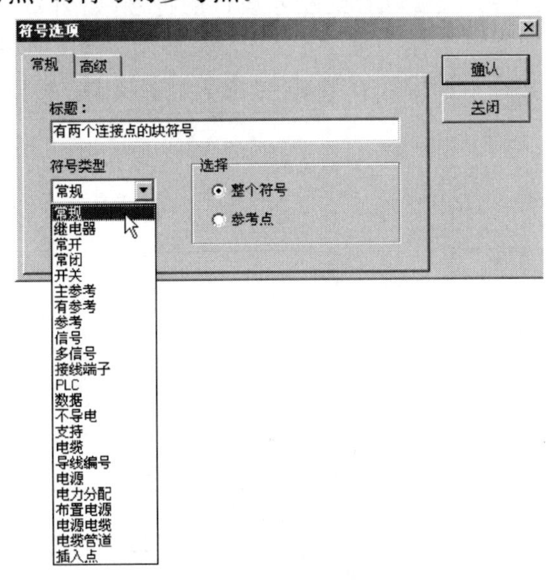

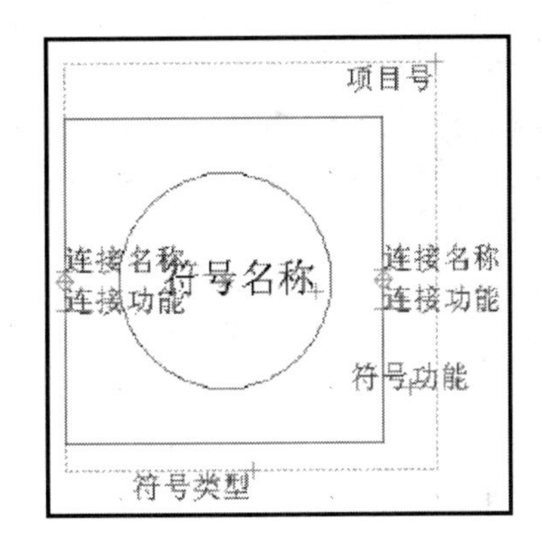

图 2－13　显示符号文本　　图 2－14　符号选项

点击“高级”标签，如图 2－15 所示。在这里可以打开或关闭不缩放调整功能，通常它是关闭的。这样就可以在页面中对一个符号进行缩放，比例为 1∶1 或 1∶50。

“自动缩放”和“不调整缩放比例”一样，不应用于普通的原理图或平面图中。这个功能可以自动进行符号缩放，以匹配要和它连接的线。只能对设计为适合 10mm 的线的符号应用此功能。

1）保存符号

第一次保存符号时，进入“另存为”对话框。在这里可以选择要保存的文件夹。符号自动

使用扩展名为 .sym，如图 2－16 所示。点击“文件名”区域，输入名称“块”，然后把符号保存在需要的文件夹中，点击“保存”。符号现在已经被保存了。

图 2－15 符号选项

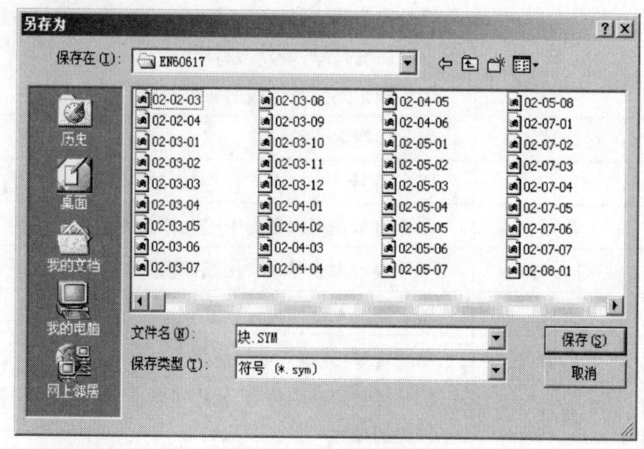

图 2－16 保存符号

2）打印符号

如果要打印出符号，可以点击“打印此页”按钮。

3）离开符号菜单

保存了符号后，可以离开设计符号模式，选择“文件”—“关闭”。

现在返回“符号菜单”，打开保存符号的文件夹，就可以看到刚才设计的符号，如图 2－17 所示。鼠标停留在符号上时，它的标题、名称和类型会作为提示显示出来，如图 2－18 所示。如果要把符号布置到原理图中，点击“确认”。然后返回设计方案，符号位于十字线中。可以把它布置到设计方案中。

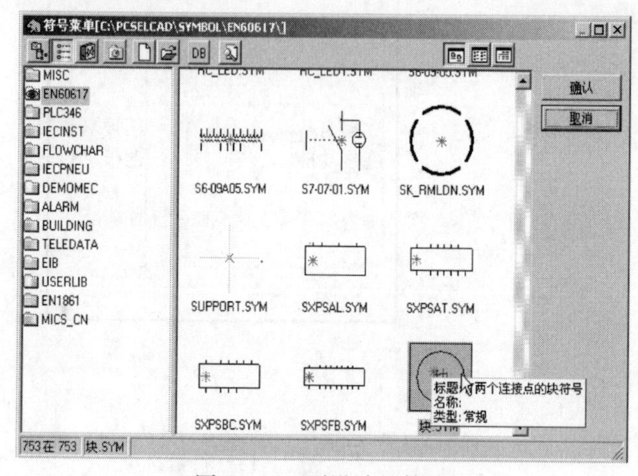

图 2－17 刚设计的符号

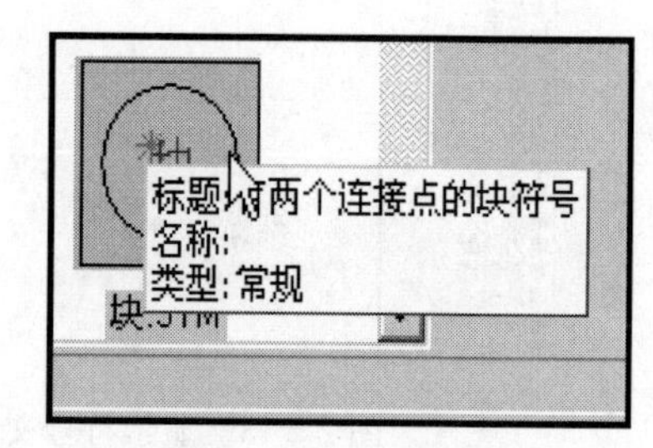

图 2－18 符号信息

3. 符号中的附加符号数据区域

可以在符号定义中插入附加数据区域：

（1）创建必要的数据区域，参见“创建符号数据区域”部分的叙述；

（2）点击“文本”按钮，选择“功能”—“插入数据区域”；

（3）在“数据区域”对话框中，选择要插入的数据区域，把它布置到符号定义中。关于数据区域的更多内容，参见“数据区域”部分的叙述。

也可以在符号定义的“设计方案数据”和“符号数据”中插入数据区域。

4. 其它层中有连接点的符号

如果把符号定义中的连接点布置在 0 层，那么在页面中布置符号时，连接点也会布置在相同的层。

如果把符号定义中的连接点布置在其它层，那么无论符号布置在哪一层，连接点总会布置在原来的层。

5. 创建一个符号为多符号

如果一个元件的电气符号是同一种类型的三个独立的符号，则可以在符号定义中，把符号保存为多符号。比如这个功能可以应用于 PLC 符号。

进入“符号菜单”(按[F8]键)，点击刚才创建的符号，再点击“编辑符号”。放大符号，点击“连接点”按钮。在符号左边的连接点上点击鼠标右键，选择“连接点数据”，在名称区域内输入 1,3,5，点击“确认”，如图 2-19 所示。在符号右边的连接点上点击鼠标右键，选择“连接点数据”，在“名称”区域内输入 2,4,6，点击确认。

这样，就标明符号包含三个有同样名称但独立的符号。第一个符号的连接名为 1 和 2，第二个为 3 和 4，第三个为 5 和 6。

1) 保存多符号

现在选择“文件”-“另存为”。如果需要，可以更改符号标题。请注意，“符号类型”必须保留为“常规”。点击“高级”标签，在这个标签中，选择“多符号”，点击“确认”，如图 2-20 所示。再输入符号的新名称，或保留原名称，点击“确认”。现在已经把符号保存为一个多符号。

2) 取出多符号

按[F8]键，选择刚才创建的多符号，会出现一个包含三个符号的符号选取栏，如图 2-21 所示。

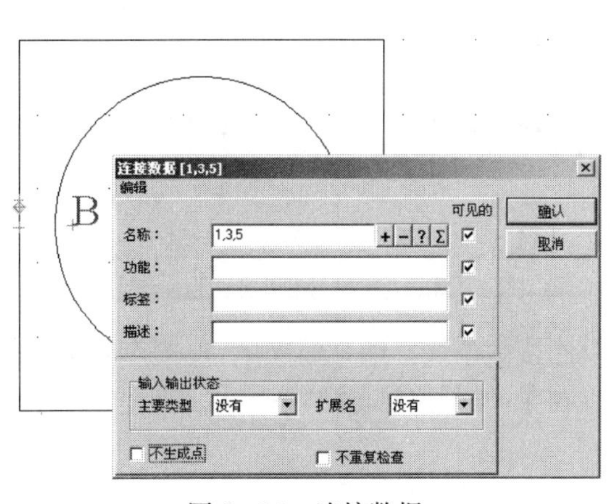

图 2-19　连接数据

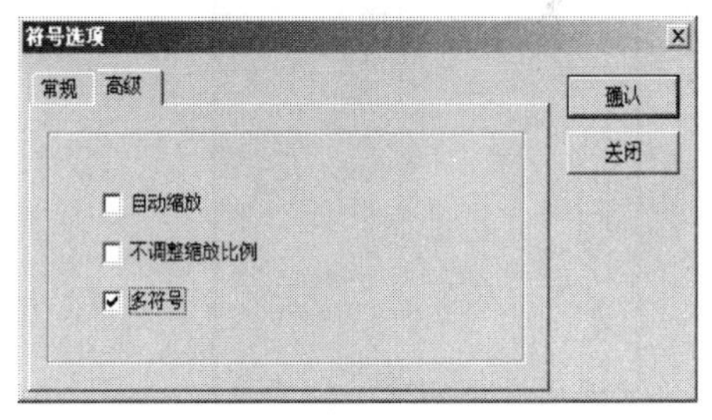

图 2-20　符号选项

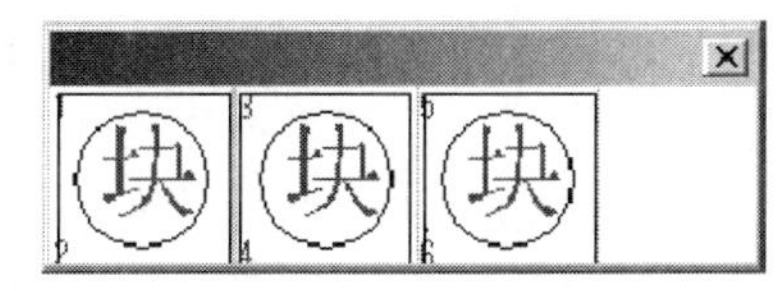

图 2-21　符号选取栏

点击其中一个符号，把它布置到页面中。在布置的符号上点击鼠标右键，选择“显示可用的”，再次进入选取栏。

3)改变符号的连接点

如果要改变其中一个符号的连接点，可以把这个连接点布置到符号上。比如要改变第三个符号的连接点，就在它的“连接数据”对话框中的“名称”区域内输入“,,7”，这样就指定了第三个符号的连接点名称为7。如果只有第一个符号有连接点,就在“名称”区域内输入7。

6. 在符号中加入另一个符号

设计符号时,也可以把另一个符号加入到正在设计的符号中。点击“符号”按钮,再点击“符号菜单”按钮。请注意,设计符号时,符号菜单按钮布置在命令工具栏的右边。进入“符号菜单”对话框,点击需要的符号,再点击“确认”。这时符号位于十字线中,点击要布置的地方。当布置符号时,它不再被认为是单独的符号。因为它的线被作为正在设计的符号中的普通的线。参考点和符号文本不会传送进来,但是它的连接点仍然是连接点,连接点的名称也保持不变。可以选择“文件”—“打开”,查找符号。

7. 符号区域到编辑符号模式

可以从设计方案图纸中复制一个区域,然后在编辑符号模式创建符号时,把它粘贴过来。

8. 创建接线端子符号

创建接线端子符号时,必须标明哪些连接点是“输入”,哪些是“输出”。这些只能在布置了连接点之后决定。

布置一个连接点时,在上面点击右键,选择“连接数据”,如图2-22所示。点击“连接数据”对话框中“主要类型”区域内的下拉箭头,可以在这里选择连接点是“输入”还是“输出”。这些对于接线端子清单是很重要的。如果设置一个连接点的主要类型为“输出”,则连接点会以红色填充。也可以在把接线端子布置到设计方案图中后改变这种类型(“输入”或“输出”)。更多内容,参见_“接线端子符号”部分的叙述。把“扩展名”设置为TERM(接线端子),如图2-23所示。

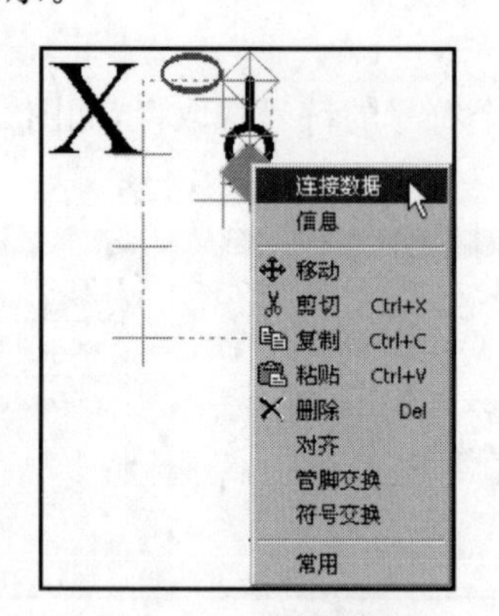

图2-22 连接数据

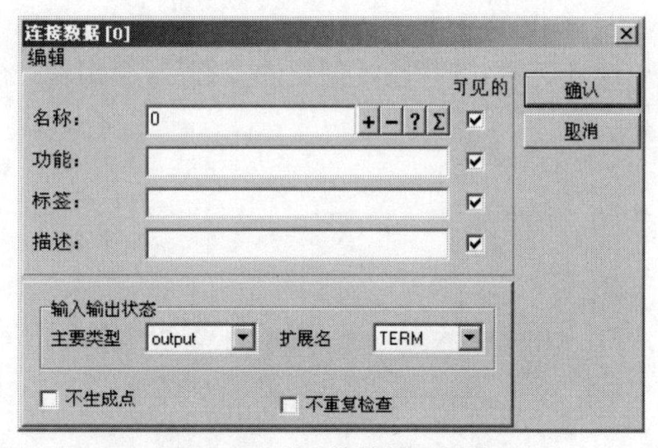

图2-23 “连接数据”对话框

使用接线端子符号时,它的每一个连接点可以连接两条线。通常情况下,连接点和线连接的地方会有一个黑点。如果不想要这个黑点,可以在菜单的下方选择“不生成点”。生成点与不生成点的对比如图2-24所示。

连接点的名称都会被设置为0,不显示其中一个连接名。当在图中插入连接名(接线端子号)时,连接点都会有同样的名称,但是只显示一个。点击“确认”。接线端子符号被保存在符号类型“接线端子”中。

9. 创建电缆符号

创建电缆符号时,即使电缆包含很多条线,也只能布置一个连接点。当在设计方案图中使用电缆符号,并指定了要包含哪些线时,程序会自动为添加的每一条线创建新的连接点,如图

2-25 所示。

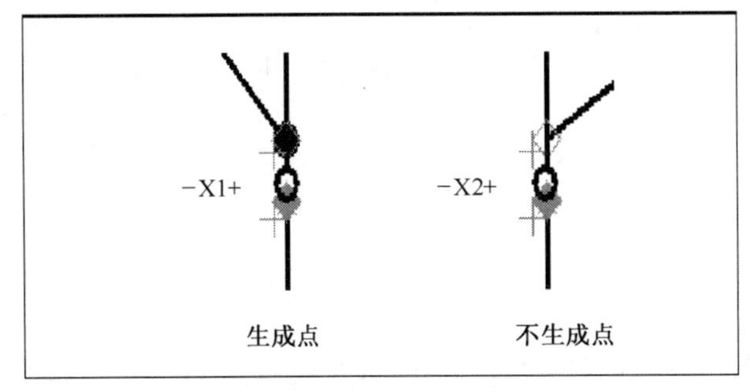

图 2-24　对比图

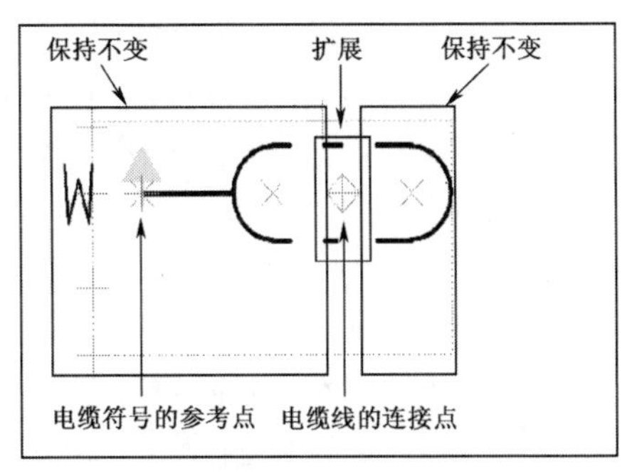

图 2-25　电缆符号

布置在电缆定义中的连接点标明了电缆中第一条线的位置。向电缆中添加多条线时，电缆符号就会扩展。

设计电缆符号时，在电缆线的连接点的左边和右边布置什么是很重要的。在连接点的左边，可以布置电缆符号的参考点，画出在电缆符号的开始时需要的线。在连接点的右边，可以画出在电缆符号的结束处需要的线。

向图中的电缆中添加新的电缆线时，会从连接点的左边到右边依次扩展。这意味着图 2-25 中的点划线将会在添加新电缆线时扩展。

1）电缆屏蔽的连接点

如果为电缆符号布置了两个连接点，则右边的连接点会被当作电缆屏蔽的连接点。

2）描述连接到电缆的电缆线

连接了一条电缆线到电缆后，电缆定义中间的线会扩展。但是，在电缆线和电缆符号连接点的连接处却没有信号显示。如果想要一个信号，可以在连接点的上方布置连接点的“功能”文本。然后输入“功能”文本“/”，选择对齐方式为中-中。

3）电缆符号的方向

在设计的符号中，方向是向上的。如果需要一个小箭头显示电缆的方向，必须自己画出。如果把箭头的颜色设置为 NP(不打印)，则它就只能在屏幕上显示，而不会打印出来。

4）保存电缆符号

保存电缆符号时，必须在“符号选项”菜单中把符号类型设置为“电缆”，如图 2-26 所示。

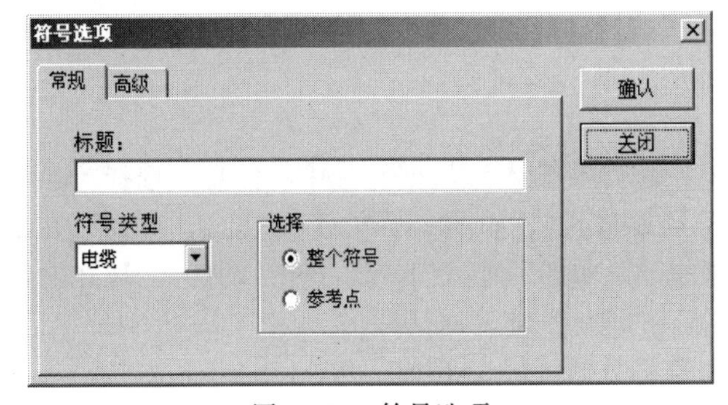

图 2-26　符号选项

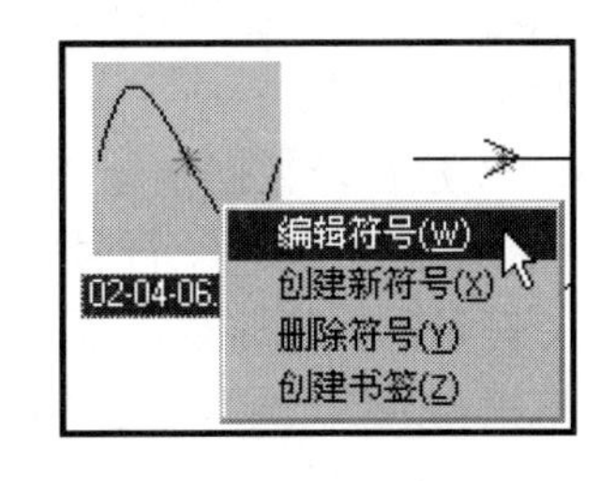

图 2-27　编辑符号

关于如何对电缆符号操作的内容，见“对电缆符号的操作”部分的叙述。

5）为电缆符号指定颜色代码

操作电缆符号时，可以控制电缆中的线的颜色代码。必须在数据库中的电缆记录中指定颜色代码。这和指定电缆的连接名类似。

6）最常用的电缆方向

要设置最常用的电缆方向，参见“默认电缆方向”部分的叙述。

10. 其它选项

1）从文件夹/库中删除符号

要从“符号菜单”中删除符号，必须进入“符号菜单”（按[F8]键），在要删除的符号上点击鼠标右键，再在出现的菜单中选择“删除符号”。

2）改变文件夹/库中的符号

要改变一个符号，必须进入“符号菜单”（按[F8]键），点击要改变的符号，再点击“编辑符号”。或者在符号上点击右键，选择“编辑符号”，如图 2-27 所示。现在就可以改变符号了。

3）改变符号类型

当一个符号用于设计方案时，可以在符号上点击鼠标右键，改变符号类型。这时出现一个菜单，点击“符号项目数据”，再点击“符号类型”区域中的下拉箭头。这时显示一个可用的符号类型列表，选择需要的类型，点击“确认”。

（二）PCschematic 创建数据符号

如果要向一个已布置到设计方案中的符号中添加一些信息，可以使用另一种符号——数据符号。添加的信息会在清单中显示出来。

1. 创建自己的数据符号

比如，在设计方案中使用了一个电机，需要在图中和清单中显示出电机的绕组情况和它的功率（kW）等，如图 2-28 所示。但是，在“符号项目数据”菜单中没有这方面的信息。因此，必须另外把它们添加到符号中。这时可以创建一个数据符号，这个符号可以像表格一样填写。

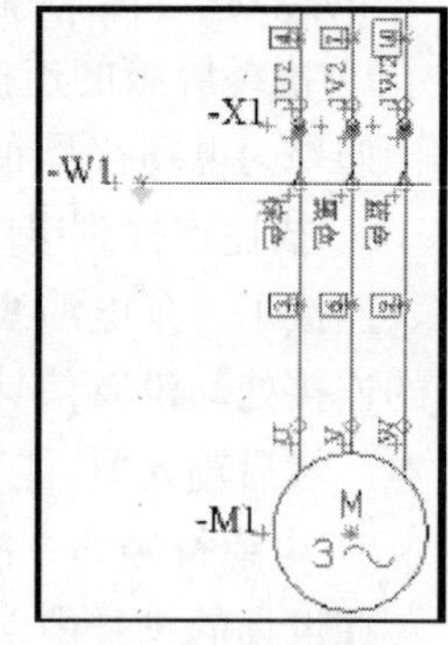

图 2-28　电机情况

2. 设计数据符号

要设计数据符号，点击“符号”按钮，再点击“符号菜单”或者按[F8]，进入“符号菜单”。在这里点击“创建符号”。

1）画出符号

点击“线”和“矩形”按钮，再点击“铅笔”按钮，画出一个矩形。再点击“直线”按钮，在符号中央画出水平线。

2）创建符号数据区域

现在必须创建两个符号数据区域，其中包含要插入到数据符号中的信息。选择“设置”—“文本/符号默认值”，点击菜单左边的“符号数据区域”如图 2-29 所示。点击“添加”，在出现的菜单中输入“线圈”，点击“确认”。再次点击“增加”，输入“KW”，点击“确认”。现在已经创建了两个符号数据区域“线圈”和 KW。点击“确认”，离开对话框。

注意：不需要每次在设计符号时创建符号数据区域。

3）在数据符号中布置符号数据区域

要在数据符号中布置符号数据区域，点击“文本”按钮，选择“功能”—“插入数据区域”。在“数据区域”对话框中，点击“符号数据区域”，选择“线圈”，点击菜单下方的红色向下箭头。在“文本”区域中文本的内容后面布置一个“:”和一个空格符，设置“宽度”为 20。也可以点击“文本数据”按钮，调整文本的尺寸。在矩形的上方布置文本，如图 2-30 所示。相应地插入数据区域“KW”。

图 2-29　符号数据区域

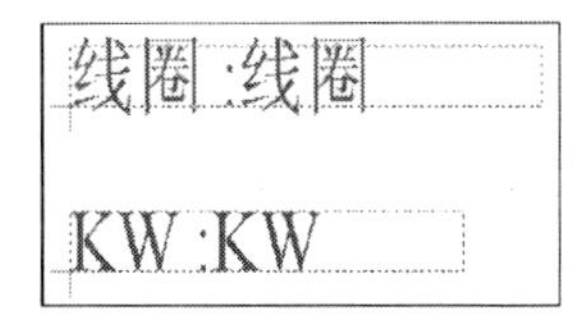

图 2-30　布置文本

4）移动符号名

点击文本“符号名”的参考点，把它拖到数据符号的上方。

5）保存符号

现在已经完成了数据符号的创建。点击“保存”，填写如图 2-31 所示的对话框。必须把“符号类型”设置为“数据”。点击“确认”，在下一个菜单中指定符号名，再点击“确认”。选择“文件”—“关闭”，离开设计符号模式。点击“取消”，离开“符号菜单”。

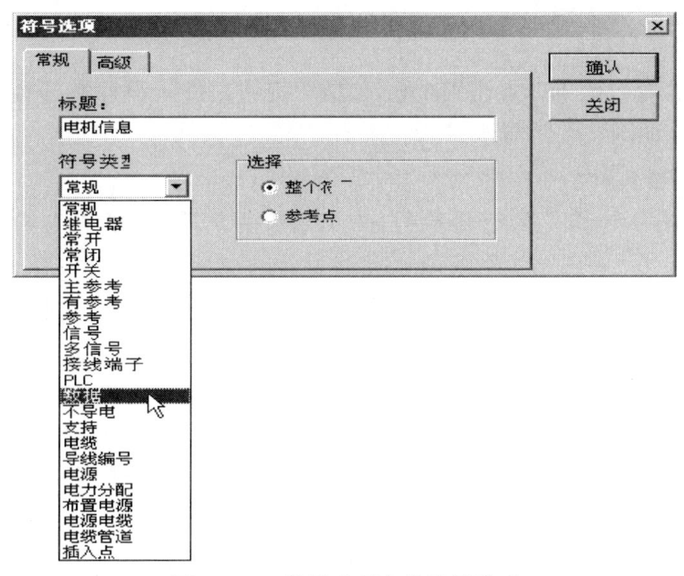

图 2-31　符号选项中的符号类型

3. 在设计方案中布置数据符号

按[F8]键，进入“符号菜单”，点击刚才创建的数据符号，点击“确认”，返回到设计方案页面，数据符号位于十字线中，可以把它布置到电机符号旁边。点击布置符号时，自动进入图 2-32 所示的对话框。

指定数据符号名称为 M1，就把数据符号中的信息添加到名称为 M1 的符号中。填写数据符号区域，点击“确认”。布置符号如图 2-33 所示。

如果数据符号和电机符号相比，尺寸不很合适，可以在符号工具栏中的符号缩放区域对符号进行缩放。

4. 数据符号和清单

要把数据符号中的信息包括在清单中，必须在设计清单时选择“功能”—“插入数据区域”，

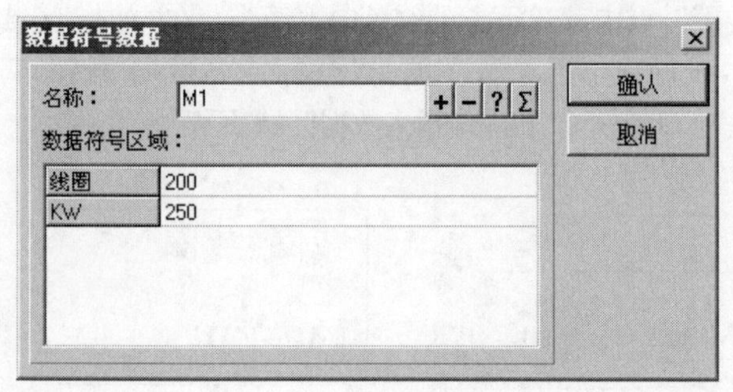

图 2-32 数据符号数据

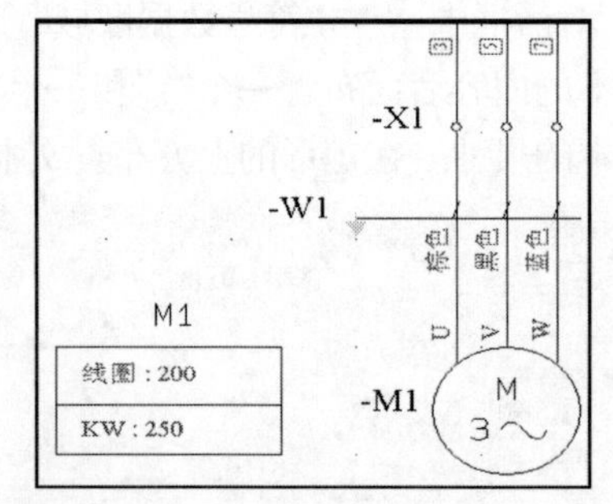

图 2-33 指定数据符号名称为 M1

点击“符号数据区域”，插入需要的符号数据区域。关于设计清单的更多内容，参见“创建清单”部分的叙述。

这样就在设计方案中创建了包含电机信息的元件清单，如电机绕组和功率方面的信息。关于清单中的排列次序和标准方面的详细内容，参见“清单设置”部分的叙述。

（三）PCschematic 创建信号符号

一种特殊类型的符号是信号符号。它们是一条导线，却不以电气点开始，也不以电气点结束。

1. 创建自己的信号符号

按[F8]键进入“符号菜单”，点击“创建新符号”按钮。进入设计符号模式，可以在屏幕中间看到这些参考点，如图 2-34 所示。

2. 设计信号符号

现在设计一个有下述情况的信号符号：一个总长为 7.5mm 的向右箭头，箭头的角度为 45°，5mm 高。

在名称区域，可以输入信号。不过不必在此区域内输入任何信息，因为在图中布置信号符号时，会自动填写信号名。

1）画信号符号（见图 2-35）

在符号参考点周围做出一个合适的缩放窗口（[z]）。点击“参考点”按钮和“铅笔”按钮，再点击要布置参考点的位置(1)。点击“线”按钮和“跟随连接”按钮。从参考点开始画出一条 5mm(2)的水平线。如果使用的标准捕捉为 2.5mm，那么在箭头的右边移动两格，点击鼠标。按[Esc]键。点击“填充区域”按钮，在线的接点上方 2.5mm 处点击(3)，在水平线的 2.5mm 处点击，然后在水平线的下方 2.5mm 处点击(5)，出现一个填充的三角形（程序会自动选择 45°的斜线）。点击“文本”按钮，点击文本参考点为“符号名”，点击“移动”按钮，按下[Shift]键，进入精确捕捉，布置文本区域。在屏幕上方文本工具栏的白色文本区域内点击，或按[k]键，输入信号，再按回车键(6)。

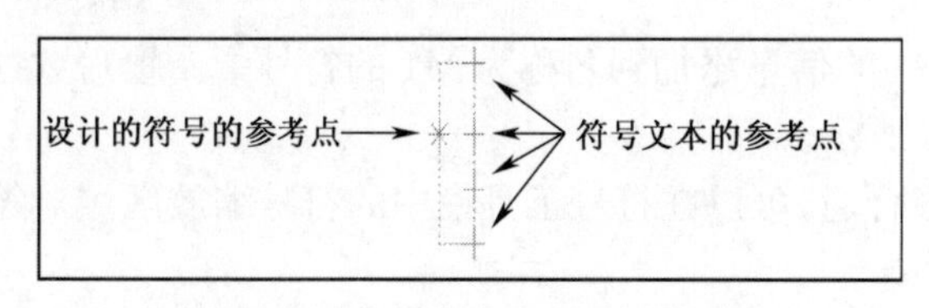

图 2-34 创建自己的信号符号

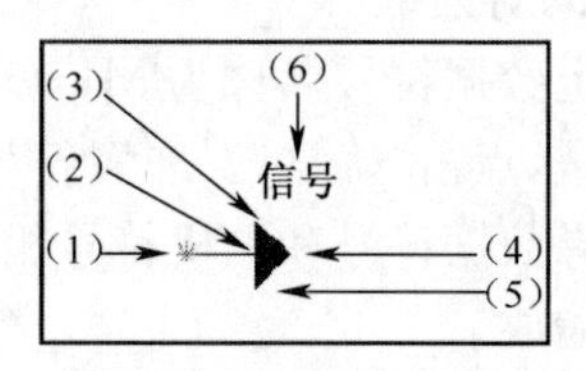

图 2-35 画信号符号

2）信号符号中的文本区域

要保存一个符号为信号符号，这个符号必须只包含符号文本“符号名”和“符号类型”。

点击“符号”按钮，再点击“符号设置”按钮，可以看到它们的设置。点击“符号类型”区域内的下拉箭头，在出现的下拉列表中选择“信号”，点击“确认”。这样其它类型的符号文本就会消失。当保存符号为信号符号时也是这样。

不能在“符号类型”区域输入任何内容，因为这个区域用于包含信号符号的页面参考。因此，把符号类型区域布置到要布置参考文本的位置。

创建信号符号时不用指定符号名，因为可以在把它布置到设计方案时再决定它的名称。但是，如果把信号符号布置到设计方案中时不指定名称，信号符号会使用“符号名”区域指定的名称。

3）保存符号

选择“文件”—“另存为”，为符号指定一个标题。选择符号类型为“信号”，点击“确认”。在“另存为”对话框中，决定要把符号保存在哪个文件夹中。所有的信号符号都保存在MISC文件夹中，并都以SG…命名 。

3. 频繁使用的信号符号

经常使用的信号符号，可以被添加到信号符号列表中。这样当点击“信号”对话框中“信号符号”下的上一下箭头，就可以看到它们。当画一条以非电气点开始和结束的线时，自动进入图2-36所示的对话框。

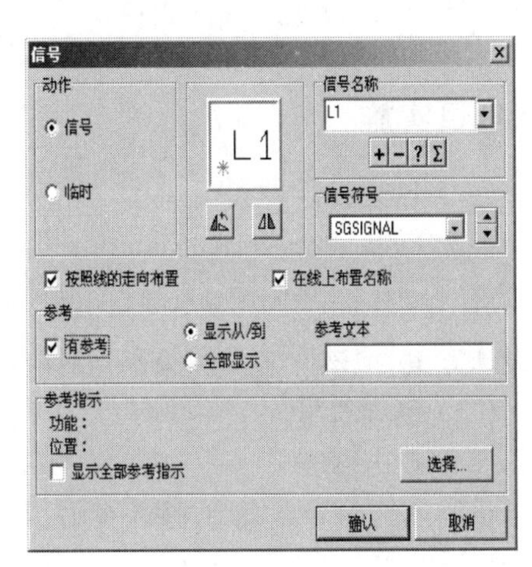

图2-36　信号

要向这个列表中添加信号符号，选择“设置”—“文本/符号默认值”，如图2-37所示。点击对话框左下角的“信号符号”，点击“增加”。进入“符号菜单”，查找并选取需要的信号符号，点击“确认”。信号符号被添加到列表中。如果点击“删除”，会从列表中删除信号符号。

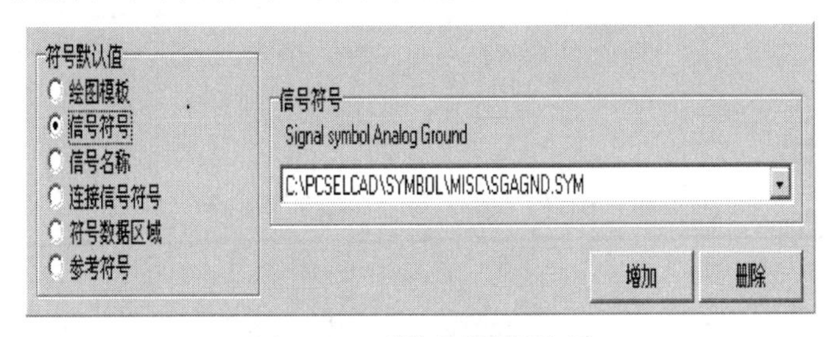

图2-37　“信号符号”选项

4. 频繁使用的信号符号名

要向预定义的信号名列表中添加一个信号名，选择“设置”—“文本/符号默认值”，如图2-38所示。点击“信号名称”，点击“增加”。在出现的对话框中，输入新名称，点击“确认”。如果要删除一个信号名，可以点击信号名下面区域中的下拉箭头，点击要删除的信号名，点击“删除”，信号名就会被删除。

5. 创建连接信号

创建连接信号时，方法和创建电缆符号时相似。

在连接符号中，必须把参考点布置在左边，符号布置在右边。

在页面中布置连接符号时，只有符号定义中的水平线被扩展，如图 2－39 所示。另外，这些线必须和连接点是同样的线，以便于扩展。符号定义中其它的线根据水平线的扩展移动，但是保持不变。保存连接符号时，选择符号类型为信号。

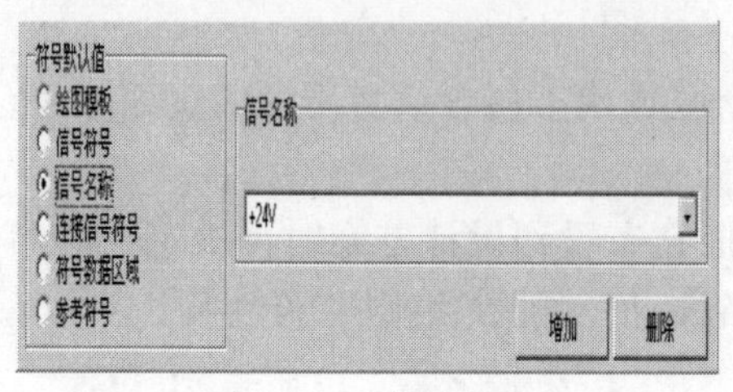

图 2－38　信号名称

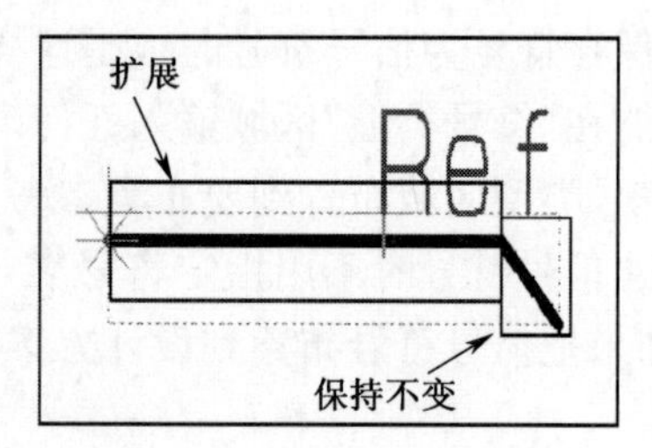

图 2－39　水平线被扩展

四、项目实施

（一）创建设计方案

打开 PCschematic Automation 第 14 版本软件，点击新建文档命令，弹出“设置”对话框，在“设计方案标题”中填写本项目名称，如图 1－12 所示。然后点击 确定(O) 按钮，弹出建好的设计方案，把该方案文件保存到对应位置。

（二）创建符号

1. 创建电度表

在新建的设计方案中，按快捷键[F8]进入符号菜单，在文件夹 60617 里找到与新建的电度表相近的符号 08－04－03. sym，点击鼠标右键进入“编辑符号”，如图 2－40 所示。之后进入到创建新符号界面，如图 2－41 所示。

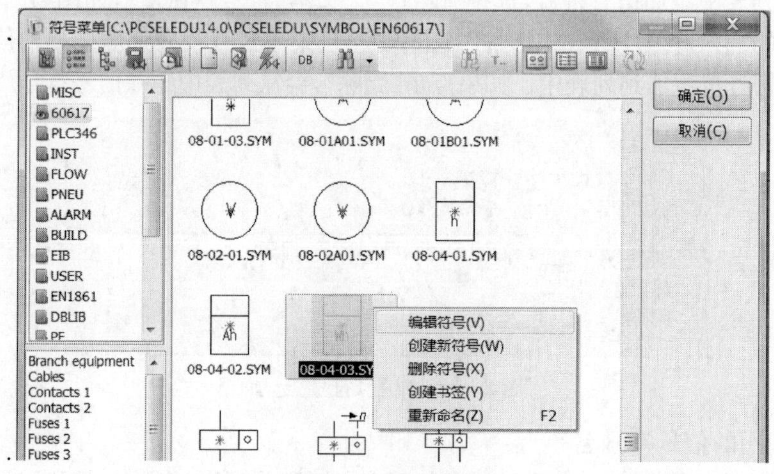

图 2－40　编辑符号

对该符号进行修改，首先双击符号中的文字“Wh”，弹出对话框如图 2－42 所示，修改文字为“kWh”。在程序工具栏中选择“符号数据”及“绘图”，如图 2－43 所示，选中“连接点”，修改符号的连接点位置，最终得到的符号如图 2－44 所示。

点击“文件”—“另存为”把新建的符号放在文件夹 symbol—userlib 之中，返回到符号菜单中可以看到新建的符号 kWh. sym，如图 2－45 所示。

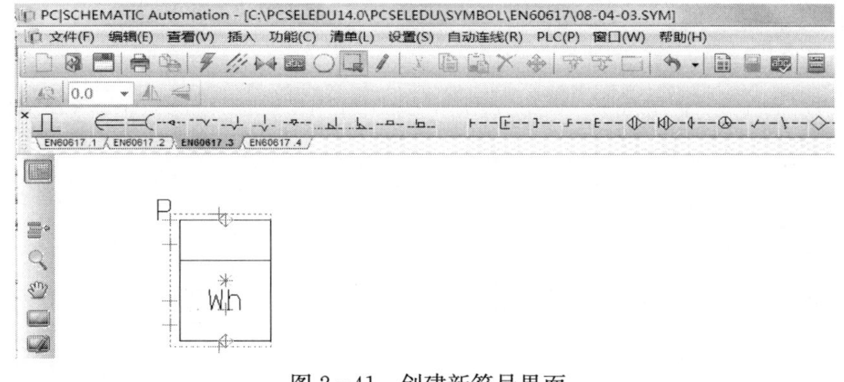

图 2-41　创建新符号界面

图 2-42　改变文本

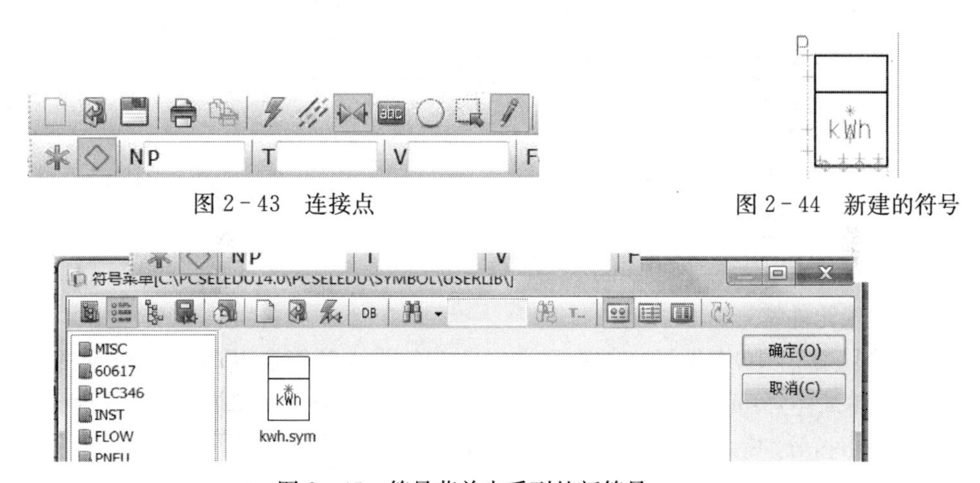

图 2-43　连接点　　图 2-44　新建的符号

图 2-45　符号菜单中看到的新符号

2. 创建单相插座

进入符号菜单后，点击“创建新符号”，如图 2-46 所示。进入新建符号页面，在程序工具栏中选择“符号数据”和“绘图”，点击参考点，在绘图区域先画上一个参考点，此点作为新建符号的中心点。在程序工具栏中选择“弧/圆周”和“绘图”，设置半径 $R=2.5$，如图 2-47 所示。绘制一个圆形，再设置半径 $R=0.5$，把“设置”—“普通捕捉”前面的“√”点掉，绘制另外两个小圆。重新打开普通捕捉功能，然后在程序工具栏中选择“符号数据”及“绘图”，如图 2-43 所示，选中“连接点”，给符号左右加上两个连接点，得到如图 2-48 的单相插座符号，点击“文件”—“另存为”把新建的符号放在文件夹 symbol - userlib 之中，返回到符号菜单中可以看到新建的符号 danxiang. sym。同理可以创建带接地插孔的单相插座符号 danxiangGND. sym，如图 2-49所示。

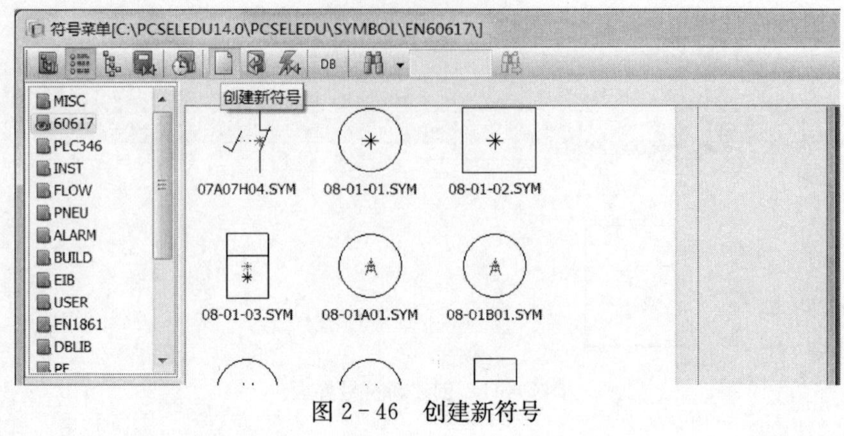

图 2-46 创建新符号

图 2-47 设置半径

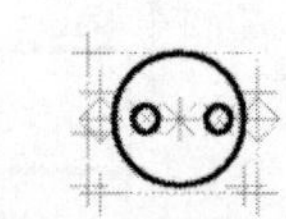

图 2-48 单向插座符号

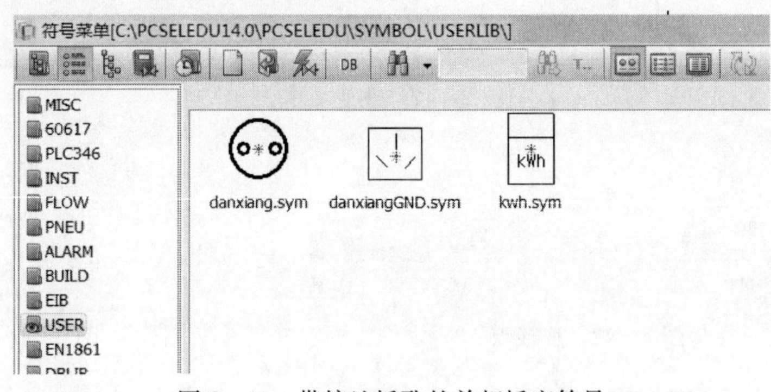

图 2-49 带接地插孔的单相插座符号

（三）放置元件符号

进入“符号菜单”中，在符号文件夹里选择 60617，进入到符合 IEC60617 标准的符号文件夹里，如图 1-13 所示，分别拾取 H7213-05. sym 、08-10-01. sym、07-13-01. sym 三个符号。选择 USER 文件，分别拾取 kWh. sym、danxiang. sym 及 danxiangGND. sym 三个符号。每次拾取后，都会弹出“元件数据”对话框。如图1-14所示。

在 名称(N):... 中分别填写“QF”、“照明灯”和“插座”，按“确定”后，把符号放在合适的位置上。再使用“旋转”、“对齐”、“移动”及“对符号重新命名”等功能，整理每个符号的相对位置，最后图形如图 2-50 所示。

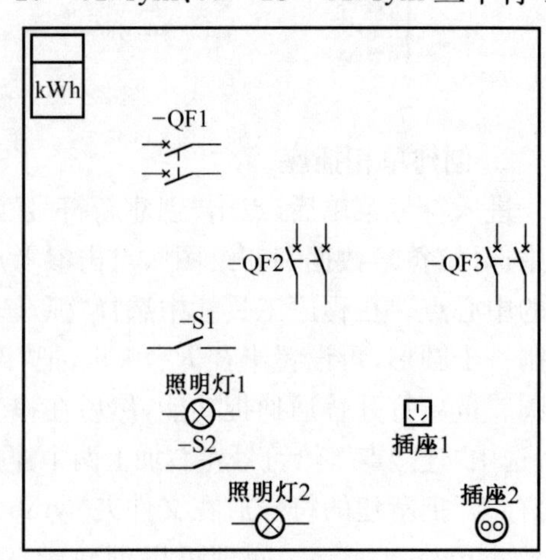

图 2-50 最后图形

（四）连线

在程序工具栏中选择“线”及“绘图”命令，点击菜单栏中“功能”—“导线”，使其前面的“√”出现。把鼠标放在合适的位置，点击左键，弹出"信号"对话框，在信号名称中填写L及N，绘制控制回路的电源线。之后，把鼠标移到电气符号的连接点上，点击鼠标左键，按垂直、水平的原则移动鼠标到下一个元件的连接点上再按下鼠标左键，连线完成，每个元件间的连线都由此方法完成。最终绘制图形如图2-1所示。

五、拓展知识

在整个电力系统中，供配电线路是重要的组成部分，其电路结构特点鲜明，各组成部分都与供电、配电联系紧密。供配电线路是电力系统中的电能用户，一般是由总降压变电所、高压配电所、车间变电所或建筑物变电所、配电线路和用电设备组成的。电力系统是所有与供电、输电、配电相关的整个系统的综合，它是指电能的生产、输送和分配过程中，由各种电压等级的电力线路将一些发电厂、变电所和电能用户联系起来的一个整体。其中包括了各类型的发电厂、变电站、电力线路和电能用户。

项目二　企业400V供配电线路

一、项目下达

（一）项目说明

总降压变电所是企业电能供应的枢纽。它是将来自电力系统中的35～110kV的供电电源电压降为6～10kV高压配电电压，供给高压配电所、车间变电所和高压用电设备。高压配电所集中接收6～10kV，再分配到附近各车间变电所或建筑物变压所和高压用电设备，一般负荷分散、厂区大的大型企业设置高压配电所。

大型工厂和某些电力负荷较大的中型工厂，一般都采用具有总降压变电所的二次变压供电系统。车间变电所或建筑物变电所将6～10kV电压降为380V/220V电压，供低压用电设备用，其主要是由电力变压器和各种低压电气设备构成的。图2-51所示为某典型企业400V供配电接线电路图，其中由电源、电力变压器、避雷器、隔离开关、断路器及电流互感器等组成。

（二）绘制说明

在新建的设计方案页面中，调用绘图模板PCSA3HBASIC.SYM，并且要设置该模板的页面参考指示，激活横向、纵向的页面参考，设横向为主要参考。然后在该页面中绘制企业400V供配电线路。

二、项目分析

（一）识读分析

通过图2-51可以看到，该供配电线路有两个电源，电路中母线采用分段接线形式，供电可靠性高。识读该图时，读者根据基本的识读步骤，按照从电源进线⟶母线⟶电气设备⟶负载的顺序进行识读。在该线路图中，母线上方为两个电源和进线部分，一个为10kV架空线路的外电源，另一个为独立的柴油发电机组自备电源。FU为跌落式熔断器，T为315kV·A的电力变压器，F为避雷器，安装在变压器的高压侧。母线的后级线路中还安装有多个电流互感器，供测量仪使用。

首先10kV架空线路电源进入系统后，先经跌落式熔断器FU后，送入电力变压器T的高压侧，经变压器降压后，降为0.4kV(400V)，再经断路器和隔离开关后，送到WB2段母线上。

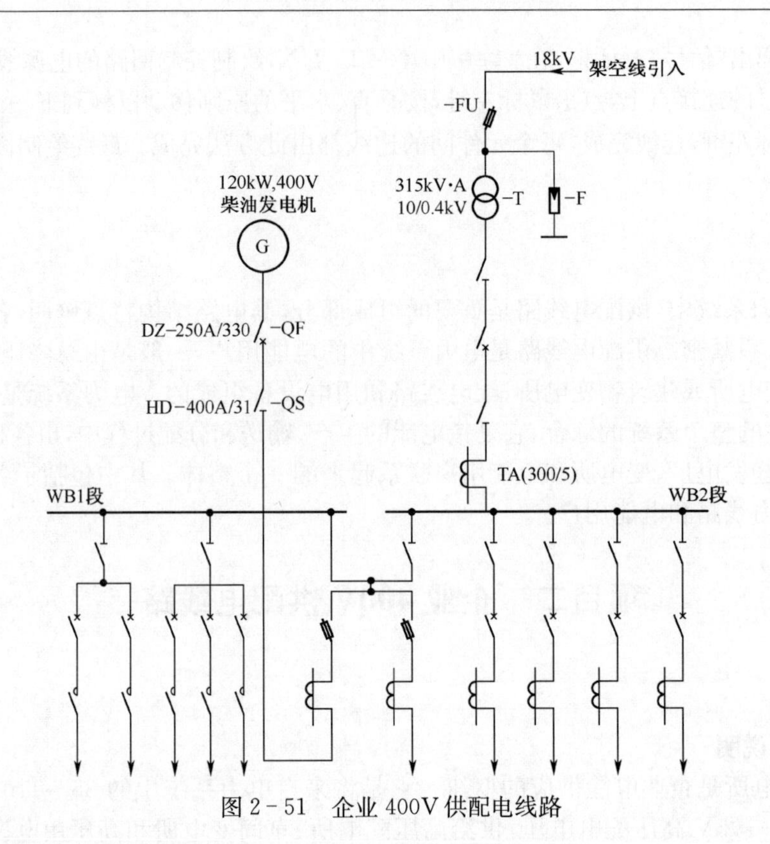

图 2-51 企业 400V 供配电线路

自备发电机电源则经断路器和隔离开关以及相关电气设备后，送到 WB1 段母线上。其次当 10kV 架空线路或电力变压器 T 出现故障时，可将分段母线 WB1、WB2 之间的隔离开关闭合，由自备发电机电源同时为两端母线所接负载进行供电。

（二）绘制分析

设计流程及运用的基础知识点如表 2-3 所列。

表 2-3

设计流程	运用的基础知识点
步骤一：创建设计方案	创建新页面、填写设计方案数据
步骤二：调用绘图模板并设置页面参考指示	绘图模板的调用，页面参考指示
步骤三：放置元件符号	符号库的使用，旋转、垂直镜像、水平镜像、移动、对齐等编辑功能
步骤四：复制、摆放符号及完善剩下的符号名称	编辑文字功能，对齐、移动等编辑功能
步骤五：连线	编辑线、连接线功能，放大、缩小视图

三、必备知识

（一）电力系统基本概念

1. 概述

在国民经济各部门和社会生活中的各个领域，电能已成为及社会生产的再增值及人民生活不断改善密切相关的能源。而电能的生产、输送、分配和使用的全过程，实际上是在同一瞬间完成的，这个全过程的各个环节，组成一个密不可分的整体。

1）电能的分类

电能按强弱(功率大小或电流强弱)分为强电、弱电；按性质分为交流电、直流电；按工作电压高低分为高压电、低压电；按对人体安全角度分为安全电压、不安全电压；按产生方式分为火电(用煤作为一次能源)、水电(用水力资源作为一次能源)、风电(用风力资源作为一次能源)、核电(用核能源作为一次能源)、光电(用太阳能等光能源作为一次能源)。

2）电力系统

强电电能(一般常称工频市电)是发电厂生产的，而发电厂大多建立在远离城市或工业企业的一次能源所在地(如煤矿、水力资源等)。为了保证电能的经济传送，满足电能用户对电能质量(如工作电压)的不同要求，并将电能安全地输送到城市或工业企业布局分布不同的电能用户所在地，就要解决电能的远距离输送、电能电压的变换、电能的合理经济的分配(配电)以及安全运行等问题。这就构成了强电电能的生产、变压、输配和使用的全过程和各环节的整体性。

电力系统就是由各种电压等级的电力传输线路，将发电厂、变电站(所)和电力用户联系起来的一个发电、输电、变电、配电和用电的统一整体。由发电厂发电机产生的电压经升压变压器升压后，由输电线路远距离输送到用电点，再经降压变压器降压供给各用电设备，形成范围广、容量大、多个电压层次的电力系统，简称电力网。

2. 组成电力系统的主要环节

电力系统的主要环节由以下几部分组成：①电厂；②变电站(所)，任务是接受电能、变换电压和分配电能；③配电站(所)，任务是接受电能和分配电能；④电力网；⑤电能用户，如图2－52所示。

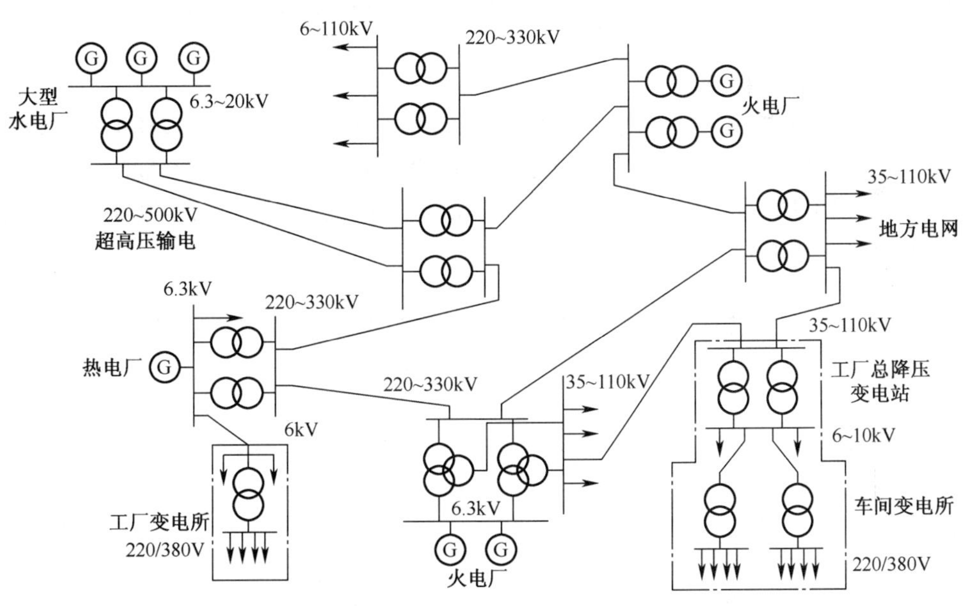

图 2－52　大型电力系统的系统图

(二) 工业企业供电系统及其组成

1. 工业企业供电系统的组成

1）工业企业供电系统组成原则

按照企业建厂的整体规划，考虑到产品作业顺序，运输和电能的消耗，环境保护要求以及布局的美观、整齐等因素，规范地分配用电设备。一般设有总降压变电站，从电力系统接受

35kV 高压电能，经降压后再分配到各用电厂房或车间。

2）工业企业供电系统的组成

工业企业供电系统由企业总降压变电站、高压配电线路、车间变电站（含配电站）、低压配电线路及用电设备组成。

大型工业企业需两级变电，一般设总降压变电站，大多设置两台降压变压器，引入两条进线电源，保证供电可靠性，把 35～220kV 进线电压降为 6～10kV 电压，再降到 220/380V。

中小型企业只需一级变电，可由附近企业或市内两次变电站，用 10kV 电压转送电能，或单独设立较简易的降压变电站，由 6～10kV 电力网供电。变电站将 6～10kV 高压配电降为 220/380V（或 660V），对低压用电设备供电。对用电量在 250kW 以下或变压器容量在 160kV·A 以下的应以低压方式供电，只要设置一个低压配电所。

企业厂区内的高压线路多采用架空线路，投资省、维护方便。在建筑物密集区或腐蚀性气体较严重企业（如钢铁、化工等）可架空敷设各种管道或地下电缆网络。现代化企业的厂区高压配电线路逐渐电缆化。

对于低压配电线路，户外多采用与高压线路同杆架空敷设。厂区、厂房或车间内，根据具体情况，或采用明线配电，或采用电缆配电线路。由动力配电箱到用电设备的配电线路一律采用绝缘导线穿管敷设。为减轻电动机启动引起电压波动对照明的影响，照明线路和动力线路分别架设。

2. 电力系统的额定电压

我国“全国供用电规则”规定，一般交流电力设备的额定频率为 50Hz（工频）±0.5Hz。电气设备的额定电压是使发电机、变压器及一切用电设备在正常运行时获得最佳经济效果的电压。

1）额定电压的国家标准

（1）三相交流电网和电力设备的额定电压（kV）如表 2-4 所列，电力线路的额定电压等级是确定各类电力设备的额定电压的基本依据。用电设备的额定电压规定与同级电网的额定电压 U_N 相同。习惯上用线路的平均额定电压来表示电力网的电压。于是，用电设备的额定电压以线路平均额定电压来定义。

表 2-4

分类	电网和用电设备	发电机	电力变压器	
			一次绕组	二次绕组
低压	0.22	0.23	0.22	0.23
	0.38	0.4	0.38	0.4
	0.66	0.69	0.66	0.69
高压	3	3.15	3 及 3.15	3.15 及 3.3
	6	6.3	6 及 6.3	6.3 及 6.6
	10	10.5	10 及 10.5	10.5 及 11
	—	13.8,15.75,18,20	13.8,15.75,18,20	—
	35	—	35	38.5
	63	—	63	69
	110	—	110	121
	220	—	220	242
	330	—	330	363
	500	—	500	550

(2) 由于同电压等级的线路一般允许的电压偏移是±5%,即整个线路首末端允许有10%的电压损失值,为了维护线路的平均额定电压,线路首端(电源端)应比电网额定电压高5%,而线路末端则允许较电网低5%,故发电机的额定电压规定高于同级电网额定电压5%。用电设备及发电机的额定电压示意图如图2-53所示。

(3) 当变压器直接与发电机相连时,则其一次绕组的额定电压应与发电机额定电压相同;当变压器不与发电机相连而与线路相连时,则其一次绕组的额定电压应与电网额定电压相同。

(4) 电力变压器二次绕组的额定电压是当变压器一次绕组施加额定电压时二次绕组开路(即空载)时的电压。

当变压器二次绕组侧供电线路较长时,由于二次绕组内约有5%的内阻抗压降,并考虑变压器满载时输出电压应高于电网额定电压5%,故二次绕组的额定电压应高于所供电网的额定电压的10% 。当变压器二次绕组侧供电线路不长时,变压器二次绕组额定电压只需高于电网额定电压的5%。电力变压器的额定电压示意图如图2-54所示。

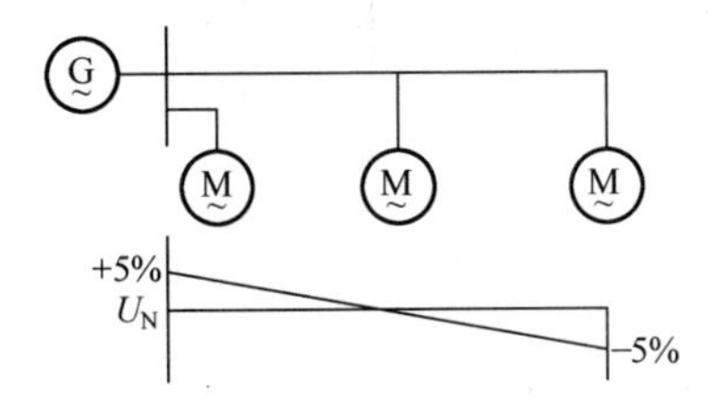

图2-53　用电设备及发电机的额定电压示意图

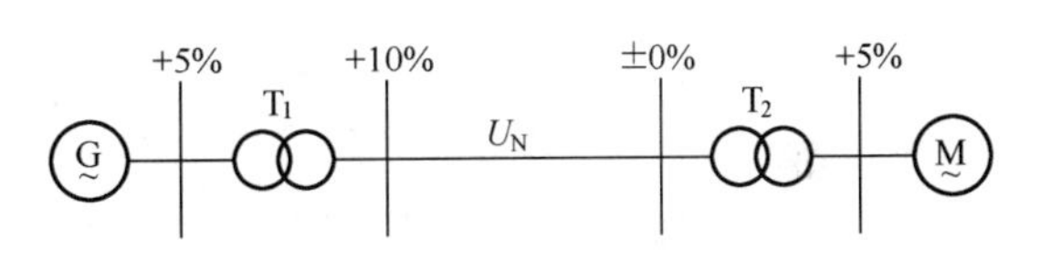

图2-54　电力变压器的额定电压示意图

3. 电压偏移的危害及允许电压偏移

(1) 电压偏移:设备的端电压与其额定电压的偏差。

(2) 电压偏移的危害:电力系统电压偏移应在规定的允许范围内,否则会产生危害。

① 对感应电动机的影响:感应电动机转矩与端电压的平方成正比。首先,当感应电动机端电压比其额定电压低10%时,实际转矩只有额定转矩的81%,而负荷电流(即绕组电流)将增大5%~10%,温升提高10%~15%,绝缘加速老化比规定增加一倍以上,因而降低电机寿命。其次,转矩减小导致转速下降,降低了生产效率。并且当电机端电压升高时,负荷电流和温度上升也要使绝缘受损。

② 对电光源的影响:对普通灯具(如灯泡),端电压降低10%,使用寿命延长2~3倍,发光效率降低30%以上,照度降低,影响视力和工作效率;端电压升高10%,使用寿命缩短2~3倍,发光效率提高1/30。对气体放电灯具(如日光灯),端电压偏低时灯管不易起燃,若多次反复起燃则降低寿命,并且电压降低时照度下降。

3) 电压偏移允许范围

按《工业与民用供配电系统设计规范》,正常运行条件下用电设备端子处电压偏移的允许值:①电动机:±5% ;②照明灯:一般±5%,视觉要求较高的为+5%、-2.5% ;③其它用电设备:无特殊规定时,±5% 。

电压偏移值的表示:以额定电压的百分值表示。

电压偏移 $\Delta U\%$=(设备实际端电压 U-设备额定电压 U_N)/设备额定电压 U_N

4) 供配电系统采取的电压调整措施

(1) 正确选择无载调压型电力变压器的电压分接头,或采用有载调压型电力变压器。无载调压型电力变压器其一次绕组一般为6~10kV高压,有 U_N±5%的电压分接头,并装有无载调压电压分接开关，如图 2-55 所示。可根据设备端电压的高低作调整。当无载调压转换电压仍不能满足用电设备电压要求时，可采用有载调压型电力变压器实现在负荷条件下自动调节电压。

(2) 合理减小系统阻抗。供配电系统中电压损耗与系统各元件的阻抗成正比，减少系统变压级数，增大导线或电缆截面可降低系统阻抗，减少电压偏移范围。

(3) 尽可能使三相负荷均衡。在有中性线的低压配电系统中三相负荷不平衡会使中性点电位偏移，造成某相电压升高，增大线路电压偏移。

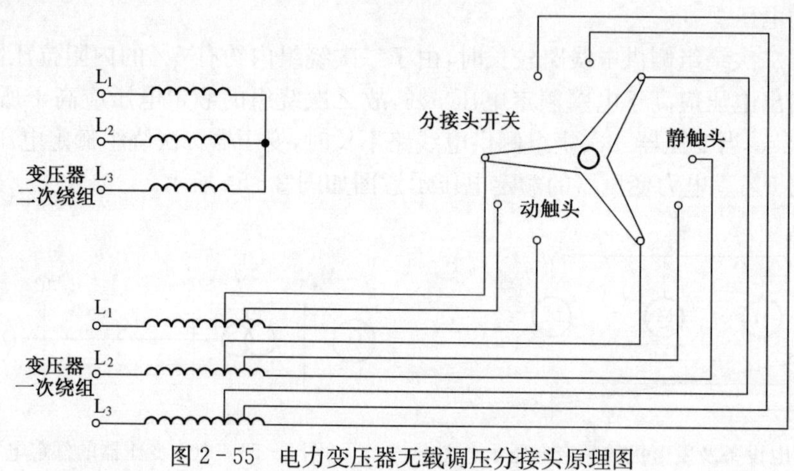

图 2-55 电力变压器无载调压分接头原理图

(4) 合理改变系统运行方式。如对两台变压器并列运行的变电站，用电高峰时两台变压器并列运行供电；用电低谷时只用一台变压器(切除另一台)供电。

(5) 采用无功功率补偿装置。工业企业的用电设备以感应电动机为主，感性负荷构成系统主要负荷，加上系统中的电力变压器，使系统产生大量相位滞后的无功功率，导致功率因数降低，增加系统的电压损耗。为减少电压损耗，必须提高系统功率因数。常用方法是在相应变电站并联静电补偿电容器或安装同步补偿设备，用其产生相位超前的无功功率来补偿相位滞后的无功功率。

四、项目实施

(一) 创建设计方案

打开 PCschematic Automation 第 14 版本软件，点击新建文档命令，弹出"设置"对话框，在"设计方案标题"中填写本项目名称，如图 1-12 所示。然后点击"确定"按钮，弹出建好的设计方案，把该方案文件保存到对应位置。

(二) 调用绘图模板并设置页面参考指示

进入设计方案中的页面后，点击程序工具栏中的"页面数据"，弹出"设置"—"页面数据"对话框，如图 2-56 所示。点击该对话框右下角的"参考"，弹出"参考系统设置"对话框，如图 2-57 所示。按要求设置横向及纵向的参考指示，按"确定"后，页面如图 2-58 所示，横向参考指示为 1 到 8，纵向参考指示为 A 到 F，把该页面划分为若干绘图区域。

(三) 放置元件符号

1. 放置母线上方的两个电源及进线部分

在新建的设计方案中，按下电脑键盘的[F8]键，进入"符号菜单"中，在符号文件夹里选择

图 2－56　“设置”对话框

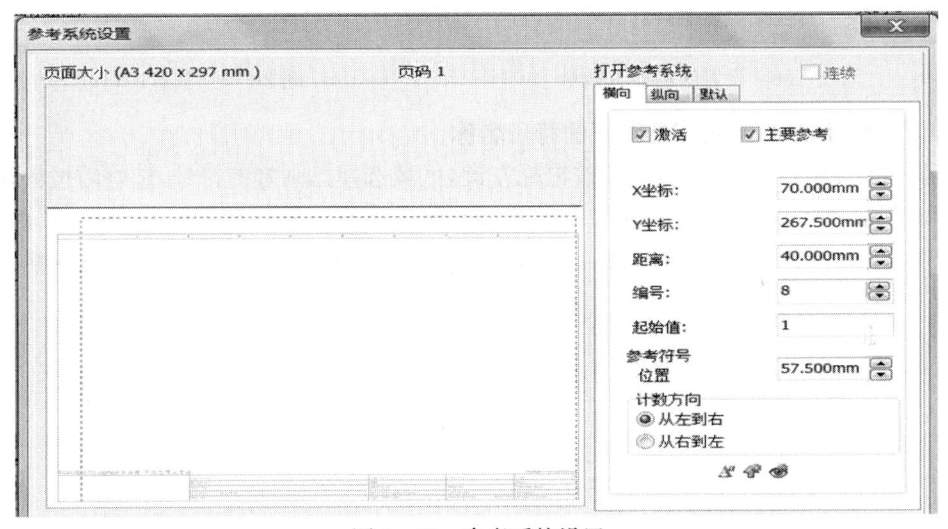

图 2－57　参考系统设置

60617，进入到符合 IEC60617 标准的符号文件夹里，如图 1－13 所示。分别拾取柴油发电机 06－04G01. sym、断路器 07－13－05. sym、隔离开关 07－13－06. sym、跌落式熔断器 07－21－07. sym、电力变压器 06－13A01. sym、避雷器 07－22－03. sym、电流互感器 06－09－11. sym 及信号方向线 02－04－01. sym 等电气符号。每次拾取后，都会弹出“元件数据”对话框，如图 1－14 所示。

在  名称(N):... 中分别填写“柴油发电机”、“QF”、“QS”、“FU”、“TA”、“F”、“T”、“10kV”，按“确定”后，使用旋转、垂直镜像、水平镜像、移动、对齐等编辑功能把符号放在合适的位置上，如图 2－59 所示。

2. 放置母线下方的元件符号

同理分别拾取 07－13－05. sym、07－13－06. sym、07－13－02. sym、07－21－07. sym、06－09－11. sym 和 02－04－01. sym 等电气符号。使用对齐、移动及间隔等编辑功能，把符号

放在合适的位置上，如图 2-60 所示。

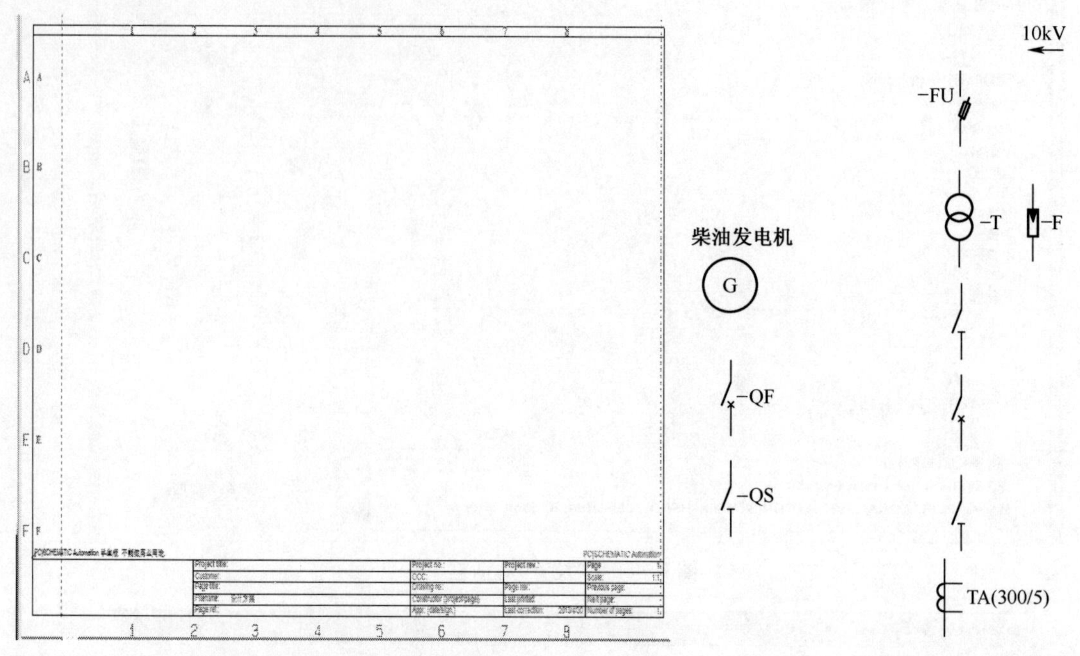

图 2-58 设置后的参考指示　　　图 2-59 放置的母线上方符号

（四）复制、摆放符号及完善剩下的符号名称

在程序工具栏中选择“符号”，长按鼠标左键，区域选择已画好的符号，选好后按鼠标右键，选择复制功能，如图 2-61 所示，再重复放置已复制的图形。每次放置时都会弹出“对符号重新命名”对话框，选择 ◉对符号重新命名 ，然后正确摆放。摆放后要对其位置进行调整，使用对齐、移动等编辑功能，对母线下方电气符号操作后，最终效果如图 2-62 所示。

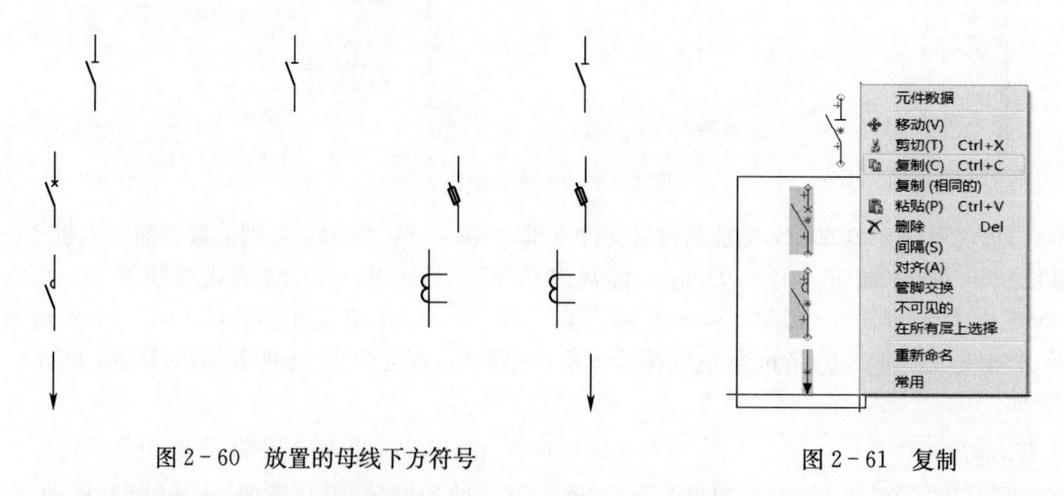

图 2-60 放置的母线下方符号　　　图 2-61 复制

在已绘制好的母线上方电路图中，添加元器件的文字描述。在程序工具栏中选择“文本”和“绘图”，在“当前文本”框中填写需要的文字，如图 2-63 所示，然后把填写好的文字放在合适的位置，可用移动、对齐等编辑功能。点击 按钮，可改变文字的字体、大小、颜色等。最终效果如图 2-64 所示。

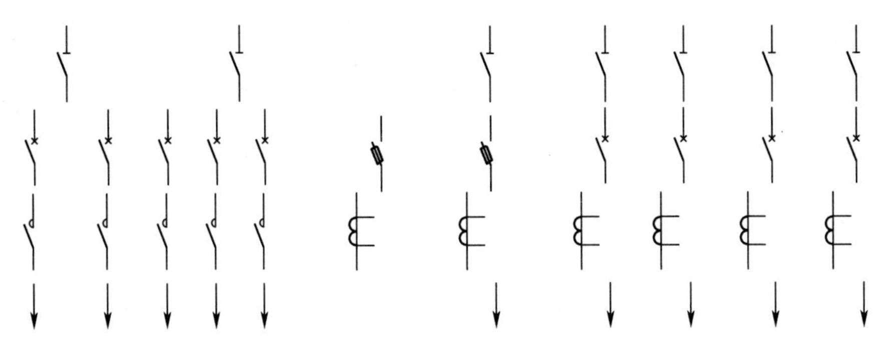

图 2-62　复制后效果图

图 2-63　当前文本框

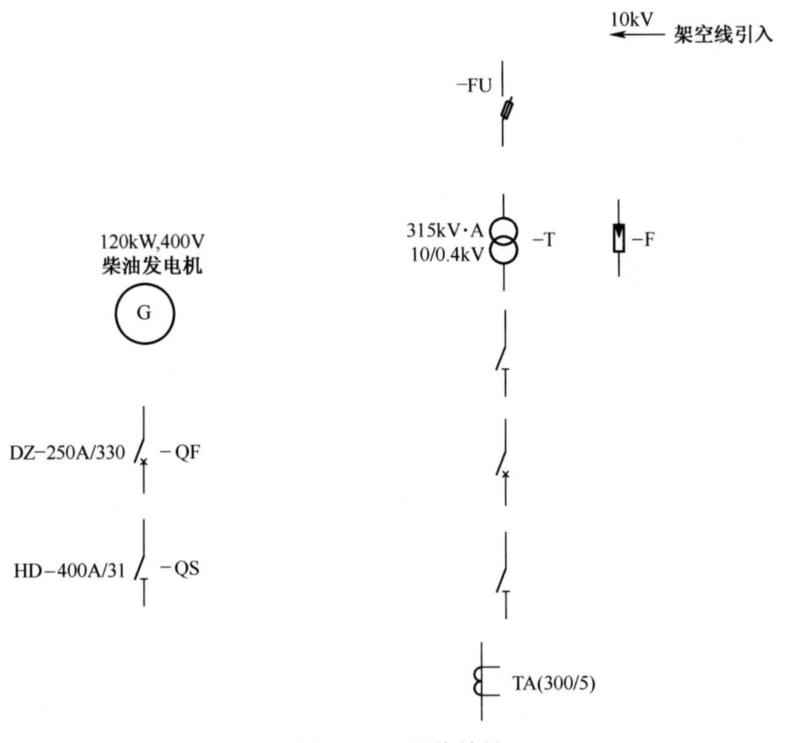

图 2-64　最终效果

（五）连线

在程序工具栏中选择“线”及“绘图”命令，点击菜单栏中“功能”-“导线”，使其前面的“√”出现。移动鼠标到正确的元件连接点上，点击鼠标左键，沿着线的走向拖动鼠标到下一个连接点上，再点击鼠标左键。走线要按水平、垂直的原则。连接元件间的线时，线的起点和终点一定要放在正确的连接点上，若只是靠近连接点，但是没有真正放在连接点上，则软件识别为单独的线，弹出画线的“信号”对话框来，如图 2-65 所示。

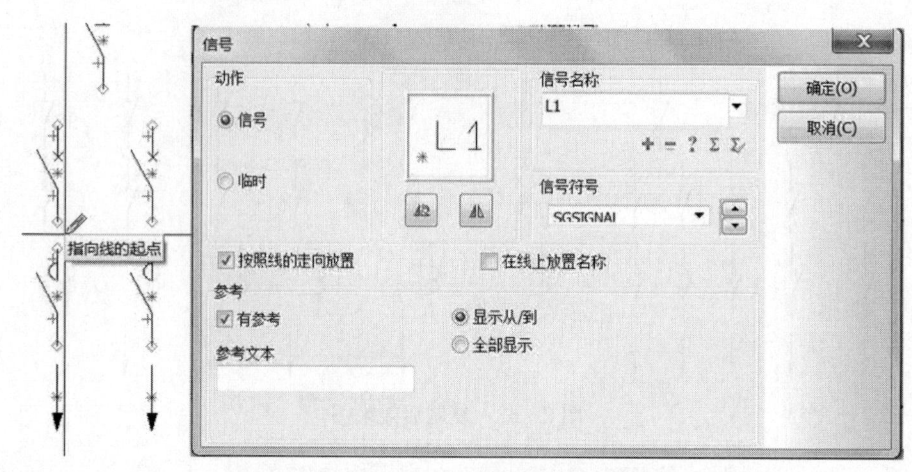

图 2-65　画线的“信号”对话框

母线可以在符号库中 MISC 文件里选 Busbar. sym 符号，或者在命令工具栏中设置各选项为 ，在程序工具栏中选择“线”及“绘图” 命令，绘制母线。最终绘制图形如图 2-51 所示。

五、拓展知识——变配电安全

(1) 一次设备：是发电厂和变配电所中直接与生产和输配电能有关的设备。如发电机、变压器、断路器、隔离刀闸、母线、互感器等。

一次系统：是由一次设备连接成的系统。

(2) 二次设备：是对一次电气设备进行监视、测量、操纵、控制和起保护作用的辅助设备。如各种继电器、信号装置、测量仪表、控制开关、操作电源和小母线等。

二次系统：是由二次设备连接成的系统。

(3) 配电装置：是将较大容量的电力分配到各条配电线路中，并实现分级保护以限制个别配电线路局部故障的影响范围的成套装置。

(4) 变配电所的位置考虑：应尽量接近负荷中心；方便进出线和设备的检修；不宜设置在有火灾和爆炸危险、有腐蚀性气体、多尘和振动大的地方；应符合防火、防汛、防小动物、防雨雪及通风充分与足够照明的要求。

(5) 高压供电/低压配电举例。如图 2-66 所示，系统进线处装有跌落式熔断器 QFU 和避雷器 F1。采用油断路器 QF 接通及断开变压器 TM。在油断路器 QF 前装有高压隔离开关 QS。当供配电系统发生短路故障时，继电保护动作，使油断路器 QF 自动跳闸。

高压侧装有电流互感器 TA 和电压互感器 TV，以计量电度表的电流和电压数值，也可引到电流表及电压表指示。根据具体情况采用 10kV 架空进线或电缆进线供电。当电源用电缆进线且用 6kV 供电时，若电缆长度小于 40m，在变电所内高压侧母线上可不装阀型避雷器 F2。经过电力变压器 TM，低压配电的出线采用低压隔离开关或低压隔离开关加熔断器的方案，低压总开关为容量较大的自动开关。考虑到检修的需要，系统中有一路低压备用电源，该电源可由供电部门直接供给，或引自相邻的变电所，或自备发电机发电供给。

由图 2-66 可见，变配电所装有大量的高压、低压设备及高低压母线等，不安全因素较多，必须予以充分注意。

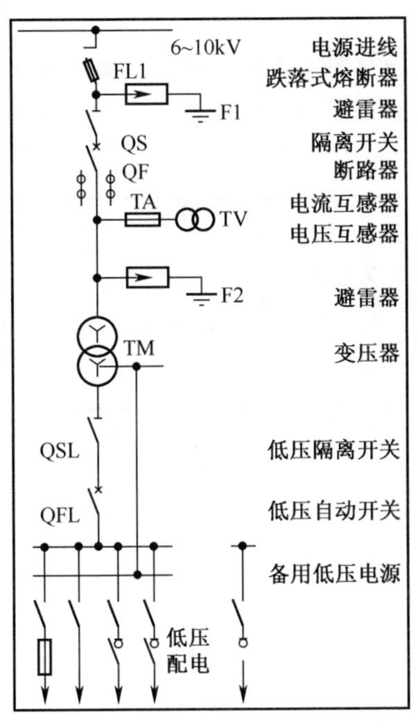

图 2-66　高压供电/低压配电示意图

六、思考题

(一) 判断题

1. 电路图中的文字符号和图形符号一般可以结合使用。(　)

2. 文字符号包括基本文字符号、辅助文字符号和组合文字符号。(　)

3. 学习电气线路识图了解各种文字符号、图形符号和标记符号是基本要求。(　)

4. 常用的高压配电电压为 6～10kV,低压配电电压为 380V,照明系统电压为 220V。(　)

5. 识读供配电线路的基本顺序是电源进线—母线—电气设备—负载。(　)

(二) 简答题

1. 简单叙述如何识读供配电线路图。

2. 我国工矿企业用户的供配电电压通常有哪些等级?

(三) 创建符号操作

1. 在设计方案文件中创建新符号,命名为 schematic. sym。

2. 在 schematic. sym 中建立图 2－67 所示的符号元件,保存操作结果到以自己学号命名的文件夹里。

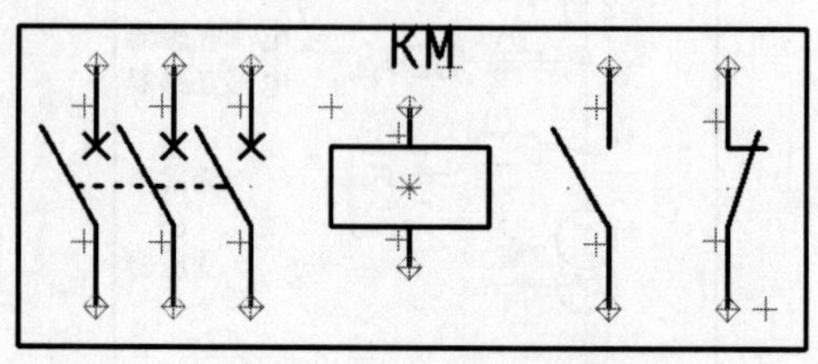

图 2－67 符号元件

单元三　电动机控制线路的识读与绘制

【学习目标】

了解电动机控制线路的结构组成和基本原理，根据对具体的电动机控制线路的分析，掌握电动机控制线路的识读方法和绘制方法。

项目一　单相电动机自动往返运转控制线路

一、项目下达

（一）项目说明

单相电容启动电动机常用于家用电器、电动工具中，其自动往返运转控制线路主要是由电源开关 QF、停止按钮 SB1、启动按钮 SB2、熔断器 FU1 和 FU2、时间继电器 KT1 和 KT2、交流接触器 KM1 和 KM2 、启动电容等构成，如图 3－1 所示。

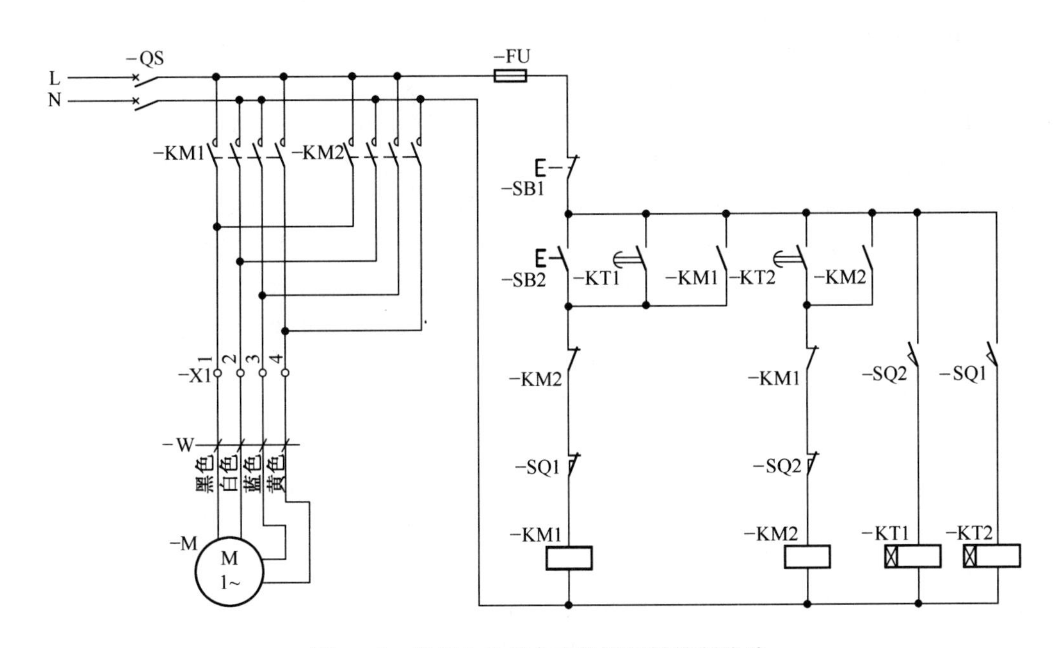

图 3－1　单相电动机自动往返运转控制线路

（二）绘制要求

新建单相电动机自动往返运转控制线路．pro 设计方案，在页面 1 中绘制图 3－1 所示的单相电动机自动往返运转控制线路，然后再绘制接线端子连接图及电缆连接图，最后得到的设计方案如图 3－2 所示。

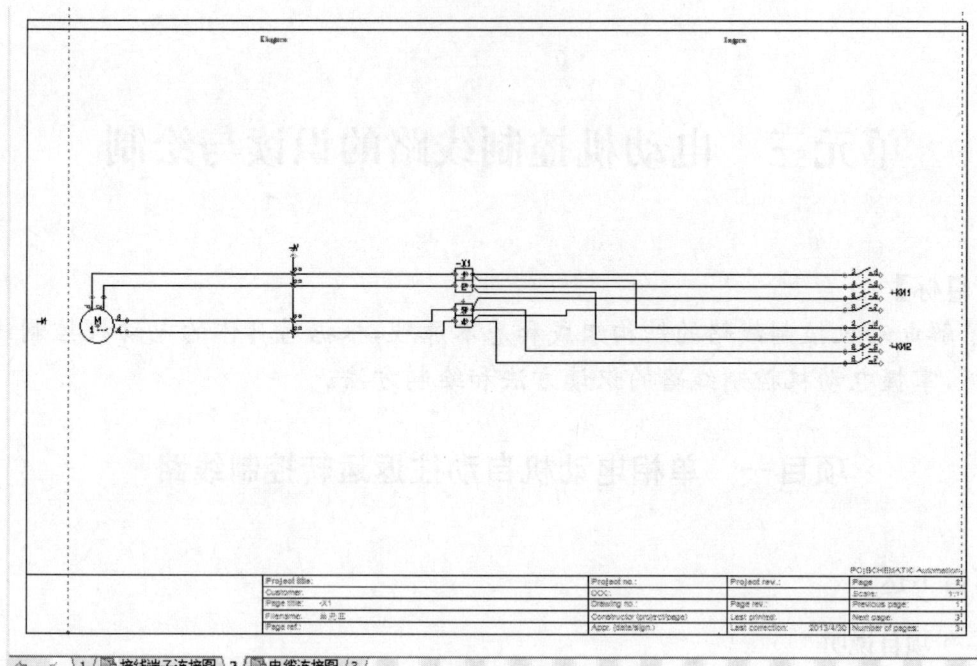

图 3-2　设计方案示意图

二、项目分析

（一）识读分析

1. 电动机启动过程

当合上电源开关 QF 后，按下启动按钮 SB2，交流接触器 KM1 通电吸合，其常开触点闭合实现自锁功能，同时其主触点闭合，使电动机通电，开始正转启动。当运行到正转极限位点时，机械挡铁碰到行程开关 SQ1，SQ1 触点动作，KM1 断电复位，同时使通电延时时间继电器 KT2 开始通电。经一段延时后，KT2 的延时闭合常开触点也闭合，使接触器 KM2 通电吸合，其常开触点闭合自锁，主触点闭合，电动机反转启动运转。当电动机运行到反转极限位点时，机械挡铁碰到行程开关 SQ2，SQ2 触点动作，KM2 断电复位，同时使通电延时时间继电器 KT1 开始通电。经过一段延时后，KT1 的延时闭合常开触点 KT1 也闭合，使接触器 KM1 通电吸合。如此周而复始，达到连续自动正反转运行的目的。

2. 电动机停机过程

按下停止按钮 SB1，断开对接触器 KM1 和接触器 KM2 线圈的通电，触点复位，系统停机。

（二）绘制分析

设计流程及运用的基础知识点如表 3-1 所列。

表 3-1

设计流程	运用的基础知识点
步骤一：创建设计方案	创建新页面，填写设计方案数据
步骤二：电气原理图的绘制	符号库的使用，旋转、垂直镜像、水平镜像、移动、对齐等编辑功能，编辑文字功能，编辑线、连接线功能，放大、缩小视图

（续）

设计流程	运用的基础知识点
步骤三：接线端子连接图的绘制	工具的使用
步骤四：电缆连接图的绘制	工具的使用

三、必备知识

（一）电动机控制线路的功能特点

电动机控制线路是指控制电动机工作状态的线路，该线路实现对电动机的启动、运转和停机等控制功能，此外还具有过流、过热和缺相自动保护功能。电动机控制线路最主要的功能就是控制电动机的启动运转。不同的电路控制关系，使电动机实现不同的功能。

（二）各主要部件的功能特点

下面我们将分别介绍电动机控制线路中各主要部件的功能特点。

1. 主电源开关

在电动机控制线路中，常使用低压断路器作为电源总开关。该开关不仅具有控制电路通断的功能，还能够在负载发生短路、过载等故障时，自动切断电路，起到保护线路及电气设备的作用。

2. 熔断器

熔断器在电路中的作用是检测电流流过的流量。如果电流流量超过额定值，熔断器将会靠自身产生的热量进行熔化，使电路断开，起到保护的作用。

熔断器是一种用于过载与短路保护的电器，具有结构简单、体积小、重量轻、使用维护方便、价格低廉等特点。熔断器担负的主要任务是为电线电缆作过载与短路保护，其次，也适宜用作设备和电器的保护。熔断器的应用领域不断开拓与扩大，已从住宅建筑电气安装，延伸到高层建筑、工业、供电行业（EVU）以及设备制造、开关设备与工业控制系统。

熔断器的分类：按结构形式分为半封闭插入式、无填料密封管式、有填料密封管式。按工业用途分为一般工业用熔断器、半导体器件保护用快速熔断器、特殊快速熔断器。

熔断器的结构：由熔体、熔断管（座）、导电部件等组成。熔体既是感测元件又是执行元件，常做成丝状或片状，由低熔点材料（铅锡合金、锌）或高熔点材料（银、铜、铝）制成。熔断器外形结构和图形符号如图 3-3 所示。

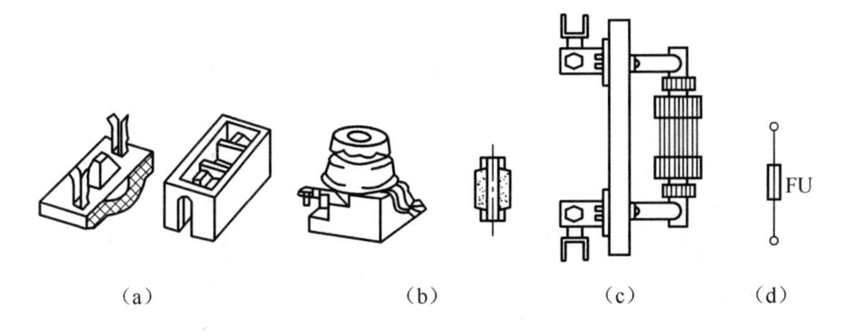

图 3-3　熔断器外形结构和图形符号

(a)RC 型；(b)RL 型；(c)RM 型；(d)图形符号。

3. 主令开关

主令电器主要用来切换控制电路，即用它来控制接触器、继电器等电器的线圈得电与失电，从而控制电力拖动系统的启动与停止，以及改变系统的工作状态，如正转与反转等。由于它是一种专门发号施令的电器，故称为主令电器。主令电器应用广泛，种类繁多。常用的主令电器有按钮开关、位置开关和主令控制器等。

1) 按钮开关

(1) 控制按钮是一种结构简单运用广泛的主令电器，用以远距离操纵接触器、继电器等电磁装置或用于信号电路和电气联锁电路中，按钮开关实样如图 3-4 所示。

(a)

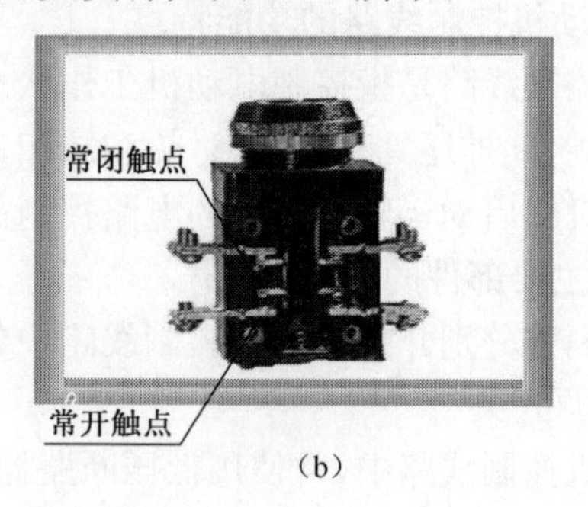

(b)

图 3-4 按钮开关实样

(a)外形；(b)结构。

(2) 控制按钮一般由按钮帽、复位弹簧、支柱连杆、触头和外壳等部分组成。

按钮中触头的形式和数量根据需要可装配成 1 常开 1 常闭到 6 常开 6 常闭等形式。按下按钮时，先断开常闭触头，后接通常开触头。松开按钮时在复位弹簧作用下，常开触头先断开，常闭触头后闭合。

(3) 控制按钮的分类：按保护形式分为有开启式、保护式、防水式、防腐式等；按结构形式分，有嵌压式、紧急式、钥匙式、带信号灯式、带灯揿钮式、带灯紧急式等；按按钮的颜色分，有红、黑、绿、黄、白、蓝等。控制按钮主要技术参数包括规格、结构形式、触头数、按钮颜色、是否带信号灯等。常用的按钮规格为交流电压 380V、额定工作电流 5A。

2) 行程开关

(1) 行程开关是根据生产机械的行程，发出命令以控制其运动方向和行程长短的主令电器。若将行程开关安装于生产机械行程的终点处，用以限制其行程，则称为限位开关或终端开关。行程开关的外形及内部结构如图 3-5 所示。行程开关符号如图 3-6 所示。

(a)

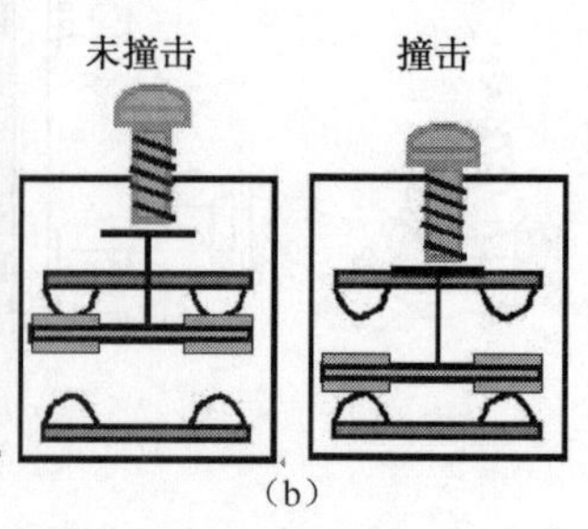

(b)

图 3-5 行程开关的外形及内部结构

(a)实样外形图；(b)内部结构示意图。

SQ SQ SQ

(a) (b) (c)

图 3-6 行程开关符号

(a)常开触点；(b)常闭触点；(c)复合触点。

(2) 行程开关的结构。操作头:开关的感测部分,用以接受生产机械发出的动作信号,并将其传递到触头系统。触头系统:将开关的执行部分,操作头传来的机械信号通过机械可动部分的动作,变换为电信号,输出到有关控制电路,实现其相应的电气控制。

(3) 行程开关的分类:按结构可分为直动式、滚轮式、微动式三种。

4. 电磁式接触器

1) 概述

接触器是一种适用于远距离频繁接通和分断交直流主电路和控制电路的自动控制电器。其主要控制对象是电动机,也可用于其它电力负载,如电热器、电焊机等。接触器还具有欠电压释放保护、零压保护、控制容量大、工作可靠、寿命长等优点,是机电控制系统中应用最多的一种电器。交流接触器实样见图3-7。交流接触器主要由线圈、触点和主触点构成,其中主触点接在主电路中用于控制电动机是否接通电源;线圈和触点接在控制电路中。交流接触器具有通电后所有触点动作的特点,即线圈通电后,其主触点闭合,常开触点也闭合,若具有常闭触点的接触器,则此时断开;当线圈断电后,所有触点复位,也就是说常开的触点恢复为常开,常闭的触点恢复为常闭。其图形符号如图3-8所示。

(a)

(b)

图3-7　交流接触器实样
(a)外形;(b)结构。

线圈　KM　常开　常闭

图3-8　交流接触器的图形符

电磁式接触器由电磁机构、触头系统、弹簧、灭弧装置及支架底座等部分组成。

接触器按主触头接通或分断电流性质分为直流接触器和交流接触器;按接触器电磁线圈励磁方式分为直流励磁方式和交流励磁方式;按接触器主触头的极数分,直流接触器有单极与双极两种,交流接触器有三极、四极和五极三种。

根据交流接触器独特的特点在电力拖动线路中的应用十分广泛,其常用于控制线路中的通断、完成本身自锁或与其它线路的连锁功能。

2) 电磁式接触器的结构及工作原理

电磁式接触器的主要结构:①电磁机构:由铁芯、衔铁、电磁线圈组成;②主触头:按容量大小有桥式触头和指形触头两种形式;③灭弧装置:对直流接触器和20A以上的交流接触器的主触头均装有灭弧罩;④辅助触头:是在控制电路中起联锁控制作用的触头,容量较小,桥式双断点结构,不装灭弧罩。有常开与常闭触头之分;⑤反力装置:由释放弹簧和触头弹簧组成;⑥支架和底座:用于接触器的固定和安装。

电磁式接触器的工作原理:电磁线圈通电后在铁芯中产生磁通,在衔铁气隙处产生电磁吸力使衔铁吸合。经传动机构带动主触头与辅助触头动作,主触头接通了主电路,常开辅助触头闭合,常闭辅助触头断开,在控制电路中起联锁作用。当电磁线圈断电或电压显著降低时,电磁吸力消失或减弱,衔铁在释放弹簧作用下释放,使主触头与辅助触头均恢复到原来状态。

5. 继电器

电动机控制线路中,根据具体实现功能的不同,选用继电器的种类也有所不同,常见的继电器主要包括中间继电器、电流继电器、电压继电器、速度继电器、热继电器、时间继电器、压力继电器等。

1) 中间继电器

中间继电器实际上是一种动作值与释放值固定的电压继电器,是用来控制电路通或断的器件。其输入信号是线圈的通电和断电,输出信号是触头的动作。在中间继电器内部的导磁体上有一个活动的衔铁,导磁体两侧装有两排触点处于弹开状态。在正常情况下,触点弹片将衔铁向上托起,使衔铁与导磁体之间保持一定间隙。当线圈通电后,其电磁力矩超过弹片的反作用力矩时,衔铁被吸向导磁体,同时衔铁压动触点弹片,使常闭触点断开,常开触点闭合,完成继电器工作。当线圈断电后,电磁力矩减小到一定值时,由于触点弹片的反作用力矩,而使触点与衔铁返回到初始位置。

2) 电流继电器

当继电器的电流超过额定值时,引起开关电器有延时或无延时动作的继电器叫做电流继电器。主要用于频繁启动和重载启动的场合,作为电动机和主电路的过载和短路保护器件。电流继电器又可分为过电流继电器和欠电流继电器。过电流继电器是指线圈中的电流高于允许值时动作的继电器;欠电流继电器是指线圈中的电流低于允许值时动作的继电器。

当输入的电流量达到了规定的电流值时,电流继电器则开始动作,内部的常开触点闭合,常闭触点断开,从而使被控制电气设备导通工作或停止工作。当输入的电流量低于规定的电流值时,电流继电器内部的触点则保持初始状态,常开触点为断开,常闭触点为闭合。

3) 电压继电器

电压继电器是对输入电压敏感的继电器,是一种按电压值的大小而动作的继电器。电压继电器具有导线细、匝数多、阻抗大的特点。电压继电器根据电压值的不同,可以分为过电压继电器和欠电压继电器,一般都采用电磁式,通常情况下,在电路中的电路符号用字母“KV”表示电压继电器。电压继电器的工作原理与电流类似,只是电压继电器电路的动作条件是在输入电压值达到规定的值时,其内部的触点开始动作;当输入的电压值低于规定值时,内部的触点为初始状态。

4) 速度继电器

速度继电器又称为反接制动继电器,主要是与接触器配合使用,实现电动机的反接制动。速度继电器主要由转子、定子和触点三部分组成,在电路中,通常用字母“KS”表示。速度继电器常用于三相异步电动机反接制动电路中,工作时其转子和定子与电动机相连接,当电动机的相序改变,反相转动时,速度继电器的转子也随之反转。由于产生与实际转动方向相反的相序改变,反相转动时,速度继电器的转子也随之反转。由于产生与实践转动方向相反的旋转磁场,从而产生制动力矩,这时速度继电器的定子就可以触动另外一组触点,使之断开或闭合。当电动机停止时,速度继电器的触点即可恢复原来的静止状态。

5) 热继电器(过热保护继电器)

热继电器是一种过热保护元件,是利用电流的热效应来推动动作机构使触头闭合或断开的保护电器。由于热继电器发热元件具有热惯性,因此在电路中不能做瞬时过载保护,更不能做短路保护。热继电器主要用于电动机的过载保护、电流不平衡运行的保护及其它电气设备发热状态的控制。当热继电器的热元件检测到的温度达到设定的温度值时,其常闭触点开始动作，从而断开电路；当温度没有达到设定的温度值时，热继电器处于正常接通状态。热继电器实样如图 3－9 所示。

(a)

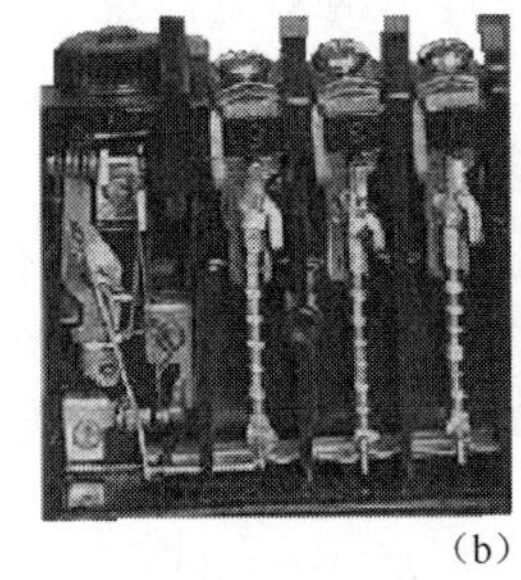

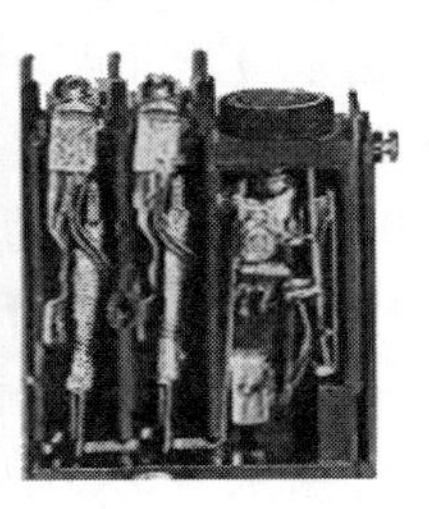

(b)

图 3－9　热继电器实样

(a)外形；(b)内部结构。

6）时间继电器

时间继电器是一种延时动作的继电器，当有外加电压时，经过一段时间延时后触头才动作或输出电路产生跳跃式改变的继电器。时间继电器主要用于需要按时间顺序控制的电路中，延时接通和断开某些控制电路，当时间继电器的感测机构得到外界的动作信号后，其触点还需要在规定的时间内做一个延迟操作，当时间到达后，触点才开始动作，常开触点闭合，常闭触点断开。图 3－10 所示为时间继电器，图 3－11 为结构示意图。

图 3－10　时间继电器

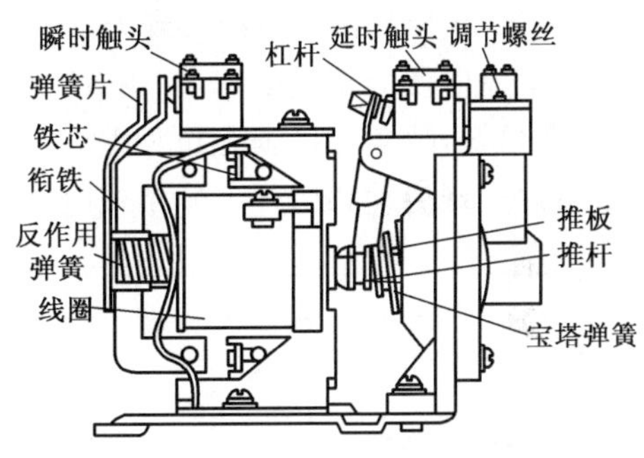

图 3－11　JS7－A 系列空气阻尼式时间继电器结构示意图

7）压力继电器

压力继电器是将压力转换成电信号的液压器件。压力继电器通常用于机械设备的液压或气压的控制系统中，对机械设备提供控制和保护的作用。压力继电器在电路中通常用字母“KP”表示。当压力继电器中的检测装置检测出外界的压力达到规定值时，按一定的规律变换成为电信号或其它所需形式的信号，控制其内部的触头开始动作，从而实现根据压力大小的变化情况来控制触头的闭合或是断开。

6. 单相(异步)电动机

单相交流电动机是利用单相交流电源供电，也就是由一根火线和一根零线组成的 220V 交流市电进行供电的电动机。单相异步电动机是指电动机的转动速度与供电电源的频率不同步，对于转速没有特定的要求，其特点是结构简单、效率高、使用方便。根据启动方法的不同，单相异步电动机又可分为分相式电动机和罩极式电动机两大类。单相同步电动机是指电动机的转动速度与供电电源的频率保持同步，对于电动机的转速有一定的要求。由于同步电动机的结构简单、体积小、消耗功率小，所以可直接使用市电进行驱动，其转速主要取决于市电的频率和磁极对数，而不受电压和负载的影响，主要应用于自动化仪器和生产设备中。

1) 单相(异步)电动机的结构

单相(异步)电动机分定子和转子两部分。定子一般有两个绕组：工作绕组和启动绕组。两绕组在空间相隔 90°电角度，由单相交流电源供电，转子多为笼形。

2) 单相异步电动机的启动条件及实现方法

(1)单相异步电动机的启动条件。定子具有在空间不同相位的绕组(工作绕组和启动绕组)。定子两相绕组通入不同相位(如相位相差 90°)的电流。设两相电流分别为 $i_U = IU_m \sin\omega t$ ；$i_V = IV_m \sin(\omega t + 90°)$。分别通入工作绕组和启动绕组，其合成磁场也是在空间旋转的，如图 3-12 所示。

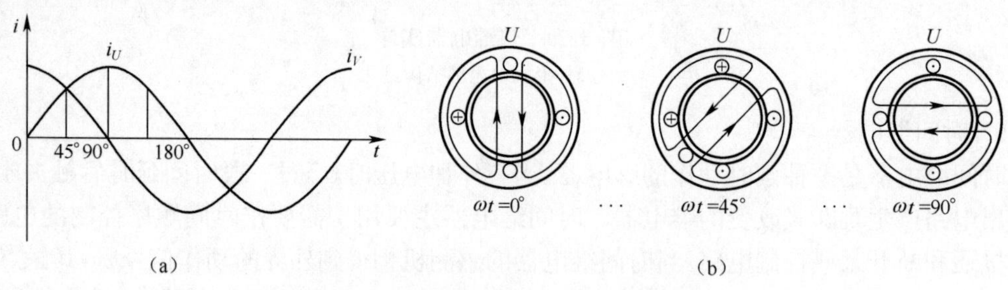

图 3-12 两相绕组电流及旋转磁场的形成

(a)两相电流波形图；(b)两相旋转磁场的形成图。

(2) 相差 90°相位的供电电源实现方法。

方法一：交流电源分相式电路，如图 3-13 所示。

从相量图可知，U_{UV} 与 U_{DW} 相位相差 90°。将 U_{UV} 和 U_{DW} 分别接于单相异步电动机的两个绕组，就可以实现启动和运行。分相式电动机常用于泵、压缩机、冷冻机、传送机、机床等。

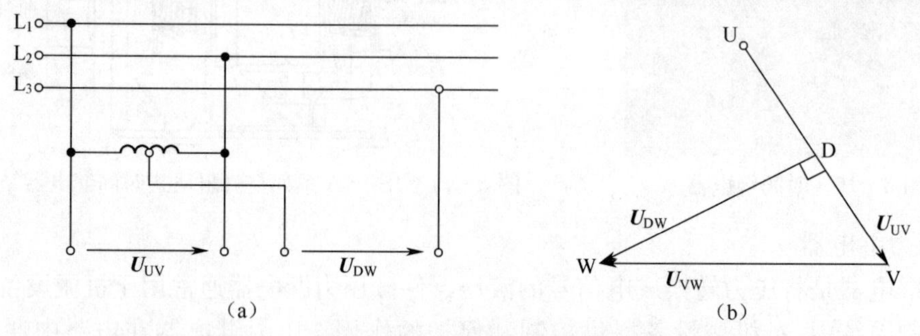

图 3-13 产生 90°相位差的分相式电源及相量图

(a)分相式电源；(b)相量图。

方法二：电容分相式电路，如图 3-14 所示。

从电路图可知：U_1、U_2 绕组直接接入单相电源，V_1、V_2 绕组串联一个电容 C 和一个开关 S，然后再与 U_1、U_2 绕组并联于同一电源上。电容的作用使 V_1、V_2 绕组回路的阻抗呈容性，使 V_1、V_2 绕组在启动时电流超前电源电压 U 一个相位角。由于 U_1、U_2 绕组阻抗为感性，其起动电流落后电源电压 U 一个相位角。因此，电机起动时，两个绕组电流相差一个近似 90°的相位角。

3) 单相异步电动机的正反转和调速

(1) 单相异步电动机的转动方向，取决于主绕组和副绕组的相序，调换这两个绕组中任一

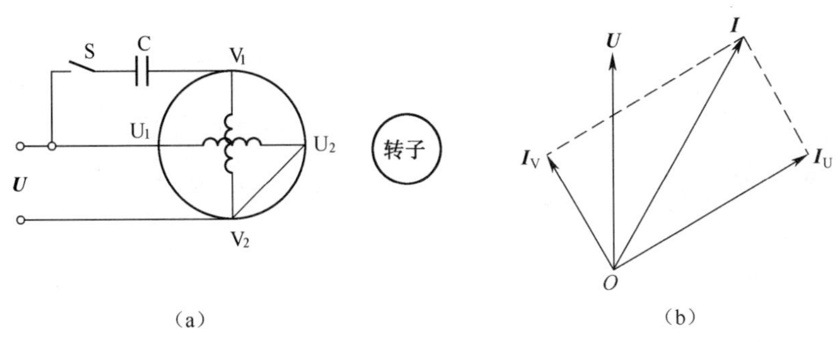

(a)　(b)

图 3-14　产生 90°相位差的电容分相式电路及相量图
(a)电容分相式电路;(b)电容分相相量图。

绕组的端头,即可改变电动机的转向。

(2) 单相异步电动机的调速方法有电抗器调速、绕组抽头调速、自耦变压器调速和可控硅装置调速。目前绕组抽头调速方法使用比较普遍。

7. 直流电机

直流电机是由直流电源供给电能,并可将电能转变为机械能的电动装置。其具有良好的启动性能,能在较宽的范围内进行平滑地无极调速,还适用于频繁启动和停止动作。直流电动机的种类有很多种,按照主磁场的不同可以分为永磁式直流电动机和电磁式直流电动机。永磁式直流电动机的定子磁极是由永久磁铁组成的,其特点是体积小、功率小、转速稳定,应用领域很广。电磁式直流电动机是指在接入外部直流电源后,定子和转子磁极都产生磁场,驱动转子旋转。常应用于电动工具、电动缝纫机、电动风扇等电动设备中。同时,电磁式直流电动机根据线圈供电方式的不同,又可以分为他励式、并励式、串励式、复励式等几种。

定义:直流电机产生磁场的励磁绕组的接线方式称为励磁方式。

直流电机内的磁通是在主磁极的励磁绕组内通以被称为励磁电流的直流电流产生的。因此,励磁方式实质上就是励磁绕组和电枢绕组如何连接。

直流电机按励磁方式可分为:他励式直流电机:若励磁绕组不与电枢绕组联接,励磁绕组的电流单独由其它电源(如其它发电机、整流器或蓄电池)供电的直流电机称为他励式直流发电机。他励式直流电机的励磁电流不受电枢电压或电枢电流的影响。电枢电流 I_a 和负荷电流 I_f 相等。构造简图和接线图如图 3-15(a)所示。自励式直流电机:励磁电流由电机本身供给的直流电机称为自励式直流电机。自励式直流电机的励磁电流是电枢电流的一部分。按其励磁绕组的连接方法不同,可分为:①并励式电机励磁绕组与电枢绕组并联,导线较细,匝数较多,电阻较大,励磁电流较小。构造简图和接线图如图 3-15(b)所示。②串励式电机励磁绕组与电枢绕组串联,导线较粗,匝数较少,电阻较小,励磁电流较大。构造简图和接线图如图 3-15(c)所示。③复励式发电机有两组励磁绕组,一组与电枢绕组并联,另一组与电枢绕组串联。构造简图和接线图如图 3-15(d)所示。

四、项目实施

(一) 创建设计方案

打开 PCschematic Automation 第 14 版本软件,点击新建文档命令,弹出“设置”对话框,在“设计方案标题”中填写本项目名称,如图 1-12 所示。然后点击 确定(O) 按钮,弹出建好的设计方案,把该方案文件保存到对应位置。

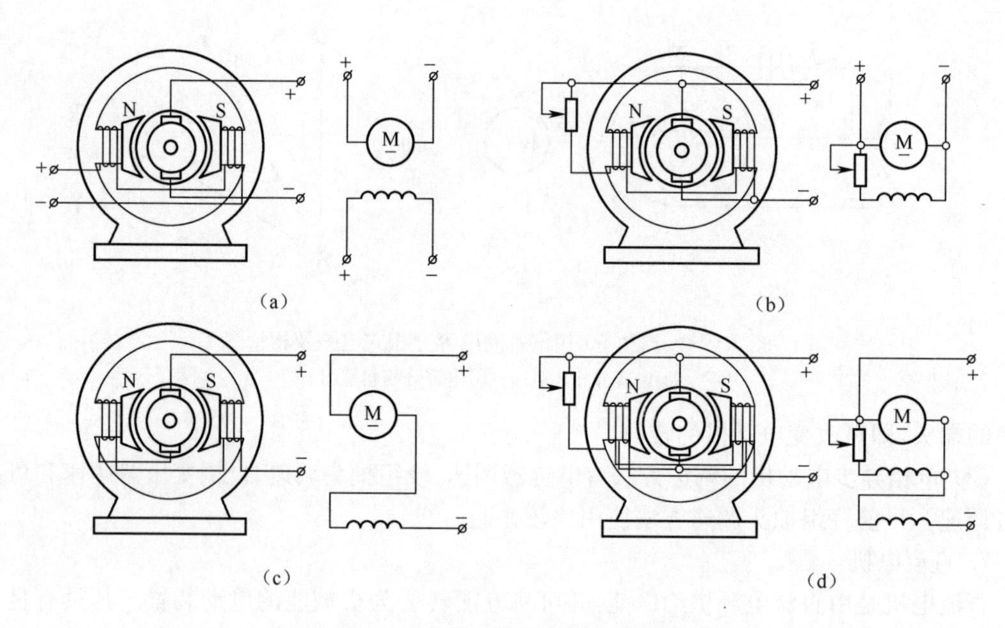

图 3-15 直流电机的构造简图和接线图

(a)他励式;(b)并励式;(c)串励式;(d)复励式。

(二) 电气原理图的绘制

1. 放置元件符号

1) 放置主回路的元件符号

在新建的设计方案中,按下电脑键盘的 F8 键,进入“符号菜单”中,在符号文件夹里选择 60617,进入到符合 IEC60617 标准的符号文件夹里,如图 1-13 所示。分别拾取 H7213-05,H7413-02,06-08-02 等电气符号。每次拾取后,都会弹出“元件数据”对话框。如图 1-14 所示。

在 名称(N):... 中分别填写“QF”、“KM1”、“KM2”、“M”,按“确定”后,使用旋转、垂直镜像、水平镜像、移动、对齐等编辑功能把符号放在合适的位置上。如图 3-16 所示。

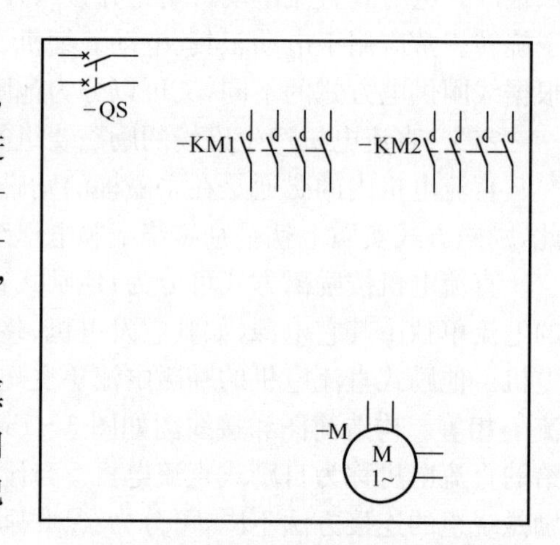

图 3-16 放置主回路的元件符号

2) 放置控制回路的元件符号

同理分别拾取 07-21-01.sym、07-07B02.sym、07-07-02.sym、07-07-03.sym、07-08-02.sym、07-15-01.sym、07-05-01.sym、07-02-01.sym、07-08-01.sym 和 07-15-08 等电气符号,分别填写“SB1”、“SB2”、“SQ1”、“KT1”、“KT2”等名称。使用旋转、垂直镜像、水平镜像、移动、对齐等编辑功能,把符号放在合适的位置上。如图 3-17 所示。

2. 整理元件符号

在程序工具栏中选择“符号” ,使用对齐、区域等功能对已放好的所有符号进行编辑。在程序工具栏中选择“文本”和“绘图”,在“当前文本”框中填写需要的文字,然后把填写好的文字放在合适的位置,可用移动、对齐等编辑功能。点击 按钮,可改变文字的

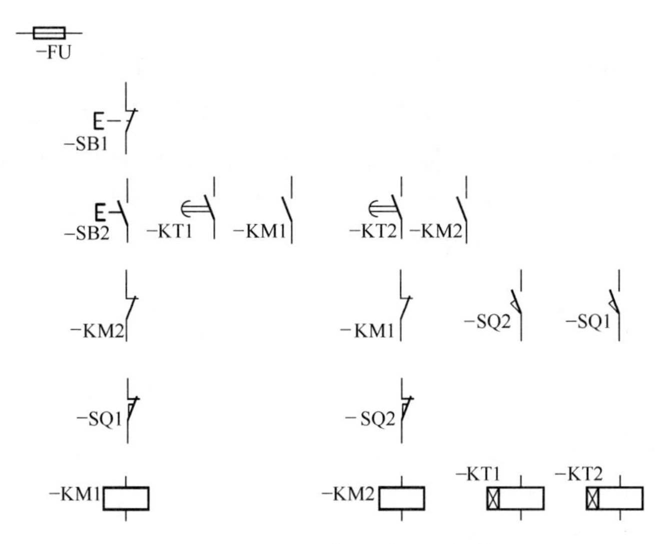

图 3-17　放置控制回路的元件符号

字体、大小、颜色等。

3. 连线

在程序工具栏中选择“线”及“绘图”命令，点击菜单栏中“功能”-“导线”，使其前面的“√”出现。移动鼠标到正确的元件连接点上，点击鼠标左键，沿着线的走向拖动鼠标到下一个连接点上，再点击鼠标左键。走线要按水平、垂直的原则。

绘制连线的时候，一定要注意主回路线的走向，KM1 和 KM2 的主触点分别跟火线 L、零线 N 及单相电动机 M 之间的连线不能错接，否则不能实现正反转运动。最终绘制图形如图 3-1所示。

4. 放置接线端子

在程序工具栏中选择“符号”及“绘图”命令，在符号选取栏中选择“Terminal”接线端子符号，如图 3-18 所示，把端子移动到电机与接触器之间的导线上，放置到合适的位置后，弹出图 3-19 所示的对话框，在“名称”处填写“X1”，在“连接”-“名称”处填写“1”，电机与接触器相连的其余三根导线上也按此方法放置，不同的是在“连接”-“名称”处分别填写“2”、“3”、“4”。放置完毕的效果如图 3-20 所示。

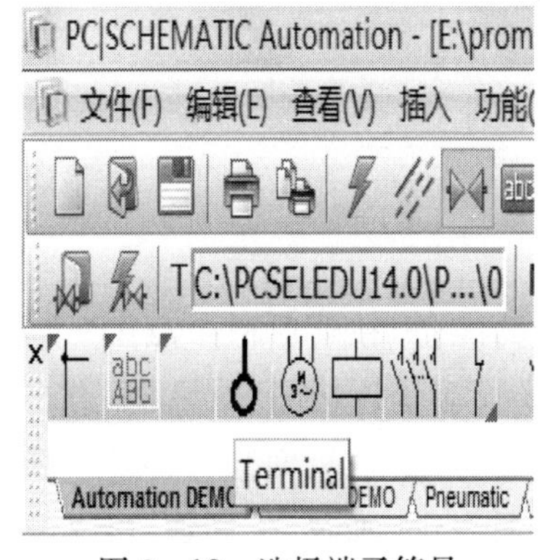

图 3-18　选择端子符号

图 3-19　端子符号的“元件数据”对话框

5. 放置电缆线

在程序工具栏中选择“符号”及“绘图”命令，进入符号菜单，在 MISC 文件夹下找到 Cable1. sym 符号，拾取后把电缆线放置到如图 3-21 所示的位置，从左往右逐根导线放置，在与第一根导线相交的位置点击一下鼠标左键，弹出图 3-22 所示的“连接数据”对话框，在“名称”处填写“黑色”，后面三根导线相交的地方都点击弹出相同的对话框，在“名称”处分别填写“白色”、“蓝色”、“黄色”。最终效果如图 3-21 所示。

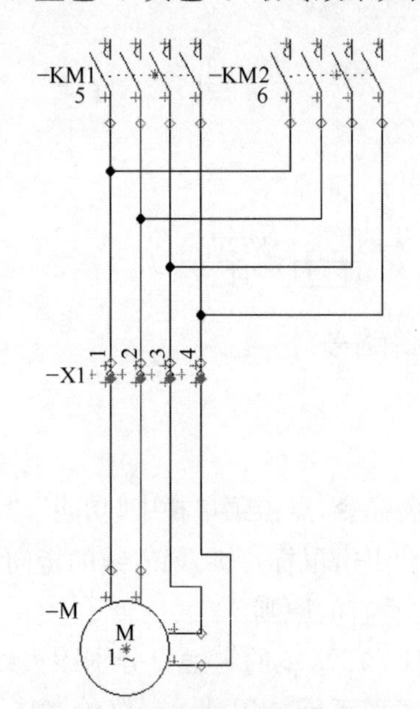

图 3-20 放置接线端子效果图

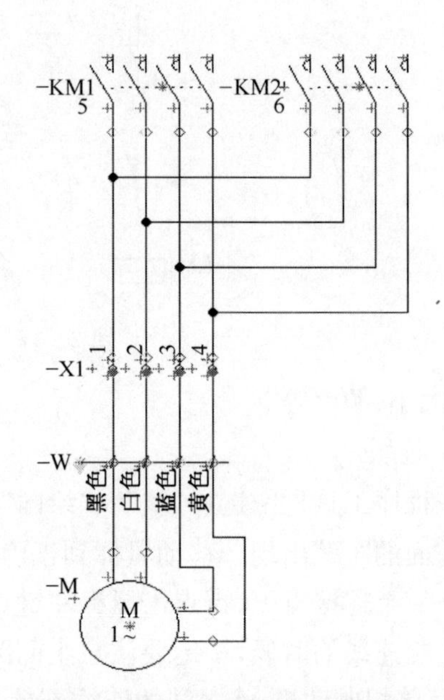

图 3-21 放置电缆线后效果图

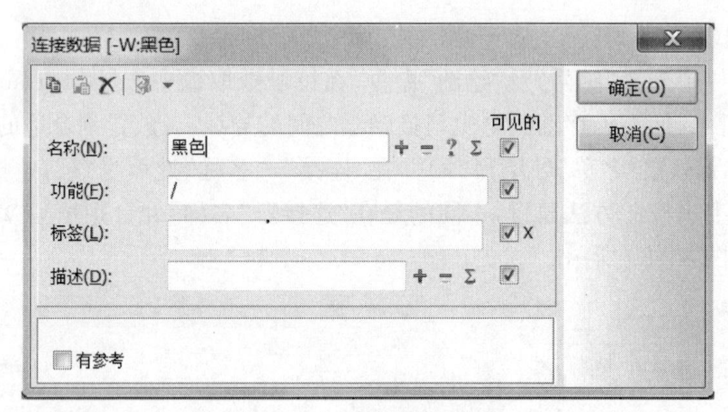

图 3-22 电缆线连接数据

(三) 接线端子连接图的绘制

到目前为止已经为接线端子连接图的绘制做好了充分的准备，在菜单栏中点击“工具”-“接线端子连接图”，如图 3-23 所示，然后进入“创建新的接线端子连接图”对话框，点击“选项”按钮，弹出“设置用于接线端子连接图”对话框，在“连接”、“标准”、“页面”、“符号”、“线”及“调整”中按需要设置对应的选项，如图 3-24 所示。设置好后点击“确定”-“创建”，最终得到图 3-25 所示的接线端子图。

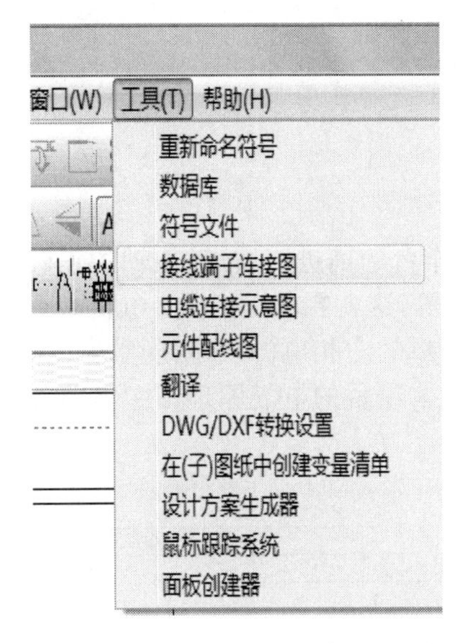

图 3-23　“接线端子连接图”选项

图 3-24　“设置”用于接线端子连接图

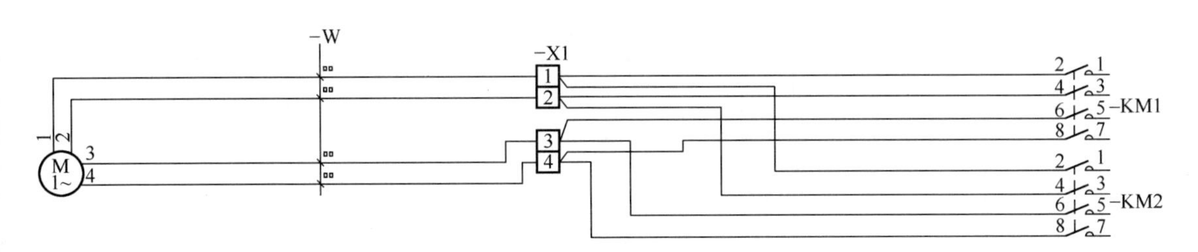

图 3-25　接线端子连接图

（四）电缆连接图的绘制

与绘图接线端子接线图的方法相同，在菜单栏中点击“工具”-“电缆连接示意图”，然后进入“创建新的电缆连接图”对话框，点击“选项”按钮，弹出“设置用于电缆连接图”对话框，在“连接”、“标准”、“页面”、“符号”及“调整”中按需要设置对应的选项。设置好后点击“确定”-“创建”，最后得到图 3-26 所示的电缆连接图。

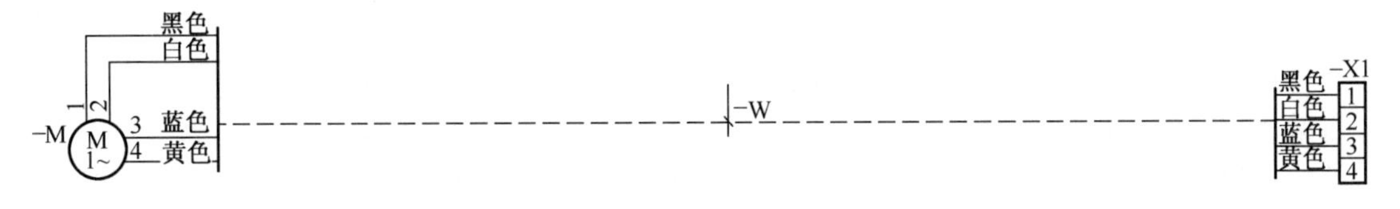

图 3-26　电缆连接图

五、拓展知识

电动机控制线路的结构较为复杂，在分析识读电动机控制线路时，首先应了解线路的组成，即搞清电动机控制线路是由哪些主要电气部分构成的，各电气部件的连接关系有哪些特点。当大体了解了电动机控制线路的结构和功能后，即可从电动机控制线路的控制部件入手，理清工作流程，最终全面掌握电动机控制线路的控制关系和线路工作细节。

项目二　电机正反转

一、项目下达

(一) 项目说明

在生产中,有的生产机械常要求两个方向运行,如机床工作台的前进与后退、主轴的正转与反转、小型升降机、传送带正反转、起重机吊钩的上升与下降等,这就要求三相异步电机必须可以正反转。由三相异步电动机的工作原理可知,只要将电动机的三相电源线中任意两相接线对调,改变电源相序,使旋转磁场反向,电动机便可以反转。本项目的电气原理图主电路如图 3-27 所示,控制图如图 3-28 所示。

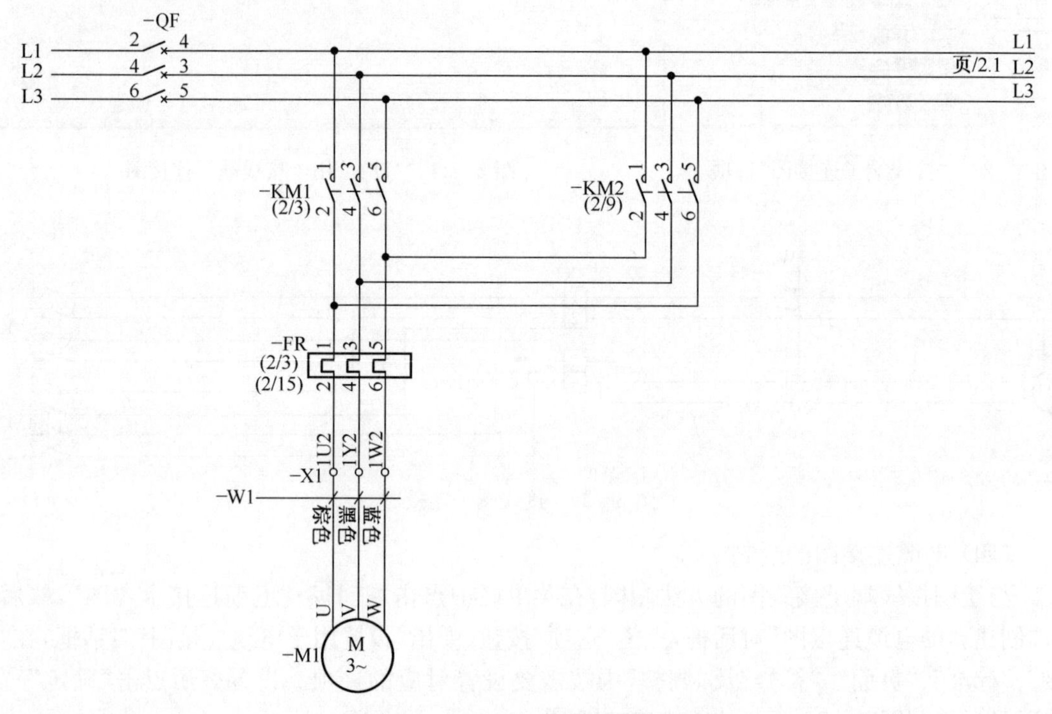

图 3-27　电气原理主电路

(二) 绘制要求

首先要创建自己的设计方案模板,如图 3-29 所示,从左到右的页面分别是设计主题、章节目录表、详细目录表、安装描述、章节划分(电气原理图)、电气原理图(共四张)、章节划分(机械外观布局)、平面图/机械图(共两张)、章节划分(清单表)、零部件清单、元件清单、电缆清单、接线端子清单。

在这个设计方案中完成本项目的电气原理图、机械外观布局图及各类清单的设计及绘制。

二、项目分析

(一) 识读分析

1. 电动机正转启动过程

首先合上总电源开关 QS,接通三相电源。按下正转启动按钮 S2,KM1 接触器形成自锁,

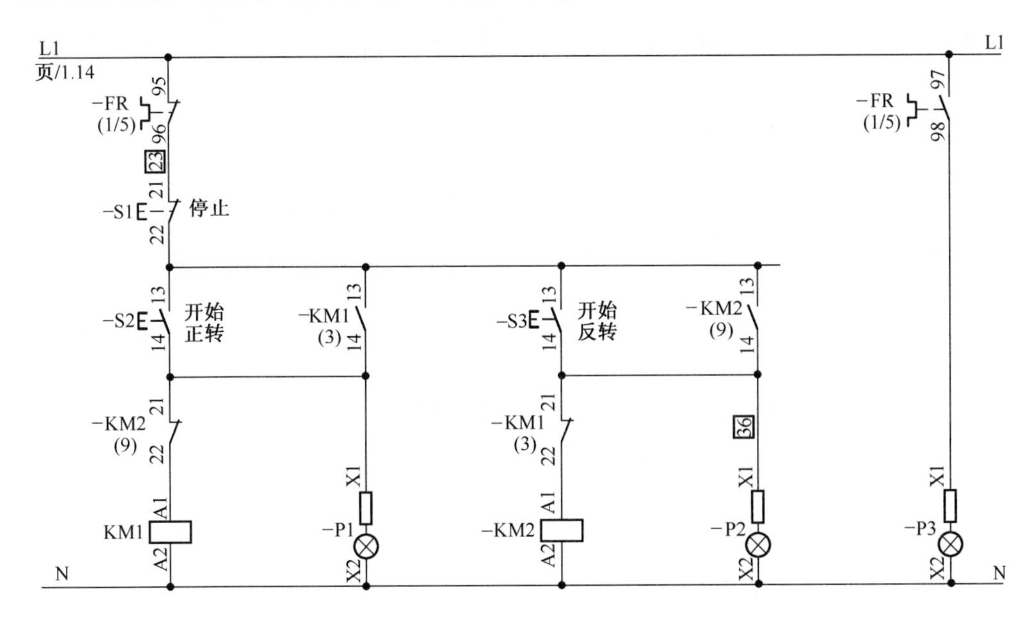

图 3－28　电气原理控制回路

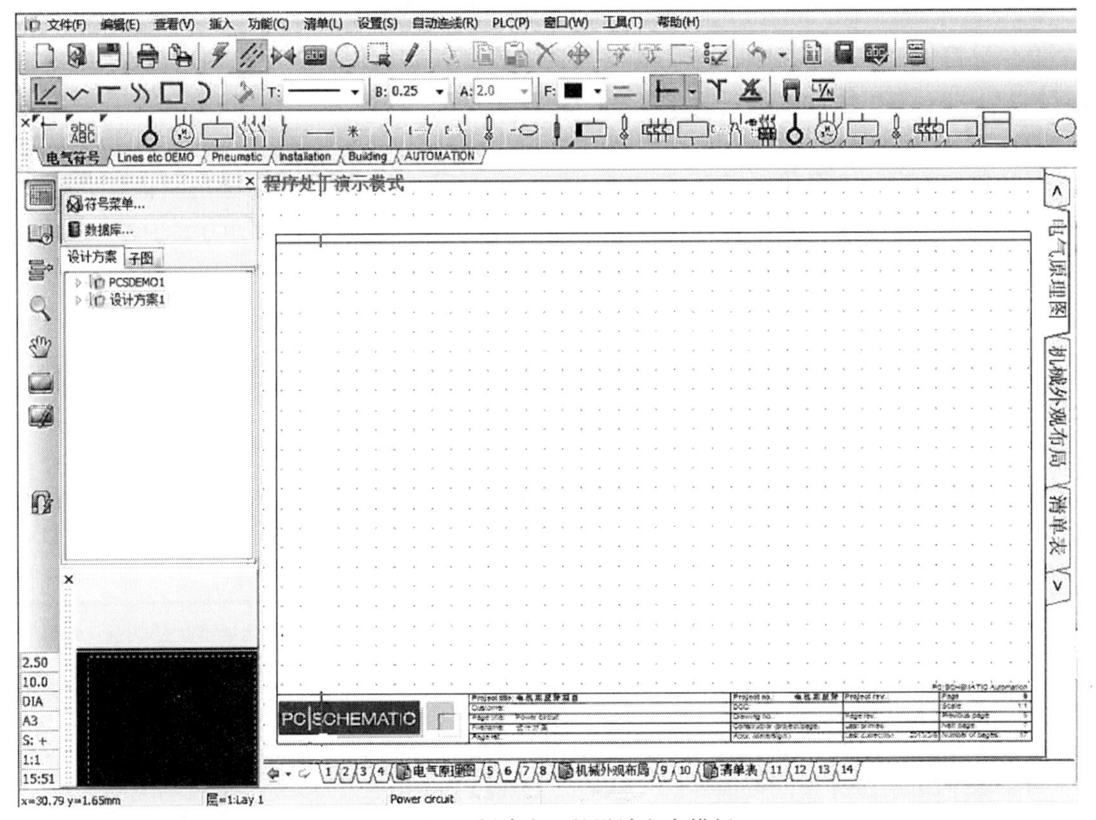

图 3－29　创建自己的设计方案模板

KM1 的主触点吸合，电机开始正转运行，指示灯 P1 点亮。同时 KM1 的常闭触点断开，切断 KM2 接触器线圈的电路。

2. 电动机反转启动及停转过程

按下 S3 按钮，接触器 KM2 形成自锁，且使 KM1 解锁，电机开始反转运行。当按下 S1 按钮时，切断所有接触器线圈的电路，使主回路中的接触器主触点都断开，电机停止运行。

（二）绘制分析

设计流程及其运用的基础知识点如表 3 - 2 所列。

表 3 - 2

设计流程	运用的基础知识点
步骤一：创建自己的设计方案模板	在设计方案中工作，自动生成设计方案，创建绘图模板，创建页面模板和设计方案模板
步骤二：电气原理图的绘制	符号库的使用，电缆线、接线端子的绘制，旋转、垂直镜像、水平镜像、移动、对齐等编辑功能
步骤三：机械外观布局图的绘制	数据库的使用，自动生成机械外观图
步骤四：更新所有清单	数据库的使用，更新所有清单

三、必备知识

（一）在设计方案中工作

1. 在设计方案中

PCschematic ELautomation 程序是一个面向设计方案的程序。这就意味着设计方案中的所有信息都集中在一个文件中。因此，不需要转换到其它应用程序中去创建零部件清单或部件图。因为它们已经被包含在设计方案文件中。

1）设计方案的要素

一个典型的设计方案包括扉页、目录表、原理图页面以及不同类型清单的页面。另外，设计方案也包含了所用元件的外观符号布置页面。所有这些都被放置在设计方案中各自独立的页面中。一个设计方案可包含几千个页面。

2）设计方案电气原理图

设计方案的主要部分就是设计方案原理图。在图中可以放置符号、文字和线条，可以为符号指定项目数据，它们将自动传送到设计方案清单中。

关于如何画出原理图，参见“基本画图功能”和“附加画图功能”部分的叙述。

接线端子布置图、电缆布置图、元件配线图、符号文件，这些都可以被自动创建。这些内容都会在“工具”章节中叙述。其中也包含了如何翻译设计方案文本的内容，以及和 DWG/DXF 之间的转换设置。

3）实例

关于如何创建自己的设计方案的实例，参见本单元的具体项目实施过程。

2. 页面和章节

要添加或删除页面，以及指定页面的类型和功能时，可以应用“页面菜单”。

1）在页面菜单以外选取页面

不在“页面菜单”中时，可以点击屏幕下端的标签，或者点击“前一页/下一页”按钮，在设计方案的页面间切换，如图 3 - 30 所示。或者使用[Page Up]键和[Page Down]键在页面间切换。也可以选择“查看”-“进入页面”，输入一个页码。

点击屏幕右边的章节标签时，如图 3 - 31 所示，选中章节的第一页将会显示出来。这些章节标签只有在设计方案被分为许多章节时才会出现。

图 3 - 30　屏幕下端的标签

如果要查看所有的设计方案页面，或者要查找设计方案中的指定符号，也可以使用“资源管理器”窗口，参见“资源管理器窗口”部分的叙述。

2）页面菜单

点击“页面菜单”按钮，或者选择“查看”-“选择页面”，进入“页面菜单”对话框。在“页面菜单”对话框中可以插入新页面，复制或删除页面，或者改变已创建页面的设置，或者要工作的页面。另外，页面菜单还记录了大的设计方案的总体情况，可以在这里看到所有页面的标题。通过“页面菜单”，还可以将其它设计方案加入到已有的设计方案中。

（1）页面菜单中的选项。“页面菜单”对话框如图 3 - 32 所示。在每个页面的前面，可以看到它的页面功能，参见“创建新页面”部分的叙述。在页面前的文件夹标记了一个新章节的开始。前面有“＋”的页面，表示打开后已经被改动过。如果页面前有“R”的标记，意味着修订检查启动后，这些页面被改动过。

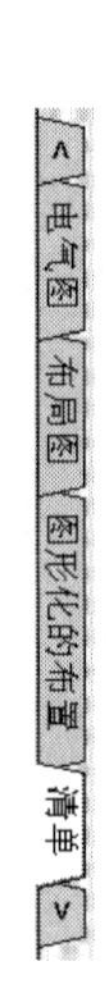

图 3 - 31　屏幕右边的章节标签

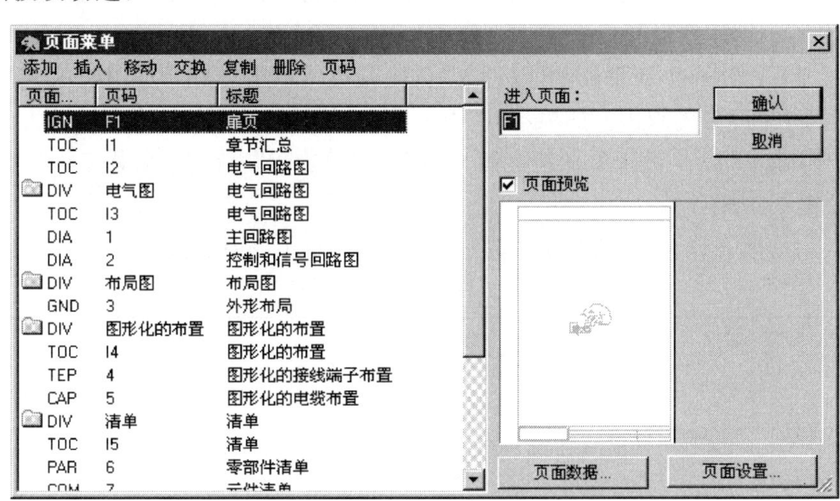

图 3 - 32　页面菜单

在“页面菜单”对话框中，有表 3 - 3 所列选项。

表 3 - 3

选项	功　　能
添加	在设计方案的最后添加一个新页面
插入	在所选页面前插入一个新页面。如果选中的是第一个页面，那么新页面将作为新的第一页面。详细内容参见“创建新页面”部分的叙述
移动	点击要移动的页面，点击“移动”，再点击要移动的地方。点击“确认”，就可以移动页面。不在“页面菜单”中时，也可以拖动“页面”标签来移动页面
交换	点击要交换位置的两个页面中的一个，点击“交换”，再点击另一个页面。点击“确认”后，就可以交换它们的位置
复制	点击要复制的页面，点击“复制”，然后点击要插入的位置，点击“确认”，复制的页面会插入到所选位置

（续）

选项	功　能
删除	点击要删除的页面，点击“删除”，再点击“确认”。也可以一次选择多个页面，全部删除。请注意，这时只允许删除连续的页面。可以点击想要删除的第一个页面，按住[Shift]键，点击要删除的最后一个页面，然后点击“删除”
页码	在菜单中点击要改变页码的页面，点击“页码”，输入新页码，点击“确认”。现在就改变了页码。一次选中了多个页面时，会被要求输入第一个页面的页码，随后页面的页码会自动递增。双击设计方案中的“页面”标签，也可以改变页码
进入页面	输入一个页码后按回车键，会在“页面菜单”中显示所选的页面
页面设置	点击“设置”-“页面设置”对话框。可以在其中决定页面类型、尺寸大小、缩放比例等。更多内容，参见“页面类型”和“页面设置”部分的叙述
页面数据	点击“设置”-“页面数据”对话框。可以在其中指定页面标题，输入页面信息以及布置图纸模板

(2) 页面菜单和电路号。如果根据页码和电路号命名设计方案中的符号时，在设计方案中做出的改动将会影响符号名。请参考“根据页面菜单中的改动命名”部分的叙述。

3) 创建新页面

要创建一个新页面，可以进入“页面菜单”，点击“添加”或“插入”选项。详细内容参见“页面菜单”部分的叙述。如果不在“页面菜单”对话框中，可以选中设计方案的最后一个页面，点击[Page down]键来添加新页面。进入“页面功能”对话框，如图 3－33 所示，可以在其中指定页面的功能。

选择表 3－4 所列选项中的一种功能后，点击“确认”按钮。

表 3－4

页面功能	叙　述	页面菜单中的命名
常规	该页面被用于原理图或平面图。这一类型页面中有项目数据的符号/元件会在清单中显示出来	DIA(原理图)，或 GRP(平面图)
忽略	该页面的信息不会在清单中显示出来。比如安装结构，或者设计方案的扉页。如果一个“忽略”页面是设计方案的第一页，会被命名为 F1	IGN
部件图	该页面用于部件图，可以被指定项目数据。此时会被要求选取一个已有的部件图(.std 文件)	UNT
目录表	该页面用于目录表。在这种页面中可以插入目录表类型的数据区域。目录表类型的页面可以被自由布置在设计方案中。可以在“清单”-“清单设置”中指定目录表用于设计方案的哪一部分 选择“清单”-“更新目录表”，可以更新目录表	TOC
零部件清单	该页用于零部件清单页面。可以插入相关的数据区域	PAR
元件清单	该页用于元件清单页面。可以插入相关的数据区域	COM
接线端子清单	该页用于接线端子清单页面。可以插入相关的数据区域	TER
电缆清单	该页用于电缆清单页面。可以插入相关的数据区域	CAB
PLC 清单	该页用于元件清单页面。可以插入相关的数据区域	PLC
章节划分	该页用于标记一个新章节的开始。在设计方案中工作时，这种类型的页的标题会显示在屏幕的右边。在“资源管理器”窗口中，该页面标题的前面会显示一个文件夹	显示一个文件夹
标准/设计方案文件	把另一个已有的设计方案装入当前设计方。案中它可以是一个普通的设计方案，也可以是一个标准设计方案/标准图	没有

另外，还有接线端端子布置图(TEP)和电缆布置图(CAP)功能。这种类型的页面也可以和这些类型的清单一样创建。

如果要在零部件清单中包含符号/元件的项目数据，必须使页面功能为“常规”，然后再布置对象。通常情况下，创建一个页面后，不能再更改它的页面功能。但是，可以把一个页面的功能更改为“常规”。选择设计方案中的页面，再选择“功能”-“特殊功能”，把页面功能设置为“常规”。在菜单栏中选择“设置”，再选择“页面设置”标签，可以查看页面的功能。

选择页面模板：选中一个页面功能后，会进入“新建”对话框，这里列出了匹配此页面功能的已有的一些页面模板，如图 3-34 所示。点击需要的页面模板，再点击“确认”。如果选择模板为“空白页面”，则选择的页面类型为空白页面。

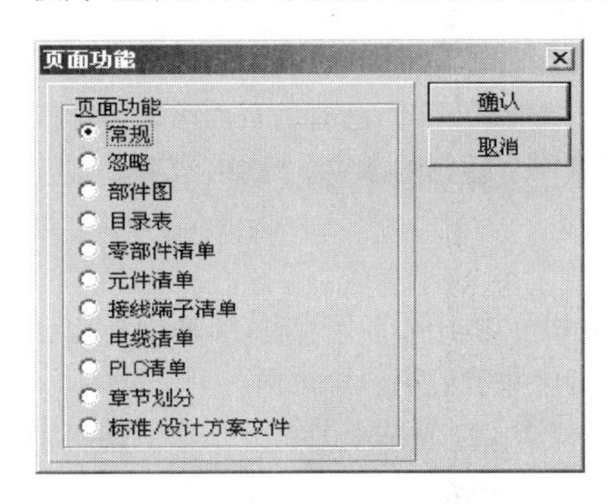

图 3-33　页面功能

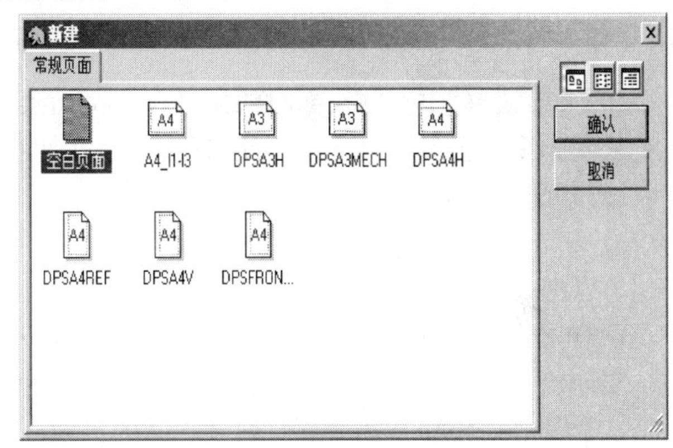

图 3-34　已有的页面模板

选择页面功能为清单时，可以相应地选择插入包含清单模板的页面。插入了需要的页面后，点击“确认”，会离开“页面菜单”，跳转到插入的设计方案页面中。

4) 复制多个页面

可以在页面菜单对话框中复制多个连续的页面，按以下步骤操作(见图 3-35)：

(1) 点击要复制的第一个页面；

(2) 按下[Shift]键，再点击要复制的最后一个页面；

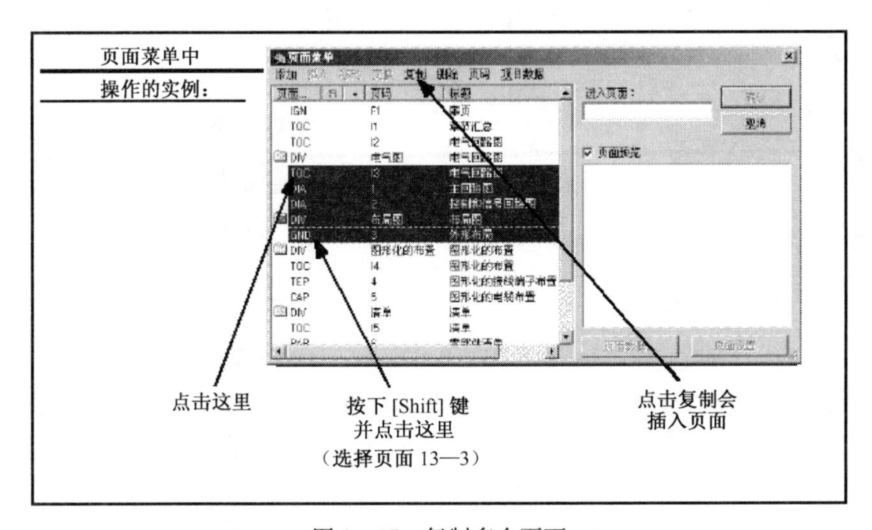

图 3-35　复制多个页面

(3) 点击复制；

(4) 点击要插入页面的位置。

注意：只能复制连续的页面。在“页面菜单”内复制页面时，光标中会有一个“＋”做出指示，如图3－36所示。复制的页面也可以被插入到设计方案最后页面的后面。

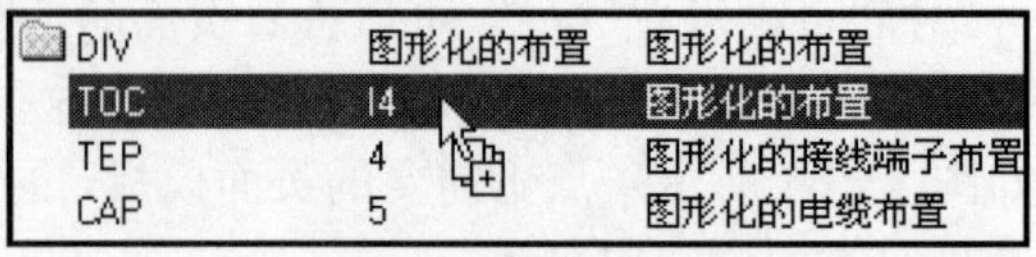

图3－36 复制页面时

在“页面菜单”中复制页面时的命名：在“页面菜单”中复制页面时，已有的页面名称不会改变。复制的页面会保留原来的页面名称，只是在括号内有一个复制的数字。比如，页面2被复制时，复制的页面会被命名为2(1)。

5) 章节

可以把设计方案分为不同的章节。把一个设计方案划分为不同的章节时，屏幕的右边会出现章节划分的标签。点击其中一个标签，则会显示出选中章节的第一个页面。

要创建一个新章节，可以插入一个章节划分页面，它代表一个新的章节划分。章节的内容就是这个章节划分和下一个章节划分之间的页面。

要插入一个章节划分，按下列步骤：

(1) 进入“页面菜单”，点击菜单中章节要开始的页面，再点击“插入”；

(2) 进入“页面功能”对话框，点击“章节划分”，再点击“确认”，如图3－37所示；

(3) 在“新建”对话框中点击页面模板，再点击“确认”；

(4) 在“章节划分”对话框中输入章节划分的名称，如图3－38所示；

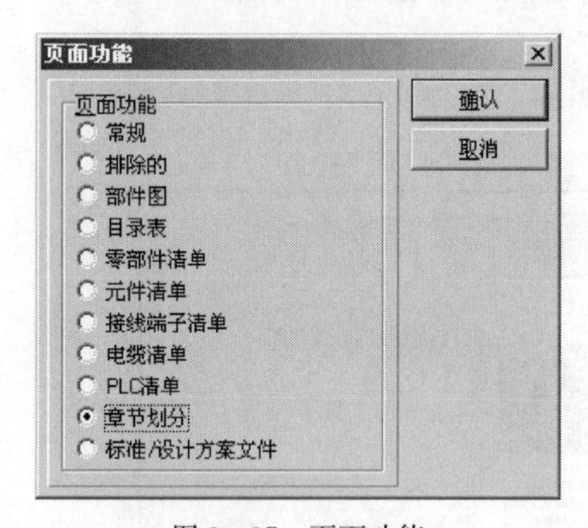

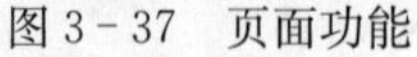

图3－37 页面功能

图3－38 输入章节划分名称

(5) 点击“确认”，现在已经插入一个新的章节。

要查看设计方案的章节划分，点击屏幕下方的章节划分标签，如图3－39所示。

现在可以在页面上插入一个图纸模板，参见“插入图纸模板”部分的叙述。

6) 命名页面标签

可以任意命名设计方案中所有的页面标签。但是，不能使两个不同的页面标签同名。要编辑一个页面标签或章节划分标签，可以在标签上双击鼠标，进入图3－40所示的对话框。输入新名称，点击“确认”。

在“页面菜单”中选中页面后，再点击“页码”，也可以重新命名一个或多个页面。详细内容参见“页面菜单”部分的叙述。

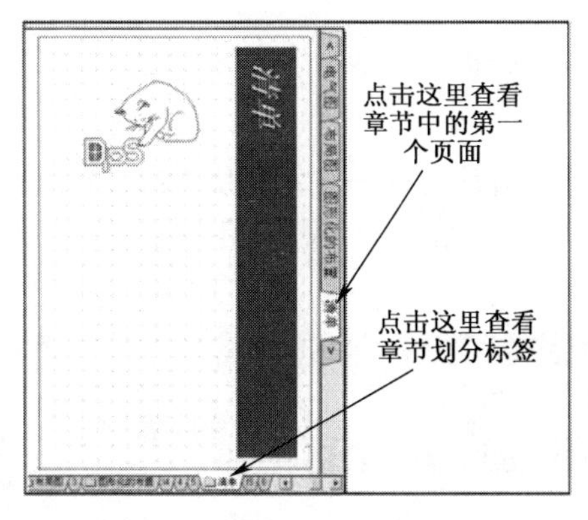

图 3-39　章节划分标签

图 3-40　页面标签

7）页面类型

在“设置”-“页面设置”对话框中，可以决定页面类型，如图 3-41 所示。任何时候都可以改变页面类型。

在表 3-5 中，可以看到可使用的页面类型。

图 3-41　页面类型

表 3-5

页面类型	叙　述
原理图	标准绘图页面(两维图)，也可用于所有类型的清单
平面图	用于平面图或布置元件的页面，有不同的高度。可以是三维图
立体图	可以用于画出立体图，显示 X,Y,Z 坐标
半立体图	立体图的一种，不是纯粹的立体角度

8）立体图

即使不在立体页面中绘图，也可以使用此页面功能查看一个平面图页面的立体显示。如果画出了一个三维的平面图，要查看它的立体显示，可以选择“设置”-“页面设置”，点击“立体图”(原来为“平面图”)，再点击“确认”。选择“立体图”时，也可以指定一个“ISO(立体)”角度。点击上-下箭头可以改变立体角度的大小，如图 3-42 所示。如果选择“半立体图”，可以指定另一种角度。再点击“确认”。

如果图显示不完全，或者完全看不到，可以选择“功能”-“使绘图居中”，则立体图会显示在屏幕中央。要继续在平面图中工作，可以在“页面设置”中重新选择“平面图”。如果在一个“平面图”页面中，选择“功能”-“生成立体图”，就会生成一个立体图，并添加到设计方案的最后面。

图 3-42　立体图角度

3. 设计方案模板和标准设计方案

1）设计方案模板

要想快速开始创建一个新设计方案，可以先创建一个设计方案模板。它包含每次开始一个新设计方案需要的所有页面。

用这种方法，可以创建一些不同的设计方案模板。它们可以被用于不同类型的设计方案。比如针对不同用户使用不同的模板。

2）使用设计方案模板

要创建基于设计方案模板的一个新设计方案，可以按如下步骤：

（1）选择“文件”-“新建”；

（2）在“新建”对话框中，点击“设计方案”标签，再点击其中的一个设计方案，然后点击“确认”，如图3－43所示，现在就可以在设计方案模板基础上开始一个新的设计方案了。

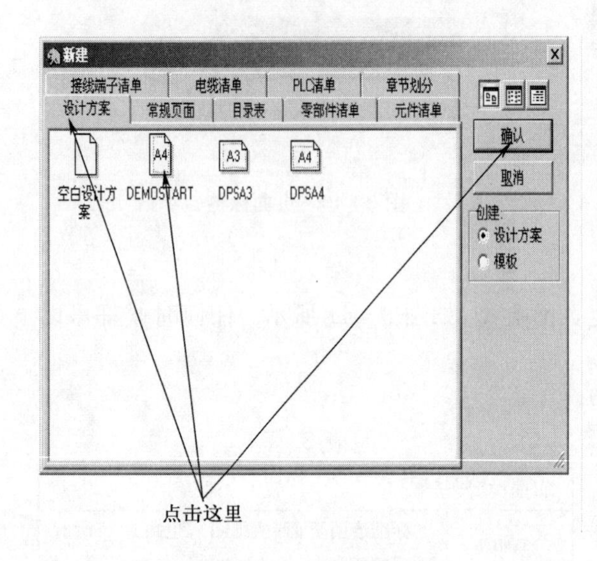

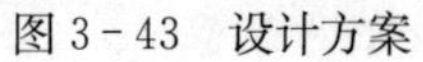

图3－43　设计方案

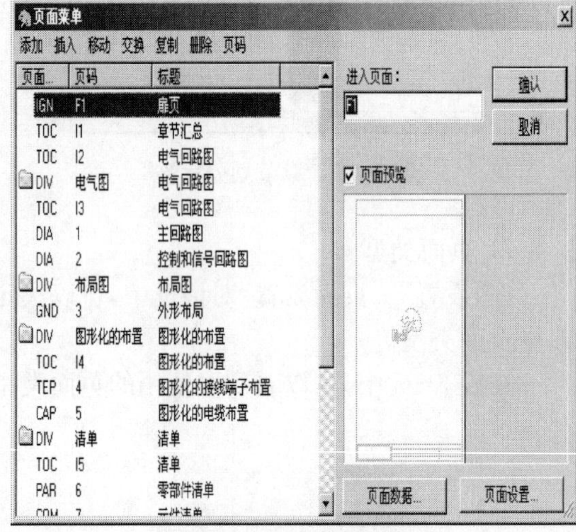

图3－44　页面菜单

向使用了设计方案模板的一个设计方案中添加清单，如果需要经常把一些页面，比如一些不同类型的清单，插入到当前的设计方案中，那么可以创建一个设计方案来包含这些页面。这样一个设计方案叫做标准设计方案。标准设计方案可以从“页面菜单”对话框中复制到当前的设计方案中。

4. 复制整个设计方案到另一个设计方案

在做一个设计方案时，可以从“页面菜单”对话框中添加另一个设计方案。

关于标准设计方案的信息，参见“使用标准设计方案/图”部分的叙述。其中包含开始一个新设计方案时，需要包含的页面。

1）如何复制一个设计方案到另一个设计方案

可以把一些设计方案以“标准/设计方案文件”加入到一个已有的设计方案，然后根据需要调整设计方案的页面。

首先打开设计方案 eldemo. pro 或者自己的设计方案，再进入“页面菜单”对话框，如图3－44所示。点击“添加”，会在设计方案的最后添加一个新设计方案/页面。再点击“标准/设计方案文件”，点击“确认”，如图3－45所示。也可以点击其中一个页面，再点击“插入”，则会在这个页面前插入一个设计方案/页面。进入“打开标准模板”对话框，选择要打开的设计方案。在这里选择 demo2. pro，如图3－46所示，点击“打开”。

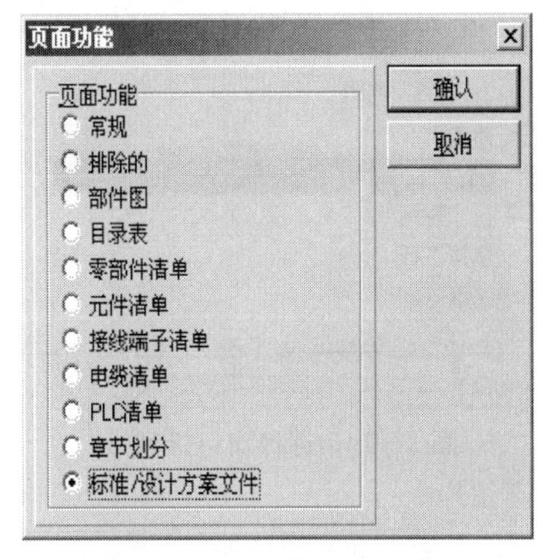

图 3－45　添加设计方案

图 3－46　打开标准模板

如果新的设计方案中包含当前设计方案没有的一些数据区域，会出现一个询问“缺少数据区域”对话框，如图 3－47 所示。点击“是”，在设计方案文件中创建这些数据区域。会被提问是否重新命名复制的符号，选择“重新命名符号”和“重新命名接线端子”，点击“确认”。现在设计方案 demo2. pro 被插入到 eldemo. pro 设计方案中，如图 3－48 所示。这样就把一个完整的设计方案加入到另一个设计方案。

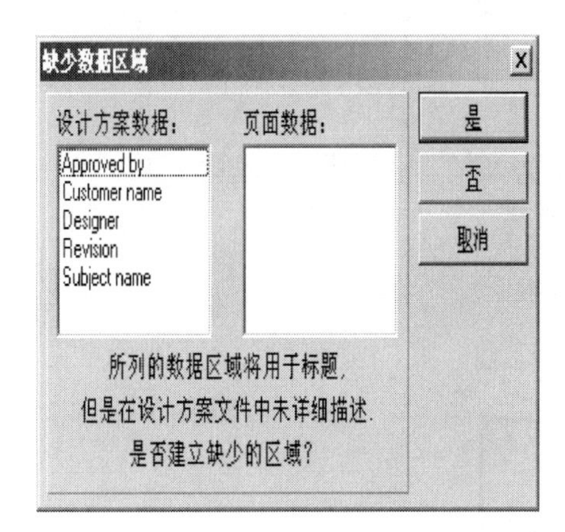

图 3－47　“缺少数据区域”对话框

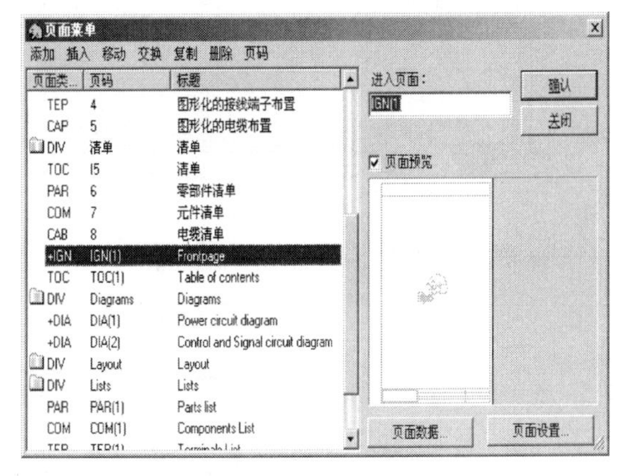

图 3－48　页面菜单

如果要重新排列设计方案的页面，或者删除一些页面等。详细内容参见“页面菜单”部分叙述。

2）复制页面时的设计方案数据

把一个新设计方案加入到原设计方案时，这些页面会有和原设计方案相同的设计方案数据。这是因为设计方案数据只能在整个设计方案的一个地方指定。

在上面的例子中，意味着从 demo2. pro 来的页面，都会有和 eldemo. pro 中所有的页面相同的设计方案数据。

5. 同时打开多个设计方案

在 PCschematic ELautomation 程序中，可以同时打开多个设计方案。关于同时打开多少个设计方案并没有限制。

如果想了解如何复制整个设计方案到另一个设计方案，请参考“复制整个设计方案到另一个设计方案”部分的叙述。

1）同时显示多个设计方案

要在屏幕上查看多个设计方案，首先在菜单栏中选择“窗口”。在这里可以选择“层叠”、“并排排列”、“上下排列”，如图3-49所示。选择“窗口”-“全部关闭”，就会关闭所有的设计方案。如果对设计方案做出了改动，还没有保存，那么程序会提示是否要保存改动。如果使设计方案最小化显示在屏幕上，可以选择“窗口”-“重排图标”，则所有最小化的设计方案都会显示在屏幕底部。

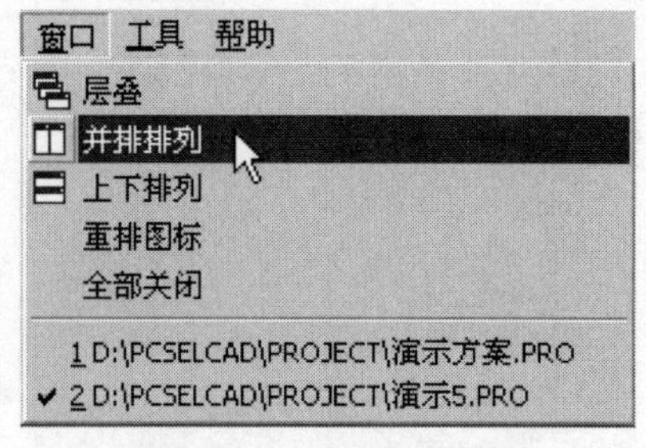

图3-49 选择窗口排列

2）在设计方案间拖动页面

要从一个设计方案拖动一个页面到另一个设计方案，可以同时打开这两个设计方案，选择“窗口”-“并排排列”，它们就会并排布置，如图3-50所示。然后点击要复制的页面，不要松开鼠标，把页面拖到另一个设计方案中。当鼠标指针指向要使复制的页面布置的页面位置时，松开鼠标。复制页面时会有一个小“+”显示在光标中，如图3-51所示。

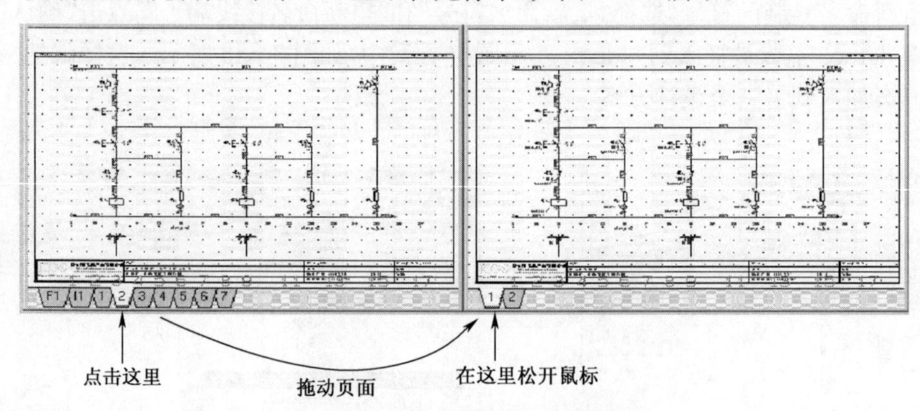

图3-50 在设计方案间拖动页面

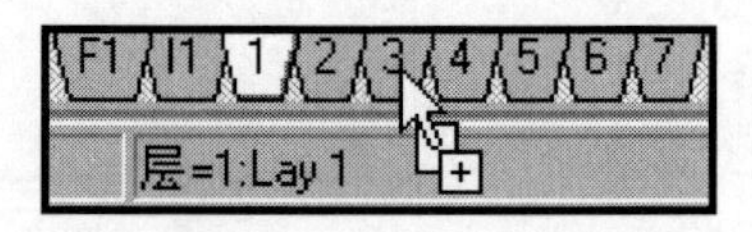

图3-51 “+”显示

再回答“是”，复制页面。还可以决定是否重新命名复制的符号。复制的页面会立即布置在点击页面的前面。也可以在“页面菜单”中重新安排页面的次序。

3）从一个设计方案复制区域到另一个设计方案

选择“文件”-“关闭”，关闭正在运行的其它设计方案。再选择“文件”－“打开”，打开第一个设计方案(Startpro. pro)，再选择“文件”－“打开”，打开第二个设计方案(eldemo. pro)。现在同时打开了两个设计方案。选择“窗口”－“并排排列”，使两个设计方案并排布置。

要在设计方案间切换，可以点击相应的窗口。此时窗口上面的条会变得高亮显示。也可以按下[Ctrl]键，再按[Tab]键，在窗口间切换。先点击其中一个窗口，再点击页面1标签。然后点击另一个窗口，也选择同样的页面1，如图3-52所示。

在设计方案eldemo. pro中复制图之前，可以放大要复制的图的一部分。再点击区域按

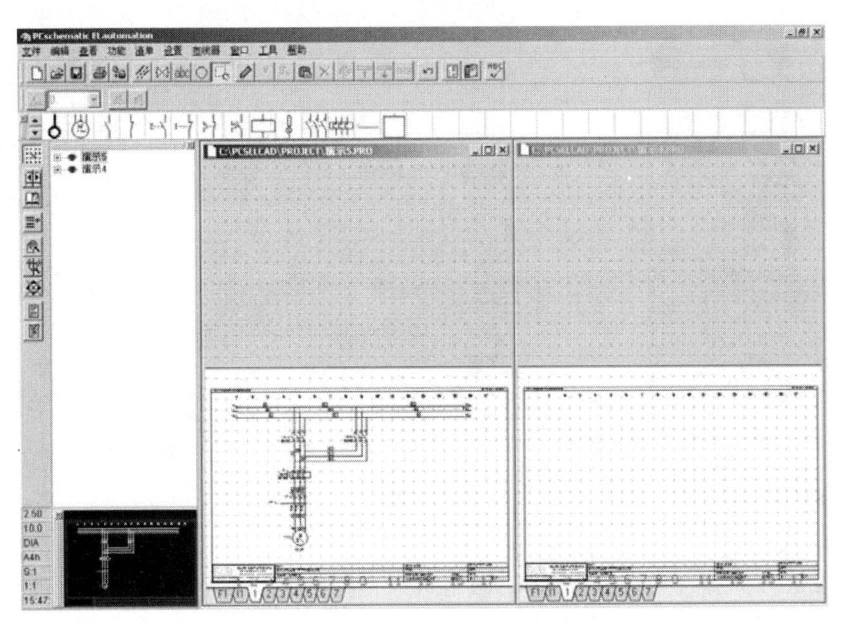

图 3-52　在设计方案间切换

钮,使用鼠标指针标记出要复制的区域。放大要复制的区域后,并不影响它原来的尺寸大小。这是因为缩放功能只影响屏幕上的显示情况,而不改变对象的尺寸。点击“复制”按钮。再点击设计方案 Startpro. pro 中的窗口,选择“编辑”-“粘贴”。在设计方案 Startpro. pro 中,选择的区域会位于十字线中。点击要布置的地方。被提问如何重新命名复制的符号。指定重新命名的方式,再点击“确认”。现在选择的区域已经从一个设计方案复制到了另一个设计方案。按[Esc]键,从十字线中去掉选择的区域 。返回设计方案 eldemo. pro,十字线中会出现选择的区域。如果不想布置选择的区域,可以按[Esc]键。

注意:在不同的设计方案间切换时,程序会记住每个设计方案的所有设置。比如在第一个窗口中操作符号,在第二个窗口中操作文本,程序都会有记忆。这样点击第一个窗口,可以看到“符号”按钮被激活,而点击第二个窗口时,可以看到“文本”按钮被激活。

4）绘图模板和复制

复制区域时,不能复制页面的图纸模板。不过可以随时选择“设置”-“页面数据”,决定要在页面上插入哪一个图纸模板。

如果复制/插入一个完整的设计方案到另一个设计方案,图纸模板也会被插入/复制。

5）点击符号打开新设计方案

通过点击符号可以打开一个设计方案,按以下步骤:

在图中布置如图 3-53 所示的符号。如果没有合适的符号,可以创建一个。详细内容参见“创建符号”部分的叙述。在符号上点击鼠标右键,选择“符号项目数据”,进入图 3-54 所示的“符号项目数据”对话框。在“项目编号”区域,输入相关设计方案的完整路径。如果在“设置”-“目录”中指定了文件夹,则只需输入设计方案名称即可。然后点击“确认”。现在已经在符号和设计方案间建立了连接。如果要进入这个设计方案,只需在符号上点击右键,再选择“打开”命令即可。

6）打开部件图

如果想在设计方案中打开一个部件图,可以选择“打开”命令,再点击“符号项目数据”对话框中的“连接”,选择相关的图。

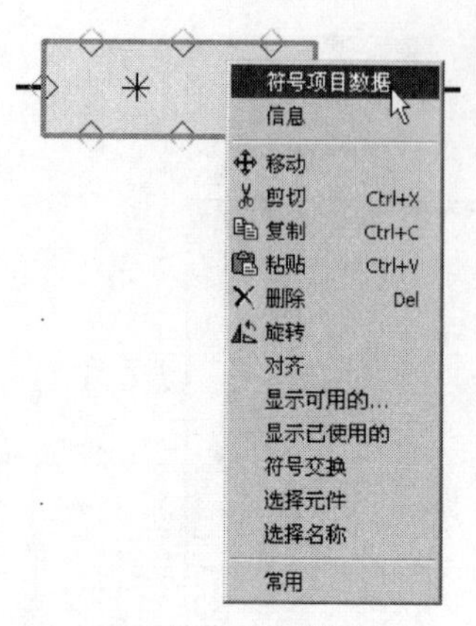

图 3-53 点击符号

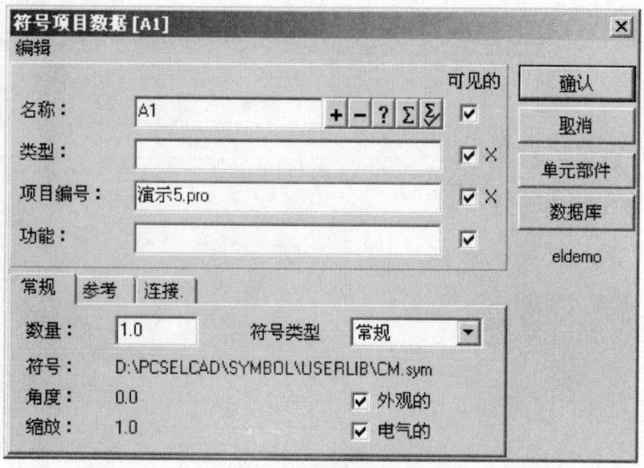

图 3-54 符号项目数据

(二) 创建绘图模板

1. 绘图模板

图纸模板是一种包含文本和图像的模板,可以选择把它布置到设计方案页面上。比如,图纸模板包含一个整张页面的边框,左下方有公司名和公司标识。另外,绘图模板还包含单个页面的名称和页码信息,此设计方案的应用客户等很多信息。创建了图纸模板后,程序会自动填写这些信息。

2. 创建绘图模板前的准备

1) 创建新符号

创建图纸模板时,必须打开一个设计方案。如果不是这样,则必须打开一个新设计方案。点击“新建文件”按钮,然后按[Esc]键离开“设置”对话框。点击“符号”按钮和“符号菜单”,或按[F8]键进入“符号菜单”,在其中点击“创建新符号”按钮。程序现在处于设计符号模式。左边工具栏下方的 SYMB 会在一个红色背景中闪烁。

2) 改变页面尺寸

下一步是确认程序是否已设置为正确的页面格式,在这里为“A4 竖向”。页面类型也应该是正确的。因为要创建一个图纸模板,则类型必须为“原理图”。

选择“设置”-“页面设置”。也可以点击左边工具栏下方的部分(指定页面尺寸处),快速进入此对话框,如图 3-55 所示。在对话框中,点击页面尺寸为“A4 竖向”,页面类型为“原理图”。设置“栅格”为 5.0mm。

3) 显示在页面上的帮助框

选择“设置”-“指针/屏幕”。点击对话框右边的“帮助框”,如图 3-56 所示。帮助框显示出最常使用的页面边距设置标准,因此只是画图时的参考线。这个框会以红色的破折线画出。但是,这个设置不适合于打印机。如果要查看打印机的可打印区域,可以点击“打印机帮助框”,如图 3-57 所示。这时屏幕上会显示打印机对整张页面的可打印区域。这个帮助框会以灰色点划线显示。在这个例子中,没有选择打印机帮助框。如果只使用帮助框,程序会在打印页面前自动缩放图纸模板以适合的打印机。点击“确认”,会看到一个有帮助框的 A4 页面,栅格为 5.0mm。图纸模板的参考点和文本的参考点一样,布置在页面中央。这些参考点会被移动到更合适的位置。

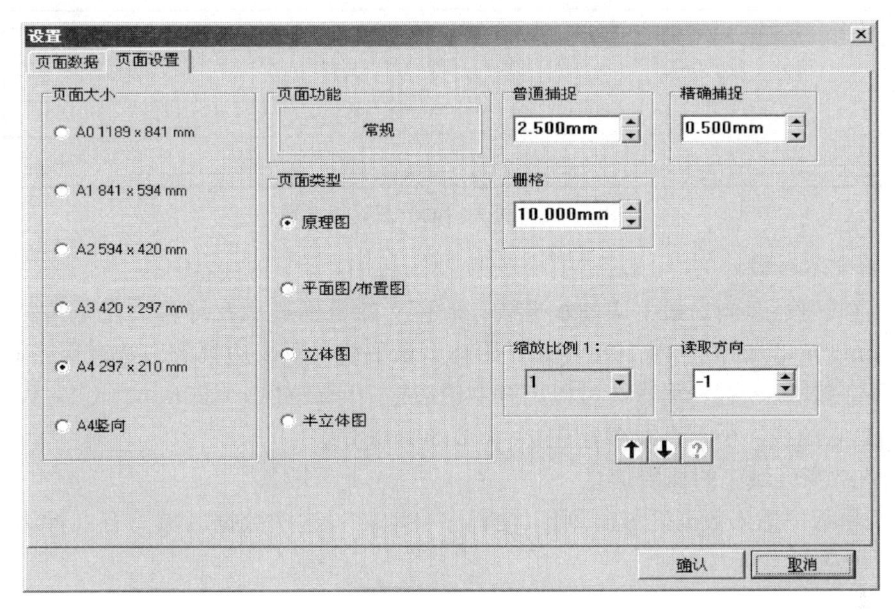

图 3-55　页面设置

帮助框

图 3-56　选择帮助框

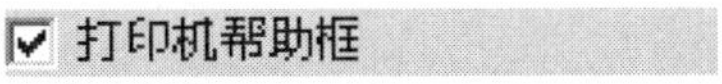

打印机帮助框

图 3-57　选择打印机帮助框

4）移动参考点

绘图模板的参考点必须精确布置到帮助框的四个角中的一个上。在这个例子中，必须把参考点布置到框的左下角。以后在页面上布置图纸模板时，它的参考点会自动定位到页面帮助框的参考点上。在这里为左下角。因此，点击“符号”按钮，再点击“参考点”按钮。点击在屏幕中央看到的参考点，拖动它，把它精确布置到帮助框的左下角。在这里坐标为 $x=$ 20.00mm，$y=$ 5.00mm。

在四个文本参考点和页面左下角周围作出一个合适的缩放([z]键)窗口，再点击“文本”按钮，在四个文本参考点的最上面一个上点击鼠标右键，会出现一条开始于屏幕左下角的符号参考点，结束于文本参考点的线，同时还有一个菜单。点击菜单中的“移动”，再点击屏幕左下角的符号参考点。现在已经在符号参考点上布置了文本参考点。相应地，移动其它三个文本参考点，因为在图纸模板中用不到它们了。

如果要刷新页面，点击“刷新”按钮。如图 3-58 所示，现在可以开始设计绘图模板了。

图 3-58　刷新后的页面

3. 设计绘图模板

1）设计边框

点击“缩放到页面”按钮、“线”按钮、“矩形”按钮及“铅笔”按钮。把线宽设置为 0.5mm。画出覆盖整个帮助框的边框。放大后的绘图模板区域如图 3-59 所示。

图 3-59　放大后的绘图模板区域

2）布置文本区域

点击“直线”按钮，画出最上面的水平线。x 和 y 的坐标显示在屏幕的左下角。在边框下角（x=20mm，y=35mm）上面 30mm 处开始画出水平线。双击边框的右边或点击一次，使线结束于那里。按[Esc]键。垂直线可以离开左边边框 70mm 处（x=90mm）画出。设置线宽为 0.25，画出其它的线。小垂直线布置在 x=132.50mm 处。

3）插入数据区域中的概要信息

在图纸模板中插入数据区域时，可以使程序自动填写这些数据区域。有九种不同的数据区域类型（见表 3-6）：

表 3-6

数据区域类型	叙　述
系统数据	关于用户名称，公司名称，时间和日期的概要信息
设计方案数据	整个设计方案的信息——用户地址，图号，设计人等
页面数据	单个页面的相关信息——页码，页面的缩放，上次更改页面的时间
符号数据区域	可定义的数据区域
目录表	目录表需要的特殊信息——目录表的标题或绘图类型的指定等
零部件/元件清单	零部件或元件清单需要的特殊信息——项目号，价格，元件描述等
接线端子清单	接线端子清单方面的特殊信息——接线端子的名称和类型等
电缆清单	电缆清单方面的特殊信息——电缆的名称和类型等
PLC 清单	PLC 清单方面的特殊信息——PLC 的名称，类型，功能和 I/O 数据等

因此，需要向图纸模板中插入数据区域时，首先选择要插入的数据区域类型，然后是所选类型的哪一个数据区域。请注意，以大写字母表示的数据区域，包含从数据库来的信息。

关于如何填写设计方案数据或页面数据，请参考“设计方案和页面数据”部分的叙述。如果需要创建新的设计方案或页面数据区域，请参考“页面和设计方案数据区域”部分的叙述。

4）插入数据区域

在这个图纸模板中，需要以下数据区域：

“设计方案数据”中的数据区域：“标题”、“用户名称”、“设计人”；“页面数据”中的数据区域：“页码”、“上次使用的页面”。

要决定数据区域的显示情况，点击“文本”按钮，再点击“文本数据”按钮。设置“高度”为 2.5mm，“宽度”为自动，“对齐方式”为左下。点击“确认”。要插入数据区域，选择“功能”-“插入数据区域”。出现“数据区域”对话框，如图 3-60 所示。

选择“设计方案数据”。点击右边区域内的下拉箭头。然后在出现的下拉菜单中选择数据区域“标题”。选择“标题”时，点击红色箭头，可以传送文字标题到文本区域。光标会停留在文本区域内。在标题后输入“:”。如果要在标题和“:”间加入空格，可以按下空格键。在菜单左下角的“宽度”区域，可以输入允许长度的字符。在这里，设置为80，点击“确认”。把右上角的数据区域布置到图纸模板的放大的部分上。按[Esc]键，不再布置数据区域。继续布置“设计方案数据”类型中的数据区域“用户名称”。

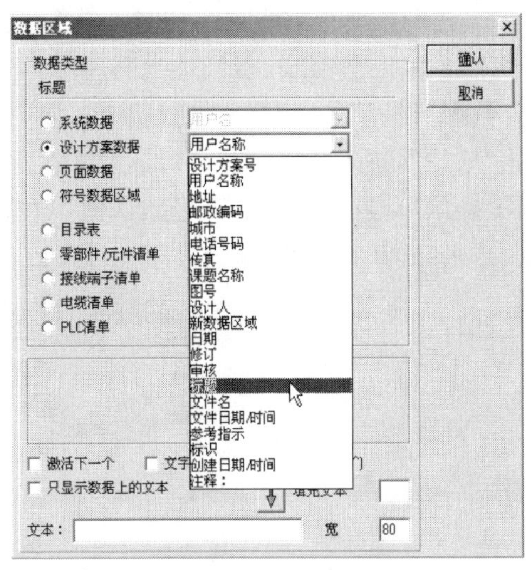

图3-60　数据区域

下一个区域为“设计人”。它也属于“设计方案数据”类型。在文本区域内输入设计。把宽度设置为10。已传送的文本也包括在内。现在点击“页面数据”，因为最后两个数据区域“页码”和“上次使用的页面”都属于这个类型。选择“页码”，在文本区域内输入“页面”，把宽度设置为10，点击“确认”。点击“文本数据”按钮，设置对齐方式为右下。点击“确认”，布置文本。选择“上次使用的页面”，输入文本“在”，设置宽度为10，点击“确认”。点击“文本数据”按钮，设置对齐方式为左下，点击“确认”，布置文本。

5）绘图模板中的自由文本

现在点击文本工具栏中的文本区域，输入文本比思电子^有限公司(或其它文本)。点击“文本数据”按钮，设置文本高度为4.0mm，宽度为自动，对齐方式为左下，选择“粗体文本”。字符“^”代表换行，不会显示在屏幕上。

改变“文本数据”设置高度为2.0mm，宽度为自动，对齐方式为中-中，取消“粗体文本”，然后布置其它的文本。现在已经创建了一个图纸模板，可以把它保存起来。

6）保存符号/图纸模板

选择“文件”-“另存为”。填写如图3-61所示的对话框。

注意：在设计图纸模板时，点击“符号”按钮和“符号设置”按钮，也可以进入此对话框。

现在点击“确认”，以文件名“A4竖向”把图纸模板保存在文件夹MISC中，如图3-62所示，点击“保存”。

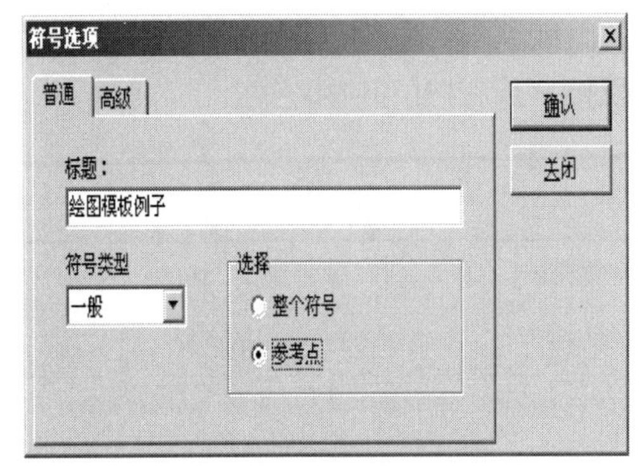

图3-61　符号选项

图3-62　保存

7）离开编辑符号模式

现在已经保存了图纸模板，可以选择“文件”-“关闭”，离开设计/编辑符号模式。这时，返回“符号菜单”。点击“取消”或按[Esc]键。

4. 向图纸模板列表中添加图纸模板

下面可以把图纸模板添加到列表中。列表包含了当前设计方案使用的所有图纸模板。

选择“设置”-“文本/符号默认值”，如图 3-63 所示。点击对话框左边的“绘图模板”。再点击“增加”，进入“符号菜单”对话框。在这里点击要添加的图纸模板，图纸模板会变为灰色，点击“确认”。返回“文本/符号默认值”，在这里的“绘图模板”区域内可以看到绘图模板的名称。点击“确认”。此时绘图模板已经可以在设计方案中使用了。

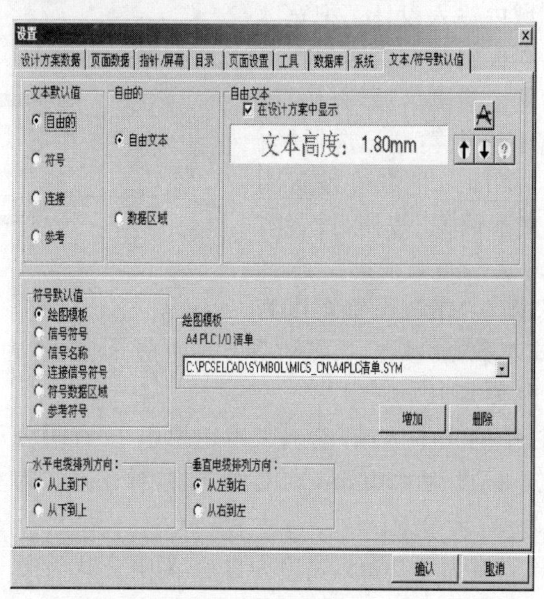

图 3-63 设置

5. 从图纸模板列表中删除图纸模板

如果要从图纸模板列表中删除一个图纸模板，选择“设置”-“文本/符号默认值”。在这里点击“绘图模板”下方区域的下拉箭头。在出现的下拉菜单中，点击要从列表中删除的图纸模板，点击“删除”，回答“是”，就可以删除图纸模板。点击“确认”。

6. 预定义的图纸模板

为了方便起见，程序中已经创建了一些预定义的图纸模板。它们位于文件夹 c:\Pcselcad\Symbol\Misc 中。要在设计方案中使用这些图纸模板，可以打开和应用它们。

预定义的图纸模板如表 3-7 所列。

表 3-7

图纸模板	叙　述	图纸模板	叙　述
A3DPSA3	打印到 A3 纸张的 A3 图纸模板	A4VDPS	竖向绘图的 A4 图纸模板
A3DPSA4	打印到 A4 纸张的 A3 图纸模板	FRONTPAG	用于设计方案扉页的 A4 图纸模板
A4DPS	横向绘图的 A4 图纸模板		

7. 在绘图模板上布置公司标识

要在图纸模板(见图 3-64)上布置公司标识(Logo)，首先要创建一个标识，它可以是一个符号或是一个 DWG/DXF 文件。可以创建不同的标识，选择使用。

1）取出标识

进入编辑符号模式，选择“文件”-“打开”，选择带公司标识的文件。打开文件夹 Misc，点击文件 Dpscat. sym。现在十字线中会出现小猫的符号，点击页面中的空白位置，把它临时布置到那里，如图 3-65 所示。如果需要，可以调整标识的尺寸。布置了小猫后，它不再被认为是一个符号，而被认为是一些组成符号的线条。缩放符号时，要注意不要把其它的线加进去。

2）缩放标识

现在检查符号的尺寸是否适合布置到需要的地方。如果尺寸不适合，可以选择标识周围的“区域”，选择“编辑”-“缩放”，输入一个缩放比例。在这里，缩放比例为 0.5 时就可以了。

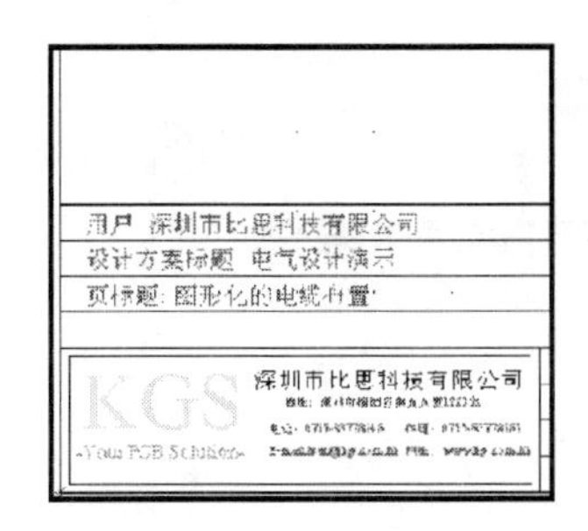

图 3-64　布置前

图 3-65　预布置

3）布置标识

点击“区域”按钮，选中小猫（如图 3-66），再点击“移动”按钮，把它布置到合适的位置。如果布置的位置不合适，可以使用“撤消”按钮，取消刚才的操作，重新布置。

现在已经在图纸模板上布置了公司标识，如图 3-67 所示。

图 3-66　布置中

图 3-67　已布置

8. 改变页面和设计方案数据中的数据区域

如果要改变页面数据或设计方案数据中的数据区域名称，可以在数据区域上点击鼠标右键。这时出现一个菜单，可以选择编辑、删除或添加数据区域。

（三）页面和设计方案数据区域

1. 数据区域

和整个设计方案有关的全部信息，都包含在对话框“设置”-“设计方案数据”。比如，在这里可以输入设计方案标题以及用户地址等，如图 3-68 所示。如果需要在设计方案中插入一个信息，比如用户地址，可以点击“文本”按钮，再选择“功能”-“插入数据区域”。先点击“设计方案数据”，再点击数据区域“用户名称”。这时，选中的数据区域会位于十字线中，把它布置到页面上。更新清单时,用户地址会从"设计方案数据"标签中读出,并插入到清单中,如图 3-69 所示。如果以后用户改变了地址,只需要在"设置"-"设计方案数据"中改动这个地址一次即可,程序会自动更新设计方案中所有用到数据区域"用户名称"的页面,自动更新用户地址。

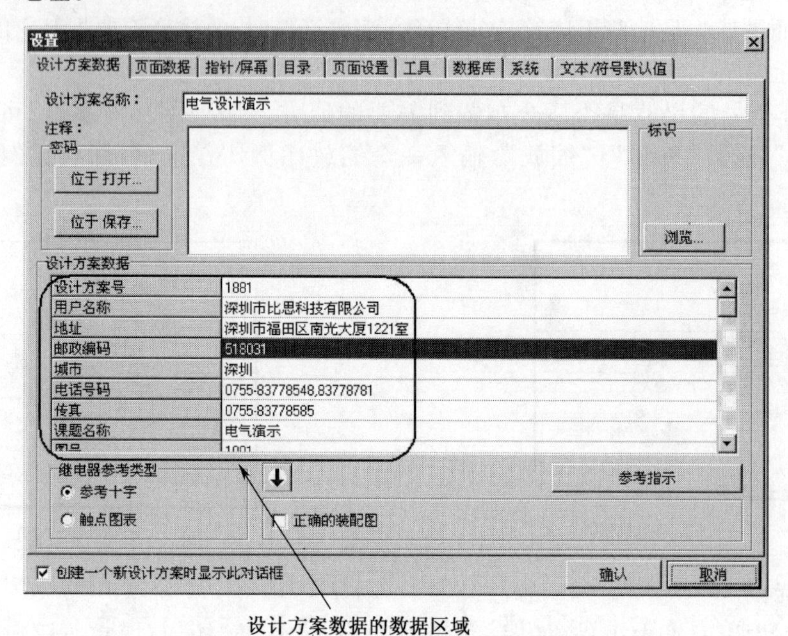

图 3-68 整个设计方案有关的数据区域

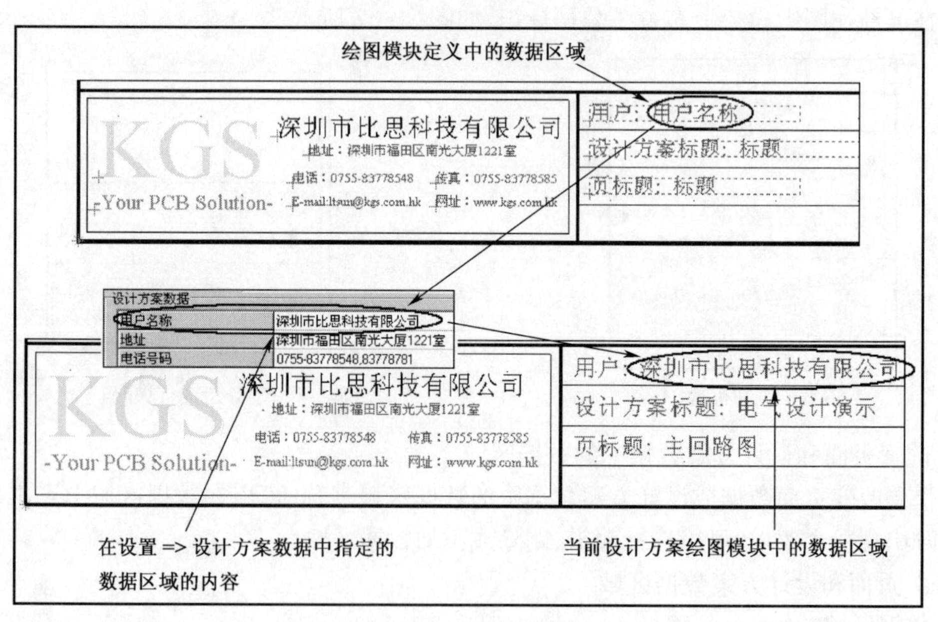

图 3-69 更新清单后

有了数据区域,就可以在设计方案中的多个地方使用某些信息,而把这些信息集中在一个地方管理。如果需要改变一个或多个信息,只需要更改一次,程序会自动更改设计方案中这些数据区域所代表的所有信息。

位于“设置”-“页面数据”中的数据区域，只属于设计方案中单个页面的数据区域，图 3 - 70 显示了清单中下列类型的数据区域：①从图中得到的数据区域名称中的内容；②从数据库中得到的数据区域 DESCRIPT 的内容；③从“设置”-“页面数据”中的页面标题中得到的数据区域标题的内容。

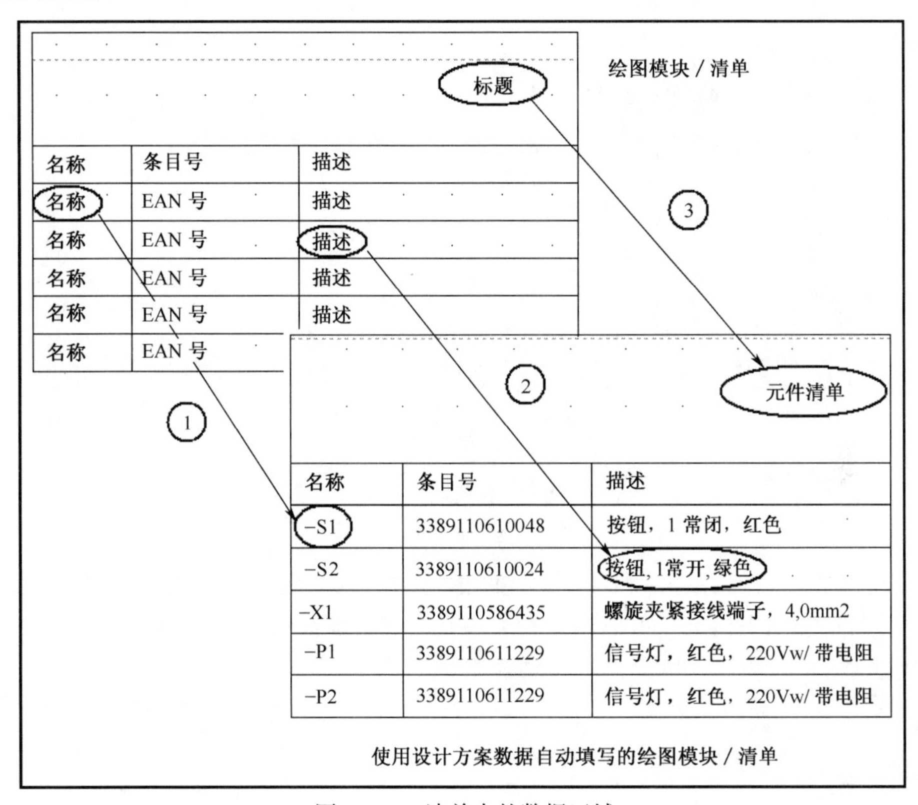

图 3 - 70　清单中的数据区域

关于数据区域的更多内容，以及如何在设计方案中布置数据区域方面的内容，请参考“数据区域”部分的叙述。

2. 指定要使用哪些数据区域

点击“功能”-“插入数据区域”，可以插入数据区域。这些数据区域的内容，可以在对话框“设置”中指定。可以决定要在设计方案中使用“设计方案数据”和“页面数据”的哪些数据区域。要插入另外的数据区域，可以重新创建；如果不需要一些数据区域，可以把它们删除。

3. 向设计方案数据和页面数据中添加新的数据区域

要添加新的数据区域，把它插入到“设计方案数据”区域中，可以按以下步骤：

(1) 进入“设置”-“设计方案数据”，在一个设计方案数据区域上点击鼠标右键，会出现一个菜单，如图 3 - 71 所示。

(2) 点击“增加数据区域”，可以输入新数据区域的名称，如图 3 - 72 所示。输入完成后，点击“确认”，就可以在设计方案中使用新数据区域了。

注意：数据区域会布置在第一次点击的地方。比如，在数据区域日期上点击鼠标右键插入新数据区域时，日期数据区域就会向下移动，新数据区域会布置在它原来的位置，如图 3 - 73 所示。相应地，在数据区域上点击鼠标右键后，再选择“编辑数据区域”或“删除数据区域”，也可以改变数据区域的名称，或者删除数据区域。用同样的方法可以改动“页面数据”中的数据

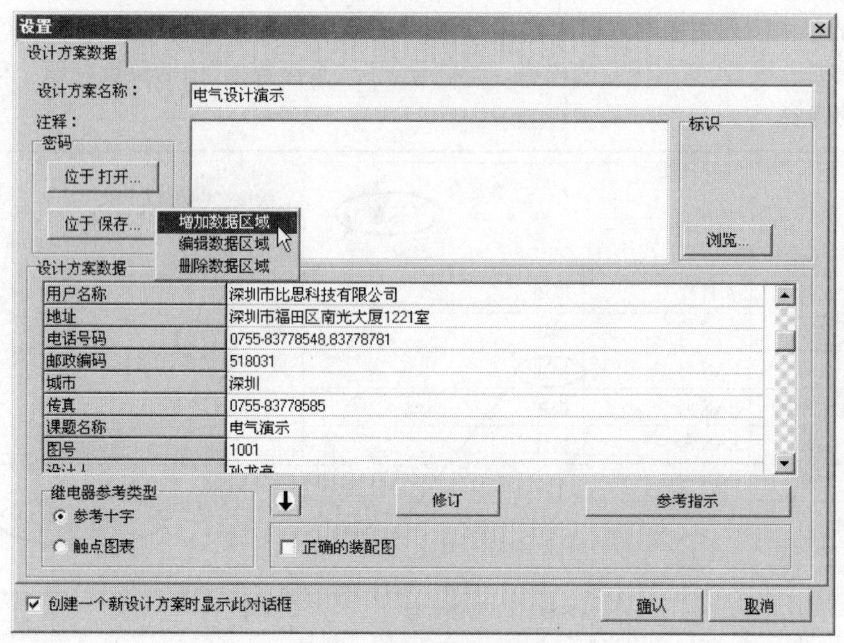

图 3-71 添加数据区域

区域。比如，要把“设计方案号”和“地址”之间的“用户名称”数据区域向下移动，可以点击“用户名称”区域，把它向下拖动。可以用这种方法来决定数据区域的显示顺序。

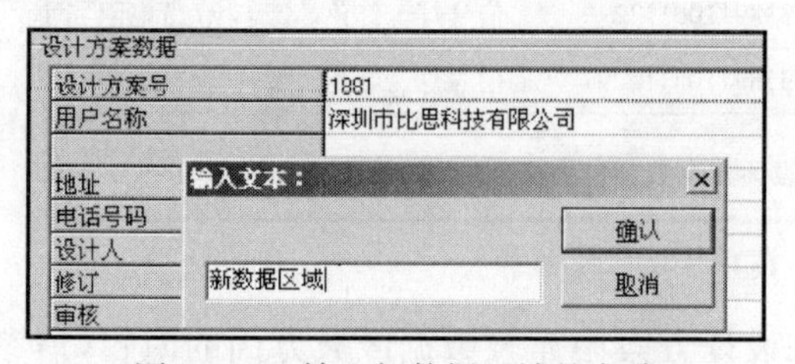

图 3-72 输入新数据区域的名称

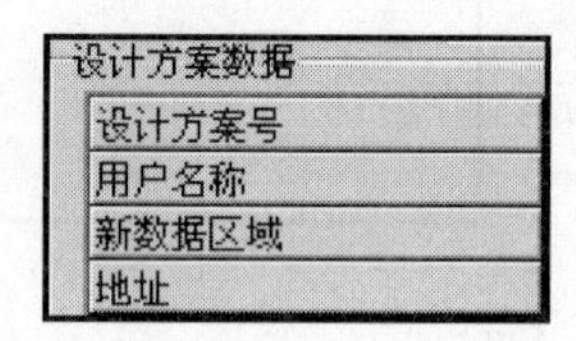

图 3-73 布置的位置

不能改变当前正在设计方案中使用的数据区域的名称。数据区域的内容在任何时候都可以改变。

要把改动过的数据区域的设置保存为默认设置，可以点击“保存为默认设置”按钮。

四、项目实施

（一）创建自己的设计方案模板

1. 前期准备

1）创建自己的绘图模板

要根据自己公司的要求来调整程序，就需要创建自己的绘图模板。可以为不同类型的页面创建不同的绘图模板，如扉页、绘图页面、目录表页面、清单等，如图 3-74 所示。另外，也可以创建单元部件图页面，它可以被指定为一个特殊元件的扩展页面。可以从头开始创建自己的绘图模板，也可以在程序中的一些绘图模板基础上加以修改来创建自己的绘图模板。更多内容，请参考单元三的必备知识中的“创建绘图模板”和单元五的必备知识中的“创建清单”部分的内容。

图 3-74　不同类型的页面创建不同的绘图模板

2）创建自己的页面模板

创建了这些绘图模板后，可以把它们布置到每个单独的页面中。这样，创建新的设计方案页面时，可以直接选择页面，把这些绘图模板插入进去。

3）创建自己的设计方案模板

如果要创建的设计方案总是会符合一些标准，则可以创建一个包含这些标准页面的设计方案，这样每次创建新的设计方案时就可以直接打开它，从而节省时间。

比如，这样一个设计方案可以包含一个扉页、目录表，一些原理图页面、零部件清单、元件清单、接线端子清单和电缆清单等，同时也包含需要的数据区域，如图 3-75 所示。也可以创建一些需要的单元部件图。这样，在需要时就可以直接调用它们。

开始创建一个新设计方案时，可以打开标准设计方案，从它的基础上开始工作。这样，就不用每次花大量的时间去做一些重复性的工作。请注意，可以根据需要创建不同的标准设计方案。

4）设计方案和页面数据

可以把不同的信息添加到一个设计方案；有一些添加到整个设计方案，有一些只是添加到设计方案的单个页面。可以在一个页面输入全部这些信息，它们会作为数据区域插入到设计方案页面中。运行 PCschematic ELautomation 时，可以决定要在设计方案页面中使用哪些数据区域。当输入了要在设计方案中使用的信息后，可以调整自己的标准设计方案，使它包含需要的数据区域。关于这方面的更多内容，参见本单元必备知识中的“页面和设计方案数据区域”部分的叙述。

5）创建自己的符号

软件程序中已经包含了许多符号，不过有时候还是需要在设计方案中创建自己的符号——数据符号或信号符号。可以参考阅读单元二必备知识中的相关部分：有关如何设计符号，请参考“创建符号”部分的叙述；有关如何设计数据符号，请参考“创建数据符号”部分的叙述；有关如何创建信号符号，请参考“创建信号符号”部分的叙述。

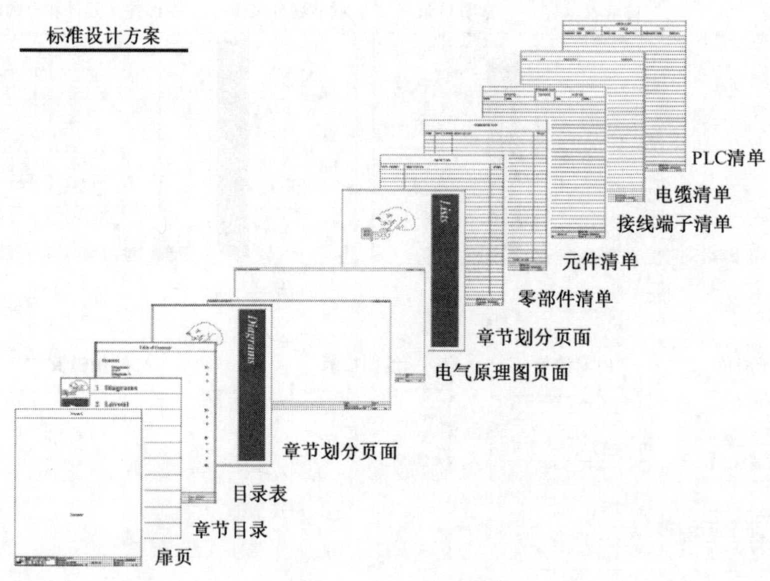

图 3-75 设计方案

6）包含设计方案的文件夹

为了便于查找已创建的设计方案，最好根据不同的类型把它们布置到相应的文件夹中。如果熟悉 Windows 操作，那么可以很容易地做到这一点。

2. 新建设计方案

与前面各项目中的方法相同，打开 PCschematic Automation 第 14 版本软件，点击新建文档命令，弹出"设置"对话框，在"设计方案标题"中填写本项目名称"电机正反转项目"，如图 3-76 所示。然后点击 确定(O) 按钮，建好新的设计方案，把该设计方案保存到对应位置。

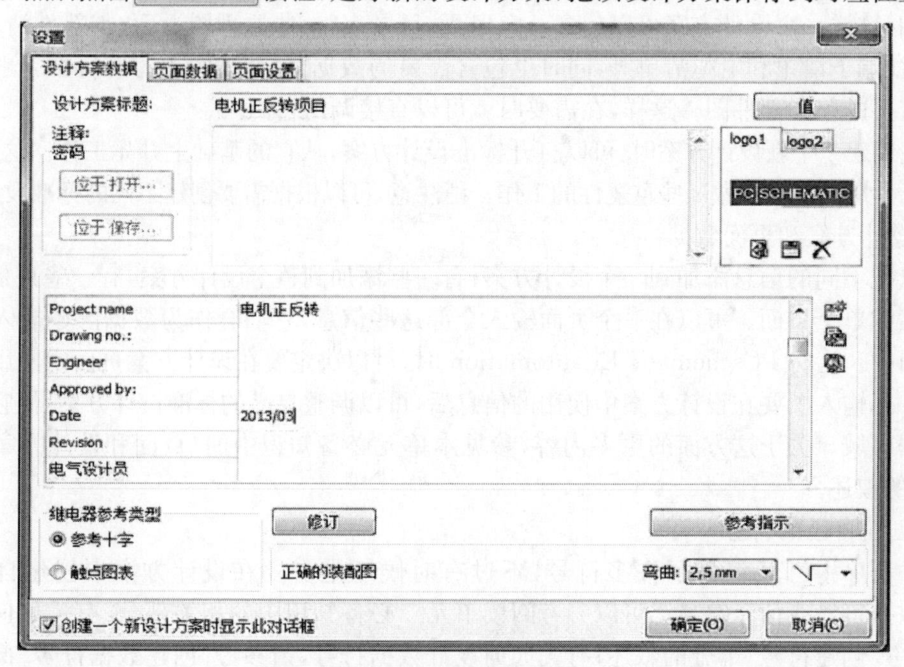

图 3-76 "设置"对话框

3. 页面整体布局

首先在第一个页面里添加绘图模板，点击程序工具栏中的“页面数据”，如图 3－77 所示。进入“设置”对话框，如图 3－78 所示，在页面标题处填写“设计主题”，同时在“有图纸标题栏”前打勾，选择 PCSA3HBASIC. SYM 模板，按“确定”，得到的页面模板如图3－79所示。

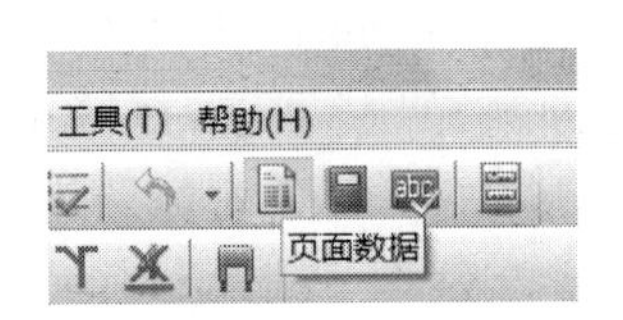

图 3－77　页面数据

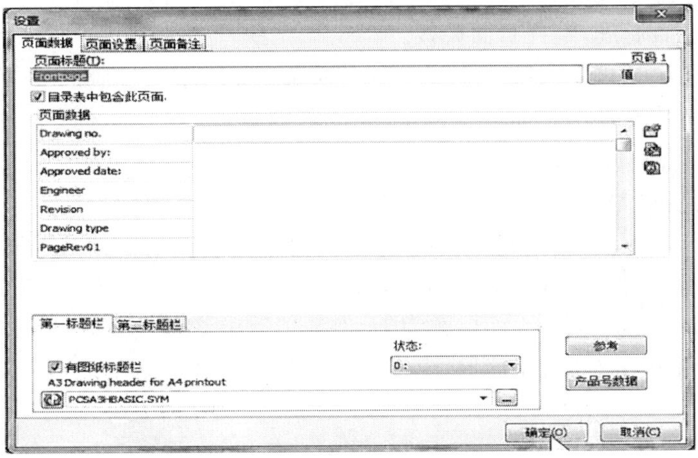

图 3－78　“页面数据”对话框

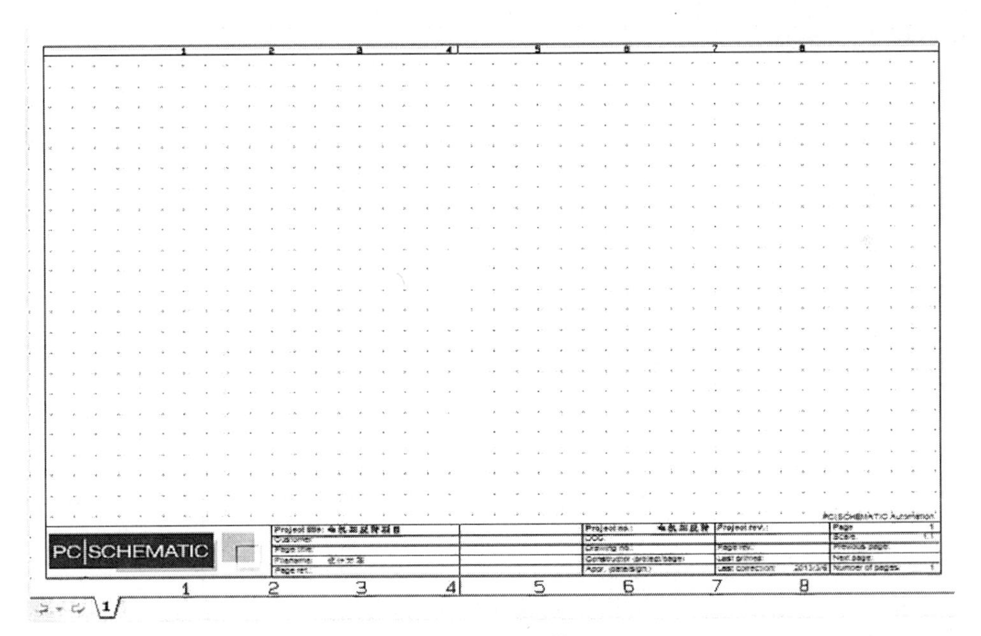

图 3－79　页面模板

使用键盘上的“PgDn”快捷键，进入“页面功能”对话框，如图 3－80 所示，选中“目录表”选项，按“确定”按钮后，进入“新建”目录表对话框，选择其中的一个模板，如图 3－81 所示，按“确定”后得到章节目录表。同理可以得到详细目录表，在选模板时可以选 PCS-TOC. SYM 模板。

第四页的页面类型是“常规”，因此进入“页面功能”对话框后，选中“常规”选项，在“新建”常规页面对话框里选 PCSA3HBASIC. SYM 模板。

章节划分页面也是通过一样的方法得到的，注意在“页面功能”对话框里要选择“章节划分”选项，在“新建”章节划分对话框中选 PCSdivider. SYM 模板，按“确定”后，弹出图 3－82 所示的对话框，在其中填写“电气原理图”。后面四页都选择常规页面，分别填写页面标题，选择页面模板。

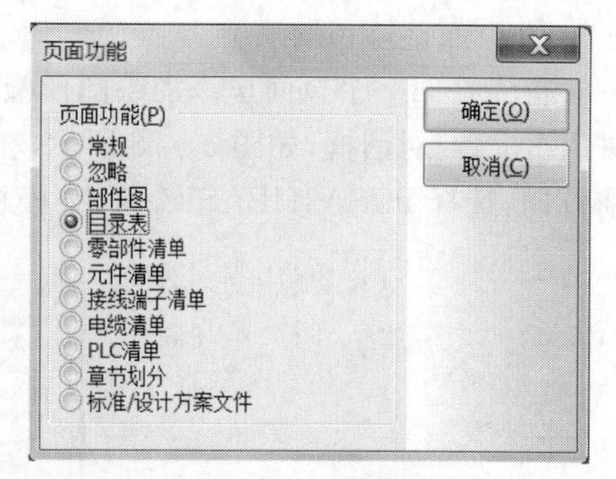

图 3－80 页面功能

同理插入第二个章节划分页面，取名称为“机械外观布局”，后面两个页面也是常规页面，除页面标题、页面模板要注意外，还要在“页面设置”对话框中选择“平面图/机械图”，如图 3－83 所示。

按前面方法插入第三个章节划分页面，取名为“清单表”，后面四个页面分别是零部件清单，模板选 PCSPartslist. sym，页面标题为“零部件清单”；元件清单，模板选 PCSComponentlist. sym，页面标题为“元件清单”；电缆清单，模板选 PCSCable1. sym，页面标题为“电缆清单”；接线端子清单，模板选 PCSTerminalExt. sym，页面标题为“接线端子清单”。

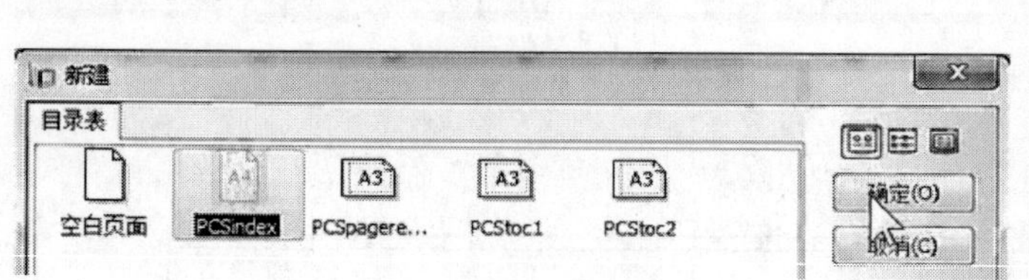

图 3－81 选择模板

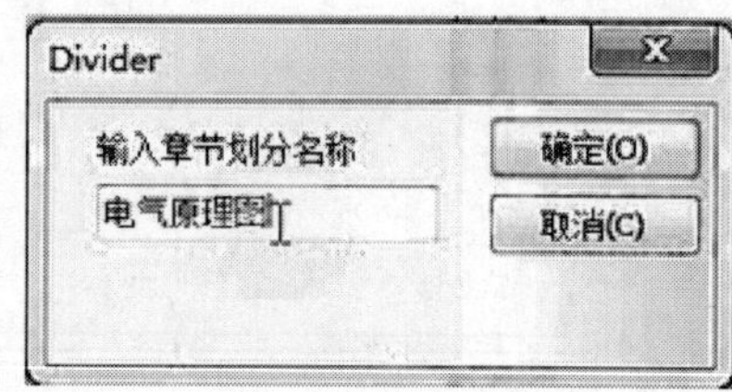

图 3－82 输入章节划分名称

最后把创建好的设计方案另存到合适的文件夹待用，命名为 PCSDEMO1. pro。到目前为止，已按项目要求创建了自己的设计方案 PCSDEMO1. pro，如图 3－29 所示。

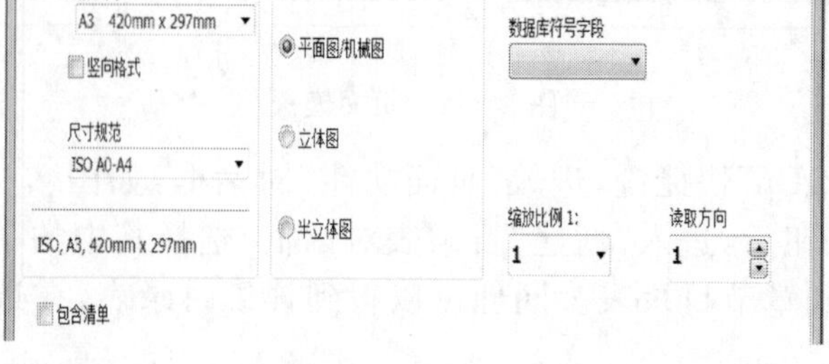

图 3－83 页面设置

（二）电气原理图的绘制

调用刚创建的设计方案模板 PCSDEMO1. pro，在其中打开原理图页面，分别在页面 5 中绘制主回路，页面 6 中绘制控制回路。具体方法参照前面几个项目的项目实施部分，包括放置元件符号、整理元件符号、连线等几个步骤。

接线端子从符号库 60617 文件夹中拾取 03－02－02. sym，放在合适的位置上。电缆线也从符号库 MISC 文件夹中拾取 cable1. sym，放置电缆线时，应在电缆线跟每条线交叉的地方点击一下，在弹出对话框中填写该条线路的颜色。

（三）机械外观布局图的绘制

在使用数据库的基础上能够轻松地得到机械外观布局图，数据库的相关知识参见单元四的相关项目及必备知识。

在本项目中，给主回路和控制回路中的每个元器件都加载数据库信息，然后进入本设计方案中的页面 9，在该页面中的空白处点击鼠标右键，弹出图 3－84 的选项，在其中点击“放置机械符号”。然后，再在空白处点击鼠标左键，所有的机械符号会堆积在一起出现，再使用“间隔”、“对齐”、“移动”等编辑功能，得到如图 3－85 所示的机械外观布局图。

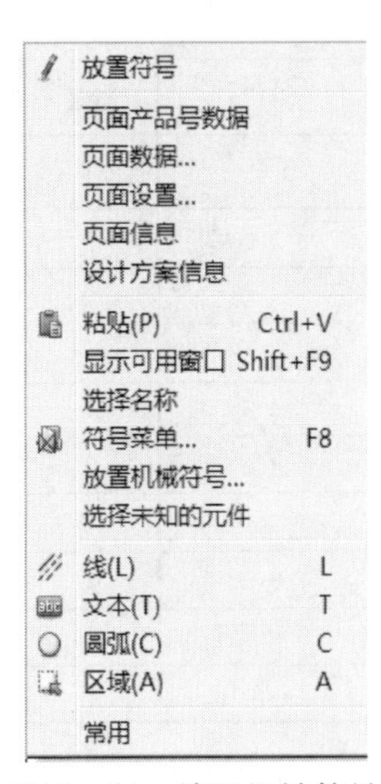

图 3－84　放置机械符号

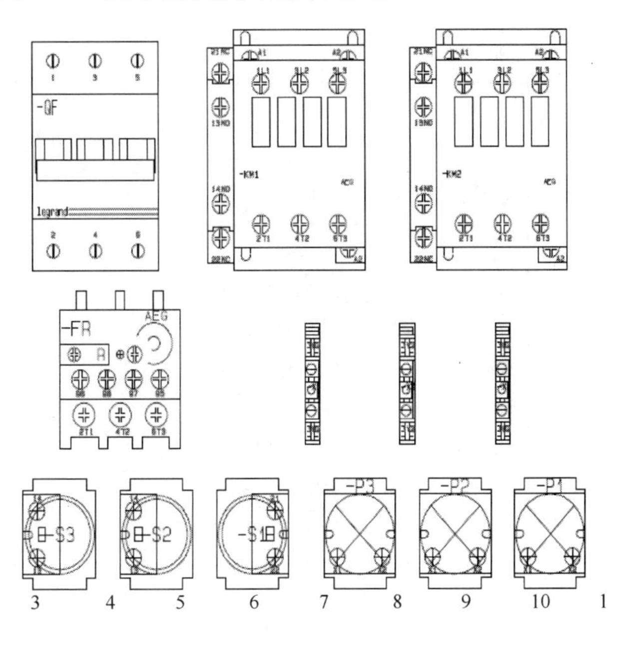

图 3－85　机械外观布置图

（四）更新所有清单

在设计方案中，选择菜单栏中的“清单”-“更新所有清单”，如图 3－86 所示。最后得到的元件清单如图 3－87 所示，零部件清单如图 3－88 所示，接线端子清单如图 3－89 所示，电缆清单如图 3－90 所示。

五、拓展知识

交流电动机是将交流电能转换为机械能作功的最通用的重要的旋转机电设备。交流电动机按使用电源的相数可分为单相电动机和三相电动机，三相电动机又可分为同步电动机和异步电动机两种。

清单(L) 设置(S) 自动连线(R)

- 更新目录表(T)
- 更新零部件清单(P)
- 更新元件清单(C)
- 更新接线端子清单(m)
- 更新电缆清单(B)
- 更新PLC清单(L)
- 更新所有清单(A)
- 零部件清单文件(G)...
- 元件清单文件(H)...
- 接线端子清单文件(J)...
- 电缆清单文件(K)...
- 连接清单文件(N)...
- 连接点文件(Q)...
- 导线编号文件(V)...
- PLC清单文件(W)...
- 读PLC I/O清单(I)...
- 读取元件清单(Y)
- 读取零部件清单(Z)...

图 3-86 更新所有清单

Line	Component	Part no.	Type	Manufaoturer	Source	Description	Position
1	FR	4022903085584	B77S			热过载继电器，20–32A	/1/5
2	KM1	4022903075387	LS15K11			接触器，15kW,LS15K11，230V AC	/2/3
3	KM2	4022903075387	LS15K11			接触器，15kW,LS15K11，230V AC	/2/9
4	M1	1723410403	2EFG45789			电机 5kW	/1/5
5	P1	3389110611229	XB2BV74			信号灯，红色，220W/带电阻	/2/6
6	P2	3389110611229	XB2BV74			信号灯，红色，220W/带电阻	/2/12
7	P3	3389110611229	XB2BV74			信号灯，红色，220W/带电阻	/2/15
8	QF	3389110232936	LR2D3353			断路器，23–32A	/1/2
9	S1	3389110610048	XB2BA42			按钮，1常闭，红色	/2/3
10	S2	3389110610024	XB2BA31			按钮，1常开，绿色	/2/3
11	S3	3389110610024	XB2BA31			按钮，1常开，绿色	/2/9
12	W1	5702950410537	H07rn–F			橡皮电缆，4×2.5mm²	/1/4
13	X1	3389110586435	AB1VV435U			螺旋夹紧接线端子，4.0mm²	/1/5

图 3-87 元件清单

文件：演示5

零部件清单

条目号	描述	数量
1723410403	电机 5kW	1
3389110232936	断路器，23～32A	1
3389110586435	螺旋夹紧接线端子，4.0mm²	3
3389110610024	按钮，1常开，绿色	2
3389110610048	按钮，1常闭，红色	1
3389110611229	信号灯，红色，220V 带电阻	3
402903075387	接触器，15kW,LS15K11，230V AC	2
4022903085584	热过载继电器，20～32A	1
5702950410537	橡皮电缆，4×2.5mm²	1

图 3-88 零部件清单

接线端子清单 文件：演示5

外部		端子	内部	
电缆	名称		名称	电缆
－W1：棕色	－M1：U	－X1：1U2	－FR:2	
－W1：黑色	－M1：V	－X1：1V2	－FR:4	
－W1：蓝色	－M1：W	－X1：1W2	－FR:6	

图 3-89 接线端子清单

电缆清单 文件：演示5					
从		电缆		到	
标识	页/路径	标识	页/路径	标识	页/路径
-M1：U	/1/5	-W1：棕色	/1/5	-X1：1U2	/1/5
-M1：W	/1/5	-W1：蓝色	/1/5	-X1：1W2	/1/5
-M1：V	/1/5	-W1：黑色	/1/5	-X1：1V2	/1/5

图 3-90　电缆清单

单相(异步)电动机是用单相交流电源供电的异步电动机，广泛用于工业和人民生活的许多方面(如洗衣机、冰箱、风扇、空调器等家用电器，功率不大的电动工具及医疗器械等)。

三相异步电动机是用三相交流电源供电的异步电动机，常作为现代各种生产机械，诸如切削机床、起重、锻压、输送、铸造、通风、水泵等机械的原动机，应用非常广泛。

六、思考题

(一) 选择题

1. PCschematic 默认电气符号是保存在以下哪个文件夹下(　　)

A . Database　　B. Pictures　　C. Symbol　　D. List

2. 对元件符号名称进行“下一个自动命名”是下面的哪个图案(　　)

A.　　B.　　C.　　D.

3. PCschematic 生成的电气项目方案的文件格式是(　　)

A. *.PRO　　B. *.SYM　　C. *.STD　　D *.DWG

(二) 项目题

电动葫芦广泛用于工厂、矿山、码头仓库、建筑工地等场所广泛用于安装机器设备，吊运工件和材料的场合。一般安装在车间上方或采用支架结构。

电动葫芦由驱动电机、减速机和钢丝绳卷筒为一体的小型起重设备，带限位开关，多数还带有行走小车，配合单梁桥式或门式起重机，组成一个完整的起重机械。电动葫芦一般有吊起或落下重物的主电动机，以及带动重物向左/右运动的电动机，两台电动机均为正/反转点动控制。通过滑线将四芯电源线送入电动葫芦控制箱内，然后从控制箱引下一个按钮操作盒。主体是钢丝绳卷筒居中，一端是电动机，将动力传递到另一端的减速机，减速机带动卷筒钢丝绳起重。图 3-91 所示是工业电动葫芦的外形图。

图 3-92 所示为电动葫芦的电气控制原理图，简述该线路的基本结构组成，并对该线路的工作流程进行识读。

图 3－91　电动葫芦外形图

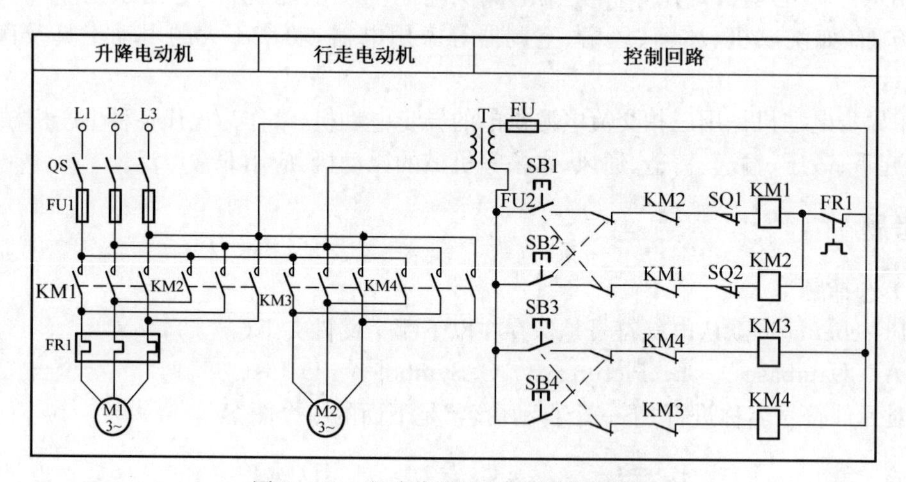

图 3－92　电动葫芦的电气控制原理图

单元四　机床控制线路的识读与绘制

【学习目标】

了解机床控制线路的结构组成和基本原理，根据对具体的机床控制线路的分析，掌握机床控制线路的识读方法和绘制方法。

项目一　JD1073 C620 车床

一、项目下达

(一) 项目说明

图 4-1 所示为 C620 型车床外观图。从图中可以看出，该车床主要是由主轴变速箱、刀架、溜板、照明灯、尾架、变换齿、进给箱、溜板箱、光杆、丝杆、车身等部件组成的。图 4-2 所示为 C620 型车床的控制线路原理图。

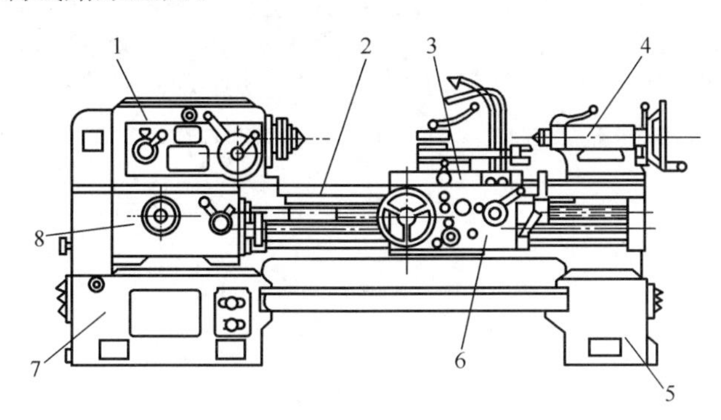

图 4-1　C620 型车床外观图

1—主轴变速箱；2—床身；3—刀架及溜板；4—尾架；
5、7—床腿；6—溜板箱；8—进给箱。

(二) 绘制要求

首先要调用单元三中已建好的设计方案模板，如图 4-3 所示，从左到右的页面分别是设计主题、章节目录表、详细目录表、安装描述、章节划分(电气原理图)、电气原理图(共四张)、章节划分(机械外观布局)、平面图/机械图(共两张)、章节划分(清单表)、零部件清单、元件清单、电缆清单、接线端子清单。然后在这个设计方案中完成本项目的电气原理图、机械外观布局图及各类清单的设计及绘制。

二、项目分析

(一) 识读分析

图 4-3 主要是由输入接线板、熔断器、交流接触器、过载保护继电器、输出接线板、停止按

钮、启动按钮等电气部件组成车床系统的主体控制线路。车床控制线路主要由供电电路部分、控制线路部分、电动机和机床设备四部分组成。

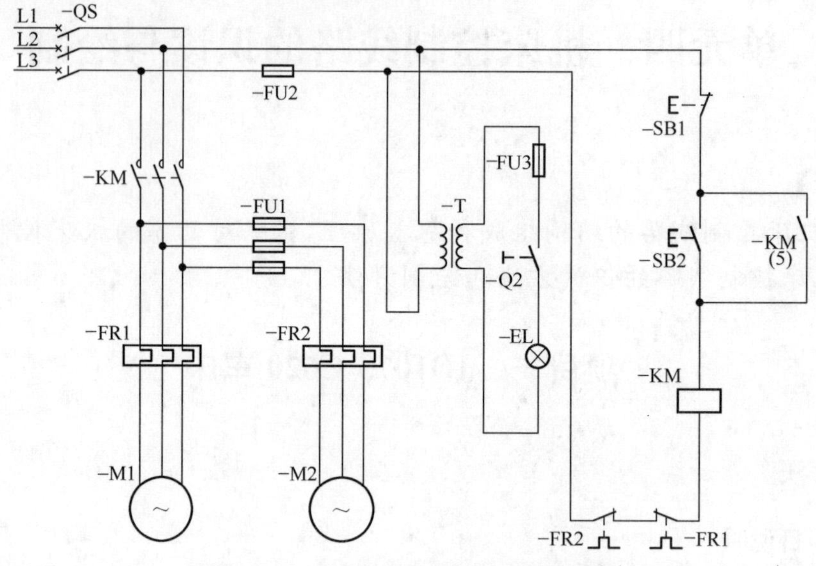

图 4-2 C620 型车床的控制线路原理图

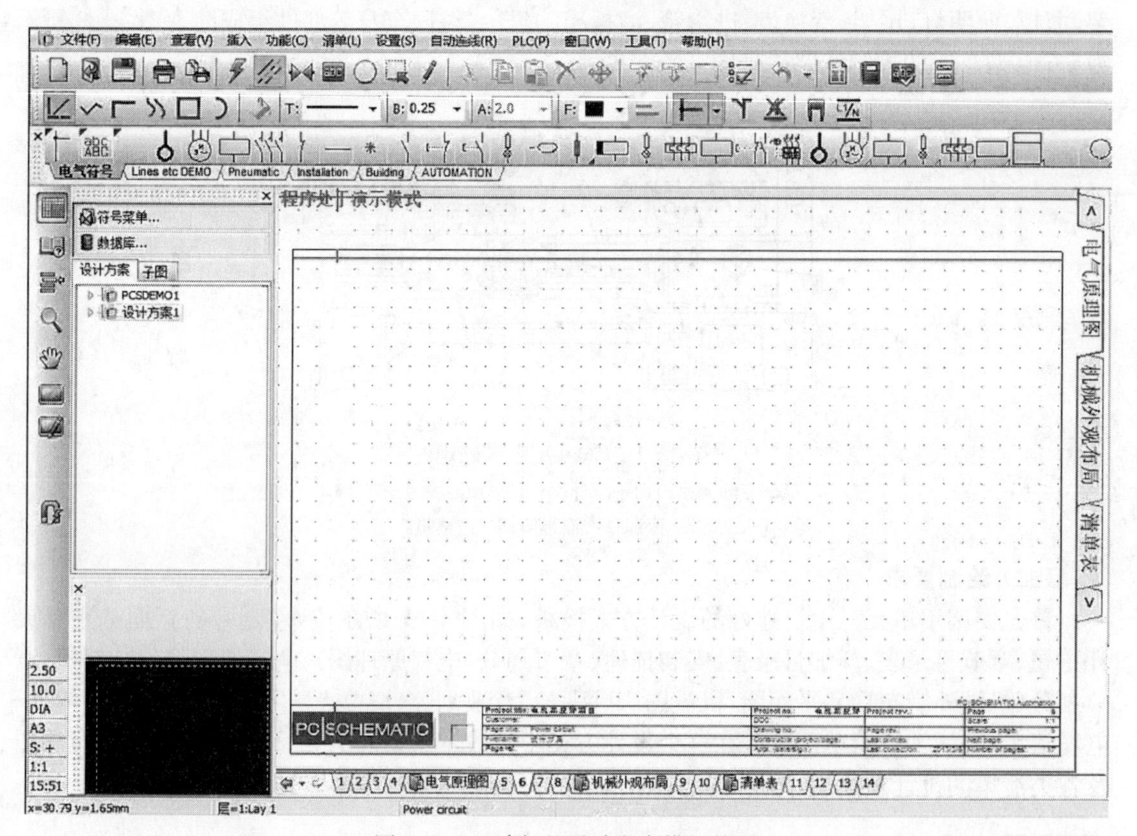

图 4-3 已建好的设计方案模板外观

供电电路部分是由主电源开关 QS、熔断器 FU1－FU3、过热保护继电器 FR1、FR2 等部件组成的，其功能是为控制线路部分提供动力保障。控制线路部分是由启动键 SB2、停机键

SB1 和交流接触器 KM 等部件组成的，其功能是对整个电路进行工作状态的控制。工作时，通过电动机带动刀具完成相应的工作。变压器 T 的二次侧给照明灯 EL 提供电源，当合上手动开关 Q2 后，照明灯 EL 点亮。

（二）绘制分析

设计流程及运用的基础知识点如表 4－1 所列。

表 4－1

设 计 流 程	运用的基础知识点
步骤一：调用建好的设计方案模板	在设计方案中工作
步骤二：电气原理图的绘制	符号库的使用，电缆线、接线端子的绘制，旋转、垂直镜像、水平镜像、移动、对齐等编辑功能
步骤三：使用数据库	数据库的调用及编辑
步骤四：机械外观布局图的绘制	数据库的使用，自动生成机械外观图
步骤五：更新所有清单	数据库的使用，更新所有清单

三、必备知识

（一）使用数据库

PCschematic ELautomation 有一个附带的数据库，可以从中收集在设计方案中所用的元件信息。在 PCschematic ELautomation 中，可以使用元件供应商的数据库，也可以使用随程序自动安装的演示数据库 eldemo。也可以创建自己的数据库——在数据库中输入元件的资料档案。也可以在元件供应商数据库中选择感兴趣的元件编辑成想要的元件。

对线进行操作时使用数据库：激活“线”按钮时，关闭“画笔”功能（按[Esc]键）。在一条线上点击鼠标右键，选择“线项目数据”，然后遵循本章节中所描述的数据库如何工作的步骤。例如，如果想在零部件清单中包含所用电缆的长度，请填写“线项目数据”对话框中的“数量”区域，以指定所用的精确长度。请注意，也可以为电缆符号应用项目数据。

1. 数据库如何工作

在 PCschematic ELautomation 中的元件供应商数据库内，元件供应商不仅提供了元件的电气和外观符号，还提供了订货数据。当点击数据库中的元件时，会自动获得一个包含本元件所有电气符号的选择菜单。这些符号中的每一个都代表元件的一个功能，如图 4－4 所示。因此当在图中布置符号时，程序会记住这些符号代表的元件。当完成了电气绘图后，程序也可以自动填写元件清单和零部件清单，不需要手工输入，如图 4－5 所示。根据图中的电气符号，程序也可以自动取得元件的外观符号。这些外观符号可用于外观布置图。

2. 为符号添加数据库信息

有多种方法布置有信息的符号和无信息的符号。如果要为已经布置到图中的符号添加数据库信息，可以点击“符号”按钮，同时关闭“画笔”功能（按[Esc]键），在符号上点击鼠标右键，选择“符号项目数据”，如图 4－6 所示。然后点击“数据库”，进入数据库。如果已经在“符号项目数据”对话框中指定了符号的项目号，那么当进入数据库时，程序会自动定位到这个元件。如果在对话框中只指定了一种类型的文本，那么所有相同类型文本的元件都会在数据库中显示出来。如果没有指定文本类型，那么会显示一个包含匹配符号的元件列表。

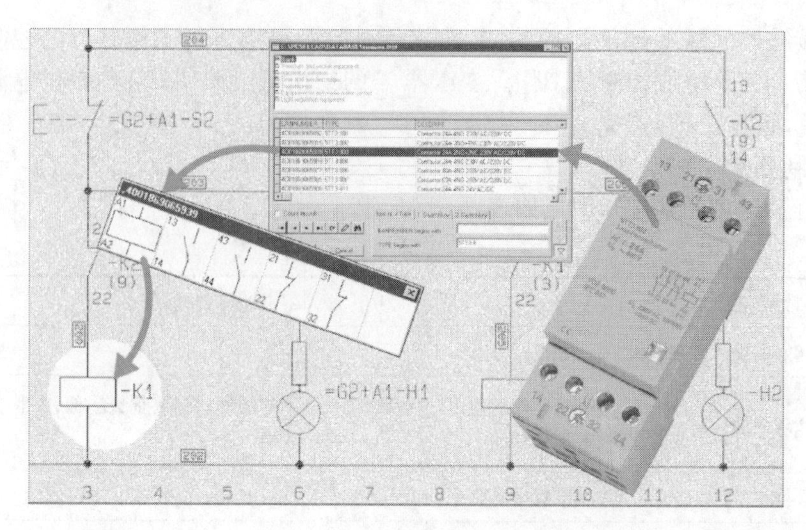

图 4-4 元件数据库包含信息

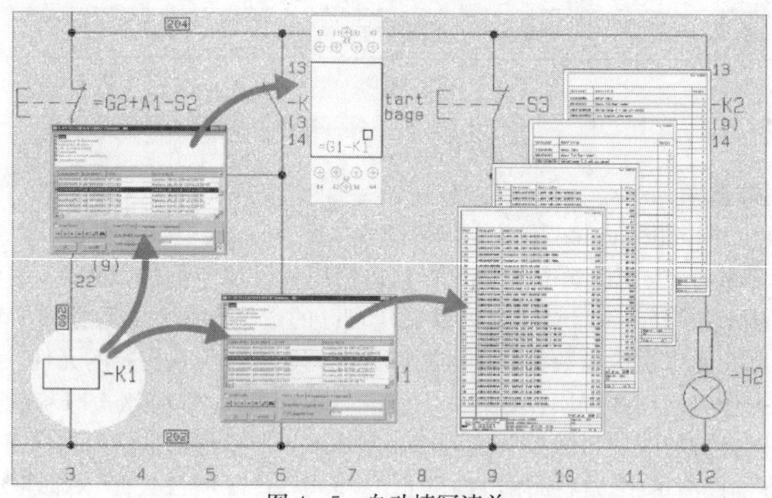

图 4-5 自动填写清单

在数据库中找到要应用到元件上的档案资料,点击“确认”。回到“符号项目数据”对话框,可以看到信息已经传送了,如图 4-7 所示,点击“确认”。

图 4-6 “符号项目数据”选项

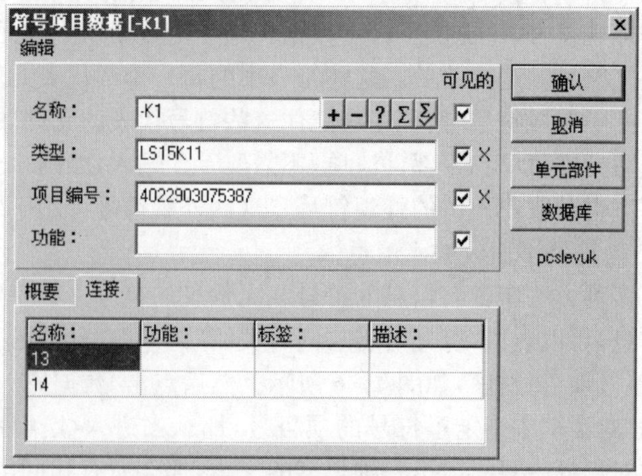

符号项目数据 [-K1]
编辑
名称: -K1
类型: LS15K11
项目编号: 4022903075387
功能:
可见的
确认
取消
单元部件
数据库
pcslevuk
概要 连接
名称: 功能: 标签: 描述:
13
14

图 4-7 “符号项目数据”对话框

下面讲述如何找到正确的元件。显示一个符号的数据库信息：当要查看一个符号所包含的数据库信息，可以在其中一个符号上点击鼠标右键，选择“打开”，进入“资料查看”，如图4-8所示。

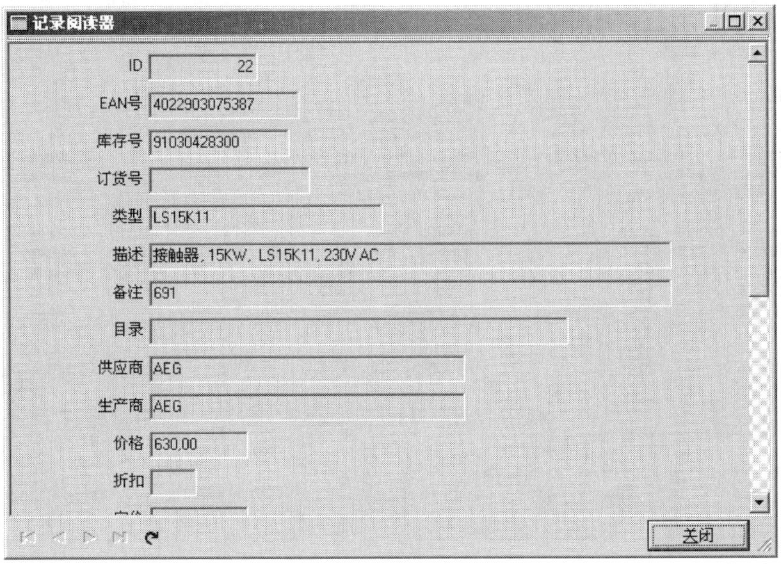

图4-8　记录阅读器

3. 关于数据库菜单

要进入“数据库菜单”，可以按下快捷键[d]。“数据库菜单”包含许多文件夹，每一个文件夹包含一些不同的元件组。这些文件夹的内容根据元件功能分为不同的组。如果要重新安排这个对话框(见图4-9)中的信息，参见“数据库设置”部分的叙述。也可以创建自己的数据库菜单。

如果使用的是自己的数据库程序，也可以创建自己的菜单目录。但是，建议先在PCschematic中创建菜单目录，然后把它传送到自己的数据库系统。这可以确保菜单有正确的格式。

4. 在数据库菜单中查找元件

有几种方法可以在数据库中查找元件(请注意，这些查找方式可以混合使用)：

1) 在菜单中选择一个文件夹

可以点击菜单中的一个文件夹，其中包含要寻找的元件类型。然后文件夹的内容会显示出来，点击想要的元件。但是如果文件夹包含了很多元件，这就不太方便了。

2) 选择生产商

在“数据库菜单”的右上角，有一个菜单，在这里可以选择元件以何种结构显示。比如以生产商的结构分类。

结构菜单和数据库菜单(其中可以对元件按功能分组)可以混合使用。

点击一个生产商，则所有属于这个生产商，并且位于数据库菜单中的选中文件夹下的元件，都会显示出来。比如，点击菜单中的“自动开关/连接材料”，并点击结构菜单中的“ABB”，则所有属于ABB公司(生产商)，且分类为“自动开关/开关材料”的元件，都会显示出来。

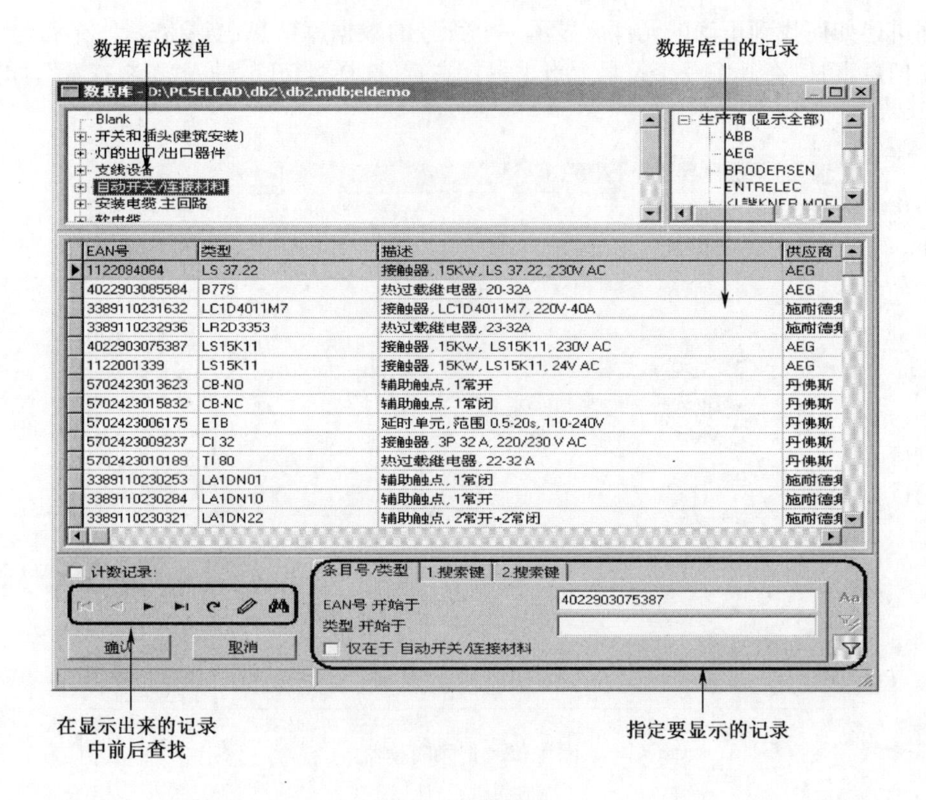

图 4-9 数据库

3）激活搜索

在对话框的右下角，可以选择几种搜索的方法。如果激活了“区分大小写询问”按钮，那么搜索元件时程序会自动区分大小写。如果激活了“自动运行询问”按钮，那么每当在搜索区域输入一个字符，程序都会自动开始搜索。如果这个按钮未激活，必须点击“运行”按钮才开始搜索。

(1) 指定 EAN 号或元件类型(见图 4-10)：当知道 EAN 号(或只是开头的号码)时，可以点击对话框左上角的“条目号/类型”标签。可以在“EAN 号开始于”区域输入号码。程序会查找整个数据库中的所有元件，以找到相匹配的号码。在数据库菜单下时，按快捷键[Ctrl＋a]可以直接进入这个搜索区域。

在“设置”－“数据库”－“数据库设置”－“元件数据”中，可以指定一个可选择的搜索键，比如区域“订货号”。如果所选的记录的 EAN 号没有一个和输入的相同，程序会搜索这个可选择的搜索键。请注意，如果在“设置”－“数据库”－“数据库设置”－“元件数据”中指定数据区域项目号作为 EAN 号，那么区域会被命名为“EAN 号开始于”。相应地，当知道元件的类型时，可以把它输入“类型开始于”区域。当在数据库菜单下工作时，按快捷键[Ctrl＋t]可以直接进入这个搜索区域。

(2) 应用“1. 搜索键”：要在数据库的另一个区域搜索时，点击标签“1. 搜索键”，或按快捷键[Ctrl＋1]。可以选择在哪一个区域搜索、要进行哪一项操作和在数据区域要比较的文本内容。在图 4-11 中，下面的选项是可选的：①数据区域电气符号；②操作开始于；③文本 07-02-01。即告诉程序要查找所有电气符号开始于文本 07-02-01 的记录。可以选择不同类型的操作。点击操作区域的下拉箭头，如图 4-12 所示。

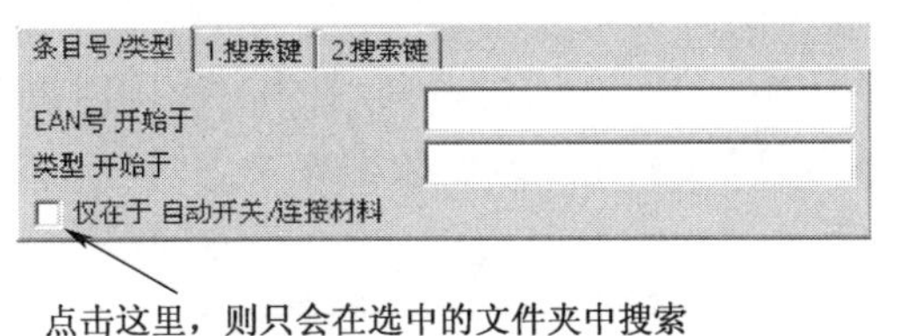

图 4-10　EAN 号

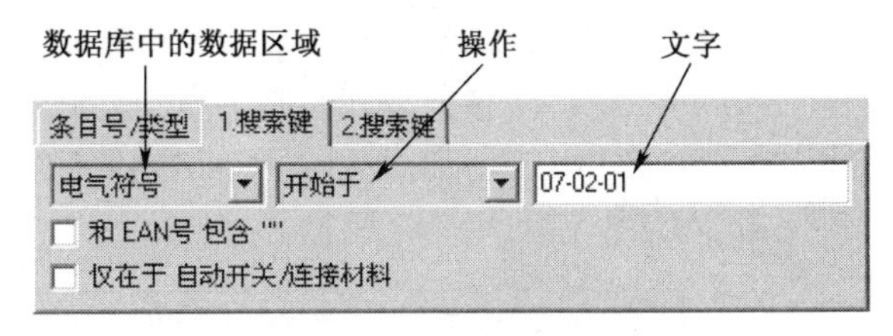

图 4-11　“1. 搜索键”

如果“自动运行询问”按钮被激活，程序会在输入文本时，自动查找匹配的记录。

(3) 应用“1. 搜索键”和“2. 搜索键”：要在两个数据区域同时搜索时，也可以选择同时应用“1. 搜索键”和“2. 搜索键”，如图 4-13 所示。此时数据区域的指定、操作和文本都和“1. 搜索键”类似。如果输入了“电气符号包含 “07—02—01” ”，程序会找出全部符合指定标准的记录。因此这个区域中的文本会有不同，取决于在标签“1. 搜索键”中所选择的搜索标准。

“2. 搜索键”的快捷键是[Ctrl+2]。

要在图 4-13 所示菜单中选择所包含的文件夹进行搜索时，可以选中“仅在于自动开关/连接材料”，相应地，文件夹的名字会有不同。如果没有选中这个功能，程序会在整个数据库搜索。

(4) 在找到的记录间搜索和编辑：应用左下角的按钮，可以在找到的记录间浏览，可以编辑元件信息或在找到的记录间搜索。

如果应用了“计数记录”，程序会自动显示出找到了多少个记录/元件，如图 4-14 所示。但是，如果不需要这个信息，建议关闭此功能。因为这会增加搜索的时间。

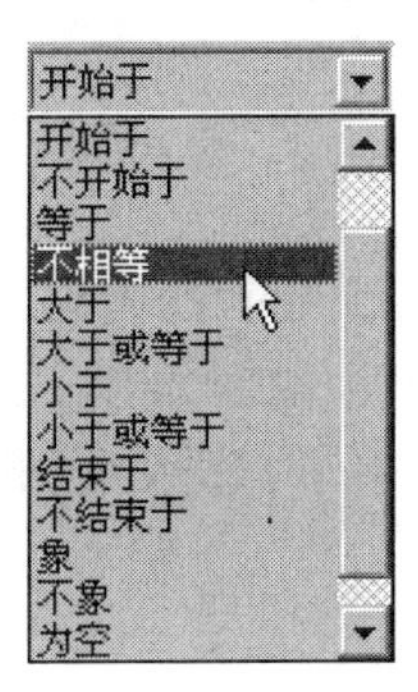

图 4-12　不同类型的操作

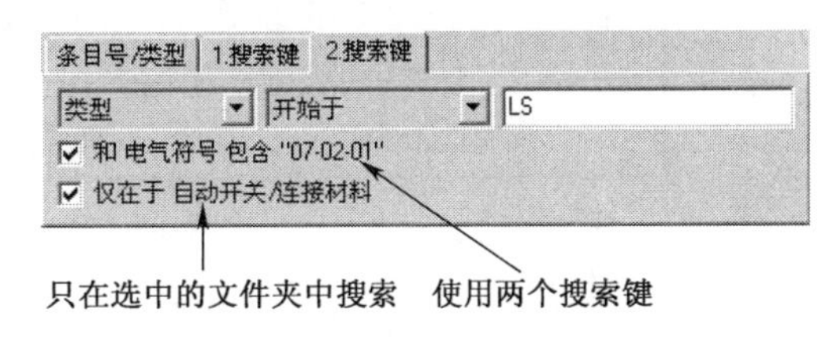

图 4-13　“2. 搜索键”

图 4-14　计数记录

(5) 在找到的记录间浏览：点击“第一个”按钮，则定位到列表中的第一个元件。点击“上一个”按钮，则回到现在选中元件的上一个元件。点击“下一个”按钮，则回到现在选中元件的下一个元件。点击“最后一个”按钮，则定位到列表中的最后一个元件。

(6) 更新数据库：“刷新”按钮可以刷新显示在屏幕上的记录。这个功能在网络中是很重要的，当使用数据库工作时，其他的使用者可以改变数据库的内容。

(7) 编辑记录：当点击“画笔”按钮，可以进行编辑、删除或添加数据库中的记录。

(8) 搜索记录：当点击“查找”按钮，进入“搜索”对话框，可以在其中指定搜索的内容。只能在目前数据库中已列出的记录中搜索。

请注意，这里对话框有一个额外的选项——“搜索全部记录”。如果选择此项，程序会搜索整个数据库；如果不选择此项，程序只会在已列出的记录中搜索。

5. 编辑数据库中的记录

当点击“数据库菜单”中的“画笔”按钮，则进入“编辑记录”对话框，可以在其中编辑“数据库”对话框中列出的记录/元件。如果“画笔”按钮不可见，则不允许改变数据库中的内容。“编辑记录”对话框如图 4-15 所示。

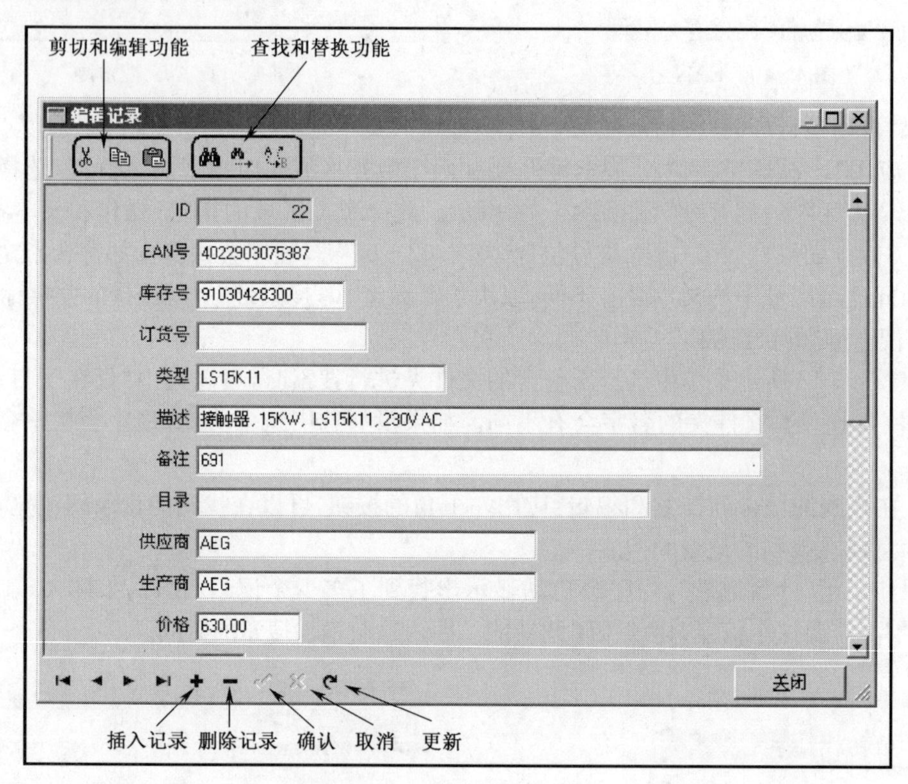

图 4-15 “编辑记录”对话框

当点击“查找”按钮时，进入“查找”对话框，可以在其中指定要查找的内容。只可以在“数据库”对话框中已列出的记录中搜索。如果点击“再次查找”按钮(快捷键[F3])，会找出下一个符合搜索标准的记录。当点击“替换”按钮，会进入“查找和替换”对话框。点击“替换”按钮，开始传送信息到数据库。

(二) 在数据库中创建元件

可以在数据库中创建有电气符号和外观符号的元件。

1. 数据库中新元件外观图的创建

如果要在数据库中创建一个有电气符号和外观符号的新元件，首先必须把元件的所有符号布置到同一个设计方案中。

1) 把元件的所有符号布置到同一个设计方案中

如果当前工作的设计方案中还没有布置所要创建的元件的符号，按下列步骤：

(1) 创建电气符号和外观符号(如果已有的符号库中没有这样的符号的话)，参见“创建符号”一节；

(2) 打开或创建一个包含原理图和平面图页面的设计方案；

(3) 点击“符号”按钮；

(4) 把元件的所有电气符号布置到原理图页面，外观符号布置到平面图页面，所有符号都必须为同一个名称，如图 4－16 所示；

(5) 在其中一个符号上点击鼠标右键，选中选择名称，点击对象数据按钮；

(6) 在符号项目数据对话框中输入符号的项目号和类型。

在数据库中创建元件，如下所述。在数据库中符号被分配了在设计方案中使用的连接名称。因此必须在元件添加到数据库之前做一些改变。符号按照在设计方案中所布置的那样排列，这意味着左上角的符号最先布置，而右下角的符号最后布置。

2) 利用已有的设计方案在数据库中创建元件

当要从已有的设计方案向数据库中添加一个新元件时，按下列步骤：

(1) 点击“符号”按钮；

(2) 在元件的其中一个符号上点击鼠标右键；

(3) 选中“选择元件”；

(4) 按下快捷键[Shift＋Ctrl]，点击“对象数据”按钮；

(5) 进入“编辑记录”对话框，在这里可以创建元件，把它作为数据库中的一个记录。

如果数据库中已经有了指定项目号的元件，会接到程序通知。现在已经在数据库内创建了一个新元件。

设计方案中所有相同符号名称和项目号的电气符号和外观符号，都会被附加到数据库中的元件上面。

2. 数据库中的元件信息

当进入“编辑记录”对话框时，可以创建新符号，把它作为数据库中的记录，就像编辑已有的记录那样。创建新记录时进入图 4－17 所示的对话框，其中记录的一些数据区域已经被填写了。点击文本区域，填写/输入相应的文本信息。完成后，点击“登记”按钮，再点击“关闭”。

注意：在一些区域可以指定连接名称，符号的参考字符等。

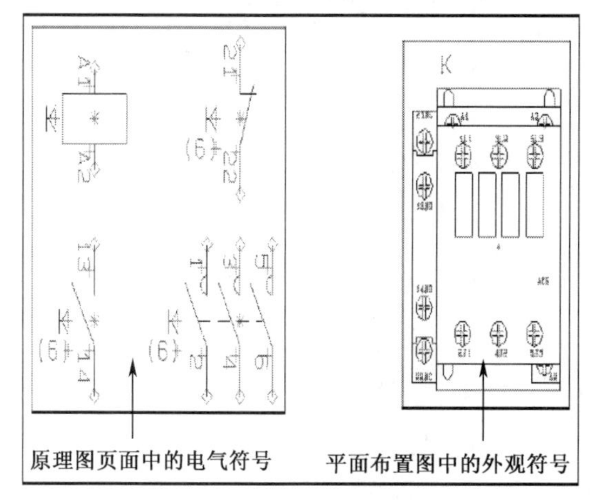

图 4－16　所有符号布置到页面上

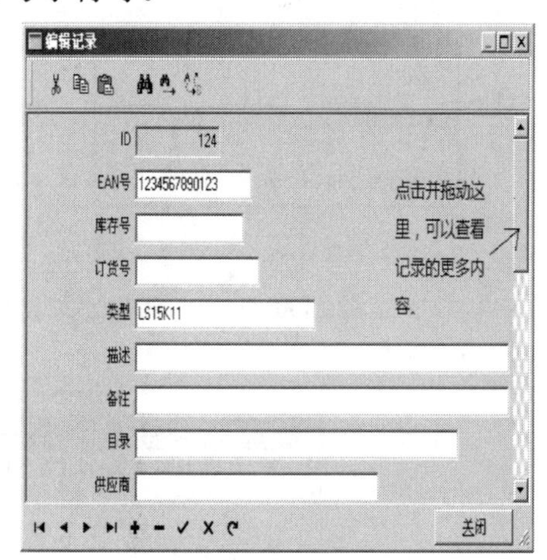

图 4－17　编辑记录

3. 数据库中已存在的元件

如果试图创建一个数据库中已有的项目号的元件，会接到图 4－18 所示的通知。此对话框告知，如果为数据库中的元件输入新信息，会在数据库中引起哪些变化。点击“确认”，元件的内容将会更新；点击“取消”，则保留已有的元件。

请注意，程序并不检查新元件是否和已有元件有相同的符号，而把它们安排到不同的文件夹中。这个检查的主要目的只是通知，数据库内已经有了有相同项目号的元件。

图 4-18　更新数据库

4. 元件的电气符号和外观符号

当要把符号附加到数据库中的元件上时，可以集中处理三个数据区域：电气符号、管脚数据和外观型号，如图 4-19 所示。这些数据区域包含了元件的电气符号、连接名、外观符号（可选）的信息。

1) 电气符号

在数据库的“电气符号”区域，指定了哪一个电气符号将在图中代表元件。在数据区域输入电气符号保存的文件名。程序会在指定的目录中搜索这些文件。如果元件包含了几个电气符号，可以用“;”隔开；如果包含一个类型的多个符号，可以输入数目标志“#”，后面输入符号的数目必须紧跟在文件名后面。如图 4-20 所示，07-02-01#3 意味着元件包含三个类型为 07-02-01 的电气符号。如果要创建有可选择的电气符号（对元件的功能）的元件，参见后面的内容。

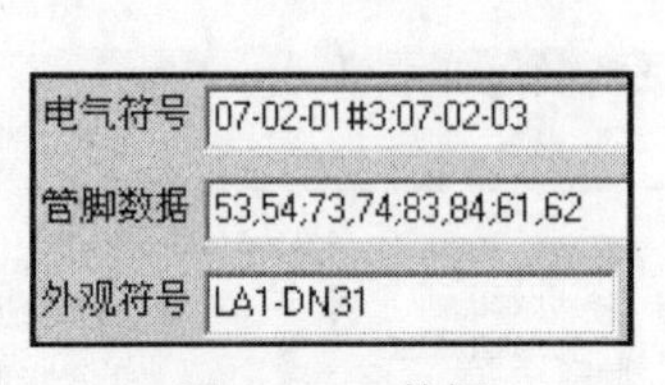

图 4-19　数据

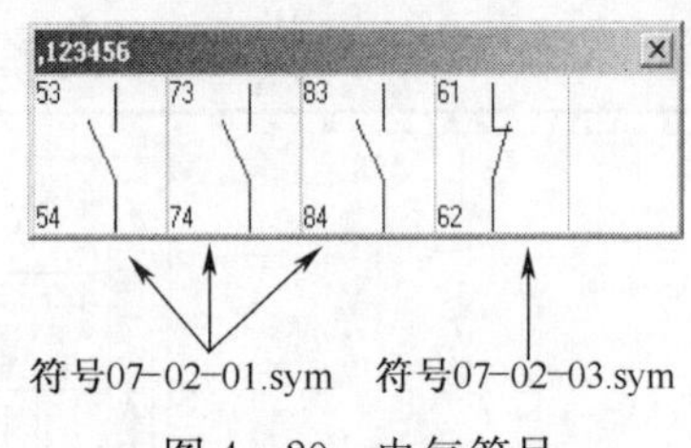

图 4-20　电气符号

当在一个原理图页面中工作时，进入数据库，选择这个元件，会得到图 4-21 所示的可选择的电气符号。

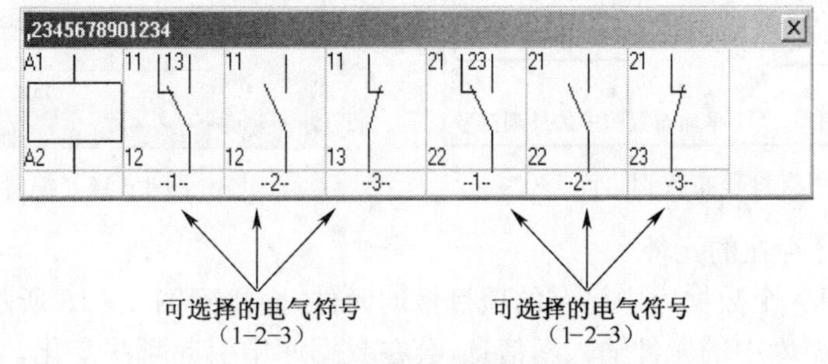

图 4-21　可选择的电气符号

(1) 指定符号的状态：可以在“电气符号”数据区域的符号名中指定一个符号的符号状态，即在符号名后面布置一个“=”标记和一个字母。例如，如果符号 07-01-03 有“主参考”的状态,那么要输入“07－01－03＝M”,但是这种方法不适用于多符号或用“＃”标记的符号,其中的元件符号被多次使用。

(2) 可选择的电气符号:当通过数据库取出一个元件时(例如从符号选择菜单),可以为元件的功能而指定可选择的电气符号。如果一个元件已经有了继电器线圈和两个开关功能,那么开关功能可以被作为一个开关,一个常开触点和一个常闭触点。当从选择菜单中取出这样的元件时,会得到图4－22所示的对话框。当从这些可选择的电气符号中取出一个时,其它的可选符号就会消失。

(3) 指定可选择的符号:当指定了可为元件的一个功能选择不同的符号时,可以在为元件功能指定的矩形框中的可选符号之间用小竖线“|”隔开,如图4－22所示。如果输入了“[07－02－04|07－02－01|07－02－03]”,那就可以在“07－02－04、07－02－01、07－02－03”之间选择。选中其中一个符号时,其它两个符号就会从元件的选择菜单中消失。

电气符号 07-15-01;[07-02-04|07-02-01|07-02-03];[07-02-04|07-02-01|07-02-03]

图4－22　电气符号

(4) PLC的可选符号:对PLC来说,可以选择是画出一个PLC模块,或是一个单个I/O符号。在图4－23所示的图中,可以选择一个PLC符号有八个输入,或八个符号有各自的输入。如果选择了一个符号一个输入,有八个输入的符号就会从选择菜单消失。同样,如果选择了有八个输出的符号,八个其它的符号就会消失,如图4－24所示。

电气符号 [PLC8IN|PLC_IN;PLC_IN;PLC_IN;PLC_IN;PLC_IN;PLC_IN;PLC_IN;PLC_IN]

图4－23　电气符号输入

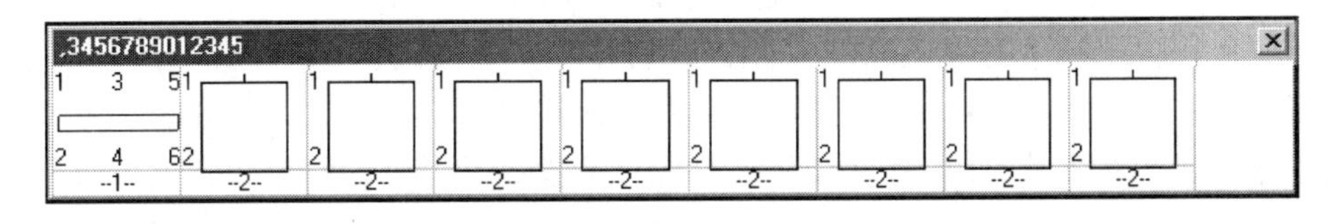

图4－24　PLC的符号

(5) 可选择的符号和管脚数据:当指定了可选择的“电气符号”,就在“管脚数据”区域指定了它们的连接名。按照符号在“电气符号”区域的排列顺序来显示,如图4－25所示。

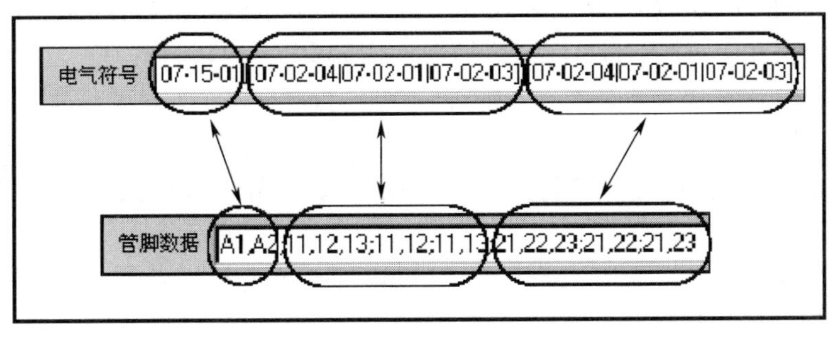

图4－25

(6) 电气符号区域中的支持符号：在“电气符号”区域中，可以指定，对选中的元件将会布置一个或多个跟随元件。这些元件的优先级别低于要布置的元件，叫做支持符号。

如果在“电气符号”区域中指定了一个类型为“支持”的符号，则对元件选择“显示可用的”时，这个符号就会显示出来。这样就可以记住要布置这个支持符号。如果符号的类型不是“支持”，那么它就被认为是元件的一部分。布置支持符号时，会进入“符号项目数据”对话框，在这里可以指定名称，以及其它的符号项目数据。

请注意，也可以在“附件”区域为元件指定附件。在这个区域指定的元件，不会在选择“显示可用的”时出现。

2) 连接名/管脚数据

创建了符号后，可以为符号的每个连接点命名。如图 4-26 所示。在原理图中布置符号时，必须预先在数据库中为连接点命名，如图 4-27 所示。

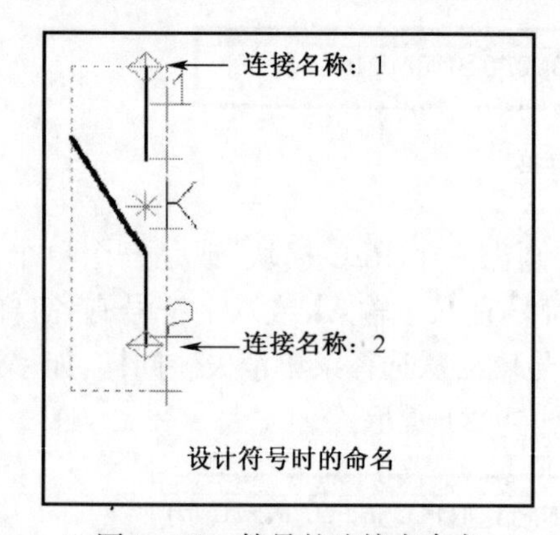

图 4-26 符号的连接点命名

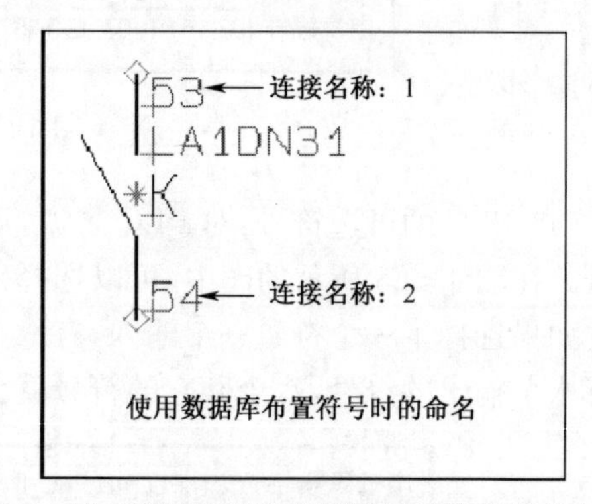

图 4-27 使用数据库布置符号时为连接点命名

在数据区域“管脚数据”中，输入以逗号“,”隔开的连接名。

在符号的定义中，有最小号码的连接点被分配至列表中的第一个号码，依次类推。

如果元件包含了几个符号，它们之间用“;”隔开。在上面的例子中，第一批的三个符号有相同类型的“07-02-01#3”。必须分别为它们输入连接名，中间以“;”隔开。

当在原理图中布置符号时，软件会自动分配在数据区域“管脚数据”里定义的连接名。

(1) 单线符号的连接名：单线原理图中的连接点的符号连接名被设定为在连接名中加入“'”标记。例如，如果输入“1,2,3,4,5,6;'1,3,5';'2,4,6'”这意味着第一个符号有六个连接点，而其它两个符号有两个连接点，每一个连接点有三个连接名。

(2) 有不同连接名称的符号：如果在连接名称中输入“?”或者“*”，则在布置符号时，“符号项目数据”对话框中会增加一个文本区域。在这里可以输入连接名称的不同部分。

(3) 管脚数据文件：对于有许多连接的符号，例如 PLC，可以选择在一个单独的文件中布置管脚数据信息。该文件必须是文本文件，其中每一行对应一个元件的信息。

如果输入“文件=”，后面输入文件名(见图 4-28)，程序会在指定的数据库中寻找文件，指定的数据库的路径为“设置”-“目录”-“数据库”。另外，可以为文件名添加指引文件的路径。

(4) 已经存在的符号：在 PCschematic ELautomation 的符号库中，所有符号的设计都带有“不可见”的连接名管脚数据。要按指定的顺序显示连接名，可以在图中把它们设定为“可见”。

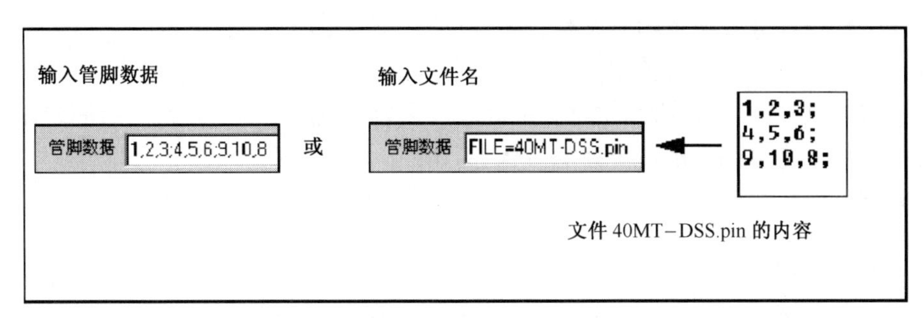

图 4-28　输入文件名

在已存在的符号中，连接名是从号码“1”开始，然后按照阅读的顺序逐渐增加，如图 4-29 所示。当在 PCschematic ELautomation 程序内选中符号时，数据库内指定的连接名自动变为“可见”。

3）外观符号

也可以为元件附加外观符号。保存符号的文件应该放在数据库区域文件夹中。

自动创建外观符号(见图 4-30)：要自动生成一个 30mm×50mm 的外观符号时，在区域输入“#x30mm$y$50mm”。如果输入“#r40mm”，程序会创建一个半径为 40mm 的圆作为外观符号。这些外观符号没有连接点。

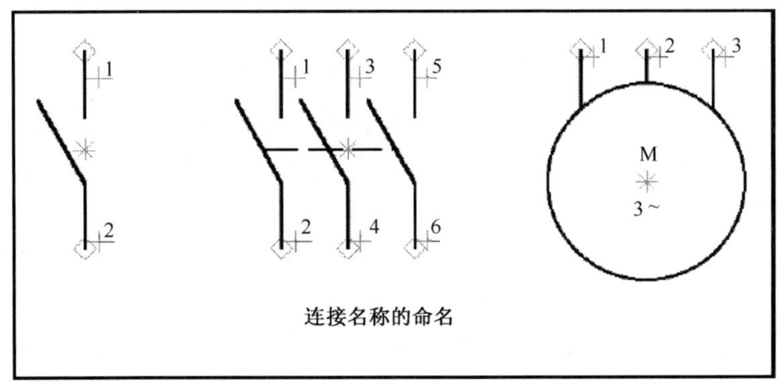

图 4-29　连接名的命名

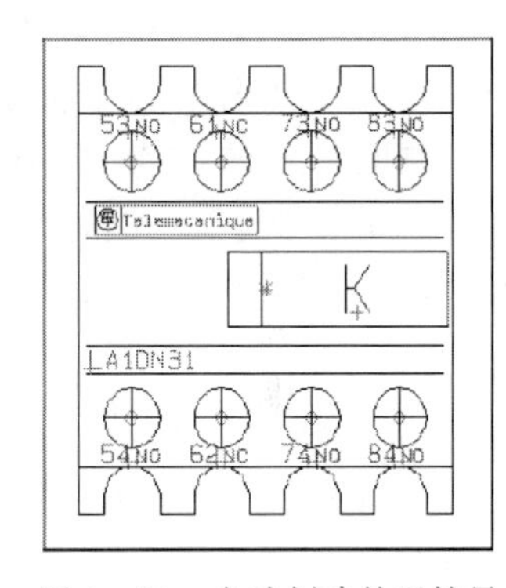

图 4-30　自动创建外观符号

5. 数据库中的附件

要为数据库中的元件添加附件，首先必须为每一个附件创建记录，把这些记录放到数据库菜单相关的文件夹中。这些记录都必须包含一个能被数据库识别的项目编号，例如 EAN 编号。

要指定一个元件的附件，必须在数据库中元件的“附件”区域输入项目编号。如果元件有多于一个的附件，那它们的项目编号之间必须用“;”隔开。如果某一类附件有很多个，可以在 EAN 编号后加入“#”和相应的数字。如图 4-31 所示，两个编号为“1234567890123”的附件，可以输入“1234567890123#2”。

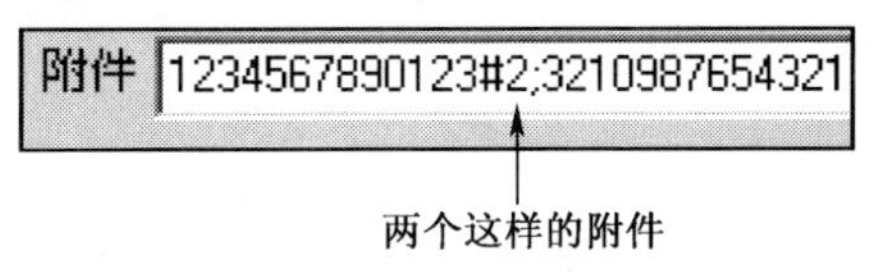

图 4-31　两个编号“1234567890123”的附件

可以指定在设计方案清单中是否包含附件。

1）在文件中指定附件区域的内容

对于连接名，可以在文件中指定“附件”区域的内容，即输入“＝”并在其后面紧跟文件名。在这个文件中每个项目编号都占单独的一行，例如：

3240900056666

5908326935039

1236374000001

在文件中指定附件区域的内容时，对于文件名没有特别的要求，但是如果不指定路径，程序会在数据库目录所指的地方搜索文件。

2）在附件区域指定部件清单

如果在“附件”区域输入“UNIT＝”，这指定项目编号是一个部件清单。因此这个区域不包含元件的部件，而是表明元件包含的内容。例如输入“UNIT＝112345566；504509345；123871312”，这意味着元件包含了三个所列出的项目编号。如果在部件清单或元件清单设置中选择“单元清单和图的项目”，那么这三个项目编号将会出现在清单中，而不使用元件原来指定的项目编号。

在数据库中输入单元清单信息，和在设计方案中为元件插入一个单元部件清单的功能时，如果项目编号清单太长，可以在文件中布置项目编号，输入“UNIT＝＝”后面紧跟文件名。项目编号必须一行一行地布置。

6. 指定数据库中符号的参考字母

如果在区域“参考 ID”输入一个字母，那么在设计方案中布置符号时，元件符号会被分配一个以此字母开头的名称。例如输入 K，在图中布置符号时字母 K 会被默认作为参考字母。但是，首先必须选择“设置”－“数据库”－“数据库设置”－“元件数据”，然后在“参考字母”区域选择“参考 ID”。

如果数据库中所选符号的区域没有内容，就会使用符号定义的参考字母符号名。

可以使设计方案中的所有符号前都带有“－”，即选择“设置”－“指针/屏幕”，再选择“在符号名前插入‘－’”。

（三）数据库设置

设置数据库的结构，以及从元件供应商向数据库中输入元件信息，都可以在一个单独的数据库程序中完成。这个数据库程序可以是 PCschematic 数据库程序，也可以是和 PCschematic ELautomation 相关联的其它开放性数据库程序。如果要使用 PCschematic 数据库程序，可以在 PCschematic ELautomation 中选择“工具”－“数据库”。

关于如何从数据库中调用元件的项目数据，参见“使用数据库”部分的叙述。

1. 数据库中的数据区域设置

在 PCschematic ELautomation 中使用数据库时，可以决定要显示数据库中的哪些元件信息。选择“设置”－“数据库”，再点击“数据库设置”，进入“数据库设置”对话框。在这里可以指定需要的设置，再点击“确认”接受这些改动，或者点击“取消”而不保存改动。“区域设置”标签如图 4－32 所示。

1）在 PCschematic ELautomation 中显示哪些数据库区域

在“区域设置”标签中，在“显示区域”列中的数据区域是数据库的数据区域，它们会显示在 PCschematic ELautomation 中。这些数据区域会在“区域标题”列中指定的名称下显示出来。

点击这个列中的名称，然后输入新的区域名称，就可以对它们做出改动。

这个对话框中显示的区域名称顺序，也是区域在数据库菜单中显示的顺序。比如，要让“价格”显示在第一行，可以点击“价格”，再把它拖到列中的第一行。这样就会交换这些区域的位置。在这两个区域间的区域不会改变位置。

在“对齐”列中，可以决定文本是左对齐、右对齐还是中心对齐。如果要改变对齐方式，可以点击对齐区域，在出现的菜单中选择需要的对齐方式即可。

2）添加或去掉区域

在对话框左边的“自由区域”中，可以看到当前没有显示在 PCschematic ELautomation 中的数据库区域。比如，要显示区域“税率”时，可以点击它，然后再点击“传送”按钮。要从“显示区域”列中去掉一个区域，就点击它，再点击“回复”按钮。要在 PCschematic ELautomation 显示所有的数据库区域，点击“传送全部”按钮。如果不想显示任何数据库区域，就点击“回复全部”按钮。请注意，这时数据区域并没有被删除，只是传送到了“自由区域”列。

2. 向符号和线传送项目数据

点击图 4－33 所示对话框上方的“元件数据”标签。图 4－33 所示的对话框中已经标明了“项目”、“类型”和“功能”区域的对应情况。

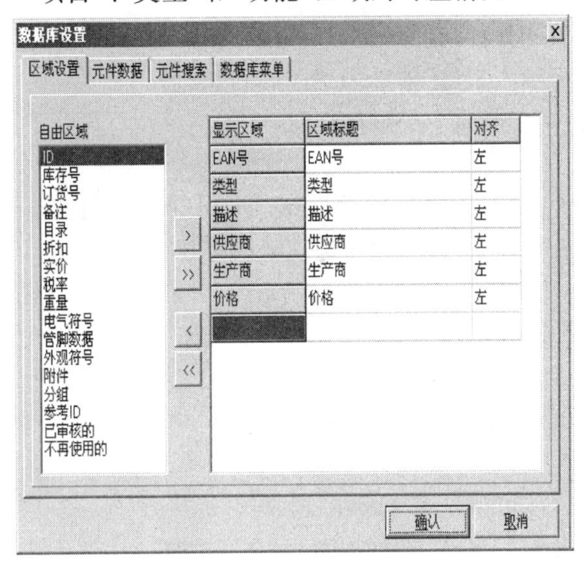

图 4－32　区域设置

图 4－33　元件数据

从数据库向符号或线传送项目数据时，必须要标明哪些数据库区域将对应项目数据菜单中的“项目”、“类型”和“功能”区域。

“项目”区域对应的数据库区域，将会变为“数据库”菜单下方的标签“项目/类型”中的永久搜索区域。在区域“Alt. 项目”（可选择的项目）中，当选中作为“项目”的数据区域没有内容时，可以指定数据库中的哪些区域将会被用作项目号。比如，当用 EAN 号代替项目号时，这个区域就是有用的。如果把“项目”设置为 EANNUMBER（EAN 号），把“Alt. 项目”设置为“ITEMNUMBER（项目号）”，当设计方案中的符号与 EAN 号时，就会调用 EAN 号。如果没有 EAN 号，则会用项目号代替。这样，就可以确定符号总会有一个项目号，而不用在数据库中输入项目号来代替 EAN 号。

如果要用可选择的项目号替换设计方案中所有符号的项目号，可以选择“功能”—“特殊功能”—“用 Alt. 项目号替换所有符号的项目号”。

1）零部件清单价格

插入类型为“零部件清单”的数据区域时，可以选择插入数据区域“价格 1”和“价格 2”。在对话框的右下角，可以指定哪些数据区域将被用作“价格 1”和“价格 2”。如果这些价格可以有折扣，也可以在“折扣 1”和“折扣 2”中指定。

2）符号

在“符号”区域，可以指定数据库中的哪个区域包含电气符号的文件名。

3）参考字母

在这里可以指定在设计方案中布置符号时要使用哪些参考字母。如果这个区域包含一个字母，则这个字母就会被使用。如果区域中没有任何内容，则符号会使用符号定义中的参考字母。

4）管脚名称

在这里指定数据库中的哪个区域被用于指定电气符号的连接点名称。

5）外观符号

在外观符号区域中，可以指定数据库中的哪个符号包含外观符号的文件名。这个符号会显示元件的外观形状。

6）附件

有时候，一个元件还包括一些附加的部件，使用元件的同时也一定会使用这些附件。但是这些附件只会在设计方案的零部件清单中才会显示出来，比如一个继电器的基座。

在“附件”区域，可以指定数据库中的哪个区域包含这个类型的信息。

7）使用数据库缓存

如果使用的数据库位于网络中，并且使用的是 dBase 格式的数据库，那么选择“使用数据库缓存”，可以使数据库工作的更快。如果不是在网络中工作，这个选项就没有意义。

8）保存设置

点击“确认”，保存做出改动后的设置。如果点击“取消”，则不会保存这些设置。

3. 数据库菜单中的产品结构

在“数据库菜单”中，可以选择是否要根据元件的结构来显示它们。

要选择数据库区域中的一个区域，来对元件进行分类，可以这样做：

(1) 选择“设置”-“数据库”-“数据库设置”，如图 4-34 所示；

(2) 在“数据库设置”对话框中，点击“元件搜索”，再点击“构成”区域的下拉箭头，选择数据库区域按哪种结构来划分，比如“生产商”。若选择“没有”，则不使用这个结构菜单；

(3) 点击“确认”，退出“数据库设置”对话框，再点击“确认”，退出“设置”对话框。还可以选择显示/不显示不再使用的元件。

4. 选择数据库菜单

可以为数据库附加一个菜单结构。比如元件结构菜单(FAFGE)，在其中可以根据它们的用途为数据库中的元件分组，这样可以更容易地查找到需要的元件。

点击“数据库菜单”标签，就可以做出相应的选择，如图 4-34 所示。菜单 Fafge.dbf 被附加到数据库 Eldemo.dbf 中。如果不想附加菜单，可以点击右下角的“不要菜单”按钮。如果要附加一个已有的菜单，可以点击“打开菜单”按钮。进入“打开”对话框，在这里选择需要的数据库菜单。选择了在 PCschematic ELautomation 中正确创建的数据库菜单时，“菜单链接”、“描述”、“菜单索引”和“菜单表格”区域都会自动填充。

菜单和数据库之间的连接："菜单链接"区域包含一些代码，它们代表菜单中不同的组。使用这个区域可以在数据库和菜单间交换信息。"描述"区域包含菜单中的组的名称。"菜单索引"区域包含了单个的组如何布置在菜单中的方面的信息。要使数据库和菜单能相互通信，数据库中就必须有一个数据区域，包含一个菜单链接。在图 4-35 中，这个区域的下方被叫做 TABLEGROUP。如果数据库中有一个元件/记录，它的 TABLEGROUP 区域内的数字为 2210，则它会链接到菜单中的"菜单链接"区域中为 2210 的元件/记录。在菜单中，"附加的保护继电器组"的菜单链接为 2210。因此，程序就会知道，要查找的元件属于组"附加的保护继电器"。在图 4-35 中，可以看到，元件××属于组"附加的保护继电器"。

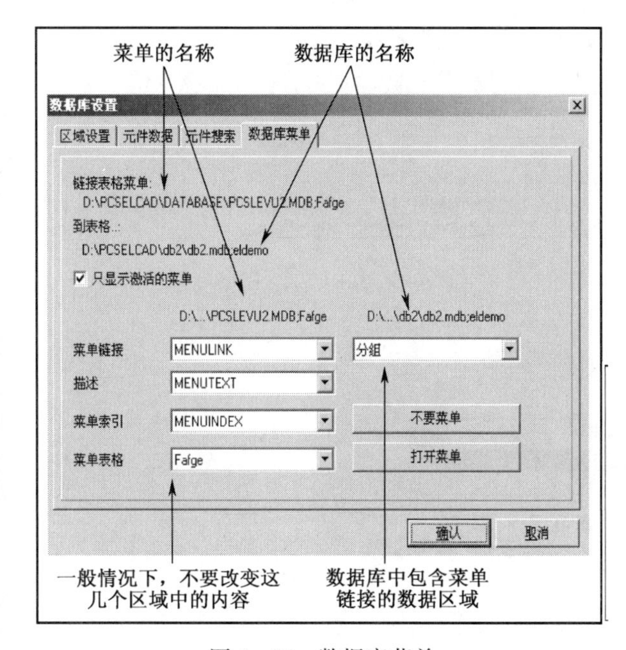

图 4-34　数据库菜单

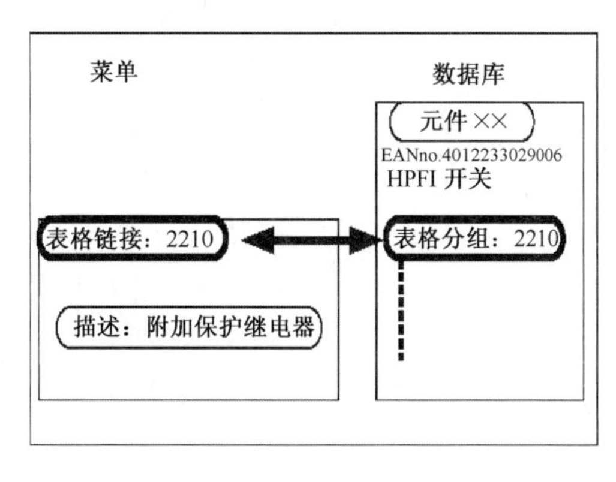

图 4-35　菜单链接

5. 使用其它数据库程序时选择菜单

如果不使用 PCschematic 数据库程序，而使用另外的数据库程序，则"数据库菜单"标签中就会有一个附加的区域，如图 4-36 所示。点击"菜单表格"区域的下拉箭头，会显示出选中的数据库可以使用哪些表格，如图 4-37 所示。在这里可以指定其它数据库中的哪个表格，包含菜单结构。

6. 数据库区域中的链接

数据库区域可以包含一些链接，比如 PDF 文件、因特网地址或者 e－mail 地址。PCschematic ELautomation 会自动检测数据库中的链接，如果检测失败，必须重新指定使用的协议，并输入完整的链接。比如：

— http://www.pcschematic.com/...

— ftp://ftp.pcschematic.com/public/my_file

— mailto:obl@company.com

如果使用数据库中的一个区域实现此功能，那么这个区域中的所有内容都会被认为是地址的一部分。

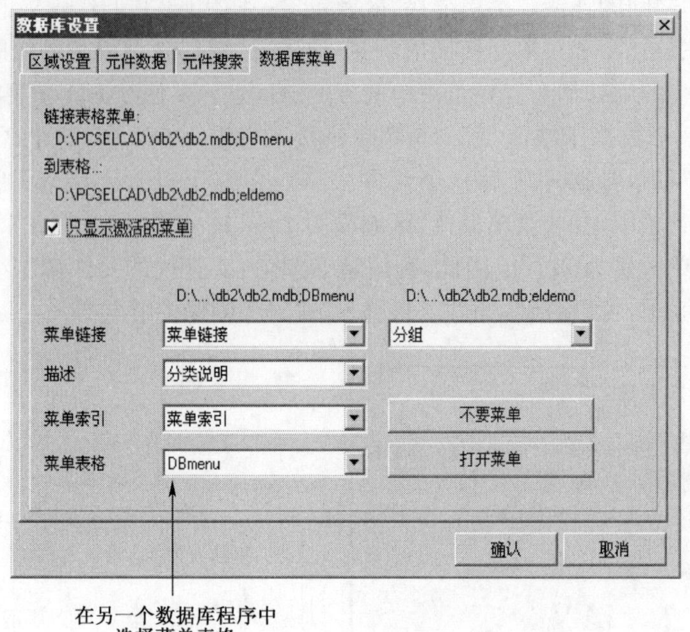

图 4-36 选择菜单表格

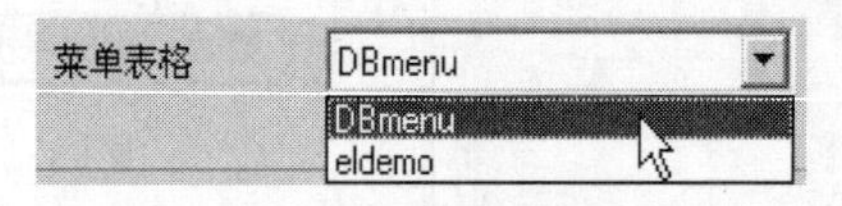

图 4-37 菜单表格

(四) 选择数据库

PCschematic Elautoamtion 直接支持 dBase 和 Access 数据库。第一次安装 PCschematic Elautoamtion 时,程序中会有一个数据库 demo,这个数据库为 Access 格式的数据库。

但是,PCschematic Elautoamtion 对被 BDE,MDAC 或 ODBC 所支持的其它数据库程序都是开放的。因此,也可以使用由其它数据库程序创建的数据库。这样,就能使用 MS-SQL,Oracle 和大多数的数据库程序。

1. 数据库的选择

要指定在 PCschematic ELautoamtion 中工作时使用哪个数据库,可以选择"设置"-"数据库"-"选择数据库文件",出现图 4-38 所示的对话框。

在这里,先指定是否要按正常情况使用数据库(参见"打开没有数据库别名的数据库"部分的叙述),或者通过 BDE 别名来使用数据库。

2. 打开没有数据库别名的数据库

要使用由 PCschematic Elautoamtion,dBase,Access 创建,或者通过 UDL 文件打开的数据库,就点击"所有数据库文件(*.mdb, *.udl, *.dbf, *.db)",点击"下一步"。出现"打开"对话框,如图 4-39 所示。在这里点击需要的数据库,再点击"打开"。选中数据库后,点击"下一步",就可以在 PCschematic ELautoamtion 中使用这个数据库了。

UDL 是通用数据链接的缩写,也叫做 Microsoft 数据链接。UDL 文件可以由 PCschematic 数据库程序创建。

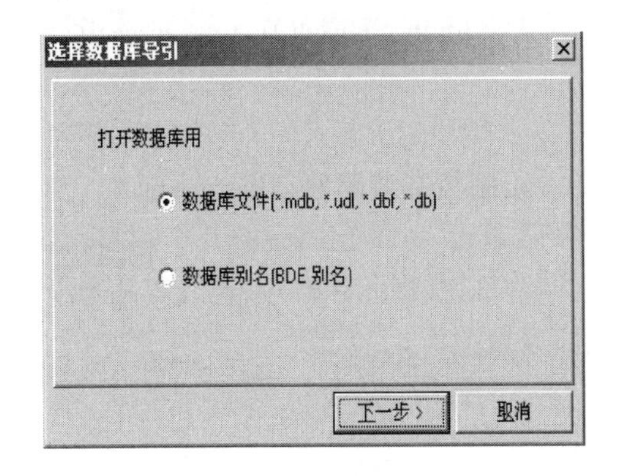

图 4-38　选择数据库导引

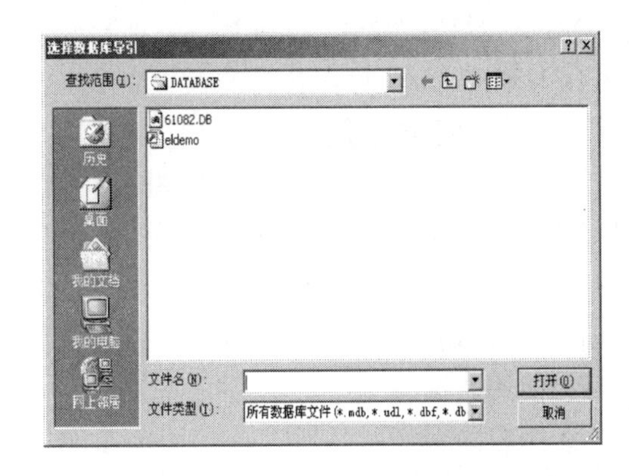

图 4-39　“打开”对话框

3. 通过 BDE 别名连接的数据库

也可以使用通过 BDE 别名连接的数据库。但是，这需要对其它数据库程序的设置非常熟悉。

选择“设置”—“数据库”—“选择数据库文件”，点击“数据库别名(BDE 别名)”，再点击“下一步”，如图 4-40 所示。出现图 4-41 所示的对话框。

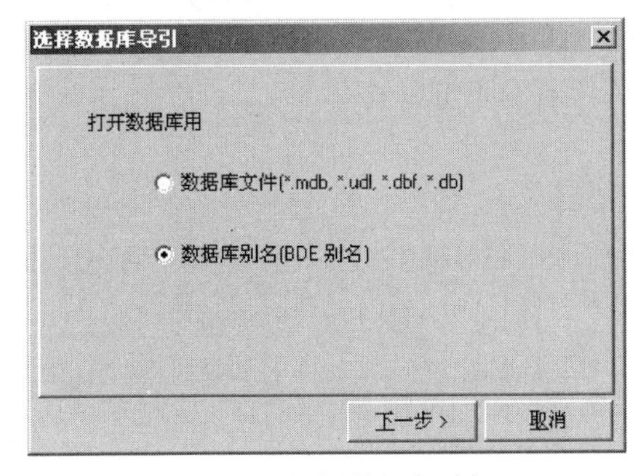

图 4-40　点击“数据库别名”

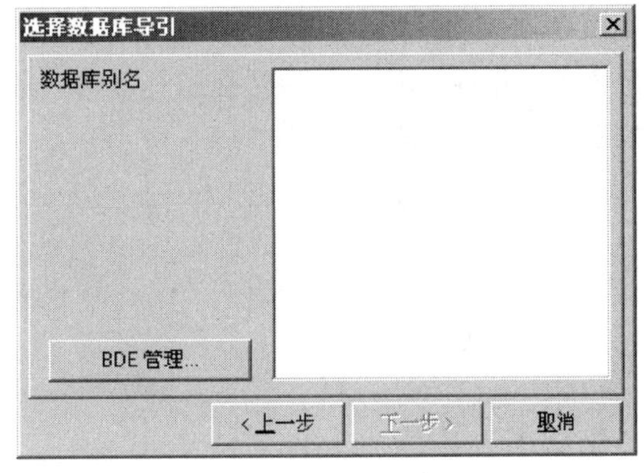

图 4-41　数据库别名信息

在这里选择数据库别名，就可以从其它数据库系统中取出数据。如果没有创建合适的数据库别名，则必须运行程序“BDE 管理”。现在选择数据库中包含元件数据的表格，点击“下一步”，就可以在 PCschematic ELautoamtion 中使用这个数据库了。

4. 其它数据库格式的菜单结构

如果其它数据库系统中有代表数据库菜单的表格，就可以在“设置”—“数据库”—“数据库设置”—“数据库菜单”中加以指定。要在其它数据库系统中使用菜单结构时，最好在在 PCschematic 数据库中创建它，然后把它输出到其它的数据库格式。这样就确保了菜单能满足在 PCschematic Elautoamtion 中的内部要求。也可以选择在其它格式的数据库中使用以 PCschematic 数据库格式创建的菜单。

四、项目实施

(一) 调用建好的设计方案模板

与上一个项目中的方法相同，打开 PCschematic Automation 第 14 版本软件，在菜单栏中点击“文件”—“打开”命令，找到上一个项目建好的设计方案模板 PCSDEMO1.pro，把该设计方案另存为车床.pro，存在合适的盘里。

(二) 电气原理图的绘制

在设计方案车床.pro 中打开原理图页面，在页面 5 中绘制控制线路原理图。页面 6、7、8 若不用的话，也可以删除。本电气原理图的绘制方法请参照单元一、单元二中的几个项目，其中的项目实施部分有详细介绍，包括使用符号库、放置元件符号、整理元件符号、连线等几个步骤，最后绘制成如图 4-2 所示的 C620 型车床的控制线路原理图。

(三) 使用数据库

1. 选择数据库

PCschematic ELautomation 有一个附带的数据库，可以从中收集在设计方案中所用的元件信息。在 PCschematic ELautomation 中，可以使用元件供应商的数据库，也可以使用随程序自动安装的演示数据库 eldemo，也可以创建自己的数据库。可以在数据库中输入元件的资料档案，也可以在元件供应商数据库中选择感兴趣的元件。

在菜单栏中点击“设置”—“数据库”，如图 4-42 所示。进入“设置”对话框中，在其中点击“选择数据库文件”按钮，如图 4-43 所示，选择了数据库 eldemo。按快捷键[d]，进入数据库中，在这里可以看到数据库中的所有数据，如图 4-44 所示。

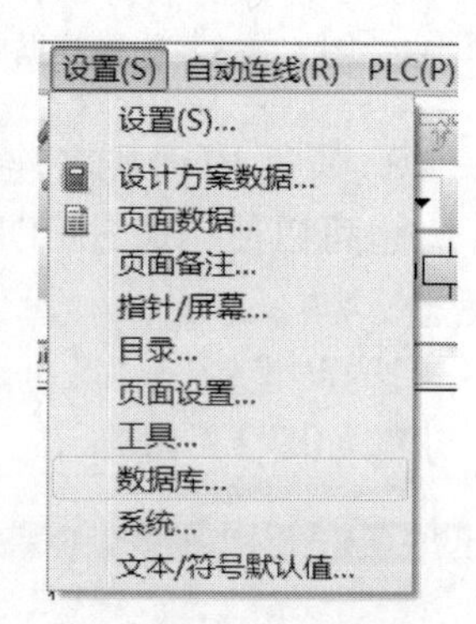

图 4-42 设置

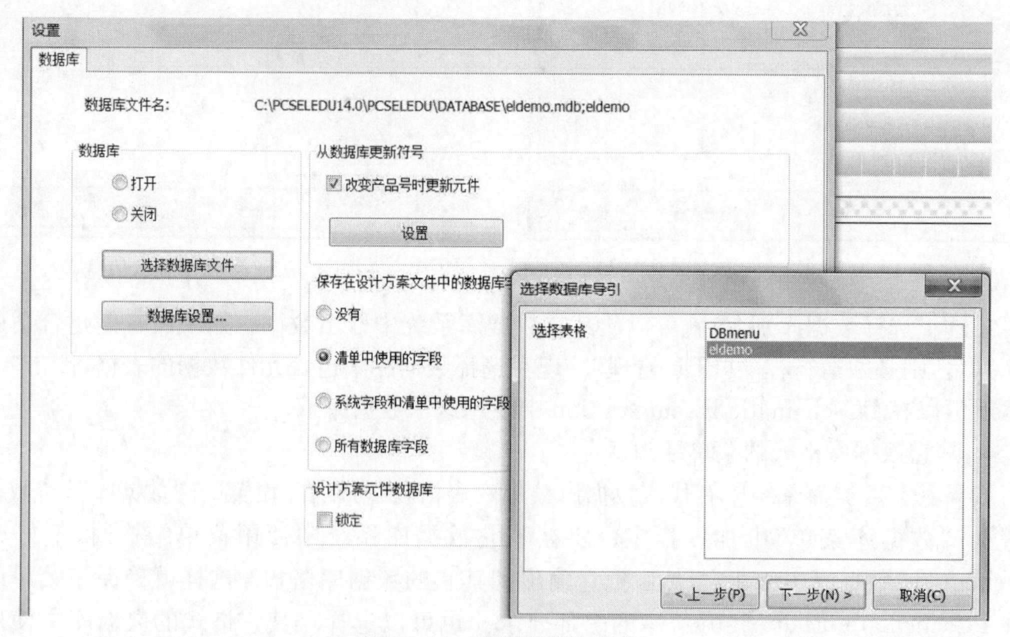

图 4-43 选择数据库文件

2. 为原理图中的符号添加数据库信息

要为已经布置到图中的符号添加数据库信息，首先在程序工具栏中点击“符号”按钮，同时关闭“画笔”功能，在原理图中的每个符号上双击鼠标左键，进入到“元件数据”对话框中，如图 4-45 所示。然后点击对话框中的“数据库”按钮，进入数据库，在其中找到本项目对应的具体

图 4-44　数据库

元件数据，选中该条数据后，按“确定”按钮，之后会返回到“元件数据”对话框中，其“类型”和“产品号”就会显示出来。按此方法为原理图中的每一个符号添加数据库信息，若该数据库中缺少某个符号所对应的数据，则参照本单元中的必备知识部分“在数据库中创建元件”。购买正式版的 PCschematic ELautomation 后，厂商会为用户量身定制完整的数据库，用户可以轻松使用完整的数据库。

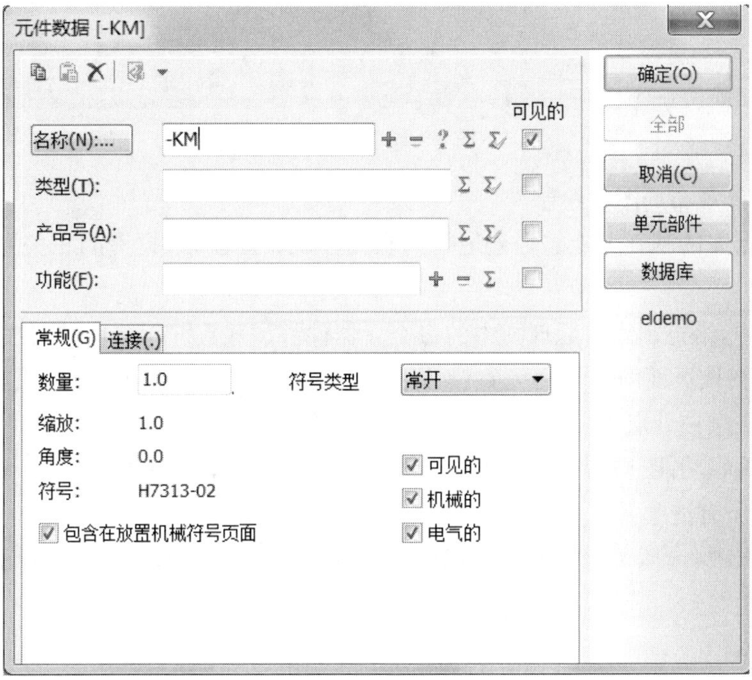

图 4-45　元件数据

3. 修改数据库信息

若需要修改数据库中的某条信息，可以在数据库里点击“编辑数据”按钮，如图 4－46 所示。之后进入到“编辑记录”对话框中，如图 4－47 所示，在此可对该条数据的所有信息进行修改，包括电气符号、外观符号等信息，修改完成后，点击该对话框左下角的“√”，确认修改并保存。

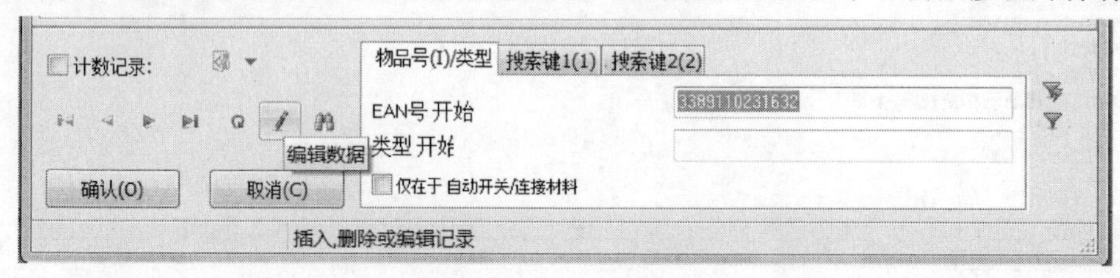

图 4－46　编辑数据

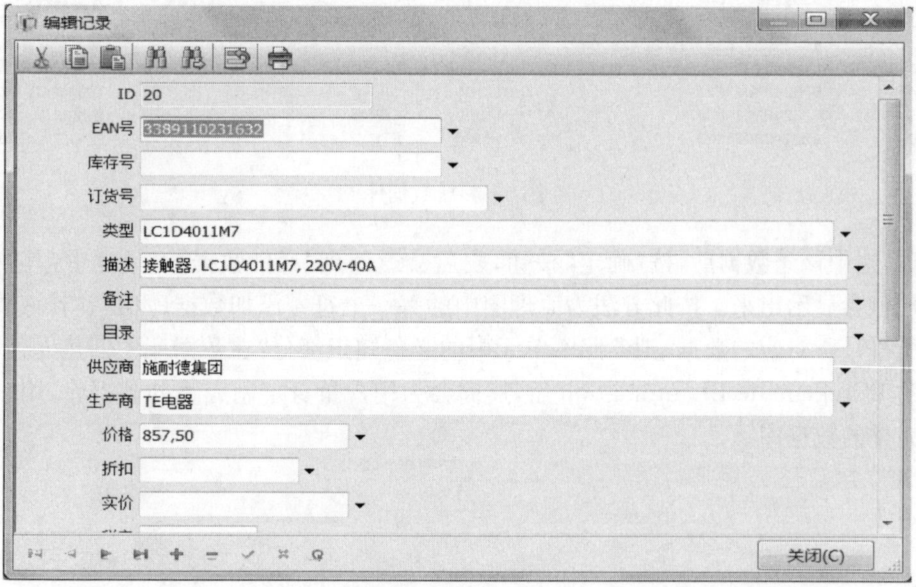

图 4－47　编辑记录

（四）机械外观布局图的绘制

在使用数据库的基础上能够轻松地得到机械外观布局图，数据库的相关知识参见本单元的必备知识。

在本项目中，给控制线路原理图中的每个元器件都加载数据库信息，然后进入到本设计方案中的页面 9，在该页面中的空白处点击鼠标右键，弹出图 3－84 的选项，点击“放置机械符号”。之后，再在空白处点击鼠标左键，所有的机械符号会堆积在一起出现，再使用“间隔”、“对齐”、“移动”等编辑功能，得到类似如图 3－85 所示的机械外观布局图。

（五）更新所有清单

在设计方案中，选择菜单栏中的“清单”—“更新所有清单”，如图 3－86 所示。最后得到的零部件清单如图 3－88 所示，元件清单如图 3－87 所示。

五、拓展知识

机床控制线路是指控制机床设备进行各种操作的控制线路。常见的机床设备主要包括车床、磨床、钻床、铣床、刨床等。不同类型机床的机构和功能各不相同，但从驱动和控制电路的角度来说，其结构和所用的电路器件是相同的。

机床通常是指用刀具或模具对金属工件进行切削或冲压加工的机器。在一些机械制造企业中，机床应用较为广泛，通常应用于切削工件的外圆、内圆、端面和螺纹等。车床主要分为卧式车床、立式车床和自动车床，目前应用较多的为卧式车床。

项目二　M7130 型平面磨床

一、项目下达

（一）项目说明

图 4-48 所示为 M7130 型平面磨床实物外形，该磨床用于磨削加工零件平面，主要由工作台、电磁吸盘、砂轮箱等构成。图 4-49 及图 4-50 所示为 M7130 型平面磨床控制线路的主回路和控制回路，该控制线路共配置了三台电动机，通过两个接触器进行控制，其中砂轮电动机 M1 和冷却泵电动机 M2 都是由接触器 KM1 进行控制，因此两台电动机需同时启动工作，而液压泵电动机 M3 则由接触器 KM2 单独进行控制。

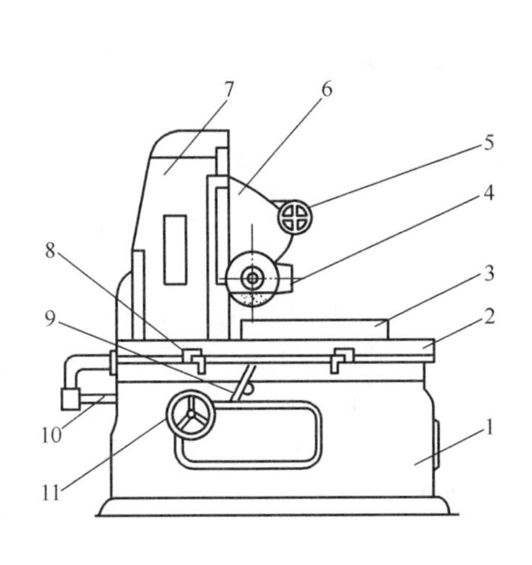

图 4-48　M7130 型平面磨床实物外形

1—床身；2—工作台；3—电磁吸盘；4—砂轮箱；5—砂轮箱横向移动手轮；6—滑座；7—立柱；8—工作台换向推块；9—工作台往复运动换向手柄；10—活塞杆；11—砂轮箱垂直进刀手轮。

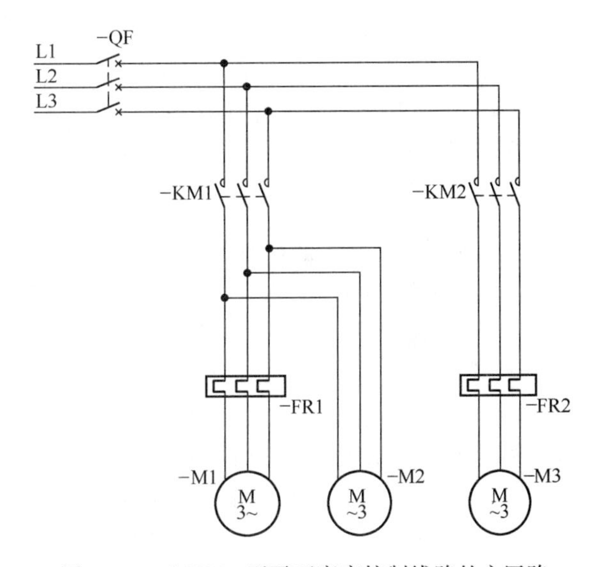

图 4-49　M7130 型平面磨床控制线路的主回路

（二）绘制要求

首先要调用单元三中已建好的设计方案模板 PCSDEMO1. pro，从左到右的页面分别是设计主题、章节目录表、详细目录表、安装描述、章节划分（电气原理图）、电气原理图（共四张）、章节划分（机械外观布局）、平面图/机械图（共两张）、章节划分（清单表）、零部件清单、元件清单、电缆清单、接线端子清单。

然后在这个设计方案中完成本项目的电气原理图、机械外观布局图及各类清单的设计及绘制。

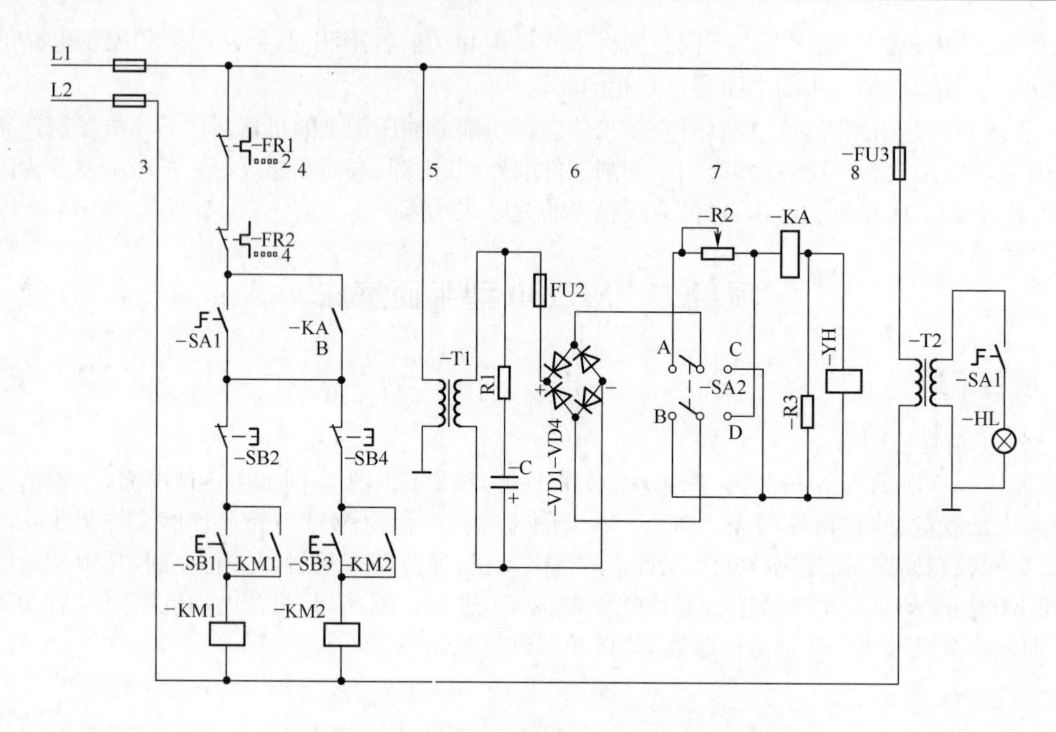

图 4-50　M7130 型平面磨床控制线路的控制回路

二、项目分析

(一) 识读分析

1. 电磁吸盘 YH 的控制

电动机启动工作前，需先启动电磁吸盘 YH 进行工作。合上电源总开关 QF，将电磁吸盘转换开关 SA2 拨至闭合位置，常开触点 SA2 接通 A 点、B 点，交流电压经变压器 T1 降压后，再经桥式整流堆 VD1－VD4 整流后输出 110V 直流电压加到欠电流继电器 KA 线圈的两端，常开触点 KA 接通，为接触器 KM1、KM2 通电做好准备，即为砂轮电动机 M1、冷却泵电动机 M2 和液压泵电动机 M3 的启动做好准备。经欠电流继电器 KA 检测正常后，110V 直流电压加到电磁吸盘 YH 的两端，将工件吸牢。

磨削完成后，将电磁吸盘转换开关 SA2 拨至断开位置，常开触点 SA2 断开，电磁吸盘 YH 线圈断电，但由于吸盘和工件都有剩磁，因此还需对电磁吸盘进行去磁操作。将 SA2 拨至去磁位置，常开触点 SA2 接通 C 点、D 点，电磁吸盘 YH 线圈接通一个反向去磁电流，进行去磁操作。当去磁操作需要停止时，再将电磁吸盘转换开关 SA2 拨至断开位置，触点断开，电磁吸盘线圈 YH 断电，停止去磁。

2. 砂轮电动机 M1 和冷却泵电动机 M2 的控制

当需要启动砂轮电动机 M1 和冷却泵电动机 M2 时，按下启动按钮 SB1，接触器 KM1 线圈通电，KM1 的常开触点闭合接通，实现自锁功能，KM1 的主触点也闭合接通，砂轮电动机 M1 和冷却泵电动机 M2 同时启动运转。当需要电动机停机时，按下停止按钮 SB2，接触器 KM1 线圈断电，其触点复位，砂轮电动机 M1 和冷却泵电动机 M2 停止运转。

3. 液压泵电动机 M3 的控制

当需要启动液压泵电动机 M3 时，按下启动按钮 SB3，接触器 KM2 线圈通电，KM2 的常开触点接通，实现自锁功能，其主触点也接通，液压泵电动机 M3 接通三相电源启动运转。按下 S3 按钮，接触器 KM2 形成自锁，且使 KM1 解锁，电机开始反转运行。当按下 S1 按钮时，切断所有接触器线圈的电路，使主回路中的接触器主触点都断开，电机停止运行。

4. 图 4-50 中的电阻器 R3 用于吸收电磁吸盘瞬间断电释放的电磁能量，保证线圈及其它元件不会损坏。而电阻器 R1 和电容器 C 则用于防止由变压器 T1 输出的交流电压是否有过压情况。

（二）绘制分析

设计流程及运用的基础知识点如表 4-2 所列。

表 4-2

设 计 流 程	运用的基础知识点
步骤一：调用建好的设计方案模板	在设计方案中工作
步骤二：使用数据库绘制电气原理图	数据库的使用，旋转、垂直镜像、水平镜像、移动、对齐等编辑功能
步骤三：机械外观布局图的绘制	数据库的使用，自动生成机械外观图
步骤四：更新所有清单	数据库的使用，更新所有清单

三、必备知识

（一）从数据库布置元件

在 PCschematic Elautoamtion 中使用数据库时，可以从数据库中得到元件的外观符号，它们都是元件的实际外形图。

1. 插入一个可以布置元件外形图的页面

要得到元件的外形图，必须先创建一个页面：

（1）进入“页面菜单”，点击“添加”，再点击“确认”，插入一个“常规”页面；

（2）在“新建”对话框中：点击图纸模板 DPSA3MECH，再点击“确认”；

（3）在“页面菜单”中：点击“确认”。

注意：使用图纸模板 DPSA3MECH 的原因是它的“页面功能”被设置为了“平面图”。

2. 进行布置元件命令

页面设置好后，就可以在页面上布置外观符号了。这时会从数据库中自动调用和电气符号相对应的外观符号。点击“符号”按钮，选择“功能”—“外观符号”，如图 4-51 所示。在出现的菜单中，点击“加入所选对象”，输入 K*，点击“确认”。这时会自动布置出图中以 K 开始的所有元件的外观符号。此时十字线中出现一个铅笔的形状，在页面左边的某一位置点击。这时外观符号会布置到页面中，不过是重叠在一起的如图 4-52 所示。

重新安排外观符号：为了更合理地安排符号，可以在符号的周围拉出一个窗口（选中这些符号）。再选择“编辑”—“间隔”。点击要布置第一个外观符号的位置。此时出现如图 4-53所示的对话框，可以选中“对齐”和“按名称分类”，再点击“确认”。现在沿水平方向点击，间隔距离要小于单个外观符号的宽度。这样，外观符号就会紧挨着布置在一起，如图 4-54所示。

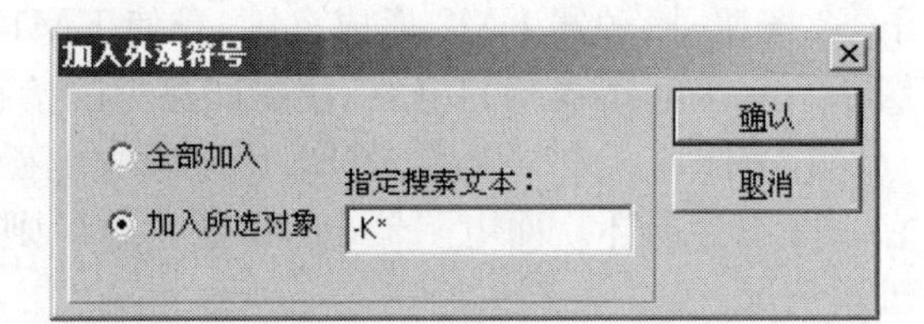

图 4-51　加入外观符号

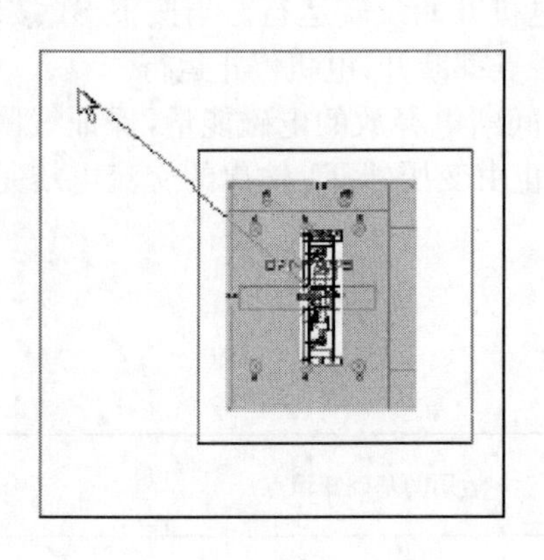

图 4-52　重叠的外观符号

图 4-53　间隔

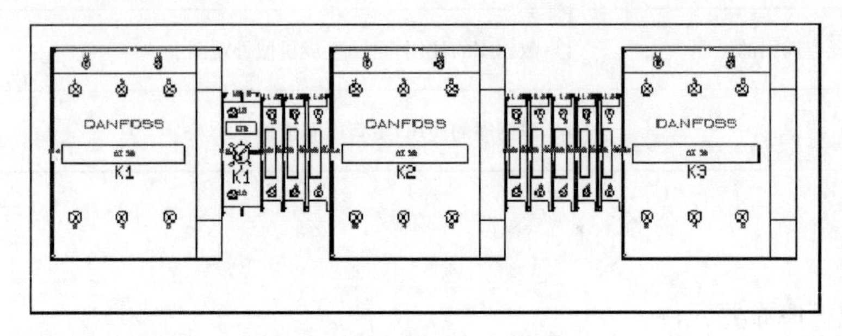

图 4-54　间隔后的外观符号

重新安排符号时，可以创建自己的配电柜面板。

3. 把外观符号作为方框布置

如果不想使用元件数据库中原有的外观符号，可以在“加入外观符号”对话框中选择“把符号作为方框布置”。这时，外观符号被带有连接点的方框所代替，如图 4-55 所示。方框的尺寸和数据库中的外观符号的尺寸是一样的。

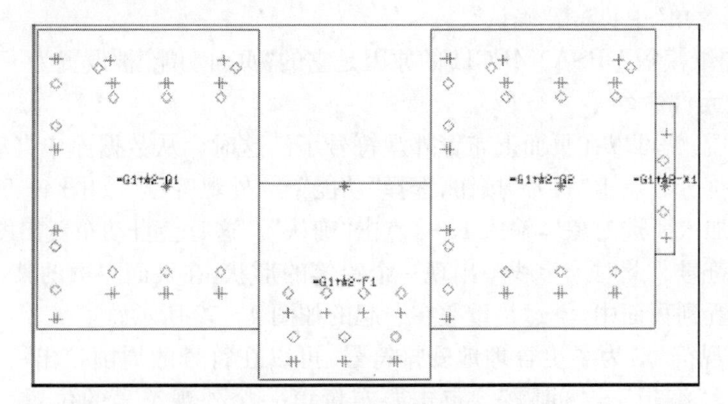

图 4-55　把外观符号作为方框布置

4. 布置元件时的信息和警告

如果布置元件时有预料不到的情况出现，会出现一个显示信息和警告的对话框，如图 4-

56 所示。这可能是因为:①没有为设计方案中的电气符号输入项目号;②元件没有相应的外观符号;③外观符号已经从硬盘中删除了。这时可以根据提示予以更正。

图 4－56　布置元件时的信息和警告

5. 显示外观符号的连接

在“平面图”页面上移动一个外观符号时,会显示出这个外观符号和其它符号的相连接情况(根据电气原理图页面中的电气连接信息)。这样,就可以更合理地布置外观符号。

在外观符号上点击鼠标右键,选择“给网络作标记”,可以得到同样的结果,如图 4－57 所示。选择“设置”-“指针/屏幕”,再点击“网络布线器”,可以“激活/关闭”此功能。

6. 在清单中显示外观符号的位置参考

如果包含外观符号的设计方案页面中有参考系统,则可以根据参考系统来定位页面中的符号。

1) 布置参考系统

选择“设置”—“页面数据”—“参考”,可以在页面上布置参考系统。可以同时激活水平和垂直参考系统。

注意:选定作为“主参考”的参考会首先在数据区域中使用。

2) 插入数据区域

要定位外观符号,先点击“文本”,再选择“功能”—“插入数据区域”。详细内容参见“数据区域”部分的叙述。在这里点击“零部件/元件清单”,再选择数据区域“布置位置”。

可以选择“x,y 位置”,这时会显示出元件相对于页面起点的坐标。也可以选择“区域位置”,这时会显示出元件在参考系统中的坐标,如图 4－58 所示。

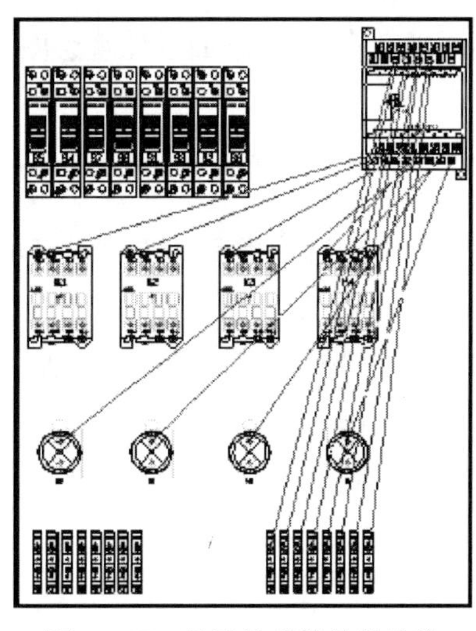

图 4－57　显示外观符号的连接

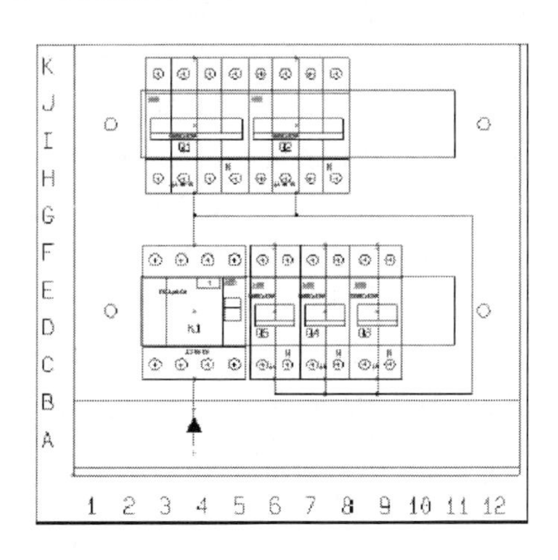

图 4－58　元件在参考系统中的坐标

7. 外观符号和电气符号的参考

默认情况下，平面布置图页面中的外观符号中不会显示出它和原理图页面中相关电气符号之间的参考。如果要使外观符号和其中一个电气符号之间建立参考，按下列步骤：

(1) 点击"符号"按钮，在符号上点击右键，再选择"符号项目数据"，或双击符号；

(2) 在"符号项目数据"对话框(如图 4-59 所示)中点击标签"参考"，选择"有参考"，再选中"有参考"(右边的)，再点击"确认"。

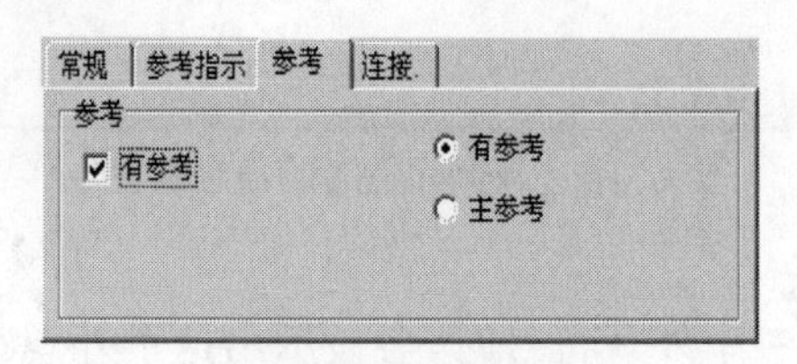

图 4-59 参考

现在已经为外观符号创建了参考。选择"符号"，再双击外观符号上的参考，会跳转到元件的设置为"主参考"的电气符号。如果元件的电气符号中没有一个被设置为主参考，则会跳转到原理图中第一个布置的元件的电气符号。

(二)从外观布置图到电气原理图

创建一个外观图后(布置一个电机的控制图，比如保险、电机启动器和接触器等)，如果使用了数据库，当画电气图时，程序会自动取出相应的电气符号。

1) 创建一个有原理图页面和一个外观页面的新设计方案

创建一个有原理图页面和一个外观页面的步骤如下：

(1) 选择"文件"—"新建"；

(2) 在"新建"对话框中：选择模板 DPSA3，点击"确认"。此时，已经选中了包含单个绘图页面的方案；

(3) 在"设置"对话框中，点击"确认"；

(4) 按[PgDn]键，添加一个新设计方案页面；

(5) 在"页面功能"对话框中选择页面类型为"常规"，点击"确认"；

(6) 在"新建"对话框中选择模板为 DPSA3MEC，点击"确认"此时添加了外观绘图页面。

2) 在平面图/外观图页面布置外观符号

在平面图/外观图页面布置外观符号具体步骤如下：

(1) 在外观图页面时，按快捷键[d]进入数据库；

(2) 选取一个外观符号，例如在"类型开始于"区域输入 LS，选取类型为 LS37.22 的接触器，点击"确认"，如图 4-60 所示；

(3) 此时元件的外观符号会位于十字线中，点击外观页面的任一点布置符号，在"符号项目数据"对话框中点击"确认"，按[Esc]键去掉十字线中的符号；

(4) 如果需要，可以在页面上布置多个外观符号。

3) 在原理图页面自动取出符号

在原理图页面自动取出符号其步骤如下：

(1) 点击屏幕底部的标签 1，转到原理图页面；

(2) 在原理图页面选择"功能"—"显示可用的"；

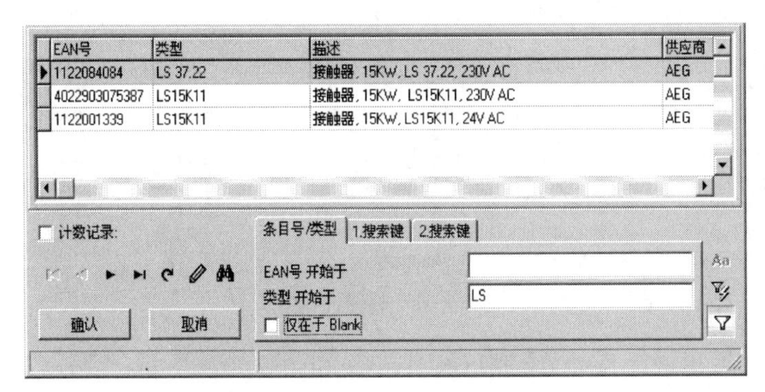

图 4-60　选取一个外观符号

(3) 在“显示可用的”对话框中输入符号名，点击“确认”；

(4) 此时会出现包含元件电气符号的选取栏，可以从中选取及布置符号。

显示没有布置到页面的符号：如果在布置电气符号前布置了外观符号，点击按钮“有可用符号的已用名称”，会得到没有布置到页面的所有符号列表。

四、项目实施

(一) 调用建好的设计方案模板

与上一个项目中的方法相同，打开 PCschematic Automation 第 14 版本软件，在菜单栏中点击“文件”—“打开”命令，找到上一个项目建好的设计方案模板 PCSDEMO1. pro，把该设计方案另存为 Z3040 摇臂钻床 . pro，存在合适的盘里。

(二) 使用数据库绘制电气原理图

在设计方案 Z3040 摇臂钻床 . pro 中打开原理图页面，在页面 5 中绘制控制线路原理图。页面 6、7、8 若不用的话，也可以删除。

1. 选择数据库

PCschematic ELautomation 有一个附带的数据库，可以从中收集在设计方案中所用的元件信息。在 PCschematic ELautomation 中，可以使用元件供应商的数据库，也可以使用随程序自动安装的演示数据库 eldemo，还可以创建自己的数据库。可以在数据库中输入元件的资料档案，也可以在元件供应商数据库中选择感兴趣的元件。

在菜单栏中点击“设置”—“数据库”，进入“设置”对话框中，在其中点击“选择数据库文件”按钮，选择包含本项目所有器件信息的数据库。按键盘中的快捷键[d]，进入数据库中，在这里可以看到数据库中的所有数据。

2. 使用数据库绘制原理图

在页面 5 中，按键盘上的快捷键[d]，进入数据库。在数据库中找到需要的元件数据，例如要画热过载继电器或接触器时，在数据库中点击“自动开关/连接材料”选项，将显示如图 4-61 所示的数据。选中第 20 条的数据，按“确定”按钮后，就会在原理图中跳出该元件的电气原理图，且包含了该元件的数据库信息，把每一个元件都按这个方法找出来，放置在合适的位置。

3. 整理元件符号及连线

使用数据库，并正确完整地放置了所有元件符号后，再使用“对齐”、“旋转”、“间隔”、“移动”等编辑命令来整理所有的元件符号的相对位置，以及使用文字编辑功能对原理图中的文字

ID	EAN号	库存号	订货号	类型	描述	备注	目录	供应商	生产商	外观符号	价格
18	1122084084	91030162200		LS 37.22	接触器, 15KW, LS 37.22, 230V AC			AEG	AEG	ls37-22	699
19	4022903085584	91034189300		B77S	热过载继电器, 20-32A	691	691	AEG	AEG	B77_S	417,00
20	3389110231632			LC1D4011M7	接触器, LC1D4011M7, 220V-40A			施耐德集团	TE电器	LC1D4011	857,50
21	3389110232936			LR2D3353	断路器, 23-32A			施耐德集团	TE电器	04350	427,50
22	4022903075387	91030428300		LS15K11	接触器,15KW, LS15K11, 230V AC	690	690	AEG	AEG	LS15K11	630,00
23	1122001339	91030428385		LS15K11	接触器, 15KW, LS15K11, 24V AC			AEG	AEG	LS15K11	630
24	5702423013623		037H0	CB-NO	辅助触点, 1常开	搭配 CI6 - (		丹佛斯	丹佛斯	CB	14,00
25	5702423015832		037H0	CB-NC	辅助触点, 1常闭	搭配 CI6 - (		丹佛斯	丹佛斯	CB_NC	14,00
26	5702423006175		047H0	ETB	延时单元, 范围 0.5-20s, 110-240V	搭配 CI6 - (		丹佛斯	丹佛斯	ETB_OFF	307,00
27	5702423009237		037H0	CI 32	接触器, 3P 32 A, 220/230 V AC	4 个辅助触		丹佛斯	丹佛斯	CI_32	450,00
28	5702423010189		047H1	TI 80	热过载继电器, 22-32 A	搭配 CI32 -		丹佛斯	丹佛斯	TI_80	409,00

图 4－61　使用数据库

符号进行编辑。最后再进行连线，绘制成图 4－49 和图 4－50 所示的 M7130 型平面磨床控制线路的主回路和控制回路。

（三）机械外观布局图的绘制

在使用数据库的基础上能够轻松地得到机械外观布局图，数据库的相关知识参见本单元的相关内容。

在本项目中，给控制线路原理图中的每个元器件都加载数据库信息，然后进入到本设计方案中的页面 9，在该页面中的空白处点击鼠标右键，弹出图 3－84 的选项，点击“放置机械符号”。之后，再在空白处点击鼠标左键，所有的机械符号会堆积在一起出现，再使用“间隔”、“对齐”、“移动”等编辑功能，得到类似如图 3－85 所示的机械外观布局图。

（四）更新所有清单

在设计方案中，选择菜单栏中的“清单”-“更新所有清单”，如图 3－86 所示。最后得到的零部件清单如图 3－88 所示，元件清单如图 3－87 所示。

五、拓展知识

（一）机床控制线路的功能特点

机床控制线路的功能就是控制各种机床设备完成相应的工作。不同的线路控制关系，不同的电动机和机床设备组合，使得机床设备可以实现不同功能。目前，常用的机床设备根据功能用途可以分车床、磨床、钻床、铣床、刨床等几种。

1. 车床的功能特点

一般的车床主要由挂轮箱、主轴变速箱、溜板箱、刀架、照明灯、尾架、车身等部分组成。

刀架的纵向或横向直线运动是车床的进给运动，其传动线路是由主轴电动机经过主轴箱输出轴、挂轮箱传动到进给箱，进给箱通过丝杆将运动传入溜板箱，再通过溜板箱的齿轮与床身上的齿条或通过刀架下面的光杆分别获得纵横两个方向的进给运动。主运动和进给运动都是由主电动机带动的。

主电动机一般选用三相异步电动机，通常不采用电气调速而是通过变速箱进行机械调速。其启动、停止采用按钮操作，并采用直接启动方式。

车削加工时，需要冷却液冷却工作，因此必须有冷却泵和驱动电动机。当主电动机停止时，冷却泵电动机也停止工作。

主轴电动机和冷却泵电动机的驱动控制电路中设有短路和过载保护部分。当任何一台电动机发生过载故障时，两台电动机都不能工作。

2. 磨床的功能特点

磨床有多种类型，常见的有外圆磨床、内圆磨床以及平面磨床等三种，图 4－62 所示为外圆磨床和内圆磨床的实物外形。外圆磨床具有功能多、精度高、刚性强、操作方便、结构合理、造型美观等特点，用于磨削内外圆柱形和圆锥形的工件。内圆磨床具有精度高、刚性强、操作方便、结构合理、造型美观、安全性强等特点，主要用于磨削小直径内孔。目前，在企业中应用较为广泛的是平面磨床，如图 4－63 所示为典型平面磨床的实物外形。

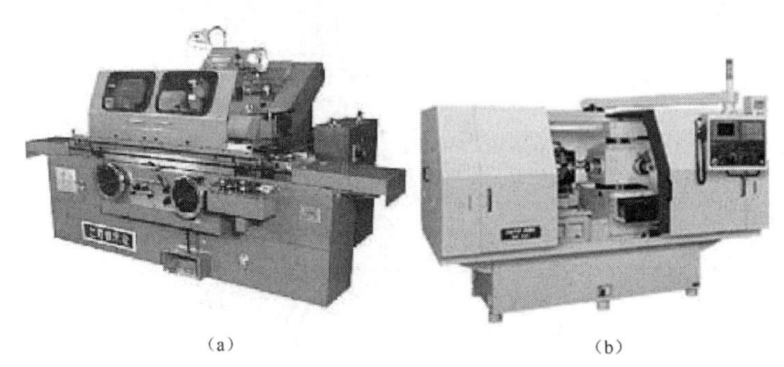

(a)　(b)

图 4－62　外圆磨床和内圆磨床的实物外形

(a)外圆磨床；(b)内圆磨床。

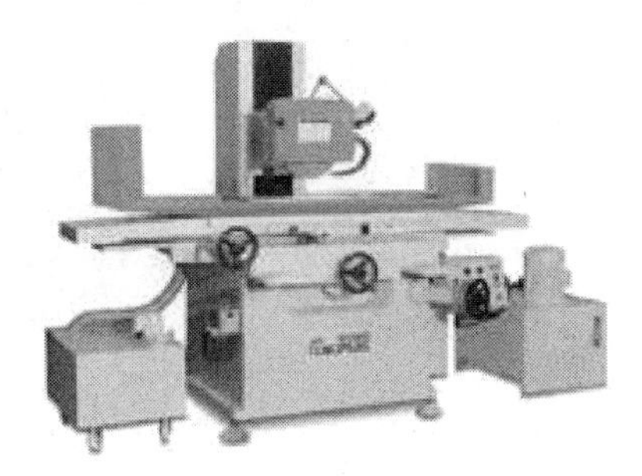

图 4－63　典型平面磨床的实物外形

3. 钻床的功能特点

钻床主要作用是对工件进行钻孔、扩孔、铰孔、镗孔以及攻螺纹等，其主要是由底座、工作台、主轴箱、进给手柄等部分组成。常见的钻床有台式钻床、立式钻床和摇臂钻成等形式，图 4－64所示为立式和台式钻床的外形结构。

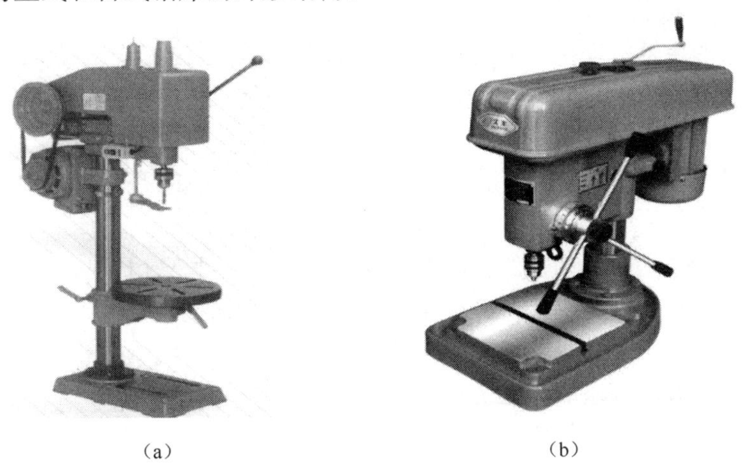

(a)　(b)

图 4－64　立式和台式钻床的外形结构

(a)立式钻床；(b)台式钻床。

目前，在企业中应用较为广泛的是摇臂钻床，图 4－65 所示为典型摇臂钻床的实物外形图。摇臂钻床主要由底座、立柱、摇臂、丝杠、电动机、主轴箱、导轨、主轴以及工作台等部分组成。由于摇臂钻床的运动部件很多，因此摇臂钻床有很多控制电器，主要包括主轴电动机、摇臂升降电动机、立柱夹紧与松开电动机和冷却泵电动机、电箱、行程开关以及按钮等。摇臂钻床的主运动是由主轴带动钻头旋转的；进给运动是钻头的上下移动；辅助运动是主轴箱摇臂导轨水平移动，摇臂沿外立柱上下移动和摇臂连同外立柱一起相对于内立柱的回转。钻床的外立柱套在固定于底座的内立柱上，可绕内立柱回转360°。摇臂通过套筒借助于丝杆与外立柱滑动配合，可沿外立柱上下移动，并与外立柱一起相对内立柱回转。

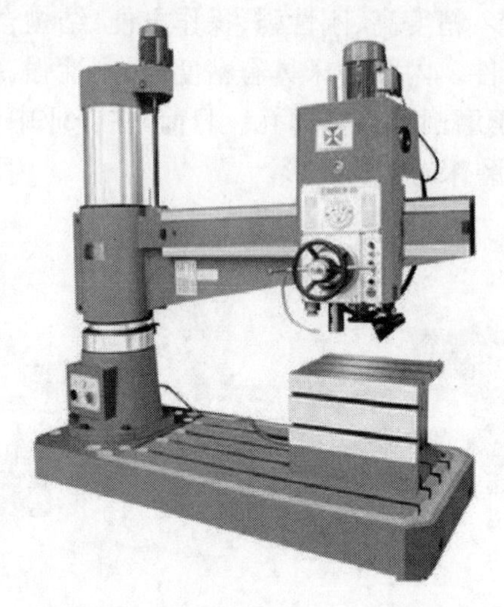

图4-65 典型摇臂钻床的实物外形

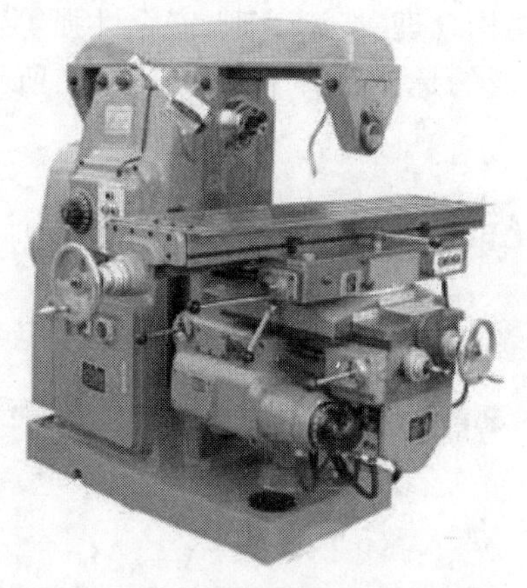

图4-66 典型万能铣床的实物外形

主轴箱是一个复合部件，包括主轴部件、主轴旋转和进给运动的全部传动、变速和操作机构，以及主轴电动机等。主轴箱可在摇臂上沿导轨做水平移动(手动)。在加工工件时，可利用夹紧机构将主轴箱紧固在摇臂导轨上，外立柱紧固在内立柱上，摇臂紧固在外立柱上，然后再进行钻削加工。

摇臂钻床的电气控制要求主要包括以下几种：

(1) 摇臂钻床的主轴电动机一般选用笼型电动机，主要完成摇臂钻床的主轴旋转运动和进给运动。由于主轴的正、反向旋转运动是通过机械转换实现的，因此主轴电动机只有一个旋转方向。

(2) 摇臂沿外立柱的上下移动，是由一台摇臂升降电动机正、反转实现的，要求摇臂升降电动机能双向启动。

(3) 立柱的松紧也是由电动机的转向来实现的，要求立柱松紧电动机能双向启动。

(4) 需要一台冷却泵电动机提供冷却液，而且要求单向启动。

(5) 采用十字开关对主轴电动机和摇臂升降电动机进行操作。

(6) 控制线路的电源电压应为127V。

(7) 具有安全的局部照明装置。

4. 铣床的功能特点

铣床主要有立式铣床、卧式铣床、龙门式铣床、仿形铣床和万能铣床等。目前比较常见的为万能铣床，图4-66所示为典型万能铣床的实物外形图。该万能铣床主要由底座、悬梁、主轴、工作台、主轴变速盘等组成。其主要的控制电器包括主轴电动机、进给电动机、冷却液泵电动机、启动按钮、电源开关、主轴变速瞬动开关等控制电器，这些控制电器将控制铣床的进给、升降运动等。

铣床的主运动是主轴带动刀杆和铣刀的旋转运动。铣床的进给运动是工件相对于铣刀的移动，悬梁可以沿着水平方向移动，刀杆支架可以在悬梁水平移动，以便安装不同的轴。铣床的辅助运动是工作台在六个方向的快速移动，即升降台沿垂直导轨的上下移动、溜板沿水平导轨的横向移动、溜板可转动部分在导轨上做垂直于主轴线方向的纵向移动以及工作台的前后移动。

(二) 机床控制线路的分析方法

机床控制线路的结构较为复杂，在分析识读机床控制电路时，首先应了解线路的组成，即搞清机床控制线路是由哪些主要电气部件构成的，各电气部件的连接关系有哪些特点。

然后，在此基础上进一步明确机床控制线路所实现的大体功能，即从电动机与机床设备的连接关系入手搞清机床设备能够完成哪些动作，这些动作之间有什么联系。

当大体了解了机床控制线路的结果和功能后，即可从机床控制线路的控制部件入手，理清工作流程。最终，全面掌握机床控制线路的控制关系和电路工作细节。

六、思考题

(一) 选择题

1. 铣床的主运动是主轴带动(　)和(　)的旋转运动。

　A. 刀杆　B. 铣刀　C. 钻头　D. 悬梁

2. 铣床的辅助运动是工作台在(　)个方向的快速移动。

　A. 2　B. 4　C. 6　D. 8

3. 页面中，我们常看到横向或纵向有“1,2,3,4,5,6,7,8,9…..”等数据表示的间距的排列，他们的意义在于(　)

　A. 为了图纸美观　B. 实现参考作用

　C. 意义不大，没有他们也可以实现参考　D. 一种国标

4. PCSchematic 中的符号文件格式是(　)

　A *.PRO　B *.SYM　C. *.STD　D *.DWG

(二) 填空题

1. 常用的机床设备根据功能用途可以分为________、________、________、________、________。

2. 常见磨床主要有________、________以及________三种。

3. 钻床主要作用是对工件进行________、________、________、________以及________等操作。

4. 铣床的种类主要有________、________、________、________和________铣床等几种。

5. 主轴电动机主要用来带动机床的________和________。

6. 主轴电动机是通过________来实现变速的。

单元五　变频控制系统的识读与绘制

【学习目标】

了解变频控制系统的结构组成和基本原理，根据对具体的电动机控制线路的分析，掌握变频控制系统的识读方法和绘制方法。

项目一　自动传输设备的变频控制系统

一、项目下达

(一) 项目说明

在现代工业自动化生产中，有各种各样的传输设备来实现对工件及货物的自动传输控制。图 5－1 所示为自动传输设备的示意图。M1 为三相异步电，应用该电动机带动蜗轮蜗杆传动机构，再驱动传送带实现往复运动。SQ1～SQ4 为光电传感器，检测工件的运行位置。

设计该设备控制系统，实现对工件的自动传输控制，其控制要求如下：当工件靠近 SQ1 感应区域时，按动“启动”按钮，传送带高速正向运转，驱动工件快速向右运动，当到达 SQ3 感应区域时，自动转换为低速运转，到达 SQ4 感应区域时电机停转，工件停止运动。等待约 10s 后，自动控制传送带高速反向运转，驱动工件快速向左运动，当返回到达 SQ2 感应区域时，自动转换为低速运转，到达 SQ1 感应区域时电机停转，完成自动传输流程。当传输过程中出现异常情况时，按动“急停”按钮，则立即暂停传输带的运动。自动传输设备的电气原理图如图 5－2 所示。

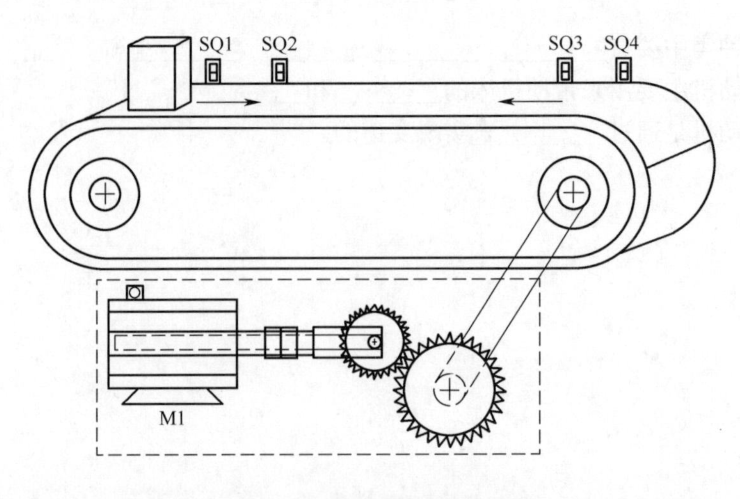

图 5－1　自动传输设备的示意图

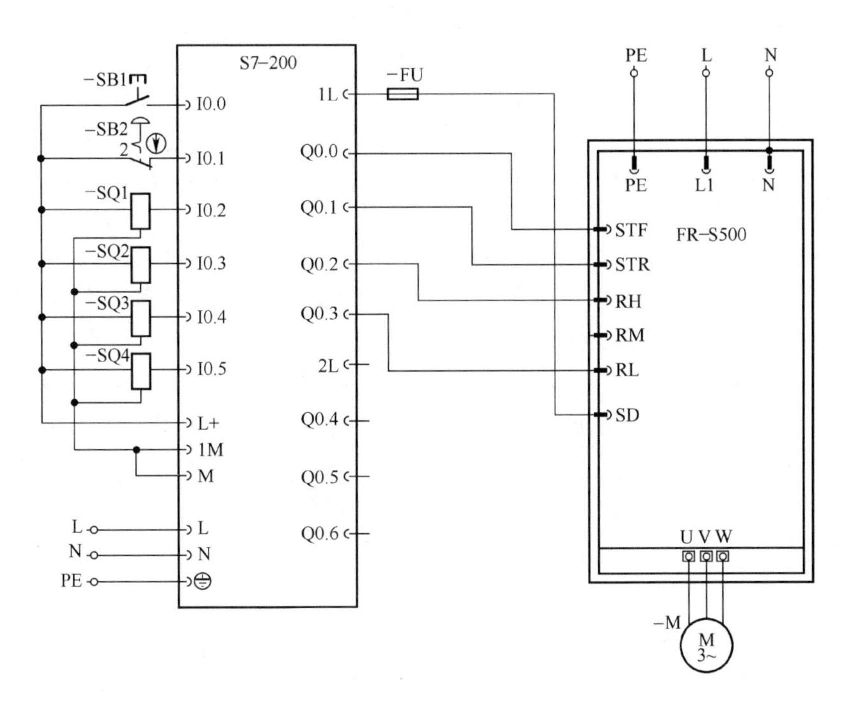

图 5-2　自动传输设备的电气原理图

（二）绘制要求

新建绘图模板“页面模板 A3.SYM”，如图 5-3 所示。然后把建好的模板插入到单元三中已建好的设计方案模板 PCSDEMO1.pro 的页面 5、6、7、8、9、10 中，然后另存模板为 PCS-DEMO2.pro。从左到右的页面分别是设计主题、章节目录表、详细目录表、安装描述、章节划分(电气原理图)、电气原理图(共四张)、章节划分(机械外观布局)、平面图/机械图(共两张)、章节划分(清单表)、零部件清单、元件清单、电缆清单、接线端子清单。然后在这个设计方案中完成本项目的电气原理图、机械外观布局图及各类清单的设计及绘制。

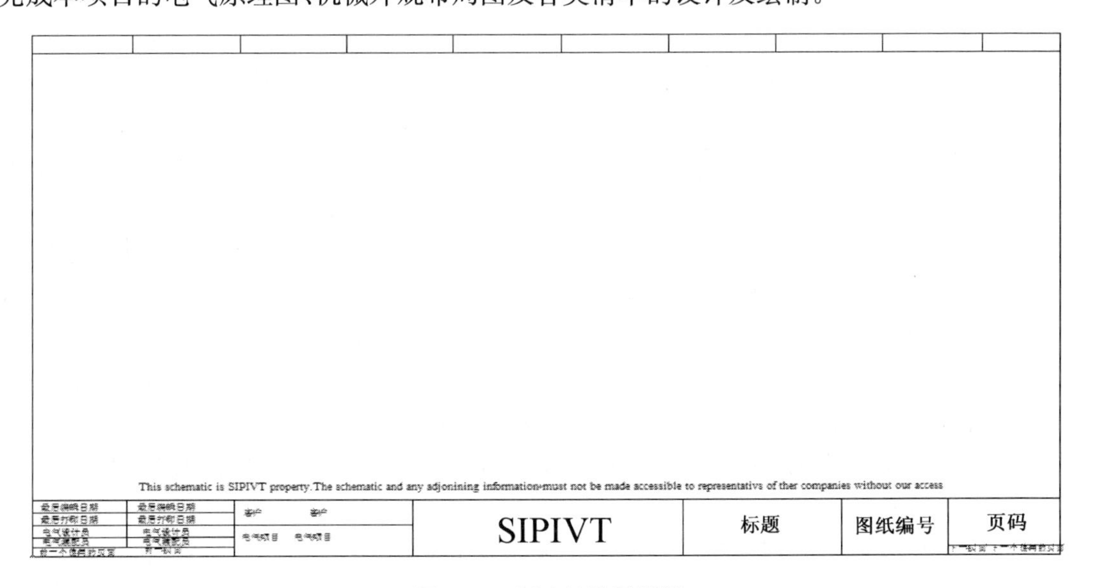

图 5-3　新建的绘图模板

二、项目分析

（一）识读分析

本项目使用的 PLC 为主控制器，选用西门子公司的 S7－200 系列，I0.0 到 I0.5 都为输入继电器端子，依次接起动按钮 SB1、急停按钮 SB2、左极限位传感器 SQ1、次左极限位传感器 SQ2、次右极限位传感器 SQ3、右极限位传感器 SQ4，这四个传感器都是三线制 PNP 型。L＋是内部 24VDC 电源正极，为外部传感器或输入继电器供电。M 是内部 24VDC 电源负极，接外部传感器负极或输入继电器公共端。关于 PLC 的知识详见单元六的相关内容。

变频器使用三菱公司的 FR－S500 系列，SD 为接点输入公共端，跟 S7－200 的输出继电器的公共端口 1L 相连。STF 为正转启动端子，STR 为反转启动端子，RH、RM、RL 分别是多段速度选择的高速端子、中速端子及低速端子。STF、STR、RH、RL 分别跟 S7－200 的输出继电器端子 Q0.0、Q0.1、Q0.2、Q0.3 连接。具体连接如图 5－2 所示。

（二）绘制分析

设计流程及运用的基础知识点如表 5－1 所列。

表 5－1

设 计 流 程	运用的基础知识点
步骤一：新建绘图模板	新建绘图模板
步骤二：在建好的设计方案模板中使用新绘图模板	在设计方案中工作
步骤三：使用数据库绘制电气原理图	数据库的使用，旋转、垂直镜像、水平镜像、移动、对齐等编辑功能
步骤四：机械外观布局图的绘制	数据库的使用，自动生成机械外观图
步骤五：更新所有清单	数据库的使用，更新所有清单

三、必备知识

（一）变频器的功能特点

1. 概述

各国使用的交流供电电源，无论是用于家庭还是用于工厂，其电压和频率均为 200V/60Hz(50Hz)或 100V/60Hz(50Hz)。通常，把电压和频率固定不变的交流电变换为电压或频率可变的交流电的装置称作“变频器”。为了产生可变的电压和频率，该设备首先要把电源的交流电变换为直流电（DC）。把直流电（DC）变换为交流电（AC）的装置，其科学术语为“inverter”（逆变器）。由于变频器设备中产生变化的电压或频率的主要装置叫“inverter”，故该产品本身就被命名为“inverter”，也就是“变频器”。用于电机控制的变频器，既可以改变电压，又可以改变频率。但用于荧光灯的变频器主要用于调节电源供电的频率。汽车上使用的由电池（直流电）产生交流电的设备也以“inverter”的名称进行出售。变频器的工作原理被广泛应用于各个领域。例如计算机电源的供电，在该项应用中，变频器用于抑制反向电压、频率的波动及电源的瞬间断电。

变频器是利用电力半导体器件的通断作用将工频电源变换为另一频率的电能控制装置。现在使用的变频器主要采用交—直—交方式，先把工频交流电源通过整流器转换成直流电源，然后再把直流电源转换成频率、电压均可控制的交流电源以供给电动机。变频器的电路一般由整流、中间直流环节、逆变和控制四个部分组成，如图 5-4 所示。

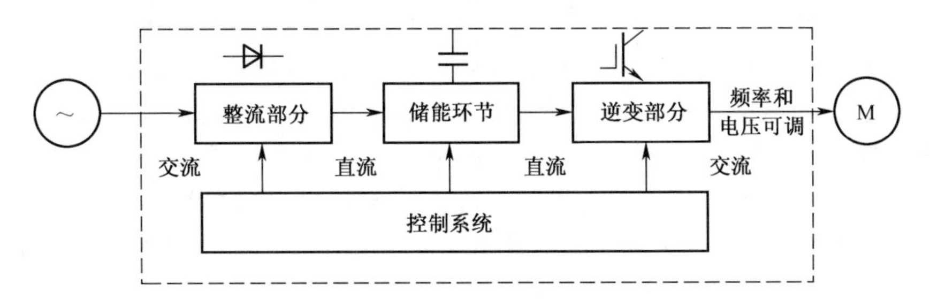

图 5-4　交—直—交型通用变频器系统框图

2. 变频器工作

变频器主要由整流（交流变直流）、滤波、再次整流（直流变交流）、制动单元、驱动单元、检测单元、微处理单元等组成的。

以控制频率为目的的变频器，是做为电机调速设备的优选设备。电机旋转速度单位为每分钟旋转次数，表示为 r/min 。例如：2 极电机 50Hz，3000r/min；4 极电机 50Hz，1500r/min。因此，电机的旋转速度同频率成比例。频率能够在电机的外面调节后再供给电机，这样电机的旋转速度就可以被自由的控制。由 $n = 60f/p$（n：同步速度；f：电源频率；p：电机极对数）得出结论，改变频率和电压是最优的电机控制方法。

如果仅改变频率而不改变电压，频率降低时会使电机出于过电压（过励磁），导致电机可能被烧坏。因此变频器在改变频率的同时必须要同时改变电压。输出频率在额定频率以上时，电压却不可以继续增加，最高只能是等于电机的额定电压。例如：为了使电机的旋转速度减半，把变频器的输出频率从 50Hz 改变到 25Hz，这时变频器的输出电压就需要从 400V 改变到约 200V。

3. 变频器选型

变频器选型时要确定以下几点：

（1）采用变频的目的：恒压控制或恒流控制等。

（2）变频器的负载类型：如叶片泵或容积泵等，特别注意负载的性能曲线，性能曲线决定了应用时的方式方法。

（3）变频器与负载的匹配问题：① 电压匹配：变频器的额定电压与负载的额定电压相符。② 电流匹配：普通的离心泵，变频器的额定电流与电机的额定电流相符。对于特殊的负载如深水泵等则需要参考电机性能参数，以最大电流确定变频器电流和过载能力。③ 转矩匹配：这种情况在恒转矩负载或有减速装置时有可能发生。

（4）在使用变频器驱动高速电机时，由于高速电机的电抗小，高次谐波增加导致输出电流值增大。因此用于高速电机的变频器的选型，其容量要稍大于普通电机的选型。

（5）变频器如果要在长电缆的情况下运行时，此时要采取措施抑制长电缆对地耦合电容的影响，避免变频器出力不足，所以在这样情况下，变频器容量要放大一挡或者在变频器的输出端安装输出电抗器。

（6）对于一些特殊的应用场合，如高温、高海拔，此时会引起变频器的降容，变频器容量要放大一挡。

4. 常见故障分析

（1）过流故障：过流故障可分为加速过流、减速过流、恒速过流故障。其可能是由于变频器的加减速时间太短、负载发生突变、负荷分配不均、输出短路等原因引起的。这时一般可通过延长加减速时间、减少负荷的突变、外加能耗制动元件、进行负荷分配设计、对线路进行检查等方法减少故障的发生。如果断开负载变频器还是过流故障，说明变频器逆变电路已环，需要更换变频器。

（2）过载故障：过载故障包括变频过载和电机过载。其可能是加速时间太短、电网电压太低、负载过重等原因引起的。一般可通过延长加速时间、延长制动时间、检查电网电压等方法减少故障的发生。负载过重，所选的电机和变频器不能拖动该负载，也可能是由于机械润滑不好引起。如是前者则必须更换大功率的电机和变频器；如为后者则要对生产机械进行检修。

（3）欠压：说明变频器电源输入部分有问题，需检查后才可以运行。

（二）常用变频器的基本配线图及端子板

1. 三菱变频调速器 FR－S500

1）配线图、端子板及常用参数

三菱变频器控制电路以单片机为核心，构成变频器控制中心。它由主控制板、操作面板、直流电源、外部控制端子及通信接口等组成。其为主电路提供控制信号，具有设定和显示运行参数、信号检测、系统保护等功能。其外观图及铭牌如图 5－5 所示。型号名称的具体含义如图 5－6 所示。三菱 S500 系列变频器主要有以下几种型号：FR－S520S－0.4K～1.5K、FR－S540－0.4K～3.7K、FR－E520－0.4K～7.5K、FR－E540－0.75K～7.5K、FR－F540－0.75K～75K 和 FR－A540－0.4K～110K 。三菱变频器与电源和电机相接的端子如图 5－7 所示。其输入输出接线图如图 5－8 所示。控制回路端子相关信息如表 5－2 及图 5－9 所示，主电路接线端子如表 5－3 所列。

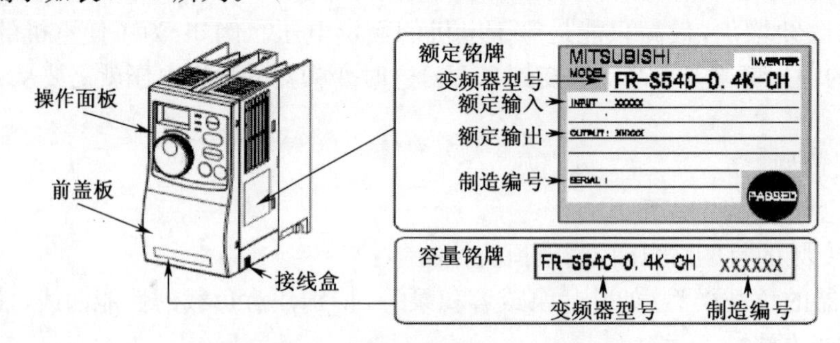

图 5－5　FR－S500 外观图及铭牌

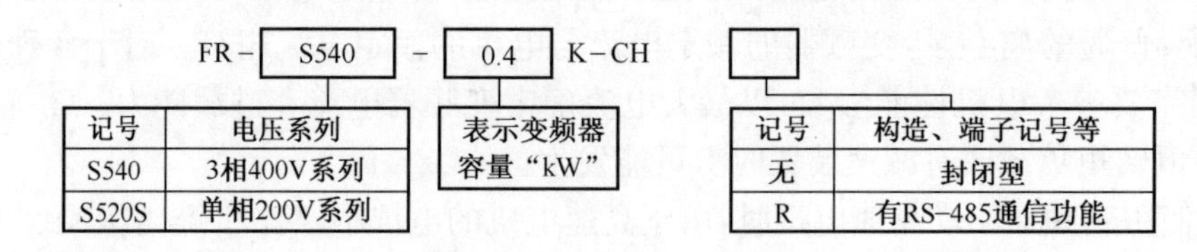

图 5－6　型号名称的含义

2）变频调速回路示例

操作单元(PU)运行模式接线图如图 5－10 所示，此时 L1、N、PE 端子接电源输入信号 220V 交流电，U、V、W 接三相异步电动机。具体操作步骤：按动“RUN”键，电机逐渐加速运转；调节频率设定旋钮，可连续调节变频器的输出频率，对电机实现无级调速；按动“STOP”键，电机逐渐减速停转；设定参数 P79＝1，由 P7、P8 设置加速、减速时间；由 P1、P2 设置频率调节范围。

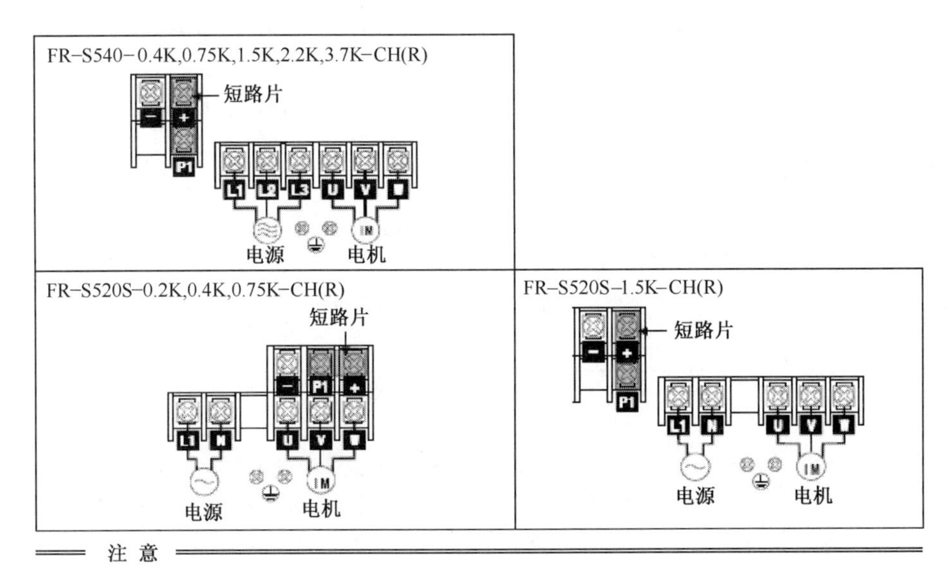

图5-7　三菱变频器与电源和电机相接的端子

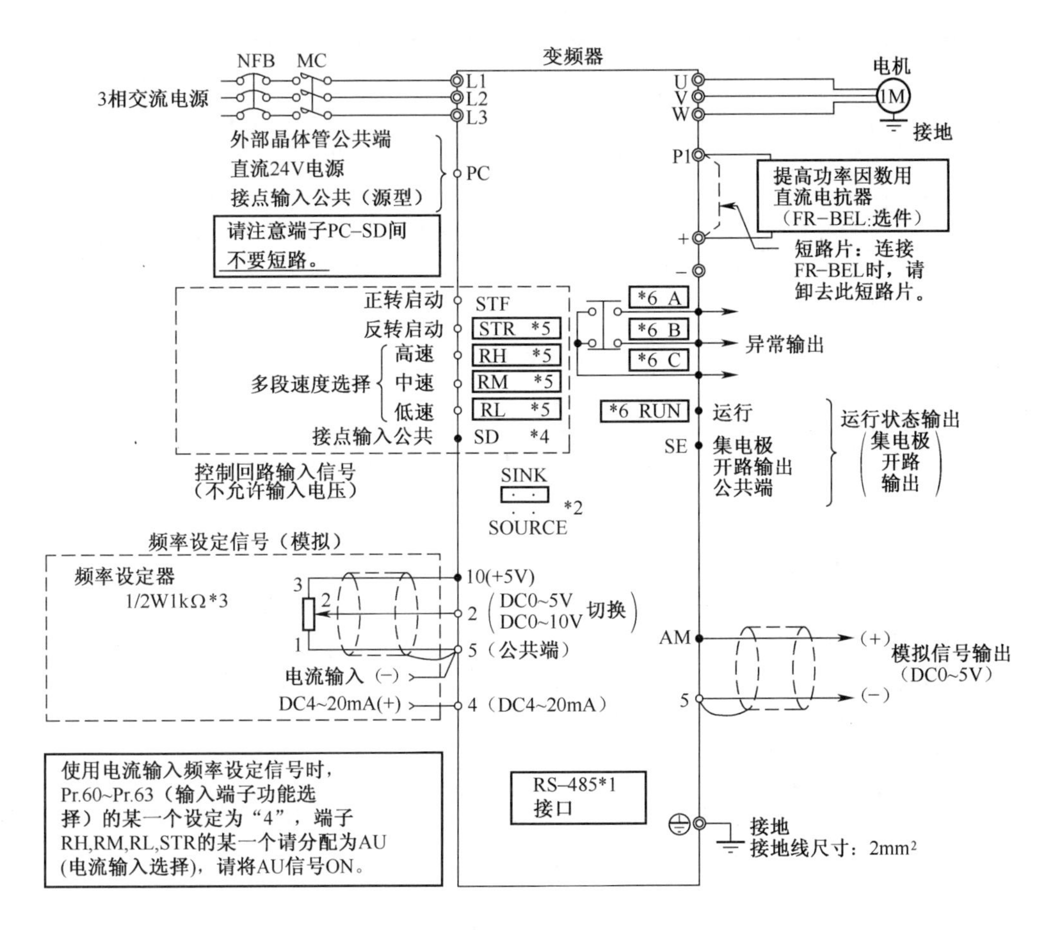

图5-8　三菱变频器的输入输出接线图

◎—主回路端子；○—控制回路输入端子；●—控制回路输出端子。

表 5-2

<table>
<tr><th colspan="3">端子记号</th><th>端子名称</th><th colspan="2">内 容 说 明</th></tr>
<tr><td rowspan="7">输入信号</td><td rowspan="3">接点输入</td><td>STF</td><td>正转启动</td><td>STF 信号 ON 时为正转,OFF 时为停止指令</td><td>STF,STR 信号同时为 ON 时,为停止指令</td></tr>
<tr><td>STR</td><td>反转启动</td><td>STR 信号 ON 时为反转,OFF 时为停止指令</td><td rowspan="3">根据输入端子功能选择(Pr. 60～Pr. 63)可改变端子的功能(＊4)</td></tr>
<tr><td>RH,RM,RL</td><td>多段速度选择</td><td rowspan="2">可根据端子 RH,RM,RL 信号的短路组合,进行多段速度的选择。
速度指令的优先顺序是 JOG,多段速设定(RH,RM,RL,REX),AU</td></tr>
<tr><td colspan="2">SD(＊1)</td><td>接点输入公共端(漏型)</td></tr>
<tr><td colspan="2" rowspan="2">PC(＊1)</td><td rowspan="2">外部晶体管公共端
DC24V 电源
接点输入公共端(源型)</td><td colspan="2">此为接点输入(端子 STF,STR,RH,RM,RL)的公共端子。
端子 5 和端子 SE 被绝缘</td></tr>
<tr><td colspan="2" rowspan="2">当连接程序控制器(PLC)之类的晶体管输出(集电极开路输出)时,把晶体管输出用的外部电源接头连接到这个端子,可防止因回流电流引起的误动作。
PC-SD 间的端子可作为 DC24V 0.1A 的电源使用。
选择源型逻辑时,为输入接点信号的公共端子</td></tr>
<tr><td colspan="2"></td><td></td></tr>
</table>

表 5-3

端子记号	端子名称	内　　容
L_1,L_2,L_3(注)	电源输入	连接工频电源
U,V,W	变频器输出	接三相鼠笼电机
—	直流电压公共端	这是直流电压公共端。电源及变频器输出没有绝缘
+,P1	连接改善功率因数直流电抗器	拆开端子+－P1 间的短路片,连接选件改善功率因数用直流电抗器(FR-BEL)
⏚	接地	变频器外壳接地用,必须接大地
注:单相电源输入时,变成 L1,N 端子		

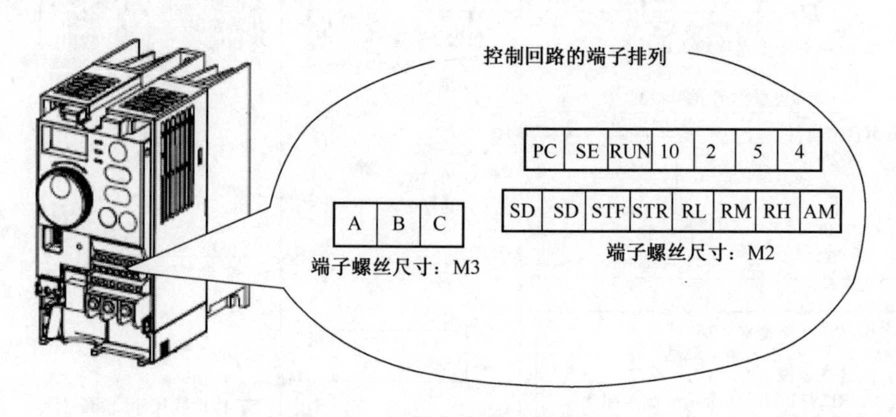

图 5-9 控制回路的端子排列

外部控制的运行模式接线图如图 5-11 所示,此时 L1、N、PE 端子接电源输入信号 220V 交流电,U、V、W 接三相异步电动机,控制回路的端子排 STF、STR、RH、RM、SD 外接了选择开关 SA1 和 SA2。SA1 是三位选择开关，控制电机正转 / 停止 / 反转。SA2 是两位选择开关，控制电机高速 / 低速运行。设定 P79＝2，由参数 P4 设定高速对应的频率，由参数 P6 设定低速对应的频率。

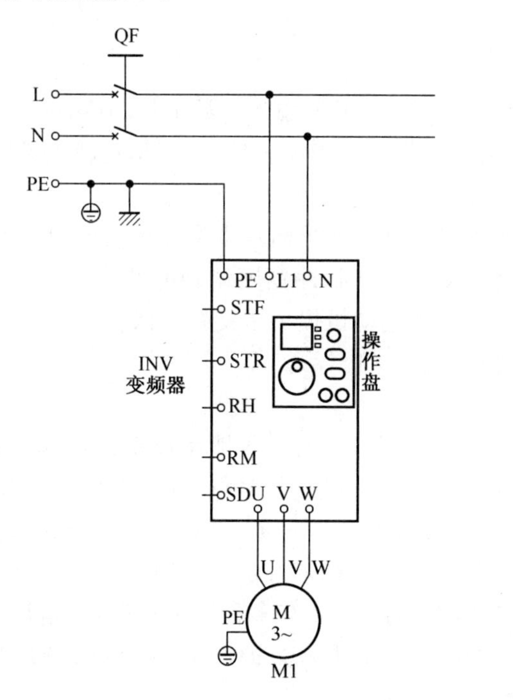

图 5 - 10 操作单元(PU)运行模式接线图

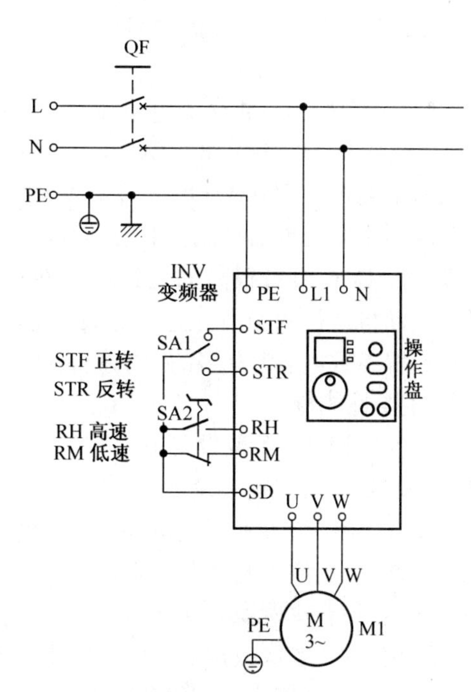

图 5 - 11 外部控制的运行模式接线图

外部组合控制模式接线图如图 5 - 12 所示，此时 L1、N、PE 端子接电源输入信号 220V 交流电，U、V、W 接三相异步电动机，控制回路的端子排 STF、STR 与 SD 之间外接了继电器 KA1、KA2 的常开触点。联锁开关 SB2、SB3，常闭按钮 SB1，继电器 KA1、KA2 等组成继电接触回

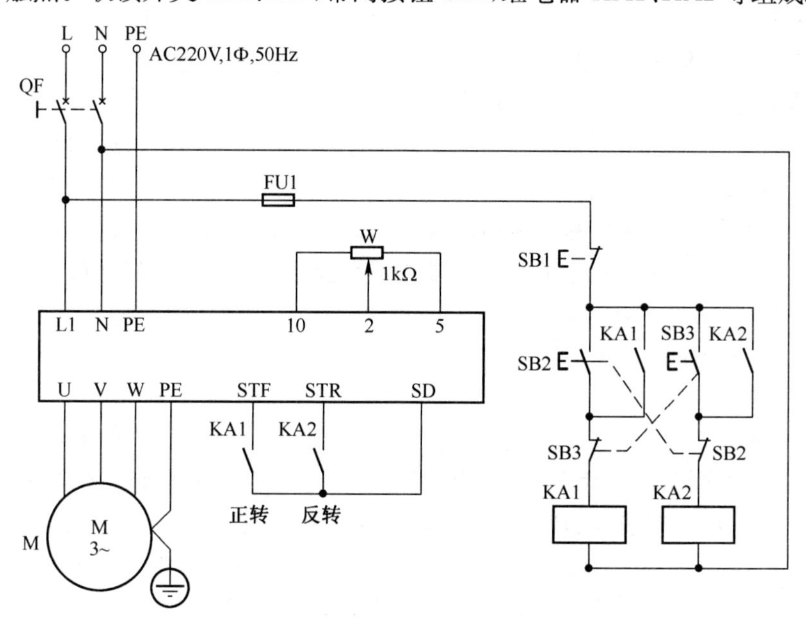

图 5 - 12 外部组合控制模式接线图

路，控制继电器 KA1、KA2 的常开触点的断开和闭合。按动 SB2 则电机正转，按动 SB3 则电机反转，按动 SB1 则电机停转。变频器端子 10、2、5 上连接的是电位器 W，调节 W 则实现连续调节变频器输出频率，对电机实现无级调速。设定 P79＝3。

2. 西门子通用型变频器 MM440

1）简介

MM440 为控制三相交流电机速度的变频器系列产品。多种输入电源电压：1Φ AC200～240V，3Φ AC200～240V，3Φ AC380～480V；额定功率范围：120W～200kW（恒定转矩 CT 控制方式），最高可达 250kW（可变转矩 VT 控制方式）。

变频器由微处理器控制，采用具有现代先进技术水平的绝缘栅双极型晶体管（IGBT）作为功率输出器件，具有很高的运行可靠性和功能的多样性。脉冲宽度调制的开关频率可选，降低了电动机运行的噪声。完善的保护功能为变频器和电动机提供了良好的保护。具有缺省的工厂设置参数，是为众多的电机控制系统供电的理想变频驱动装置。

2）主要性能特征

易于安装调试，参数设置范围广，适用于各种应用对象；具有多种频率设定方式（电动电位计、模拟输入、固定频率设定、点动及串行通信接口等）；矢量控制、多点 V/f（输出电压跟频率成正比）控制特性改善了电机的控制特性；快速电流限制功能，避免了运行中不应有的跳闸停机；内置的直流注入制动及复合制动功能改善了制动特性；加速/减速斜坡特性具有可编程的平滑功能；具有比例积分和微分 PID 控制功能的闭环控制；具有多种保护功能：过电压/欠电压，短路保护，接地故障保护，变频器过热保护，电动机过热保护，PTC 电机保护；内置 RS485 通信接口易于实现网络化配置和运行。

具有多种可选件供选用：基本操作面板 BOP；高级操作面板 AOP；通信模块；现场总线 PROFIBUS 通讯模块。

3）MM440 变频器结构图

MM440 变频器结构图如图 5-13 所示。

4）控制端子

MM440 变频器控制端子功能如表 5-4 所列。控制端子位置图如图 5-14 所示。

5）基本操作板 BOP

使用操作面板可直接控制变频器运行，或更改变频器的各类参数，操作版实物如图 5-15 所示。运行时显示变频器实际输出频率、电流、电压等参数，或显示报警、故障信息代码。参数设定时显示参数的序号、参数的设定值和实际值。注意，“Pxxxx”可设置数值的参数（读出和写入）；“r xxxx”只读参数，用于监控变频器内部状态和过程参数实际值；“Axxxx”为报警号、“Fxxxx”为故障信息。在运行状态下，按动“jog”无效。应在“启动”变频器运行状态下，按动“反转”改变电机转向。

6）常用参数

参数访问过滤：P0003、P0004、P0010；电源电压选择：P0100；数字输入 DIN1-8 功能设置：P0701～P708；数字输出 DOU1-3 功能设置：P0731～P0733；选择命令源：P0700；选择频率设定值：P1000；固定频率设置：P1001～P1015；点动频率设置：P1058～P1061；与频率相关的设定：P1080、P1082、P1120、P1121、P1130～P1133；电动机参数：P0300～P0335、P0640；变频器应用：P0205、P0290、P1300、P1500、P1800；调试复位：P3900、P0970；MOP 的设定：P1031、P1032、P1040。

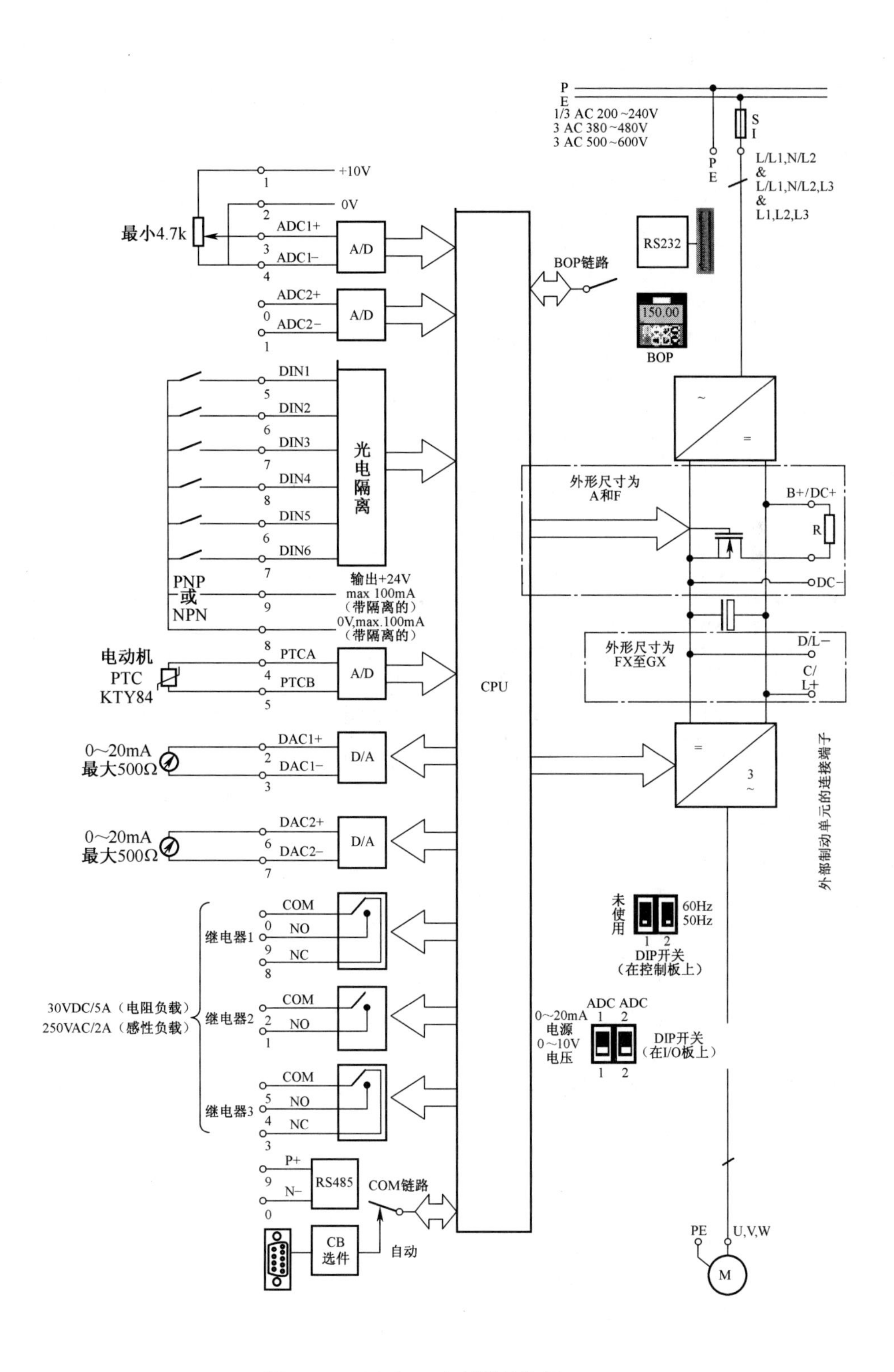

图 5-13　MM440 变频器结构图

表 5-4

端子号	标识符	功　　能
1	—	输出+10V
2	—	输出 0V
3	ADC1+	模拟输入 1(+)
4	ADC1-	模拟输入 1(-)
5	DIN1	数字输入 1
6	DIN2	数字输入 2
7	DIN3	数字输入 3
8	DIN4	数字输入 4
9	—	带电位隔离的输出+24V/最大,100mA
10	ADC2+	模拟输入 2(+)
11	ADC2-	模拟输入 2(-)
12	DAC1+	模拟输出 1(+)
13	DAC1-	模拟输出 1(-)
14	PTCA	连接温度传感器 PTC/KTY84
15	PTCB	连接温度传感器 PTC/KTY84
16	DIN5	数字输入 5
17	DIN6	数字输入 6
18	DOUT1/NC	数字输出 1/NC 常闭触头
19	DOUT1/NO	数字输出 1/NO 常开触头
20	DOUT1/COM	数字输出 1/切换触头
21	DOUT2/NO	数字输出 2/NO 常开触头
22	DOUT2/COM	数字输出 2/切换触头
23	DOUT3/NC	数字输出 3/NC 常闭触头
24	DOUT3/NO	数字输出 3/NO 常开触头
25	DOUT3/COM	数字输出 3/切换触头
26	DAC2+	数字输出 2(+)
27	DAC2-	数字输出 2(-)
28	—	带电位隔离的输出 OV/最大 100mA
29	P+	RS485 串口
30	P-	RS485 串口

图 5 - 14　MM440 变频器控制端子位置图

图 5 - 15　操作版实物

四、项目实施

(一) 新建绘图模板

在 PCschematic 中新建页面及添加页面的时候，页面原先都是空的，当通过页面数据调用其中的绘图模板后，才会有相应格式的模板。建绘图模板跟建符号有很多相似之处，其后缀名称也是“*.sym”。进入符号菜单中，可以看到已建好的绘图模板，如图 5 - 16 所示，每次使用时可以直接调用现有的绘图模板。当现有的绘图模板不能满足使用时，就需要新建绘图模板，新建绘图模板的具体过程可以分为以下几个步骤来实现。

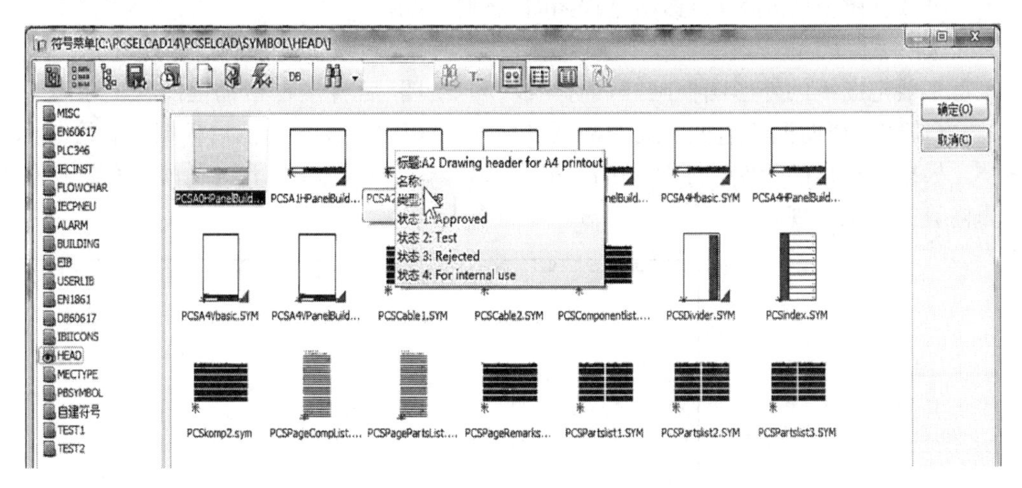

图 5 - 16　建好的绘图模板

1. 打开帮助框

跟创建新符号的过程一样，先进入“符号菜单”，然后在菜单栏中点击“创建新符号”，进入创建新符号页面中，在程序工具栏中点击“页面数据”，在“页面设置”对话框中设置图纸为 A3。A3 图框的大小可以通过打开帮助框来实现绘制，在菜单栏中点击“设置”-“指针/屏幕”，在“帮助框”项前打勾，如图 5 - 17 所示。按确定后，空白页面上显示出 A3 大小的图框。

图 5-17　打开帮助框

2. 放置参考点

PCschematic 的一个规范是出入模板的时候是以左下角定点为参考点的，因此要把所有的参考点都放在图框的左下角，移动过程如图 5-18 所示。

3. 布局

接下来要把图纸的外形图框画好，选择“线”和“绘图”后直接在帮助框所在的位置上面绘制图框，覆盖整个帮助框的边框。线的颜色、尺寸都可以进行设置。然后根据需要绘制标题栏的线框。根据本项目的绘制要求所画的图框布局如图 5-19 所示。尺寸的确定可以用相对坐标或栅格等方法来实现。

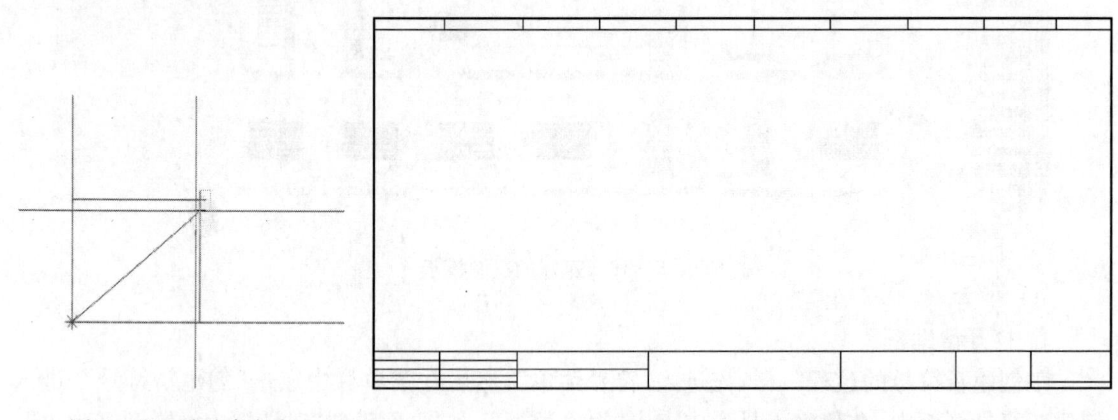

图 5-18　移动参考点　　　　图 5-19　图框布局

4. 放置需要的字段

布局好了后，要插入字段。字段有两种，一种为数据字段，另一种是自由文本。通过插入数据字段来实现。在菜单栏中点击“插入”-“插入数据字段”后进入“数据字段”对话框，在“设计方案数据”中选择“最后编辑日期”，在“前面的文字”中填写“最后编辑日期:”，如图 5-20 所示。按“确定”后，把两个字段放置到对应位置，放置后的图形如图 5-21 所示。按需要分别放置对应的字段，最后的效果如图 5-22 所示。

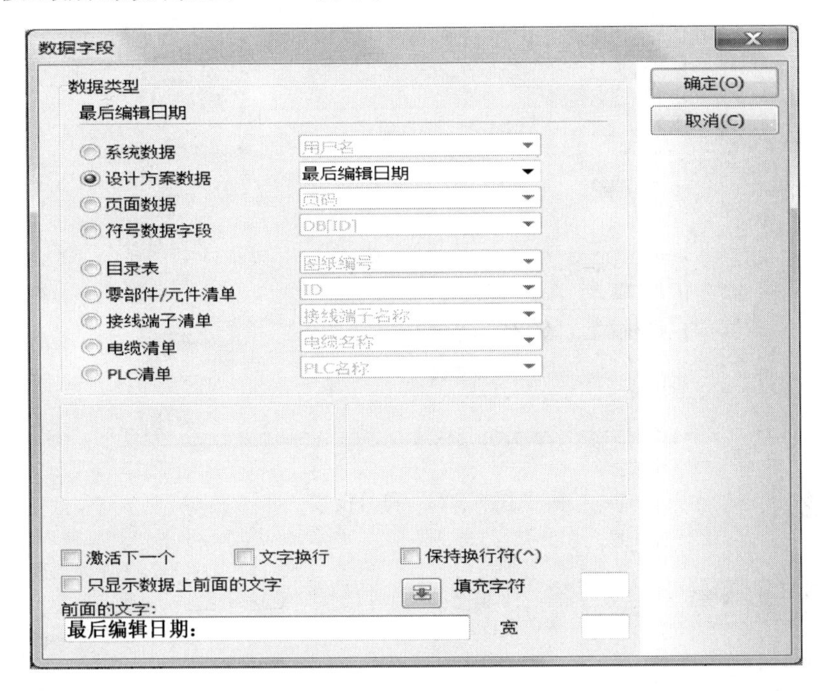

图 5-20　“数据字段”对话框

最后编辑日期:	最后编辑日期:

图 5-21　数据字段放置后

最后编辑日期:	最后编辑日期	客户	客户	SIPIVT	标题	图纸编号	页码
最后打印日期:	最后打印日期						
电气设计员:	电气设计员	电气项目	电气项目				
电气装配员:	电气装配员						

图 5-22　最终效果

5. 保存绘图模板

在菜单栏中点击“文件”-“另存为”，弹出“符号设置”对话框，如图 5-23 所示，标题填写为“页面模板 A3”，然后把模板保存到 MISC 文件夹中。

(二) 在建好的设计方案模板中使用新绘图模板

与单元四中的方法相同，先打开建好的设计方案模板 PCSDEMO1. pro，进入需要更新绘图模板的页面中，在程序工具栏中点击“页面数据”，进入“设置”-“页面数据”对话框中，点击“选择图纸标题栏”，如图 5-24 所示。选择“有图纸标题栏”，然后进入到符号菜单中找到刚建好的绘图模板“页面模板 A3. SYM”，按“确定”后，页面更新为新的绘图模板，另存该设计方案模板为 PCSDEMO2. pro。又把该设计方案另存为自动传输设备 . pro，并存放在合适的盘里。

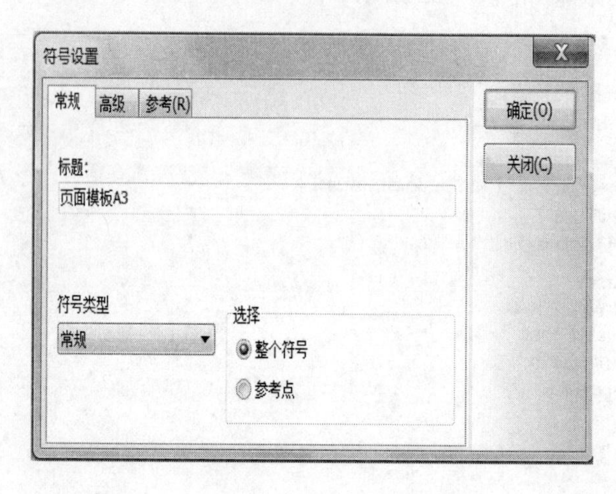

图 5 - 23　符号设置

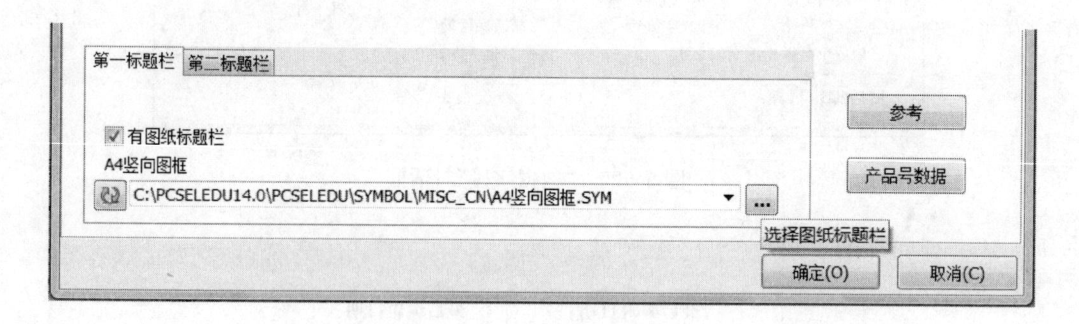

图 5 - 24　选择图纸标题栏

(三) 使用数据库绘制电气原理图

在设计方案自动传输设备 . pro 中打开原理图页面，在页面 5 中绘制电气原理图。若页面 6、7、8 不使用，可以将其删除。

1. 创建变频器及 PLC 的电气图符号

跟单元二中创建符号的方法一样，在自动传输设备 . pro 设计方案中，按快捷键[F8]进入符号菜单，点击“创建新符号”。进入新建符号页面，在程序工具栏中选择“符号数据”和“绘图”，点击参考点，在绘图区域先画上一个参考点，此点作为新建符号的中心点。之后，按所需要的图形符号来进行绘制和创建，如图 5 - 26 所示。把新建的西门子 PLC 电气符号取名为 S7 - 200. sym，新建的三菱变频器电气符号取名为 FX2N. sym，并存在 USER 文件夹里。

2. 添加数据库信息

在菜单栏中点击“工具”-“数据库”，如图 5 - 26 所示。进入数据库中，可以添加数据库信息。首先点击正下方的“+”，插入一条数据库新记录，把对应项全部填好后，再点击更新数据，保存刚才的修改，如图 5 - 27 所示。具体操作步骤参考单元四的相关内容。

3. 使用数据库绘制原理图

在页面 5 中，按键盘上的快捷键[D]，进入数据库中，在数据库中找到需要的元件数据。例如

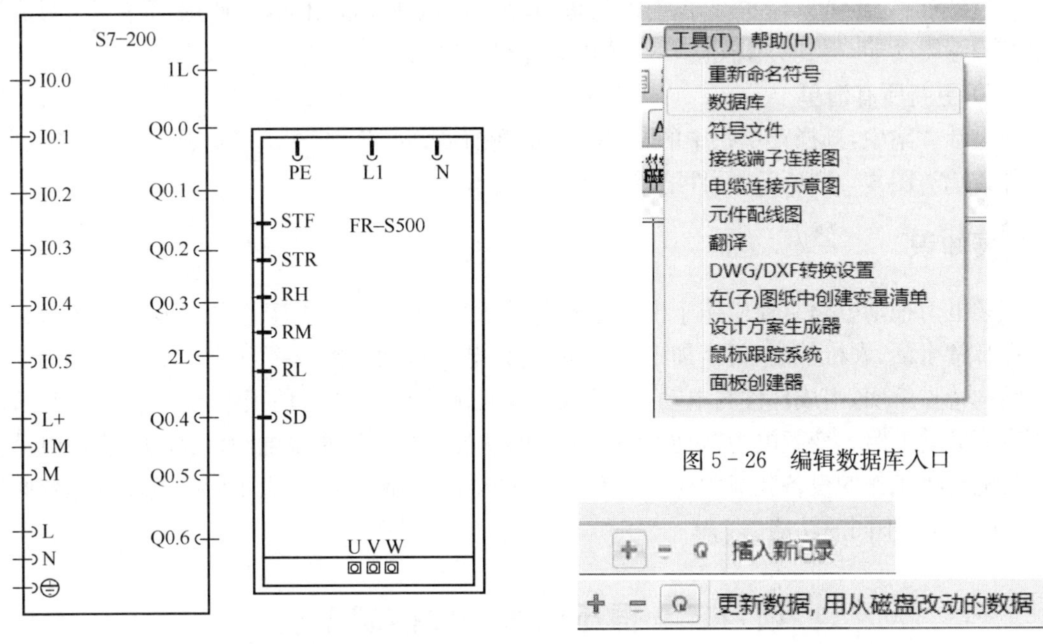

图 5-25　新建的图形符号

图 5-26　编辑数据库入口

图 5-27　添加数据库

要画变频器时，在数据库中点击“驱动器”选项，将显示图 5-28 所示的数据，选中第 166 条的数据，按“确定”按钮后，就会在原理图中跳出该元件的电气原理图，且包含了该元件的数据库信息。剩下的所有元件都按这个方法使用数据库来绘制，并把找到的符号放置在合适的位置。

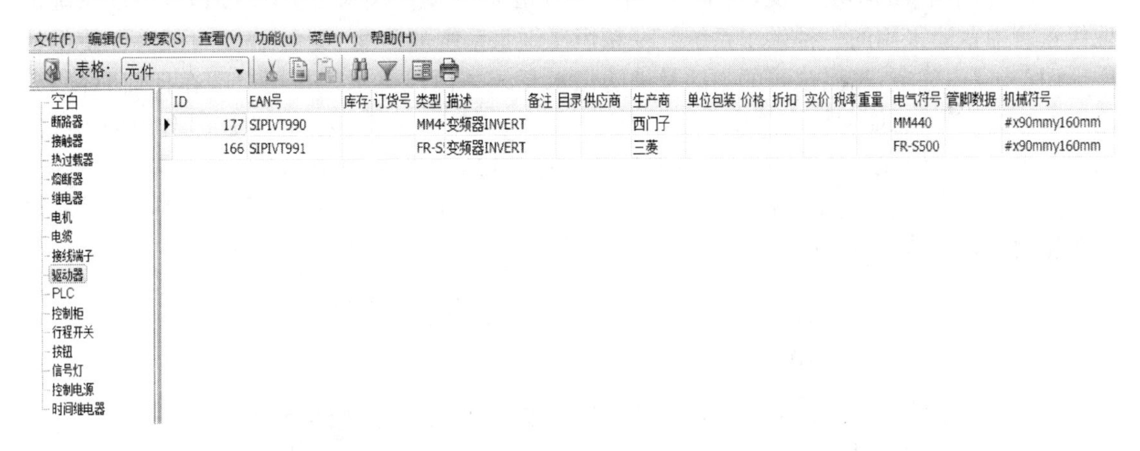

图 5-28

4. 整理元件符号及连线

使用数据库，并正确、完整地放置了所有元件符号后，再使用“对齐”、“旋转”、“间隔”、“移动”等编辑命令来整理所有的元件符号的相对位置，以及使用文字编辑功能对原理图中的文字符号进行编辑，最后再进行连线，绘制成如图 5-2 所示的自动传输设备的电气原理图。

（四）机械外观布局图的绘制

在使用数据库的基础上能够轻松地得到机械外观布局图。

在本项目中，给控制线路原理图中的每个元器件都加载数据库信息，然后进入本设计方案中的页面 9，在该页面中的空白处点击鼠标右键，弹出图 3-84 的选项，点击“放置机械符号”。

之后，再在空白处点击鼠标左键，所有的机械符号会堆积在一起出现，再使用“间隔”、“对齐”、“移动”等编辑功能，得到类似图 3-85 的机械外观布局图。

（五）更新所有清单

在设计方案中，选择菜单栏中的“清单”-“更新所有清单”，如图 3-86 所示。最后得到的零部件清单类图 3-88 所示，元件清单图 3-87 所示。

五、拓展知识

变频电力拖动电路主要应用于生产过程中，可对水泵、风机、机床等电力拖动设备进行控制。在日常生活、农机控制、机床加工生产中，变频电力拖动电路发挥着非常重要的作用。其电路结构特点鲜明，组成部件与电动机联系紧密，也就是说，只要有使用电动机的地方，都可以采用变频驱动电路。变频电力拖动电路最主要的功能就是控制水泵电动机、风机、机床电动机等依靠电动机工作的设备完成相应的工作，不同的电路控制关系，是由不同的电动机和变频器组合，从而实现不同的功能。

项目二　恒压供水变频控制系统

一、项目下达

（一）项目说明

随着现代城市的不断开发，传统的供水系已无法满足用户供水需求，变频恒压供水系统是现代建筑中普遍采用的一种供水系统。变频恒压供水系统的节能、安全、高质量的特性使得其广泛用于工厂、住宅、高层建筑的生活及消防供水系统。恒压供水是指用户端在任何时候，无论用水量的大小，总能保持网管中水压的基本恒定。变频恒压供水系统利用 PLC、传感器、变频器及水泵机组组成闭环控制系统，使管网压力保持恒定，代替了传统的水塔供水控制方案，具有自动化程度高、高效节能的优点。其在小区供水和工厂供水控制中得到广泛应用，并取得了明显的经济效益。某高楼变频恒压供水系统结构示意图如图 5-29 所示。

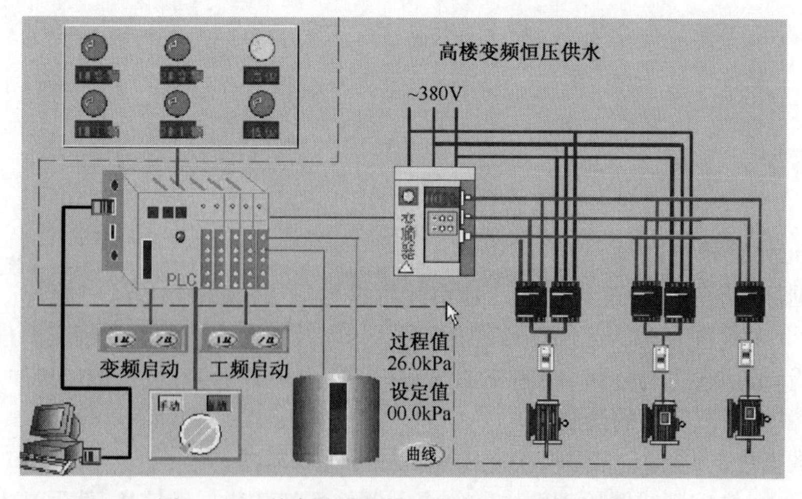

图 5-29　某高楼变频恒压供水系统结构示意图

为满足保持网管中水压的基本恒定，通常采用具有 PID 调节功能的控制器，根据给定的压力信号和反馈的压力信号，控制变频器调节水泵的转速，实现网管恒压的目的。变频恒压供水系统原理图如图 5-30 所示。变频恒压供水系统的工作过程是闭环调节的过程。压力传感器安装在网管上，将网管系统中的水压变换为 4～20mA 或 0～10V 的标准电信号，送到 PID 调节器中。PID 调节器将反馈压力信号和给定压力信号相比较，经过 PID 运算处理后，仍以标准信号的形式送到变频器并作为变频器的调速给定信号。也可以将压力传感器的信号直接送到具有 PID 调节功能的变频器中，进行运算处理，实现输出频率的改变。

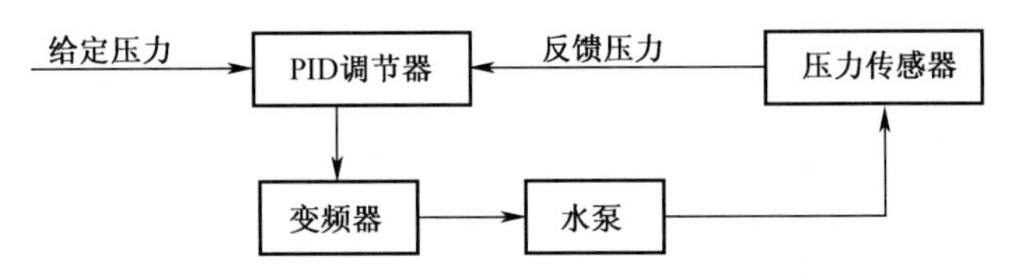

图 5-30　变频恒压供水系统原理图

恒压供水系统变频器拖动水泵控制方式可根据现场具体情况进行系统设计。为提高水泵的工作效率、节约用电量，通常采用一台变频器拖动多台水泵的控制方式。当用户用水量小时，采用一台水泵变频控制的方式，随着用户用水量的不断提高，当第一台水泵的频率达到上限时，将第一台水泵进行工频运行，同时投入第二台水泵进行变频运行，若两台水泵不能满足用户用水量的要求，按同样的原理逐台加入水泵。当用户用水量减少时，将运行的水泵切断，前一台水泵的工频运行变为变频运行。本项目以三台水泵为例。恒压供水变频调速系统控制回路如图 5-31 所示，主电路如图 5-32 所示。

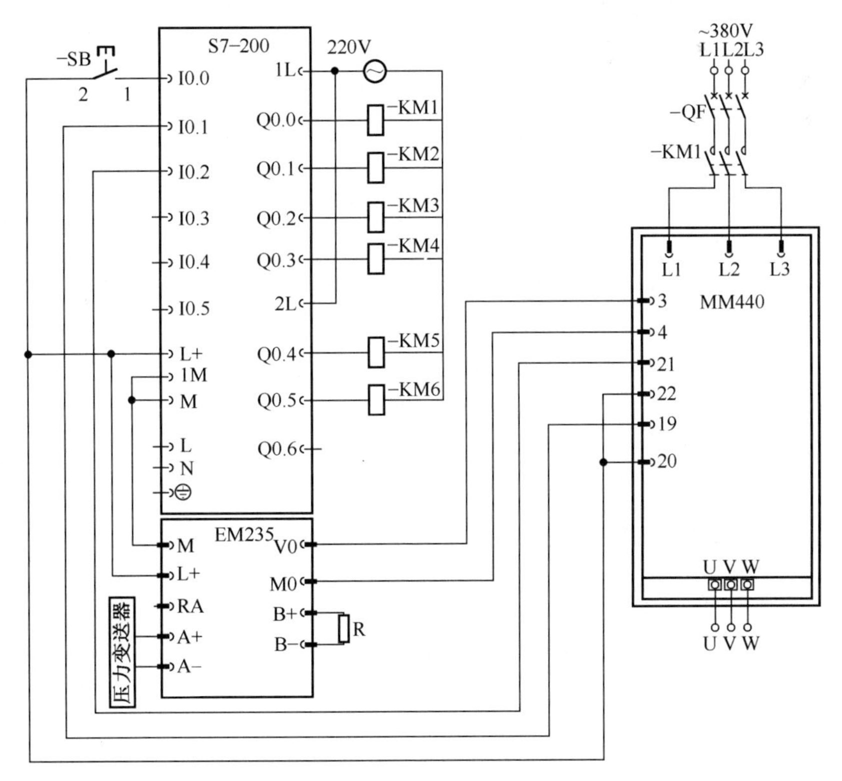

图 5-31　恒压供水变频调速系统控制回路

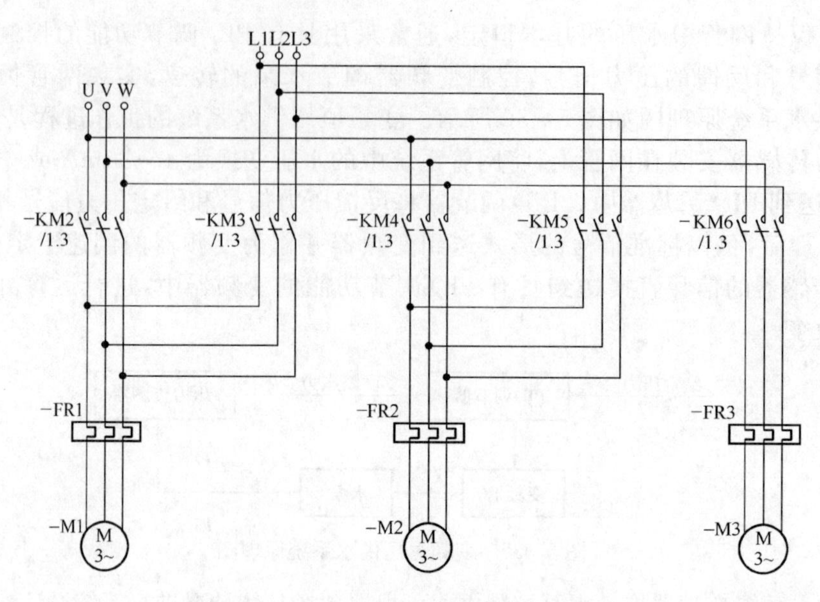

图 5-32　恒压供水变频调速系统主电路

(二)绘制要求

新建模板“元件清单模板 A3. SYM”,如图 5-33 所示。然后把建好的清单模板插入到本单元上一项目已建好的设计方案模板 PCSDEMO2. pro 中的页面 12 中,然后另存该设计方案

Pos..	名称	EAN号	条目号	类型	描述	生产商
行号	名称	EANNUMBER	产品号	类型	描述	MANUFACTUR
行号	名称	EANNUMBER	产品号	类型	描述	MANUFACTUR
行号	名称	EANNUMBER	产品号	类型	描述	MANUFACTUR
行号	名称	EANNUMBER	产品号	类型	描述	MANUFACTUR
行号	名称	EANNUMBER	产品号	类型	描述	MANUFACTUR
行号	名称	EANNUMBER	产品号	类型	描述	MANUFACTUR
行号	名称	EANNUMBER	产品号	类型	描述	MANUFACTUR
行号	名称	EANNUMBER	产品号	类型	描述	MANUFACTUR
行号	名称	EANNUMBER	产品号	类型	描述	MANUFACTUR
行号	名称	EANNUMBER	产品号	类型	描述	MANUFACTUR
行号	名称	EANNUMBER	产品号	类型	描述	MANUFACTUR
行号	名称	EANNUMBER	产品号	类型	描述	MANUFACTUR
行号	名称	EANNUMBER	产品号	类型	描述	MANUFACTUR
行号	名称	EANNUMBER	产品号	类型	描述	MANUFACTUR
行号	名称	EANNUMBER	产品号	类型	描述	MANUFACTUR
行号	名称	EANNUMBER	产品号	类型	描述	MANUFACTUR
行号	名称	EANNUMBER	产品号	类型	描述	MANUFACTUR
行号	名称	EANNUMBER	产品号	类型	描述	MANUFACTUR
行号	名称	EANNUMBER	产品号	类型	描述	MANUFACTUR
行号	名称	EANNUMBER	产品号	类型	描述	MANUFACTUR
行号	名称	EANNUMBER	产品号	类型	描述	MANUFACTUR
行号	名称	EANNUMBER	产品号	类型	描述	MANUFACTUR

This schematic is SIPIVT property. The schematic and any adjoining information must not be made accessible to representativs of ther companies without our access

最后编辑日期	最后编辑日期	客户	SIPIVT	标题	图纸编号	页码
最后打印日期	最后打印日期	客户				
电气设计员	电气设计员	电气项目				
电气编辑员	电气编辑员	电气项目				

图 5-33　元件清单模板 A3. 5YM

模板为 PCSDEMO3. pro。从左到右的页面分别是设计主题、章节目录表、详细目录表、安装描述、章节划分(电气原理图)、电气原理图(共四张)、章节划分(机械外观布局)、平面图/机械图(共两张)、章节划分(清单表)、零部件清单、元件清单、电缆清单、接线端子清单。

在这个设计方案中要完成本项目的电气原理图、机械外观布局图及各类清单的设计及绘制,最后再对本项目的完成情况进行评价。

二、项目分析

(一) 识读分析

本项目使用 PLC 为主控制器,选用西门子公司的 S7－200 系列,I0.0 到 I0.5 都为输入继电器端子,依次接起动按钮 SB1,变频器下限频率 19、20 号端子,变频器上限频率 21、22 号端子。L＋是内部 24VDC 电源正极,为外部传感器或输入继电器供电。M 是内部 24VDC 电源负极,接外部传感器负极或输入继电器公共端。关于 PLC 的知识详见单元六的相关内容。

变频器使用西门子公司的 MM440 系列,端子号 3 为模拟输入 1(＋)功能,接 S7－200 系列 PLC 的模拟量扩展模块 EM235 的 V0,端子号 4 为模拟输入 1(－)功能,接模拟量扩展模块 EM235 的 M0,实现压力模拟输出数据的实时反馈。具体连接如图 5－32 所示。

当用水量较小时,KM1 得电闭合,起动变频器。KM2 得电闭合,水泵电动机 M1 投入变频运行。随着用水量的增加,当变频器的运行频率达到上限值时,KM2 失电断开,KM3 得电闭合,水泵电动机 M1 投入工频运行。KM4 得电闭合,水泵电动机 M2 投入变频运行。在电动机 M2 变频运行 5s 后,当变频器的运行频率达到上限值时,KM4 失电断开,KM5 得电闭合,水泵电动机 M2 投入工频运行。KM6 得电闭合,水泵电动机 M3 投入变频运行。电动机 M1 继续工频运行。随着用水量的减小,在电动机 M3 变频运行时,当变频器的运行频率达到下限值时,KM6 失电断开,电动机 M3 停止运行。延时 5s 后,KM5 失电断开,KM4 得电闭合,水泵电动机 M2 投入变频运行,电动机 M1 继续工频运行。在电动机 M2 变频运行时,当变频器的运行频率达到下限值时,KM4 失电断开,电动机 M2 停止运行。延时 5s 后,KM3 失电断开,KM2 得电闭合,水泵电动机 M1 投入变频运行。

压力传感器将管网的压力变换为 4～20mA 的电信号,经模拟量模块输入 PLC,PLC 根据设定值与检测值进行 PID 运算,输出控制信号经模拟量模块至变频器,调节水泵电动机的供电电压和频率。

(二) 绘制分析

设计流程及运用的基础知识点如表 5－5 所列。

表 5－5

设 计 流 程	运用的基础知识点
步骤一:新建元件清单模板	新建绘图模板、元件清单
步骤二:在建好的设计方案模板中使用新元件清单模板	在设计方案中工作
步骤三:使用数据库绘制电气原理图	数据库的使用,旋转、垂直镜像、水平镜像、移动、对齐等编辑功能
步骤四:机械外观布局图的绘制	数据库的使用,自动生成机械外观图
步骤五:更新所有清单	数据库的使用,更新所有清单
步骤六:绘图评价	评价

三、必备知识

（一）插入绘图模板

1. 绘图模板的内容

绘图模板是包含文本和图形的页面结构，可以插入到设计方案页面。例如，图纸模板可以包含整个页面框，框的左下角可以加入公司名和标识。另外，本设计方案的用户名及相关资料，都可以添加进来，如图 5－34 所示。

如果在设计方案中布置了图纸模板，程序会自动填写相应的信息。可以根据情况在设计方案中使用不同的图纸模板。

2. 在设计方案页面插入图纸模板

要在指定的页面上插入图纸模板，首先点击屏幕上端程序工具栏中的“页面数据”按钮，进入“页面数据”对话框。也可以选择“设置”－“页面数据”，进入这个对话框，如图 5－35 所示。

图 5－34　绘图模板

设置
设计方案数据 | 页面数据 | 指针/屏幕 | 目录 | 页面设置 | 工具 | 数据库 | 系统 | 文本/符号默认值
页面标题：　　页码 3
目录表中包含此页面
页面数据
图号
校准
日期
修订
设计人
参考指示
更高级别：
位置：
选择...
绘图模板：
有绘图模板
A3图框A4输出
C:\PCSELCAD\SYMBOL\MICS_CN\A3图框A4输出.SYM
参考
项目数据
确认　取消

这里显示绘图模板的标题　　点击这里可以选择绘图模板

图 5－35　“页面数据”对话框

1）选择一个图纸模板

要选择在页面上布置哪一个图纸模板，可以点击对话框下端“有绘图模板”检查框下面的下拉箭头，如图 5－36 所示。在出现的列表中，点击需要的图纸模板。拖动滚动条，可以查看各个图纸模板的标题。当选中列表中的一个图纸模板时，它就会显示在区域内。同时，“有绘图模板”自动被选中。此时已经为当前页面选择了一个绘图模板。

（1）添加一个图纸模板到列表中：如果要添加一个图纸模板到列表中，详细内容参见“向列表中添加图纸模板”部分的叙述。或者在文本区域内点击鼠标右键，在出现的菜单中点击“添加绘图模板”。这时进入“符号菜单”，可以在其中选择需要的图纸模板。

（2）选择不在列表中的图纸模板：如果要使用一个不在列表中的图纸模板，可以在区域内点击鼠标右键，在出现的菜单中选中“选择图纸模板”。进入“符号菜单”，选择需要的图纸模板，点击“确认”。

请注意，此时选取的图纸模板没有添加到标准图纸模板列表中。但是，在页面中使用一个图纸模板时，会在列表中看到它。这是因为列表中总是显示一些标准的图纸模板，以及当前设计方案中使用的图纸模板。如果开始一个新设计方案，则只能看到一些标准图纸模板。

2）页面标题

如果同时要为页面给出一个标题，可以在“页面标题”区域内点击。例如输入文本绘图。也可以填写其它相关的信息区域。

3）缺少数据区域

选中图纸模板后，在“页面数据”对话框中点击“确认”。如果图纸模板包含一些当前设计方案中没有创建的数据区域，则会出现图 5-36 所示的信息。点击“是”，在设计方案中创建这些数据区域。图纸模板已经布置到页面上了。点击“刷新”，会看到当前设计方案中的信息将插入到图纸模板中。

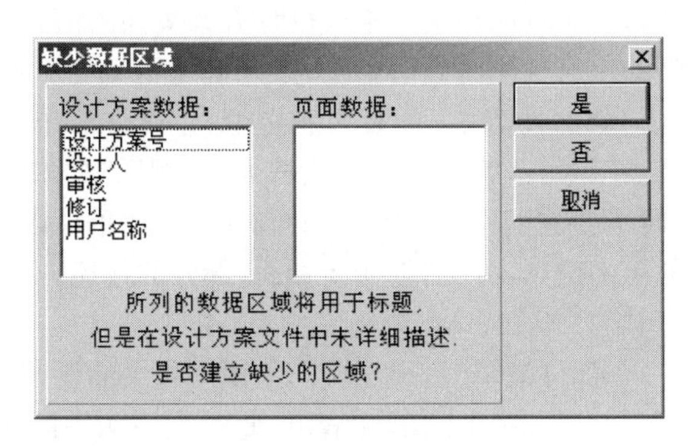

图 5-36　缺少数据区域

3. 添加一个包含绘图模板的新页面

如果要创建有图纸模板的新页面，可以点击“页面菜单”，按以下步骤进行：

(1) 在“页面菜单”中点击“添加”；

(2) 在“页面功能”对话框中点击“常规”，然后点击“确认”；

(3) 在“新建”对话框中点击“空白页面”模板，再点击“确认”。

关于页面菜单和不同类型页面方面的详细信息，参见“页面和章节”部分的叙述。

如果要为添加的页面布置图纸模板，可以点击“页面数据”，再进行上面的步骤。插入图纸模板后，返回“页面菜单”，点击“确认”。

4. 替换绘图模板

例如，如果公司改变了电话号码，可以进入“设计符号”，在绘图模板中更改电话号码，用同样的名称保存新绘图模板。

当改变了在设计方案中使用的绘图模板的内容时，这时设计方案中的绘图模板不会被更新，只有指定更新时它才会被替换。例如，如果改变了绘图模板 A4VDPS，则当前的绘图模板名称变为 A4VDPS? 1。这表明原来名称为 A4VDPS 的绘图模板内容已经被更改，但是，设计方案页面还维持原来的内容，只是原来的绘图模板名称变为 A4VDPS? 1。要应用新的绘图模板，可以点击下拉箭头，选择名称为 A4VDPS 的绘图模板，如图 5-37 所示。

在其中一个有绘图模板的页面内进入“页面数据”对话框。选择“在此页上”，则新的图纸模板会插入到设计方案的当前页面。如果选择“在所有页面上”，则设计方案中，所有使用原来图纸模板的页面，都会被新的图纸模板替换。如果选择这一选项，则 A4VDPS? 1 同时就会在

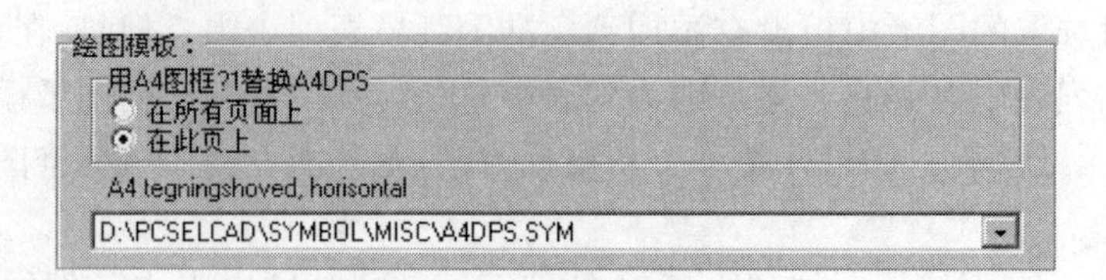

图 5－37　应用新的绘图模板

列表中消失。当然，也可以替换列表中其它的图纸模板。

5. 插入清单

清单是特殊的图纸模板，也可以布置在设计方案中。有几种类型的清单：例如部件清单、元件清单、接线端子清单、电缆清单、PLC 清单和目录表。部件清单集中了布置在设计方案页面中的符号/元件信息，而目录表页面集中了不同设计方案页面的信息。

要告诉程序哪些类型的信息被填写到清单中，必须确定清单布置的页面已经设置了正确的页面功能。如果要插入一个部件清单，页面功能必须为“部件清单”；如果要插入一个目录表，页面功能必须为“目录表”。而一般的页面功能都为“常规”。如果没有为清单选择正确的页面功能，则清单在更新时不会被填写。设置了页面功能后，清单可以如图 5－38 所示布置到页面中。关于页面功能的更多信息，参见“创建新页面”部分的叙述。

6. 更新清单

比如，在页面上插入一个部件清单时，还不会马上填写相关的设计方案信息。选择“清单”－“更新部件清单”，将会更新设计方案中的部件清单，此时填写相关的设计方案信息。如果要更新设计方案中的所有清单，选择“清单”－“更新所有清单”，如图 5－39 所示。

元件清单

[illegible]	[illegible]	[illegible]	[illegible]
-P1	3389110611229	Signal lamp, red, 220V w/ [illegible]	81 35
-P2	3389110611229	Signal lamp, red, 220V w/ [illegible]	81 35
-P3	3389110611229	Signal lamp, red, 220V w/ [illegible]	81 35
-S1	3389110610048	Push button, 1NC, red	63 80
-S2	3389110610024	Push button, 1NO, green	63 80
-S3	3389110610024	Push button, 1NO, green	63 80
-F1	4022903085584	Overload relay, 20-32A	417 00
-Q1	4022903075387	Contactor, 15KW, LS15K11, 230V AC	630 00
-Q2	4022903075387	Contactor, 15KW, LS15K11, 230V AC	630 00
-W1	5702950410537	Rubber cord, 4x2,5mm2	25 00
-X1 (3)	3389110586435	Screw clamp terminal, 4,0 mm2	18 45
-X2	3389110585506	Screw clamp terminal, 4,0 mm2, Neutral, blue	17 40
-X2 (3)	3389110586435	Screw clamp terminal, 4,0 mm2	18 45
-M1	1723410403	Motor 5KW	3750 00

图 5－38　元件清单

清单　设置　布线器　窗口　工具

更新目录表(I)
更新零部件清单(K)
更新元件清单(M)
更新接线端子清单(N)
更新电缆清单(O)
更新PLC清单(P)
更新所有清单(Q)
零部件清单文件(R)...
元件清单文件(S)...
接线端子清单文件(T)...
电缆清单文件(U)...
连接清单文件(V)...
导线编号文件(W)...
PLC清单文件(L)...
读PLC I/O清单(C)...
读取元件清单(Y)...
读取零部件清单(Z)...

图 5－39　更新所有清单

(二) 清单设置

在程序中，可以指定要在设计方案清单中包含哪些类型的信息。例如，调整清单的设置，可以为不同的元件供应商制作不同的部件清单，或者选择在元件清单中要包含的部件图项目。

要指定清单的设置，首先必须在设计方案中有一些清单。关于如何在设计方案中插入清单，参见“插入绘图模板”部分的叙述。另外，关于如何创建清单文件，参见“输出清单文件”部分的叙述。

1. 在设计方案中选择清单

进入要更改设置的页面，选择“清单”-“清单设置”。在这里可以决定如何填写清单。对于不同类型的清单，在清单设置时可以有不同的选项。比如，在一个零部件清单中，如果元件数量太多，一个页面放不下，则程序会自动提醒，同时在零部件清单的第一页后，再添加一个或多个页面。

2. 更新清单设置

要更新清单，可以点击“清单设置”对话框右边的“更新”。这个更新只会应用于当前的清单。如果想以后再更新清单，可以点击“确认”。下一次，选择“清单”-“更新清单”时，则会进行更新。如果不喜欢新设置，可以点击“取消”。请注意，关于清单设置的信息保存在设计方案文件自身。

如果在更新清单和生成清单文件时产生了错误，则会出现一个错误提示窗口。比如，错误的产生是由于清单设置中出现未知的指定。

3. 指定从设计方案的哪一部分获取元件

如果还没有指定从设计方案的哪一个部分收集元件，可以选择“清单”-“清单设置”，如图5-40所示。决定在清单中要显示哪些元件，以及在清单中按照符号文本排序。请注意，对电缆、接线端子和PLC清单来说，标签项“常规”中的内容是不一样的。

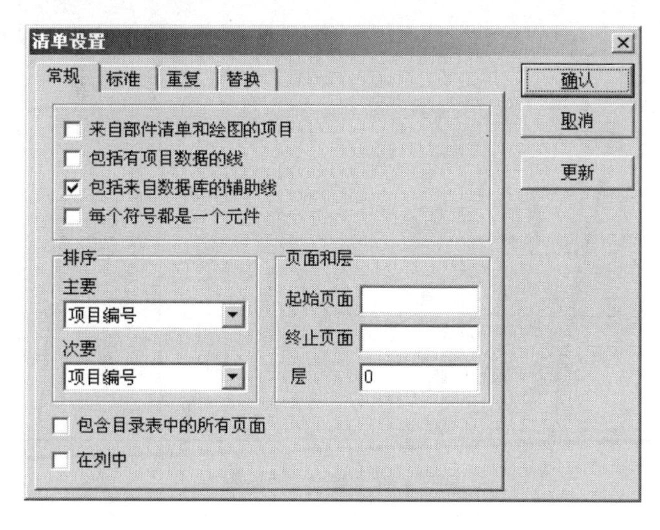

图5-40　清单设置

1）包含哪些数据

如果选择“来自部件清单和图纸的项目”，则会包含部件分解图项目。当选择“包括有项目数据的线”时，线的项目数据也会包含进来，线的长度会被计算出来。如果选择“包含数据库来的附件”，程序会检查每一个元件，查看是否要在清单中包含一些附件。

2）单个零部件和元件清单

如果选择“每一个符号是一个元件”，则每一个符号会被作为一个单独的元件，无论是否有其它同样名称的符号存在。因此，如果有三个名称为-X1的符号存在，这些符号将在零部件清单和元件清单中作为三个单独的元件显示出来。关于单个零部件清单使用的实例,参见“创建一个电气安装设计方案”部分的叙述。

3）选择页面和层

在页面和层中,可以决定零部件清单从哪些设计方案页面以及其中的哪些层中收集信息。如果在区域中输入0,就表明零部件清单中包含所有的层/页面。

4）对清单排序

在标签项“常规”中的“主要”和“次要”的区域,可以决定清单按照哪种符号文本排序。

5）在目录表中包含所有页面

如果选择“包含目录表中的所有页面”,则清单中的每一页都包含在目录表中。如果不这样选择,则只有第一页被选中。

4. 为包含的元件指定标准

在标签项“标准”中,可以设定当前清单中内容的环境。可以填写五行,每一行包含一个标准,如图5-41所示。

1）只需满足一个标准

当选中“只需满足一个标准”（逻辑上的或）时,对话框中的文本“和（且）”变为“或”,如图5-42所示。在图5-41所示的对话框中,这意味着从SIEMENS公司得到了所有元件,而且所有元件都在符号名称中有一个K。

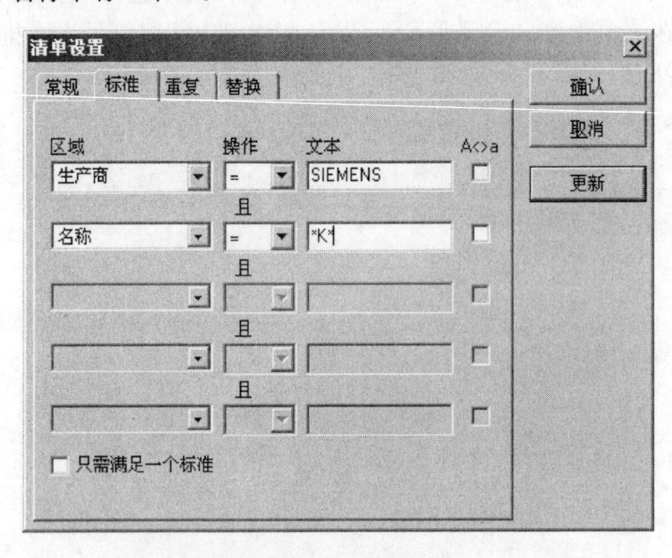

图5-41　标签项“标准”

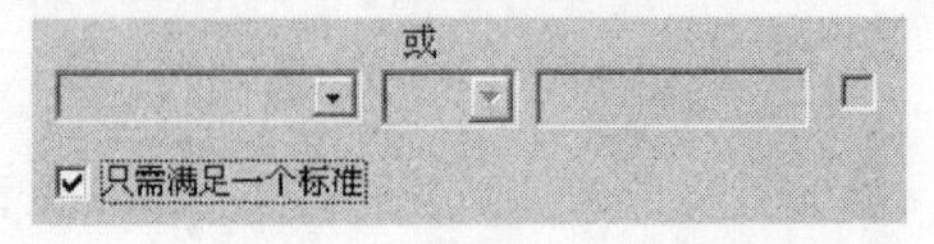

图5-42　选中“只需满足一个标准”对话框

如果不选择“只需要满足一个标准”,文本“和（且）”会显示在对话框中。这意味着同时必须满足所有的标准。在图5-41所示的对话框中,这意味着只是从AEG公司得到了符号名称中有一个K的元件。

2）设置一个标准

在“区域”下面的文本区域点击,可以指定要设定哪个数据区域的标准。这些数据区域可以是数据库中的任何数据区域,或者一个符号文本。

如果设置“操作”为“=”,则可以在“文本”区域输入相应的内容。如果要使“区域”中的内容不同于在“文本”区域输入的内容,可以选择“操作”为“[ ]”。相应地,可以设定“操作”,以决定区域中的内容,大于(＞)或小于(＜)在“文本”区域输入的内容。请注意,这些操作会检查文本是否按照字母顺序排列。如果选择“A[ ]a”,则会区分大小写字母。

(1) 选中符号类型的零部件/元件清单:选择“符号类型”,可以为一个或多个选中符号类型的零部件和元件创建清单,比如电缆或接线端子。

(2) 通配符:如果要使清单中所有元件的名称中有一个字母 K,可以应用“通配符”功能。Windows 中也有此功能。

这个功能的特殊字符为“?”和“*”。如果在文本中布置一个“?”,这意味着文本中的“?”代表一个字符。这个字符可以是任何字符。如果布置了一个“*”,则布置“*”的地方可以是多个字符。比如,要查找一个文本,名称为三个字母,中间的字母为 Q,可以输入“? Q?”。这样就指定了 Q 前面只有一个字符,Q 后面也只有一个字符。如果要查找有字符 A 的文本,可以输入“*A*”。请注意,如果使用“?”,则必须是一个字符。如果使用“*”,则它所处的位置也可以没有字符。

(3) 例子:如果需要 AEG 公司的接触器清单,可以设置一个标准,即“生产商”必须为“AEG 公司”。对于第二个标准,可以指定名称为“*K*”。这样会列出所有名称中有 K 的元件。可以为不同的元件供应商创建不同的零部件清单。

5. 处理清单中的重复问题

“重复”标签项只存在于零部件清单和元件清单中。在“重复”标签项中,可以指定怎样处理清单中的重复问题,如图 5-43 所示。如果选择数据区域,并输入文本,则程序会为给出的数据区域中每一个重复标签项插入文本。填写标签项,则清单会如图 5-44 所示。要使标签项的一行为空,就选择行的下拉框中的空白区域。

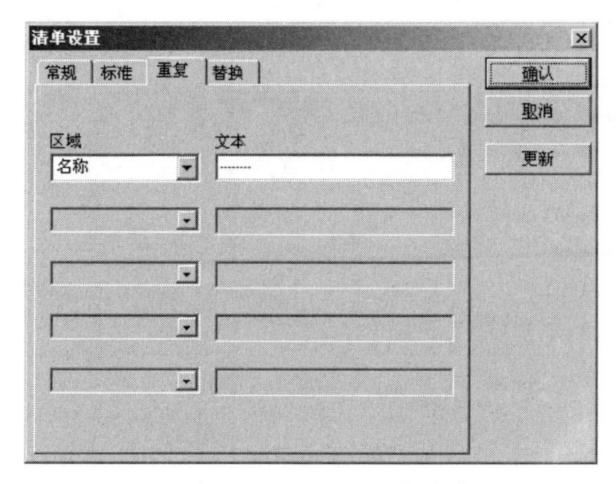

图 5-43　“重复”标签项

6. 缺失信息的替换

“替换”标签项只存在于零部件清单和元件清单中,如图 5-45 所示。

如果程序不能在指定的数据区域找到元件的某一个信息,则可以指定从另一数据区域收集信息。请注意,如果元件的原始数据区域为空,则只能从替换区域收集信息。

–X2	3389110585506	螺旋夹紧接线端子，4.0mm²，接零，蓝色
– – –	3389110586435	螺旋夹紧接线端子，4.0mm²
–M1	1723410403	电机5kW

图 5-44 清单

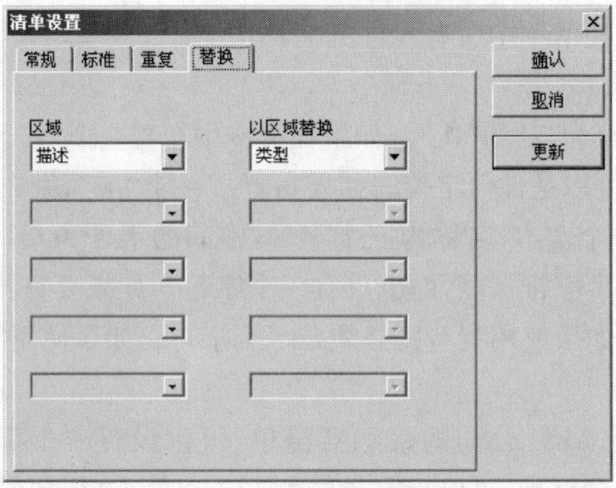

图 5-45 “替换”标签项

当程序不能在数据库(“描述”)中找到元件描述方面的信息时,可以指定程序从元件的“符号项目数据”对话框中的“类型”区域收集信息。请注意,有输入内容的数据区域代表从数据库来的信息。

7. 接线端子清单、电缆清单和 PLC 清单设置

如果对接线端子清单、电缆清单和 PLC 清单进行操作时,选择“清单”-“清单设置”,标签项“常规”如图 5-46 所示。

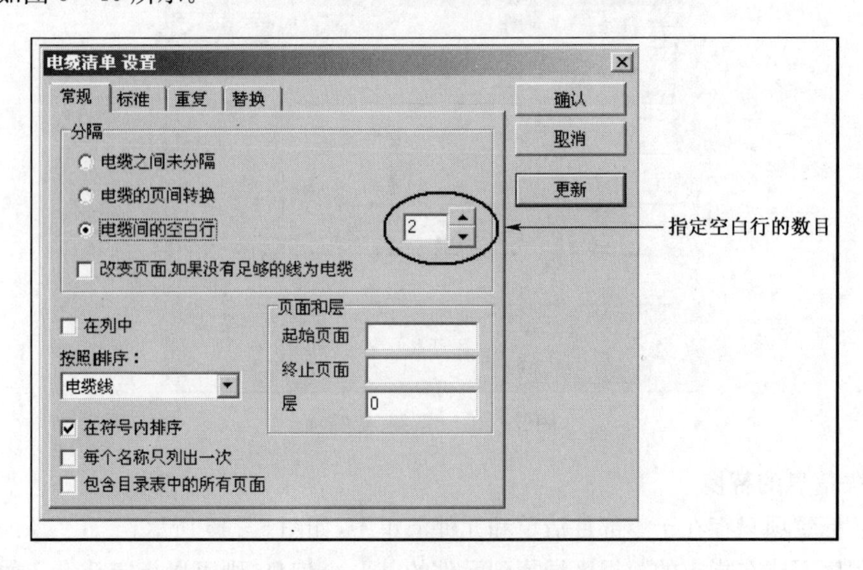

图 5-46 “常规”标签项

1）分隔

在这里可以决定如何分隔清单中的接线端子、电缆或 PLC。

如果选择“在接线端子排间换页”，则每一页只有一个接线端子排。若选择“在接线端子排间插入空白行”，则会在接线端子排间插入空白行。对 PLC 和电缆也是如此。

2）元件开始于新的页面

如果选择“改变页面，如果没有足够的线为电缆”，那么当前页面没有足够的空间时，元件会自动开始于新页面。

3）电缆连接概览

对电缆和接线端子清单，可以创建电缆连接的概览。选中“每个名称只列出一次”。在接线端子清单中，会显示出接线端子排中的第一个接线端子（最小的组号）。在电缆清单中，会显示出电缆的第一条导线。

4）在电缆清单中

对于电缆清单，多了两个设置：

（1）电缆清单中的排序：对于电缆清单，可以在“按照|排序”下方指定是否按照“电缆线”、“终止位置的接线端子”、“开始位置的接线端子”来排序，如图 5－47 所示。

（2）同一个电缆符号中的电缆线排列在一起：选择“在符号内排序”时，同一条电缆中的导线都会排列在一起。

5）在 PLC 清单中按名称排序

对于 PLC 清单，可以指定清单按照某一个数据区域名称来排序，如图 5－48 所示。

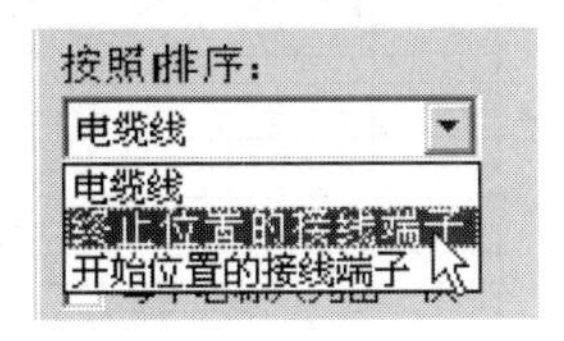

图 5－47　电缆清单中的排序

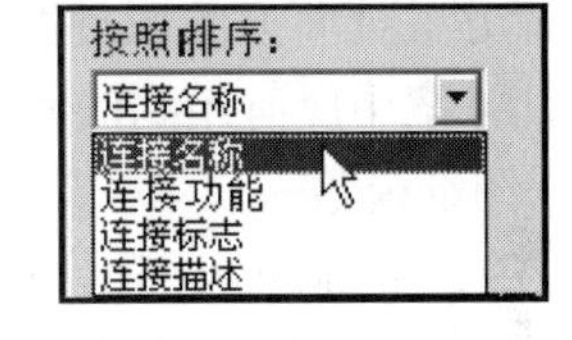

图 5－48　PLC 清单按连接名称排序

8. 目录表的清单设置

要为一个目录表指定设置，必须激活目录表页面，选择“清单”－“清单设置”，进入图 5－49 所示的对话框。

在这里指定要在目录表中包含的内容。目录表中只能包含它后面页面的信息。如果把目录表布置为设计方案的最后一个页面，则它不会包含任何信息。在该对话框中，有以下选项，如表 5－6 所列。

因为上面选项的功能有重叠，则在选择时有些选项是灰色的（不可选）。

（三）创建清单

如果要创建清单文件，不需要像在这里叙述的那样设计一个清单。请参考“把清单作为文件输出”部分的叙述。

关于如何在设计方案中插入清单，参见“插入图纸模板”部分的叙述。

1. 清单

在设计方案中，有时需要创建许多不同类型的清单，比如零部件清单、元件清单、接线端子清单、电缆清单、PLC 清单或目录表等。

这部分的例子是如何创建零部件清单，如图 5－50 所示。按照同样的步骤，也可以创建其

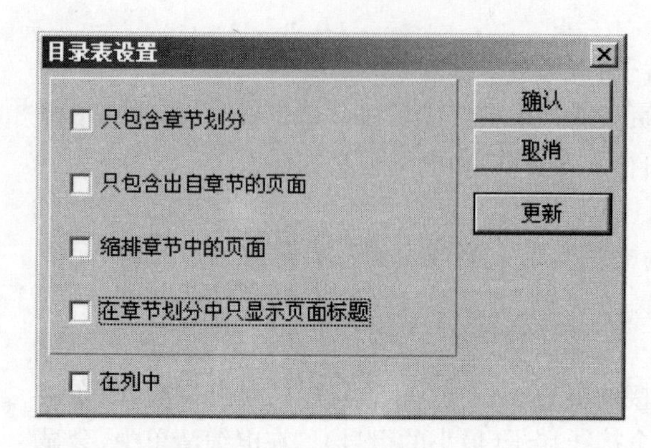

图 5-49 目录表的清单设置

表 5-6

选 项	效 果
只包含章节划分	目录表中只显示章节划分页面
只包含章节中的页面	目录表中只包含章节中页面的信息
在章节中的缩进页面	常规的设计方案页面（原理图、清单等）会缩进 15mm（和章节划分比较）
只显示章节划分的页面标题	选择了这一项，则只在目录表中显示章节划分页面的页面标题

它不同类型的清单。

创建所有清单的过程都是类似的，所不同的是在不同的清单类型中插入哪一些数据区域。基本上就是收集其它设计方案页面的信息，把它们布置到一个图纸模板页面的文本区域和数据区域。可以决定如何布置文本和数据区域，也可以在页面上画线和布置公司标识。

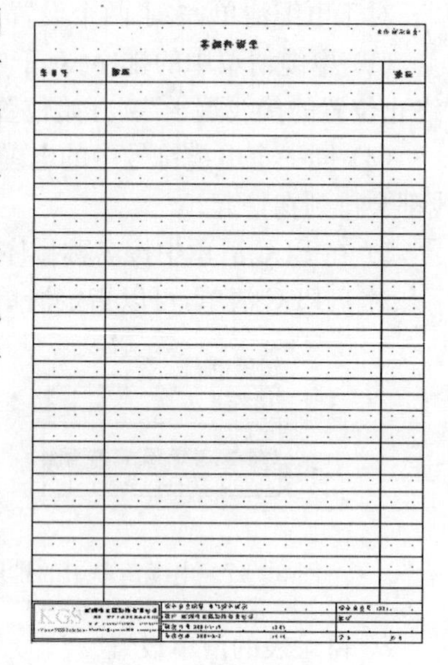

图 5-50 零部件清单

当创建了一个清单，并把它插入到设计方案中时，程序会自动在清单内填写设计方案信息。比如，目录表中会包含布置在设计方案页面上的原理图和清单信息。而零部件清单包含设计方案中所有用到的元件信息。

2. 清单/图纸模板

请注意，在 PCschematic ELautomation 中，清单被作为绘图模板。因此，可以像创建绘图模板那样创建清单。同时，对图纸模板使用的功能，也对清单适用。但是，必须对清单更新，在其中填写设计方案信息。这会在后面叙述。

如果清单中的内容太多，需要多个页面时，程序会自动添加页面。

3. 清单的创建

下面是如何创建零部件清单的例子。

1）最初的准备

因为一个清单也是一个图纸模板，那么所有的准备工作都和创建图纸模板时一样。在这个例子中，清单的上面部分可以按图 5-51 所示设计。当然，可以自由布置不同的文本，为列指定不同的名称，也可以使用多个数据区域等。

项目编号	功能	数量
项目编号	功能	数量
项目编号	功能	数量
项目编号	功能	数量

图 5-51 最初的准备

2）列标题

现在要为零部件清单制作列标题。在这个例子中，要布置的文本是项目号、功能、数量。

点击“文本”按钮，再点击“文本数据”按钮。出现“文本数据”菜单。在这里，设置“高度”为3.0，“宽度”为自动，对齐方式为左下。详细内容，点击“确认”。现在已经指定了文本的显示情况，返回页面。在“文本数据”按钮右边的区域内点击，输入“项目编号”，按回车键。此时文本会位于十字线中。把它布置到点 x=20.00mm，y=265.00mm 处（见屏幕左下角的坐标）。文本“项目编号”现在被布置到页面中。按[Esc]键，不再布置文本。

按同样的步骤布置下面的文本：文本功能，在 x=75.00mm，y=265.00mm 处；文本数量，在 x=177.50mm，y=265.00mm 处。

如果不慎把文本布置到了错误的地方，可以关闭“铅笔”（按[Esc]键），点击文本的参考点，选中文本。再点击“移动”按钮，把它移动到合适的地方，或者点击“删除”按钮，删除它。然后点击“刷新”按钮，刷新页面。也可以点击“撤消”按钮，撤消刚才的操作。

3）插入数据区域

列标题已经被布置好了。可以布置其它的数据区域，以显示原理图中的其它信息。

（1）选择数据区域：首先激活“文本”按钮，再选择“功能”-“插入数据区域”，如图 5-52 所示。点击“零部件/元件清单”，再点击右边区域内的下拉箭头。在出现的下拉菜单中，点击“项目编号”。请注意，不要选择大写字母的 ARTICLE NO，因为这样会显示出数据库中的内容。

图 5-52　“数据区域”对话框

在对话框右下角的“宽度”区域内点击，输入 20。再选择“激活下一个”。“激活下一个”部分的叙述会在后续说明。请注意，不要点击红色箭头，因为在这个数据区域内不需要固定文本。

关于数据区域对话框的更多内容，参见“数据区域”部分的叙述，点击确认。

（2）布置数据区域：现在数据区域位于十字线中，把它布置到点 x=25.00mm，y=

245.00mm。按[Esc]键，不再布置数据区域。现在已经布置了第一个数据区域。

(3) 布置其它的数据区域：激活文本按钮，选择功能＝]插入数据区域，关闭激活下一个，按照同样的步骤插入下面的数据区域：区域功能（宽度 80），在 $x=75.00\text{mm}$，$y=245.00\text{mm}$ 处；区域数量（宽度 20），在 $x=177.50\text{mm}$，$y=245.00$ mm 处。按[Esc]键，不再布置数据区域。

(4) 排列数据区域：现在可以排列数据区域。用点击和拖的方法，在六个数据区域周围作出一个窗口，如图 5-53 所示。再选择"编辑"-"对齐"，点击最左边文本的参考点。关于此功能的更多内容，参见"对齐功能"部分的叙述。

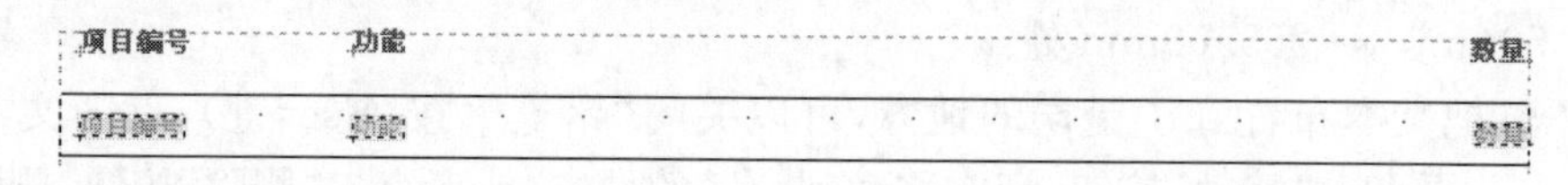

图 5-53 排列数据区域

4) 很多行的数据区域

现在已经在零部件清单中布置了数据区域的第一行。但是，零部件清单一般会包含很多行这样的数据区域，那么可以复制这三个数据区域，然后再多行布置。

首先放大三个数据区域（项目号、功能和数量）和下面 12 行的数据区域部分。然后，在三个数据区域周围拖出一个窗口（不包括列标题），选中所有的数据区域，松开鼠标。如果不知道如何拖出一个窗口，请参考"选择对象"部分的叙述。再点击"复制"按钮，每隔 10mm 布置复制的内容。在键盘上按向下箭头四次，就可以准确地移动 10mm。按回车键。重复这些步骤，直到布置出数据区域的所有行。按[Esc]键，不再布置复制的内容。如果没有准确地对齐数据区域的行，可以选择单个行，点击"移动"按钮，重新布置。

5) 激活下一个

程序第一次发现检查标记"激活下一个"时，会收集显示在零部件清单中的第一个元件的信息。下面的数据区域，比如功能和数量是叙述这个元件的功能和数量。下一次程序发现"激活下一个"时，会收集设计方案图中下一个元件的信息。数据区域叙述和数量包含的是第二个元件的信息，依次类推。

注意：如果布置的数据区域高于设置了激活下一个的数据区域，则此数据区域会从上一个元件收集信息。

因此，开始复制前，最好对齐"激活下一个"后面的数据区域。

6) 创建一个空白零部件清单

完成了零部件清单的创建，就可以把它保存起来。不过，通过下面的操作，可以使它更好看些：可以在零部件清单中画线，可以插入数据区域和线，可以为整个零部件清单插入一个标题（图 5-50 中的数据区域为页面数据、标题），在页面中布置公司标识（Logo）。

7) 保存零部件清单

要保存零部件清单，选择"文件"-"另存为"，填写图 5-54 所示的对话框。请注意，应该把符号类型设置为"常规"，选中"参考点"。更多内容，参见"符号类型"部分的叙述。文本"标题"是符号的叙述，会显示在"符号菜单"中。点击"确认"，出现一个新对话框，如图 5-55所示。

图 5 - 54

图 5 - 55

注意：零部件清单保存在文件夹 c:\Pcselcad\Symbol\Misc 中。通常建议把清单保存在此文件夹中，不过也可以保存在其它喜欢的文件夹中。完成设置后，点击“保存”。

8) 离开创建/编辑符号模式

要离开创建/编辑符号模式，选择“文件”-“关闭”。现在返回“符号菜单”，点击“取消”或按[Esc]键。请注意，在左边工具栏下方的红色背景中闪烁的文本 SYMB，这时就消失了。

4. 把零部件清单添加到图纸模板列表中

下面要做的，就是把零部件清单添加到图纸模板列表中。如果没有添加进来，则还不能在设计方案中使用零部件清单。

5. 使用数据区域

使用哪些数据区域，取决于创建了哪种类型的清单。总可以使用类型“系统数据”、“设计方案数据”和“页面数据”中的数据区域。除了这些类型的数据区域外，只能使用与创建类型清单相关的数据区域。

如果创建了一个“目录表”，就可以使用类型目录表中的数据区域，但是不能使用类型“零部件/元件清单”中的数据区域。

6. 创建目录表

创建目录表(见图 5 - 56)时，操作步骤和创建零部件清单时相同。

除了要自己设置清单外，唯一的区别就是需要类型“目录表”中的数据区域。在“页面菜单”中，把页面功能设置为“目录表”。在目录表中，也可以插入显示页面参考指示的数据区域。

7. 创建元件清单

也可以创建元件清单（见图 5-57），其中包含设计方案的所有元件。对于每一个元件，可以显示它的名称和它在设计方案页面中的具体位置。因此，可以使用此清单查找设计方案中的任何元件。

目录表	
电气回路图	
电气回路图 2002-11-12	1
主回路图 2002-11-12	2
控制和信号回路图 2002-11-1	3

图 5-56　目录表

元件清单			文件：演示 5
名称	条目号	描述	价格
-F1	4022903085584	Overload relay,20-32A	417.00
-K1	4022903075387	Contactor,15KW,LS15K11,230V AC	630.00
-K2	4022903075387	----	630.00
-M1	1723410403	Motor 5 kW	3750.00
-P1	3389110611229	Signal lamp,red,220V w/resistor	81.35
-P2	3389110611229	----	81.35

图 5-57　元件清单

对于元件清单，要把页面功能设置为“元件清单”，使用类型“零部件/元件清单”中的数据区域。它的创建步骤和创建零部件清单一样。

8. 创建接线端子清单

也可以创建接线端子清单（见图 5-58），其中包含设计方案中的所有接线端子、它们的名称以及它们两端连接的线。同时，可以使清单包含电缆中线的具体信息。这时，可以看到哪些线连接到哪些接线端子。

接线端子清单				文件：演示方案
外部		端子	内部	
电缆	名称		名称	电缆
-W1: 棕色	-M1:U	-X1:1U2	-F1:2	
-W1: 黑色	-M1:V	-X1:1V2	-F1:4	
-W1: 蓝色	-M1:W	-X1:1W2	-F1:6	

图 5-58　接线端子清单

要向接线端子清单中传送特殊信息，必须把页面功能设置为“接线端子清单”，使用“接线端子清单”中的数据区域。除了这些，它的创建过程和创建零部件清单一样。

布置接线端子清单的数据区域时，必须要肯定是点击“数据区域”对话框下方的“外部”还是“内部”。

在设计方案中布置接线端子时，必须清楚哪些接线端子是“输入”，哪些是“输出”。

9. 创建电缆清单

另外，可以创建包含设计方案中所有电缆情况的电缆清单，如图 5-59 所示。在其中显示出电缆来—去的连接方向。把页面功能设置为“电缆清单”，使用类型为“电缆清单”的数据区域，像创建零部件清单一样创建电缆清单。

10. 创建 PLC 清单

可以创建一个包含 PLC 输入和输出情况的清单，如图 5-60 所示。同时，也可以在其中

电缆清单					文件：演示方案
从		电缆		到	
标识	页 / 路径	标识	页 / 路径	标识	页 / 路径
-X1:1V2	2/5	-W1: 黑色	2/5	-M1:V	2/5
-X1:1W2	2/6	-W1: 蓝色	2/6	-M1:W	2/6
-X1:1U2	2/5	-W1: 棕色	2/5	-M1:U	2/5

图 5-59　电缆清单

显示出 PLC 不同接线端子的功能描述，也可以包含连接点标签。把页面功能设置为“PLC 清单”，使用类型为“PLC 清单”的数据区域，如上所述创建清单。

PLC 清单			文件：PLCDEMO
名称　I/O	描述	信号路径	连接元件
-K1:X0 IO		-X2:1=W1: 黑色	-S1
-K1:X1 I1		-X2:2=W1: 蓝色	-S2
-K1:X2 I2		-X2:3=W1: 棕色	-S3

图 5-60　PLC 清单

对 PLC 进行操作时，可以把 PLC 标签和描述的信息布置到两个不同的地方，如图 5-61 所示。点击“符号”按钮，在 PLC 的连接点上点击鼠标右键，填写“描述”和“标签”区域。或者在连接到 PLC 接线端子的符号上的连接点上点击鼠标右键，填写“描述”和“标签”区域。

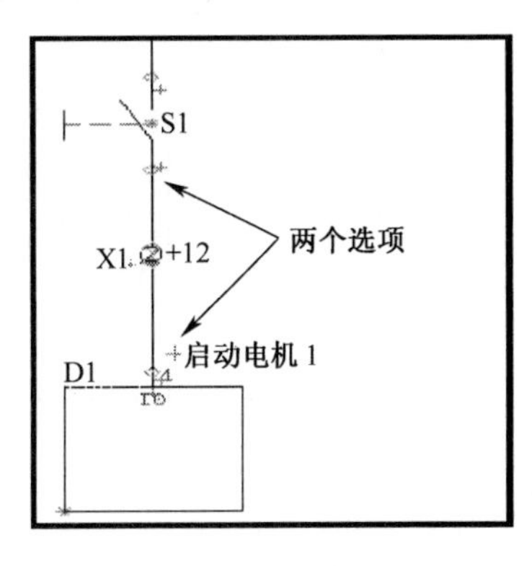

图 5-61　位置

设计 PLC 清单时，必须要注意，根据不同的过程使用不同的数据区域。如果要从 PLC 的连接点收集信息，必须使用数据区域“连接描述”和“连接标签”。但是，如果要从连接符号的连接点收集信息，则必须使用数据区域的“连接元件的连接描述”和“连接元件的连接标签”。

11. 预定义的清单

方便起见，软件中已经有一些已定义的清单，可以在设计方案中使用它们。这些清单位于 c:\Pcselcad\symbol\misc。在使用这些清单时，可以打开和更改它们，以满足的需要。

预定义的清单有如表 5-7 所列。

表 5-7

清单	描　　述	清单	描　　述
A4INDEX	目录表的 A4 图纸模板	A4TERM1	接线端子清单(有描述)的 A4 图纸模板
A3INDEX	目录表的 A3 图纸模板	A4COMP1	元件清单(有描述)的 A4 图纸模板
CHAPTOC	章节目录的 A4 图纸模板	A4COMP2	元件清单(有功能文本)的 A4 图纸模板
CHAPTER	章节划分的 A4 图纸模板	A4PLC1	PLC I/O 清单的 A4 图纸模板
A4PART1	零部件清单(有描述)的 A4 图纸模板	4NAME1	元件名称清单的 A4 图纸模板
A4PART2	零部件清单(有功能文本)的 A4 图纸模板	A4DPSREF	显示全部参考指示的 A4 图纸模板
A4PRICE	零部件清单(有价格)的 A4 图纸模板	A4UNITLI	部件图的 A4 图纸模板
A4CABLE1	电缆清单(有描述)的 A4 图纸模板		

12. 改变已创建的清单/图纸模板

如果要调整一个已创建的清单/图纸模板，可以点击“符号”按钮，再点击“符号菜单”按钮。进入“符号菜单”对话框，在其中查找图纸模板所在的文件夹，再点击要改变的绘图模板。在绘图模板符号上点击鼠标右键，选择“编辑符号”，进入编辑模式，在这里可以根据需要对图纸模板做出调整。比如，可以选择零部件清单 A4PARTDE 进行调整。

1）以新名称保存图纸模板

为了不覆盖原来的图纸模板，可以选择“文件”-“另存为”，以新名称保存图纸模板。比如，可以给出名称为新清单 . sym。更多内容，见“保存零部件清单”部分的叙述。

2）改变自由文本和去掉公司标识(Logo)

放大清单左下角的区域。点击“区域”按钮，在公司标识周围拖出一个窗口，把它选中，按[Del]键。公司标识就会消失，如图 5-62 所示。点击“刷新”。要改变公司名称，可以点击“文本”，再点击文本 DpS CAD center ApS 的参考点，选中它。按[k]键，或在文本工具栏的文本区域内点击，把公司名称改变为自己公司的名称，再按回车键。现在文本已经被改变了。相应地更改其余的自由文本。请注意，在这里可以正常地删除和移动文本。

要改变选中文本的显示情况，可以点击“文本数据”按钮。

图 5-62　公司标识消失

3）改变数据区域

改变图纸模板中的数据区域。点击“文本”按钮，再点击数据区域打印的参考点。然后点击屏幕上方的“数据”按钮，进入数据区域打印的“数据区域”对话框。另一种进入“数据区域”对话框的方法是在文本/数据区域上点击鼠标右键，在出现的菜单中选择“文本数据”。在这里选择相应的数据区域，比如类型“设计方案数据”中的“创建时间”，在对话框下方的文本区域内输入设计。点击“确认”。这时，数据区域创建时间已经被数据区域“设计”替换了，如图 5-63 所示。

4）改变同一类型的一列数据区域

要调整清单以满足需要，有时也需要改变同一类型的一整列数据区域，把它变为另一类型的一行数据区域，如图 5-64 所示。

激活“文本”按钮，选择要改变的数据区域，比如 ，可以点击“缩放到页面”按钮，在最右边一列所有数据区域周围拖出一个窗口。请注意，不要包含列标题。如果文本区域周围显示出红色的破折线，则表明文本区域是数据区域。点击“数据”按钮，或在选中的数据区域上点击鼠标右键，进入此数据区域的“数据区域”对话框。比如选择数据区域价格 1，点击“确认”。这样，所有列中的数据区域都变为价格 1。当完成更改后，点击“保存”按钮，可以保存清单。

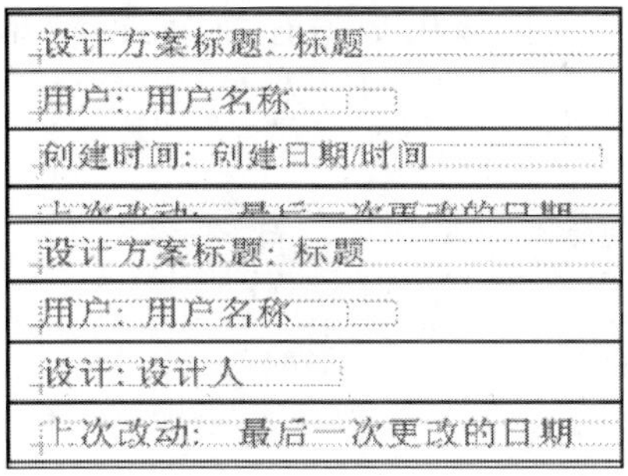

设计方案标题：标题
用户：用户名称
创建时间：创建日期/时间
设计方案标题：标题
用户：用户名称
设计：设计人
上次改动：最后一次更改的日期

图 5－63　数据区域替换

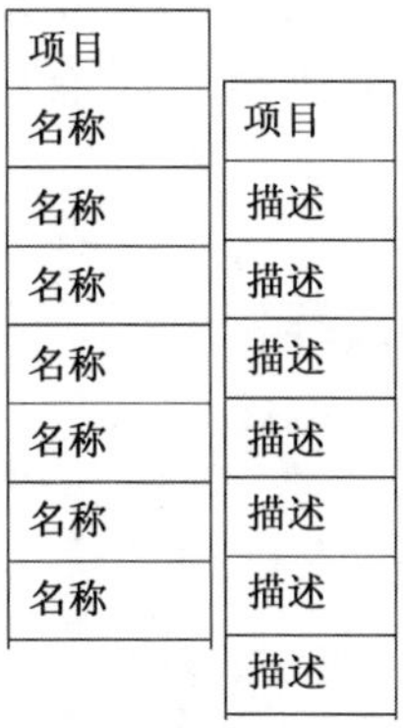

项目
名称
名称
名称
名称
名称
名称
名称
项目
描述
描述
描述
描述
描述
描述
描述

图 5－64　项目

13. 其它选项

1）清单中的公司标识(Logo)

如果公司的标识是以一个符号或 DWG/DXF 文件的形式创建的，则可以把它布置到清单和图纸模板中。

2）删除清单页面

如果要从设计方案中完全删除清单页面，必须删除清单所在的页面。因此，点击“页面菜单”按钮。在“页面菜单”对话框中，点击要删除的页面，选择“删除”-“确认”。再次点击“确认”，关闭“页面菜单”对话框。页面现在已经从设计方案中删除了。

3）从页面中去掉清单

如果要去掉一个清单，却又要保留布置清单的页面，可以先点击相应的页面标签，再选择“设置”-“页面数据”，或直接点击程序工具栏中的“页面数据”按钮。在页面数据对话框中，取消选择“有绘图模板”，再点击“确认”。这样就会从页面中去掉清单。

请注意，页面的“页面功能”保持不变。如果页面的页面功能为“零部件清单”，则从页面中去掉清单/图纸模板后，它的页面功能仍然是“零部件清单”。一旦创建了一个页面后，它的页面功能是不会改变的。

四、项目实施

(一) 新建元件清单模板

打开符号菜单，找到本单元上一个项目中新建的绘图模板，鼠标右键再选择“编辑符号”，如图 5－65 所示。打开了该模板，在该模板上先布局元件清单的具体表格，在表格中分别按需要来插入字段。清单的第一行全是文本，从第二行起一直往下全为数据字段，注意每行的第一

页面模板
编辑符号(V)
创建新符号(W)
删除符号(X)
创建书签(Y)
重新命名(Z)　F2

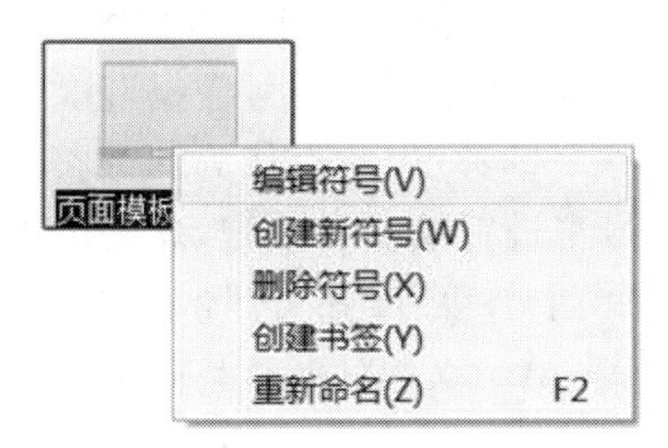

图 5－65　选择“编辑符号”

列都要点击“激活下一个”，如图 5－66 所示，其余不要激活 ，这样可以在扫描元件清单时都从第一行开始。把所有字段放好后，元件清单就建好了，把该模板另存为“元件清单模板 A3. SYM”。

数据字段
数据类型
清单项中的行号或者项目编号
系统数据　用户名
设计方案数据　设计方案编号
页面数据　图纸编号
符号数据字段　DB[ID]
目录表　图纸编号
零部件/元件清单　行号
接线端子清单　接线端子名称
电缆清单　电缆名称
PLC清单　PLC名称
在所有的线
在已使用的线
激活下一个
确定(O)
取消(C)

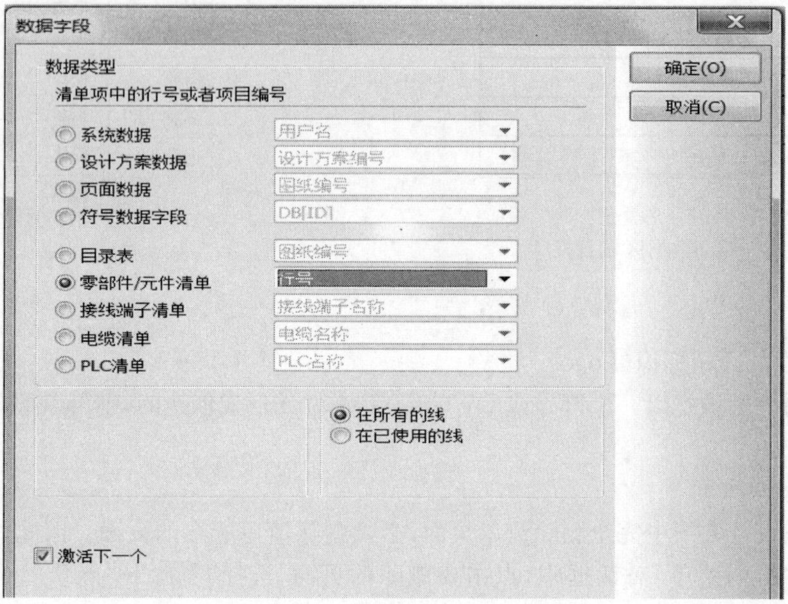

图 5－66　数据字段

（二）在建好的设计方案模板中使用新元件清单模板

与本单元上一项目中的方法相同，先打开建好的设计方案模板 PCSDEMO2. pro，进入需要更新元件清单模板的页面中，在程序工具栏中点击“页面数据”，进入“设置”-“页面数据”对话框中，点击“选择图纸标题栏”，如图 5－25 所示，进入到符号菜单中，找到刚建好的“元件清单模板 A3. SYM”，按“确定”后，页面更新为新的元件清单模板，另存该设计方案模板为 PCS-DEMO3. pro。又把该设计方案另存为恒压供水变频 . pro，并存放在合适的地方。

（三）使用数据库绘制电气原理图

在设计方案自动传输设备 . pro 中打开原理图页面，在页面 5 中绘制恒压供水变频调速系统控制回路，在页面 6 中绘制恒压供水变频调速系统主电路。

1. 创建变频器及 PLC 的电气图符号

跟单元二中创建符号的方法一样，在自动传输设备 . pro 设计方案中，按快捷键[F8]进入符号菜单，点击“创建新符号”，如图 2－46 所示。进入新建符号页面，在程序工具栏中选择“符号数据”和“绘图”，点击参考点，在绘图区域先画上一个参考点，此点作为新建符号的中心点。之后，按所需要的图形符号来进行绘制和创建，新建的符号如图 5－67 所示。把新建的西门子变频器电气符号取名为 MM440. sym，并存在 USER 文件夹里。或者对符号 FX2N. sym 进行编辑，改为西门子变频器的电气符号，另存为 MM440. sym，存在 USER 文件夹里。

L1　L2　L3
MM440
3
4
21
22
19
20
U V W

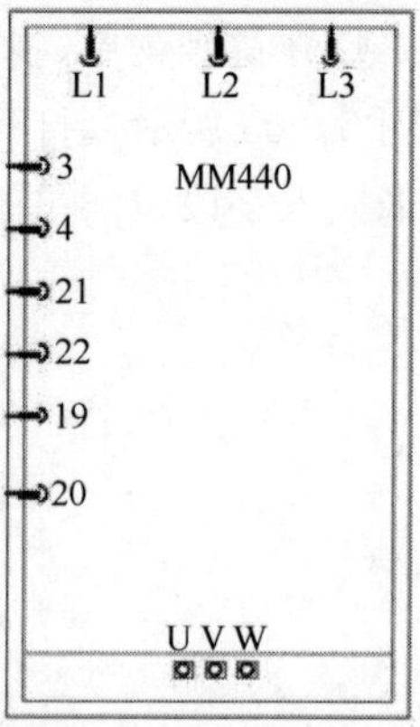

图 5－67　新建的符号

2. 添加数据库信息

在菜单栏中点击“工具”-“数据库”。进入数据库中，在这里可以添加数据库信息，首先点击正下方的“+”，插入一条数据库新记录，把对应项全部填好后，再点击更新数据，保存刚才的修改，添加后的结果如图 5-68 所示。具体操作步骤参考单元四的相关内容。

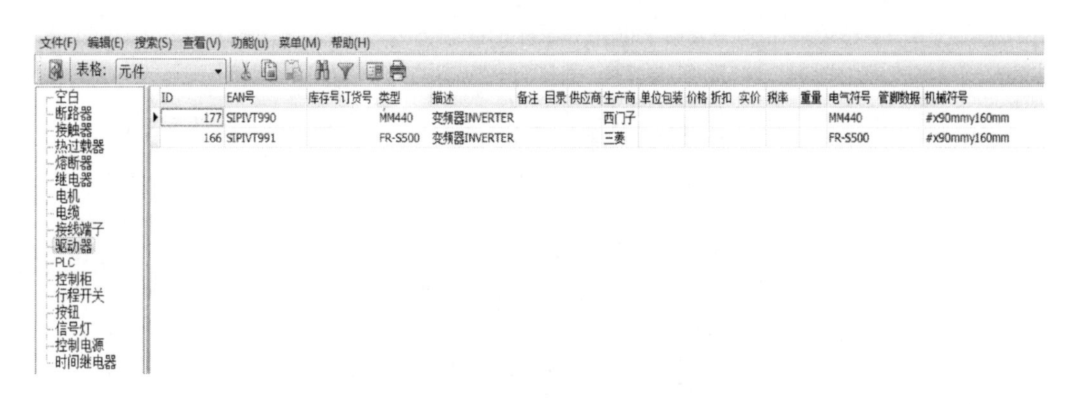

图 5-68　添加后的数据库

3. 使用数据库绘制原理图

在页面 5 中，按键盘上的快捷键[d]，进入数据库中。在数据库中找到需要的元件数据，例如要画变频器时，在数据库中点击“驱动器”选项，将显示图 5-68 所示的数据，选中第 177 条的数据，按“确定”按钮后，就会在原理图中跳出该元件的电气原理图，且包含了该元件的数据库信息。剩下的所有元件都按这个方法使用数据库来绘制，并把找到的符号放置在合适的位置。

4. 整理元件符号及连线

使用数据库，并正确完整地放置了所有元件符号后，再使用“对齐”、“旋转”、“间隔”、“移动”等编辑命令来整理所有的元件符号的相对位置，以及使用文字编辑功能对原理图中的文字符号进行编辑。最后再进行连线，绘制成图 5-31 所示的恒压供水变频调速系统的控制回路，如图 5-32 所示主电路。

(四) 机械外观布局图的绘制

在使用数据库的基础上能够轻松地得到机械外观布局图，数据库的相关知识参见单元四的相关内容。

在本项目中，给控制线路原理图中的每个元器件都加载数据库信息，然后进入到本设计方案中的页面 9，在该页面中的空白处点击鼠标右键，弹出图 3-84 的选项，点击“放置机械符号”。之后，再在空白处点击鼠标左键，所有的机械符号会堆积在一起出现，再使用“间隔”、“对齐”、“移动”等编辑功能，得到类似图 3-85 所示的机械外观布局图。

(五) 更新所有清单

在设计方案中，选择菜单栏中的“清单”-“更新所有清单”，得到所需要的所有清单。

(六) 绘制评价

电气原理图、安装接线图、元器件布置图、元件明细表、工程进度各部分的评价如表 5-8 所列。

表 5-8

项 目 内 容	分值	评 分 标 准	成绩	备注
电气原理图	20 分	元器件选择出错一次扣 2 分 元件符号标准不规范一处扣 2 分 布局不合理一处扣 2 分		
安装接线图	30 分	不按原理图画接线图扣 15 分 错、漏、多接线一处扣 3 分 按钮引出线多一根扣 5 分 接点不符合要求每点扣 2 分 火线与零线混淆连接扣 10 分 配线不美观、不整齐、不合理，每处扣 3 分 漏接接地线扣 10 分		
元器件布置图	20 分	元件安装不匀称、不整齐、不合理每处扣 3 分 元器件选择出错一次扣 2 分 元件符号标准不规范一处扣 2 分 布局不合理一处扣 2 分		
元件明细表	20 分	元件明细表错一处扣 2 分		
工程进度	10 分	按照规定时间每超过 5 分钟扣 3 分		
自动传输设备的变频控制系统绘制项目合计				

五、拓展知识

机床变频电力拖动电路中，金属切削机床的种类很多，主要有车床、铣床、磨床、钻床、刨床、镗床等。金属切削机床的基本运动是切削运动，即工件与刀具之间的相对运动。切削运动由主运动和进给运动组成。金属切削机床的主运动都要求对驱动电动机进行调速，并且调速的范围往往较大。金属切削机床主运动驱动电动机的调速，一般都在停机的情况下进行，在切削过程中是不能进行调速的。

六、思考题

(一) 选择题

1. (　)与 PLC 结合使用，可实现现代自动化生产线。

A. 按钮　B. 交流接触器　C. 继电器　D. 变频器

2. 在机械图页面中，生成机械外观图的正确操作是(　　)

A. 点击鼠标右键选择“线”　B. 点击鼠标右键选择“放置机械符号”

C. 点击鼠标右键选择“文本”　D. 点击鼠标右键选择“圆弧”

(二) 填空题

1. 变频电力拖动电路主要应用在生产过程中，可对________、________、________等电力拖动设备进行控制。

2. 由于锅炉炉前温度较高，采用变频调速实现风量调节时，最好将________放在较远处的配电柜内。

(三) 简答题

简述水泵供水系统变频实现节能的方法。

单元六　PLC 控制系统的识读与绘制

【学习目标】

了解 PLC 控制系统的结构组成和基本原理，根据对具体的电动机控制线路的分析，掌握 PLC 控制系统的识读方法和绘制方法。

项目一　冲压装置的 PLC 控制系统

一、项目下达

（一）项目说明

如图 6-1 所示的冲压装置，料仓中的方形钢块被送到冲压床上，进行冲压，然后从冲压床上推到成品箱中。首先是一个水平安装的双作用气缸 A 将料仓中落下的工件推到钻头的下方，并将工件顶在固定台上夹紧。然后气缸 B 伸出冲压工件，冲压结束后返回。当气缸 B 的回程运动结束后，夹紧气缸 A 返回，松开冲压后的工件。单作用气缸 C 将加工后的工件推出之后返回。

“初始化”程序运行时所有气缸回到初始位置。用 PLC 控制实现该动作要求。

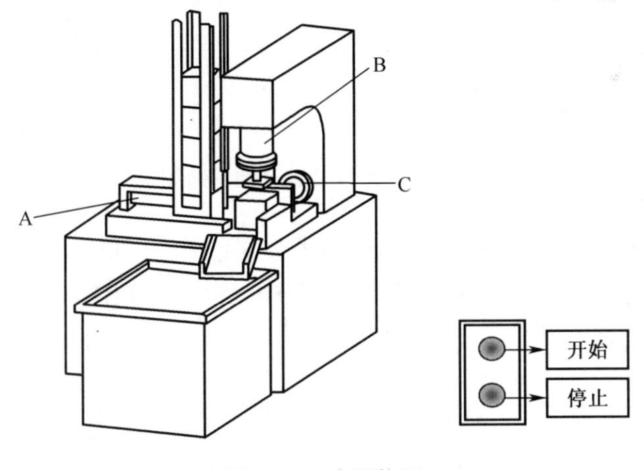

图 6-1　冲压装置

（二）绘制要求

首先要调用单元五中已建好的设计方案模板 PCSDEMO3. pro，从左到右的页面分别是设计主题、章节目录表、详细目录表、安装描述、章节划分（电气原理图）、电气原理图（共四张）、章节划分（机械外观布局）、平面图/机械图（共两张）、章节划分（清单表）、零部件清单、元件清单、电缆清单、接线端子清单。

然后在这个设计方案中完成本项目的电气原理图、机械外观布局图及各类清单的设计及绘制。最后把这个项目转换为 PDF 文档格式，方便截图整理文档时使用。

二、项目分析

（一）识读分析

冲压装置气动回路如图 6-2 所示，A、B 两个气缸都是使用的双作用气缸，气缸的伸出和回缩速度都由单相节流阀来控制，C 气缸选用的是单作用气缸。三个气缸的控制阀都选用的两位五通双控电磁阀，该三个阀的 1 口都为接气源，5 口、3 口为排气口，4 口、2 口为出气口，YA、YB 电磁阀的 4 口、2 口接双作用气缸的两个气口，YC 电磁阀的 4 口接单作用气缸的气口，2 口用塞子堵住。A 气缸回缩到位由传感器 XA0 检测，伸出到位由 XA1 检测，电磁线圈 YA+得电时，气缸伸出，YA-得电时，气缸回缩；B 气缸回缩到位由传感器 XB0 检测，伸出到位由 XB1 检测，YB+得电时，气缸伸出，YB-得电时，气缸回缩；C 气缸回缩到位由传感器 XC0 检测，伸出到位由 XC1 检测，YC+得电时，气缸伸出，YC-得电时，气缸回缩。所有传感器都选用两线制 PNP 型的霍耳传感器。

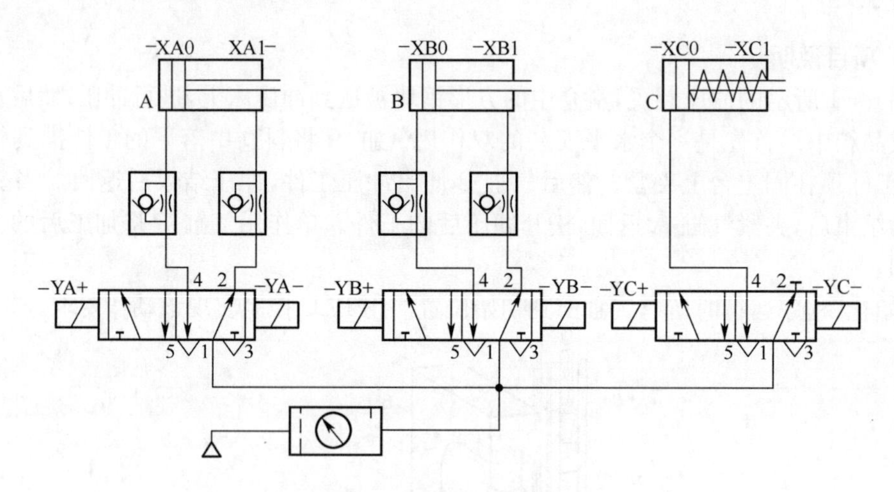

图 6-2 冲压装置气动回路图

本项目使用的 PLC 为主控制器，选用西门子公司的 S7-200 系列，I0.0～I0.7 都为输入继电器端子，依次接起动按钮 SB1、停止按钮 SB2、A 气缸回缩到位传感器 XA0、A 气缸伸出到位传感器 XA1、B 气缸回缩到位传感器 XB0、B 气缸伸出到位传感器 XB1、C 气缸回缩到位传感器 XC0、C 气缸伸出到位传感器 XC1。L+是内部 24VDC 电源正极，为外部传感器或输入继电器供电。M 是内部 24VDC 电源负极，接外部传感器负极或输入继电器公共端。Q0.0～Q0.5 都为输出继电器端子，依次接电磁线圈 YA+、YA-、YB+、YB-、YC+及 YC-。输出继电器的公共端子 1L、2L 接的是 24V 直流电源的正极。六个电磁线圈的额定电压都是 24V，具体连接如图 6-3 所示。关于 PLC 的知识详见本单元必备知识的相关内容。

（二）绘制分析

设计流程及运用的基础知识点如表 6-1 所列。

三、必备知识

（一）PLC 的功能特点

可编程逻辑控制器是一种数字运算器，一种数字运算操作的电子系统，专为工业环境应用而设计。它采用可编程序的存储器，用来在其内部存储执行逻辑运算、顺序控制、定时、计数和算术运算等操作的指令，并通过数字式、模拟式的输入和输出，控制各种机械或生产过程。

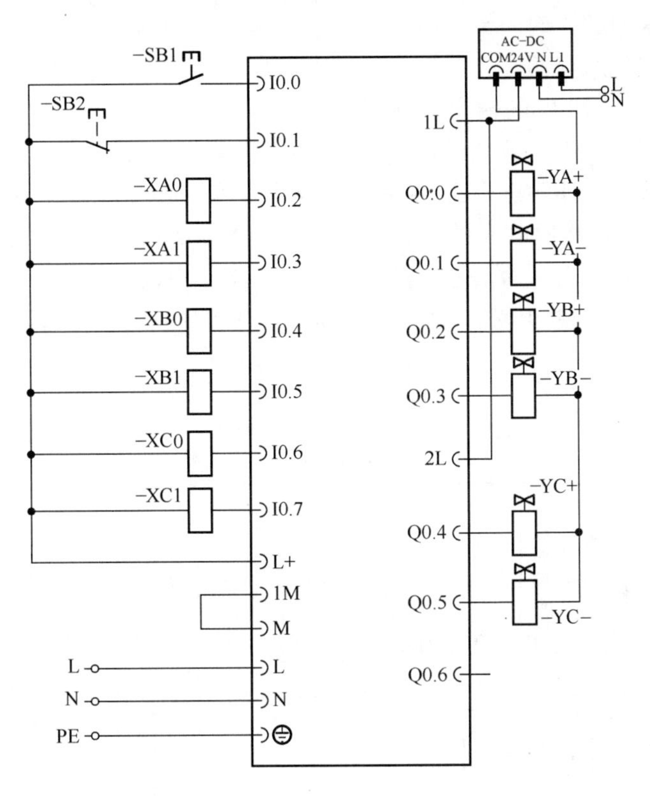

图 6-3　冲压装置 PLC 控制系统电气图

表 6-1

设　计　流　程	运用的基础知识点
步骤一：调用建好的设计方案模板	在设计方案中工作
步骤二：使用符号库绘制气动回路图	符号库的使用，气动回路的基本知识
步骤三：使用数据库绘制 PLC 控制系统的主电路	数据库的使用，旋转、垂直镜像、水平镜像、移动、对齐等编辑功能
步骤四：机械外观布局图的绘制	数据库的使用，自动生成机械外观图
步骤五：更新所有清单	数据库的使用，更新所有清单
步骤六：输出 PDF 格式文档	输出 PDF 格式文档

按结构形式分为整体式和组合式。按控制规模分为微型，其 I/O 点数小于 100；小型，I/O 点数小于 256；中型，I/O 点数介于 256 和 2048 之间；大型，I/O 点数要大于 2048；超大型，其 I/O 点数上万。按实现功能分为低档机、中档机、高档机。

PLC 的基本功能与特点有逻辑控制功能、定时控制功能、计数控制功能、步进控制功能、数据处理功能、模拟控制功能、通信联网功能、监控功能、停电记忆功能、故障诊断功能等。

PLC 主要由 CPU、存储器、I/O 接口、通信接口和电源等几部分组成，如图 6-4 所示。CPU 是 PLC 的逻辑运算和控制中心，协调系统工作。存储器 ROM 中固化着系统程序，用户不可以修改。存储器 RAM 中存放用户程序和工作数据，在 PLC 断电时为了防止 RAM 中的信息丢失，由锂电池供电（或采用 Flash 存储器，不需要锂电池）。PLC 的电源是一种将外部电源转换为PLC内部元器件使用的各种电压(通常是5V、24V DC)的开关稳压电源。备用电源采用锂电池。通信接口是PLC与外界进行交换信息和写入程序的通道,S7-200系列PLC的通信接口类型是RS-485。输入接口用来完成输入信号的引入、滤波及电平转换。输入接口电路的主要器件是光电耦合器。光电耦合器可以提高PLC的抗干扰能力和安全性能,进行高低电平(24V/5V)转换。PLC的输出接口有三种形式:继电器输出、晶体管输出和晶闸管输出。继电器输出可以接交直流负载,但受继电器触点开关速度低的限制,只能满足一般的低速控制需要。为了延长继电器触点寿命,在外部电路中对直流感性负载应并联反偏二极管,对交流感性负载应并联RC高压吸收元件。晶体管输出只能接直流负载,开关速度高,适合高速控制的场合,如数码显示、输出脉冲信号控制步进电动机等。其输出端内部已并联反偏二极管。晶闸管输出只能接交流负载,开关速度较高,适合高速控制的场合。其输出端内部已并联RC高压吸收元件。

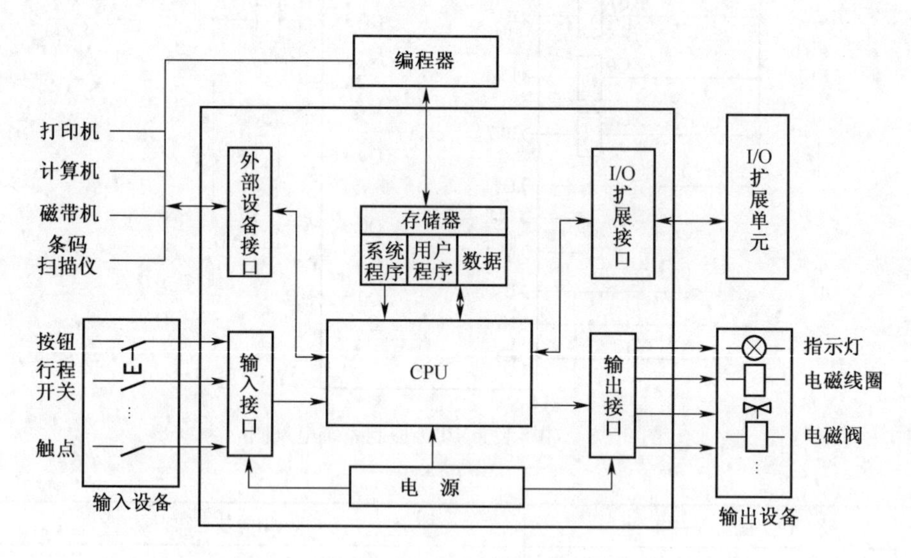

图6-4 PLC的结构示意图

当PLC的方式开关置于"RUN"位置时,PLC即进入程序运行状态。在程序运行模式下,PLC用户程序的执行采用独特的周期性循环扫描工作方式。每一个扫描周期分为读输入、执行程序、处理通信请求、执行CPU自诊断和写输出五个阶段。

在读入阶段,PLC的CPU将每个输入端口的状态复制到输入数据映像寄存器中。在执行程序阶段,CPU逐条按顺序(从左到右、从上到下)扫描用户程序,同时进行逻辑运算和处理,最终运算结果存入输出数据映像寄存器中。CPU执行PLC与其它外部设备之间的通信任务。CPU检查PLC各部分是否工作正常。在写出阶段,CPU将输出数据映像寄存器中存储的数据复制到输出继电器中。在非读输入阶段,即使输入状态发生变化,程序也不读入新的输入数据,这种方式是为了增强PLC的抗干扰能力和程序执行的可靠性。

(二) S7-200的结构及端子排

S7-200是德国西门子公司生产的小型PLC系列,主要有CPU221、CPU222、CPU224和CPU226四种CPU基本单元。其外部结构大体相同,如图6-5所示。状态指示灯LCD显示CPU所处的状态(系统错误/诊断、运行、停止)。通信端口可通过它与其它设备连接通信。前盖下面有模式选择开关(运行/终端/停止)、模拟电位器和扩展端口。模式选择开关拨到运行

(RUN)位置,则程序处于运行状态;拨至终端(TERM)位置,可以通过编程软件控制 PLC 的工作状态;拨至停止(STOP)位置,则程序停止运行,处于写入程序状态。模拟电位器可以设置 0～255 之间的值。扩展端口用于连接扩展模块,实现 I/O 的扩展。顶部端子盖下边为输出端子和 PLC 供电电源端子。输出端子的运行状态可以由顶部端子盖下方一排指示灯显示,ON 状态对应指示灯亮。底部端子盖下边为输入端子和传感器电源端子。输入端子的运行状态可以由底部端子盖上方一排指示灯显示,ON 状态对应指示灯亮。

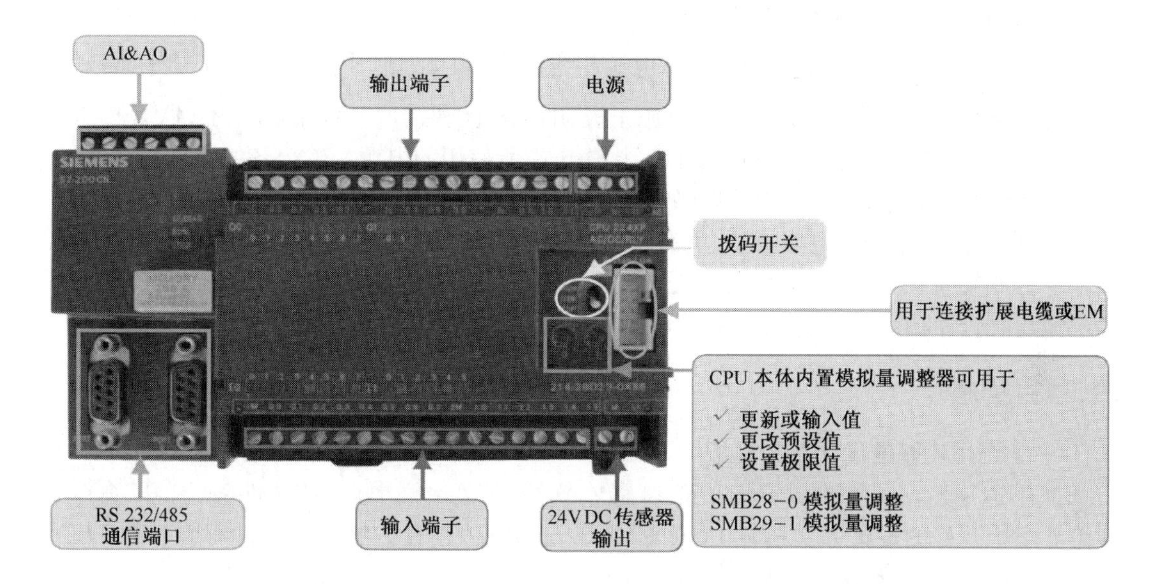

图 6-5　S7-200 系列 CPU 单元的结构

外部端子是 PLC 输入、输出及外部电源的连接点。CPU224 AC/DC/RLY 型 PLC 外部端子如图 6-6 所示。AC/DC 表示 PLC 供电电源的类型、输入端口的电源类型及输出端口器件的类型,RLY 表示输出类型为继电器。

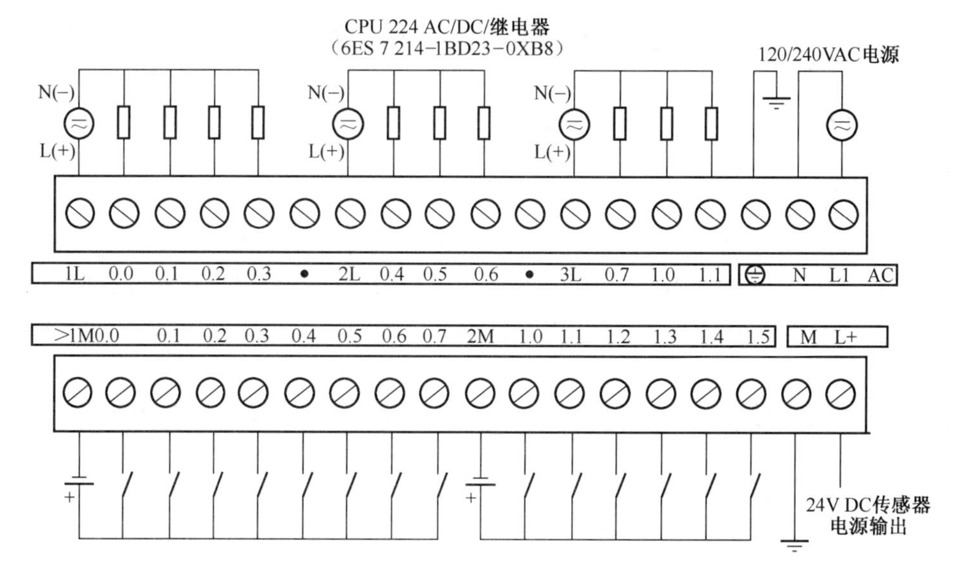

图 6-6　CPU224 AC/DC/RLY 端子图

1) 底部端子(输入端子及传感器电源)

L+:内部 24VDC 电源正极,为外部传感器或输入继电器供电。

M:内部 24V DC 电源负极,接外部传感器负极或输入继电器公共端。

1M、2M:输入继电器的公共端口。

I0.0~I1.5:输入继电器端子,输入信号的接入端。输入继电器用“I”表示,S7-200 系列 PLC 共 128 位,采用八进制(I0.0~I0.7,I1.0~I1.7,…,I15.0~I15.7)。

2) 顶部端子(输出端子及供电电源)

交流电源供电:L1、N、⏚分别表示电源相线、中线和接地线。交流电压为 85~265V。

直流电源供电:L+、M 分别表示电源正极、电源负极和接地。直流电压为 24V。

1L、2L、3L:输出继电器的公共端口。接输出端所使用的电源。输出各组之间是相互独立的,这样负载可以使用多个电压系列(如 AC220V、DC24V 等)。

Q0.0~Q1.1:输出继电器端子,负载接在该端子与输出端电源之间。输出继电器用“Q”表示,S7-200 系列 PLC 共 128 位,采用八进制(Q0.0~Q0.7,Q1.0~Q1.7,…,Q15.0~Q15.7)。

注意:带点的端子上下不要外接导线,以免损坏 PLC。

四、项目实施

(一) 调用建好的设计方案模板

打开 PCschematic Automation 第 14 版本软件,在菜单栏中点击“文件”-“打开”命令,找到第五章中建好的设计方案模板 PCSDEMO3.pro,把该设计方案另存为冲压装置的 PLC 控制系统.pro,保存在合适的盘里。

(二) 使用符号库绘制气动回路图

在冲压装置的 PLC 控制系统.pro 设计方案中的页面 5 中,按下电脑键盘的[F8]键,进入“符号菜单”,在符号文件夹里选择 PNEU,进入到气动元件符号文件夹里。分别拾取双作用气缸 6-5-2-1.sym 、单向节流阀 7-3-1-4.sym、两位五通阀心 7-2-1-4.sym、电磁阀线圈 9-2-3-11.sym、单作用气缸 6-5-1-2、气动三联件 8-5-6-2 及气源 5-2-1-2 电气符号。使用旋转、垂直镜像、水平镜像、移动、对齐等编辑功能把符号放在合适的位置上。再根据气动回路的需要添加相应文本,最后得到如图 6-2 所示的冲压装置气动回路图。

(三) 使用数据库绘制 PLC 控制系统的主电路

在页面 6 中绘制冲压装置的 PLC 控制系统的。

1. 创建 PLC 的电气图符号

与单元五中创建变频器符号的方法一样,在本设计方案中,按快捷键[F8]进入符号菜单,点击“创建新符号”。进入新建符号页面,在程序工具栏中选择“符号数据”和“绘图”,点击参考点,在绘图区域先画上一个参考点,此点作为新建符号的中心点。绘制 PLC 的时候通过点击“设置”-“指针/屏幕”要先打开栅格的显示,如图 6-7 所示。这样做是方便把 PLC 的每个端子都放在栅格上,这些端子与外部连线的时候才是直线。之后,按所需要的图形符号来进行绘制和创建,如图 6-8 所示。把新建的电气符号取名为 S7-200.sym,并存在 USER 文件夹里。

2. 添加数据库信息

在菜单栏中点击“工具”-“数据库”。进入数据库中,在这里可以添加数据库信息,首先点击正下方的“+”,插入一条数据库新记录 ,把对应项全部填好后,再点击更新数据,保存刚才

图 6－7　设置

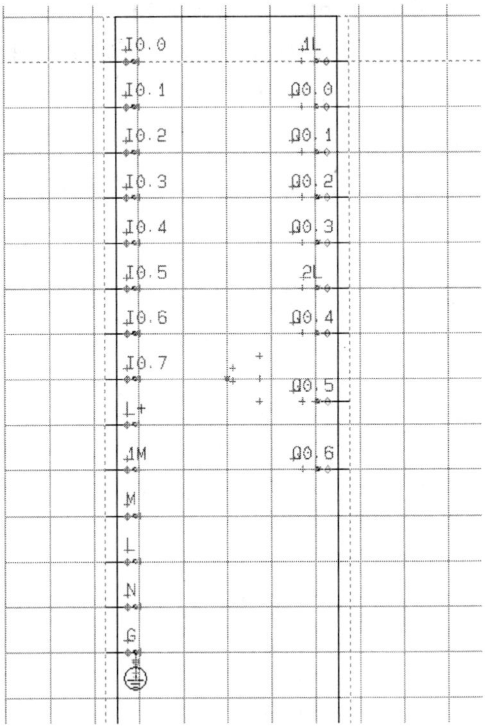

图 6－8　需创建的 PLC 电气符号

的修改，具体操作步骤参见单元四的相关内容。

3. 使用数据库绘制原理图

在页面 6 中，按键盘上的快捷键[d]，进入数据库中。在数据库中找到需要的元件数据，例如要画 PLC 时，在数据库中点击选中刚建好的 PLC 数据，按“确定”按钮后，就会在原理图中跳出该元件的电气原理图，且包含了该元件的数据库信息。

剩下的所有元件都按这个方法使用数据库来绘制，并把找到的符号放置在合适的位置。

4. 整理元件符号及连线

使用数据库，并正确、完整地放置了所有元件符号后，再使用“对齐”、“旋转”、“间隔”、“移动”等编辑命令来整理所有的元件符号的相对位置，以及使用文字编辑功能对原理图中的文字符号进行编辑。最后再进行连线，绘制成如图 6－3 所示的冲压装置 PLC 控制电气图。

（四）机械外观布局图的绘制

在使用数据库的基础上能够轻松地得到机械外观布局图，数据库的相关知识参见单元四的相关内容。

在本项目中，PLC 控制系统主电路中的所有元件都已经使用了数据库，进入到本设计方案中的页面 9，在该页面中的空白处点击鼠标右键，弹出图 3－84 的选项，点击“放置机械符号”。之后，再在空白处点击鼠标左键，所有的机械符号会堆积在一起出现，再使用“间隔”、“对齐”、“移动”等编辑功能，得到类似图 3－85 所示的机械外观布局图。

气动回路的机械外观布局图需要加载数据库信息后，才能自动生成。

（五）更新所有清单

在设计方案中，选择菜单栏中的“清单”-“更新所有清单”，得到所需要的所有清单。

（六）输出 PDF 格式文档

在菜单栏中点击“文件”-“输出”-“作为 PDF”，如图 6－9 所示。弹出“PDF 输出”对话框，如图 6－10 所示，按下“确定”按钮后，得到本项目的 PDF 文档。打开 PDF 文档后，可以在里面截图使用，这样出来的图形非常清晰。

图 6－9　输出 PDF 格式文档

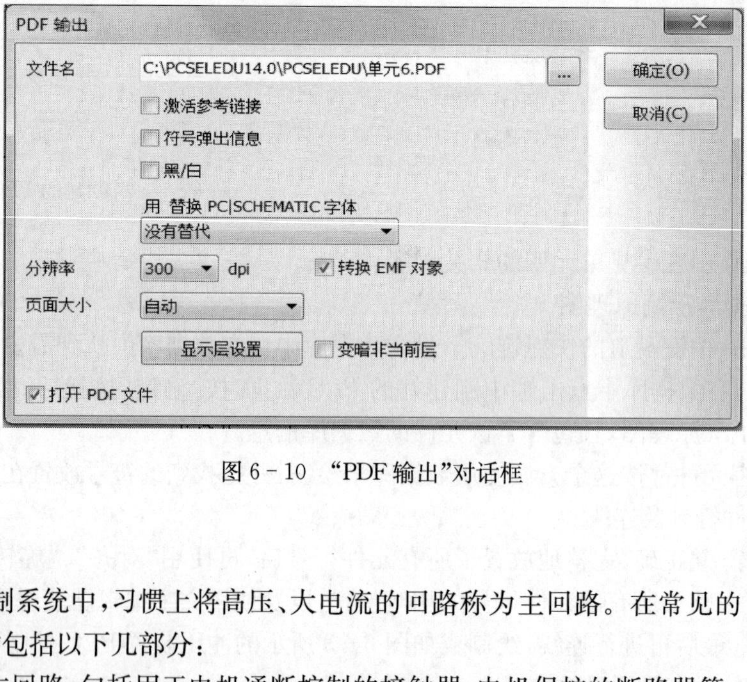

图 6－10　“PDF 输出”对话框

五、拓展知识

在电气控制系统中，习惯上将高压、大电流的回路称为主回路。在常见的 PLC 控制系统中，主回路通常包括以下几部分：

（1）电机主回路，包括用于电机通断控制的接触器、电机保护的断路器等；

（2）各种动力驱动装置的电源回路与动力回路，如驱动器电源输入回路及其通断控制的接触器、保护断路器、伺服电机的电枢回路、直流电机的励磁回路等；

（3）各种控制变压器的原边输入回路，包括通断控制的接触器、保护断路器等；

（4）用于供给控制系统各部分主电源的电源输入与控制回路，包括用于电源变压器、整流器件、稳压器件以及用于电源回路控制的接触器、保护断路器等。

PLC 控制系统的主回路与其它电气控制系统无原则性区别。但必须符合有关标准的规定，并结合 PLC 控制系统的自身特点，充分考虑系统的可靠性与安全性。

为了对设备主回路进行可靠、有效的保护，设备中每一个独立的部件都必须安装用于短路、过电流保护的保护器件（如断路器等），保护器件必须具有足够的分断能力，必须能够可靠分断被保护的用电设备或电动机。

出于调试、维修的需要与系统的可靠性与安全性的考虑，原则上对于不同类型的主回路，如电机主回路、驱动主回路等，在每一部件独立安装保护器件的基础上，还应对每一大类分类安装总保护断路器。

对于输入/输出点数、种类较多、构成复杂、控制要求较高的控制系统，当外部输入/输出信号共用电源时，应采用分组的形式进行供电，每组通过独立的保护断路器进行保护与通/断控制。

用于系统安全保护、紧急停机控制的装置（如制动器、安全门保护等）的辅助电源，应确保不会因“急停”等操作而分断。

系统中可靠性要求较高的控制部件，如PLC的电源输入、CNC的电源输入等，当它们为直流24V供电时，应尽可能采用独立的稳压电源进行供电；当采用交流供电时，应安装独立的隔离变压器，原则上不要与系统的其它控制电路与执行元件（如电磁阀、220V/24V控制回路等）共用电源。

PLC输入/输出所需要的传感器、开关、执行元件电源，应尽可能采用外部电源供电的形式，以防止由于外部线路故障引起的PLC损坏。

项目二　气控机械手

一、项目下达

（一）项目说明

在某些高温、粉尘及噪声等环境恶劣的场合，用气控机械手替代手工作业是工业自动化发展的一个方向。该气控机械手模拟人手的部分动作，按预先给定的程序、轨迹和工艺要求实现自动抓取、搬运，完成工件的上料或卸料。为完成这些动作，系统共有四个气缸，可在三个坐标内工作，其结构如图6-11所示。其中A缸为抓取机构的松紧缸，A缸活塞后退时抓紧工件，A缸活塞前进时松开工件；B缸为长臂伸缩缸；C缸为机械手升降缸；D缸为立柱回转缸，该气缸为齿轮齿条缸，把活塞的直线运动改变为立柱的旋转运动，从而实现立柱的回转。

（二）绘制要求

首先要调用单元五中已建好的设计方案模板PCSDEMO3.pro，从左到右的页面分别是设计主题、章节目录表、详细目录表、安装描述、章节划分（电气原理图）、电气原理图（共四张）、章节划分（机械外观布局）、平面图/机械图（共两张）、章节划分（清单表）、零部件清单、元件清单、电缆清单、接线端子清单。然后在这个设计方案中完成本项目的电气原理图、机械外观布局图及各类清单的设计及绘制。最后把这个项目转换为PDF文档格式，方便截图整理文档时使用。

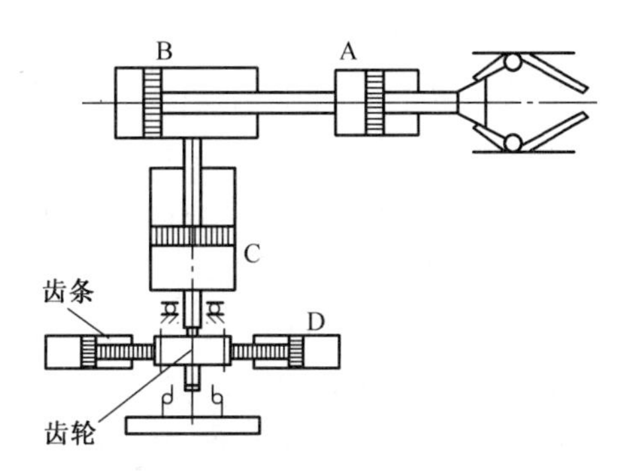

图6-11　气控机械手结构示意图

二、项目分析

(一) 识读分析

气控机械手气动回路如图 6-12 所示，A、B、C、D 四个气缸都是双作用气缸，气缸的伸出和回缩速度都由单相节流阀来调节。四个气缸的控制阀都选用两位五通双控电磁阀，该四个阀的 1 口都接气源，5 口、3 口是排气口，4 口、2 口为出气口，YA、YB、YC、YD 电磁阀的 4 口、2 口接双作用气缸的两个气口。A 气缸回缩到位由传感器 XA0 检测，伸出到位由 XA1 检测，电磁线圈 YA+得电时，气缸伸出，YA-得电时，气缸回缩；B 气缸回缩到位由传感器 XB0 检测，伸出到位由 XB1 检测，YB+得电时，气缸伸出，YB-得电时，气缸回缩；C 气缸回缩到位由传感器 XC0 检测，伸出到位由 XC1 检测，YC+得电时，气缸伸出，YC-得电时，气缸回缩；D 气缸回缩到位由传感器 XD0 检测，伸出到位由 XD1 检测，YD+得电时，气缸伸出，YD-得电时，气缸回缩。所有传感器都选用两线制 NPN 型的霍尔传感器。

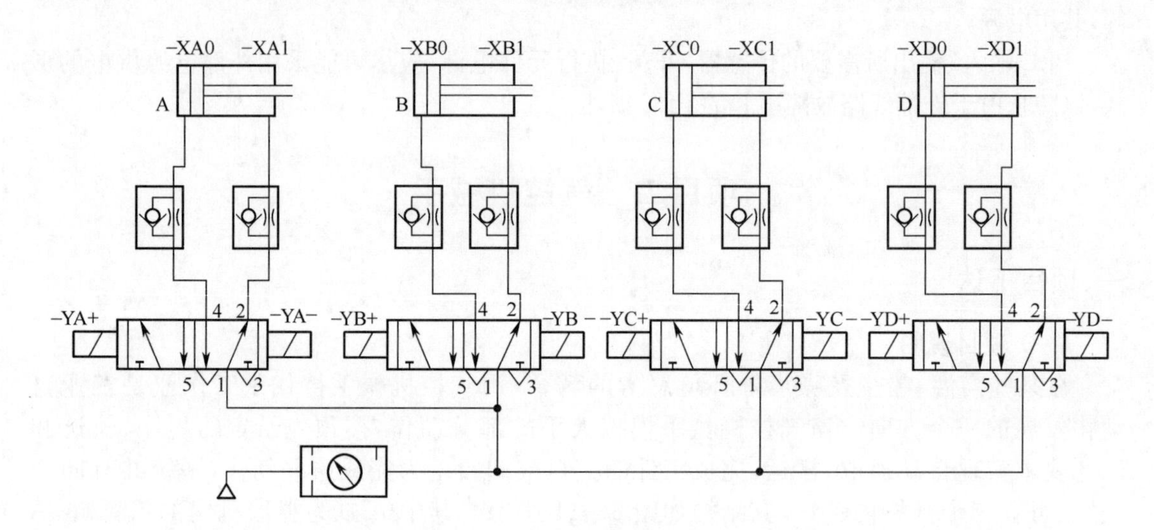

图 6-12 气控机械手气动回路图

本项目使用 PLC 为主控制器，选用三菱公司的 FX_{2N}- 48MR 系列，X0～X11 都为输入继电器端子，依次接起动按钮 SB1、停止按钮 SB2、A 气缸回缩到位传感器 XA0、A 气缸伸出到位传感器 XA1、B 气缸回缩到位传感器 XB0、B 气缸伸出到位传感器 XB1、C 气缸回缩到位传感器 XC0、C 气缸伸出到位传感器 XC1、D 气缸回缩到位传感器 XD0、C 气缸伸出到位传感器 XD1。24+是内部 24VDC 电源正极，为外部传感器或输入继电器供电。COM 是内部 24VDC 电源负极，接外部传感器负极或输入继电器公共端。Y0～Y7 都为输出继电器端子，依次接电磁线圈 YA+、YA-、YB+、YB-、YC+、YC-、YD+及 YD-，电磁线圈的另一端接 24V 直流电源的正极。输出继电器的公共端子 COM1、COM2 接的是 24V 直流电源的负极。八个电磁线圈的额定电压都是 24V，具体连接如图 6-13 所示。关于 PLC 的知识详见本单元必备知识的相关内容。

(二) 绘制分析

设计流程及运用的基础知识点如表 6-2 所列。

表 6-2

设　计　流　程	运用的基础知识点
步骤一：调用建好的设计方案模板	在设计方案中工作
步骤二：使用数据库绘制气动回路图	数据库的使用，气动回路的基本知识
步骤三：使用数据库绘制 PLC 控制系统电气原理图	数据库的使用，旋转、垂直镜像、水平镜像、移动、对齐等编辑功能
步骤四：机械外观布局图的绘制	数据库的使用，自动生成机械外观图
步骤五：更新所有清单	数据库的使用，更新所有清单
步骤六：输出 PDF 格式文档	输出 PDF 格式文档

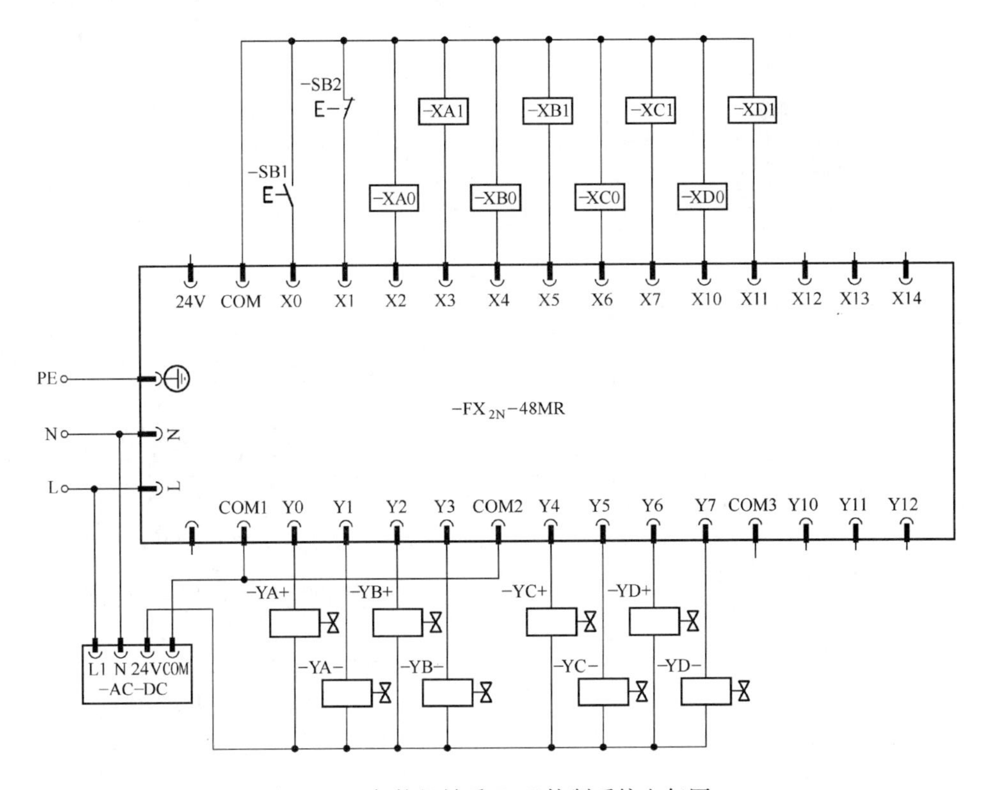

图 6-13　气控机械手 PLC 控制系统电气图

三、必备知识——三菱 FX 系列 PLC 的结构及端子排

三菱 FX_{2N}系列 PLC 的面板由型号、状态指示灯、模式转换开关与通信接口、PLC 的电源端子与输入端子、输入指示灯、输出指示灯、输出端子等组成。各组成部分的详细图解如图 6-14 所示。FX_{2N}-48MR 的端子排图如图 6-15 所示。

1）底部端子（输出端子）

COM1、COM2、COM3、COM4、COM5：输出继电器的公共端口。接输出端所使用的电源。输出各组之间是相互独立的，这样负载可以使用多个电压系列（如 AC220V、DC24V 等）。

Y0～Y27：输出继电器端子，负载接在该端子与输出端电源之间。

2）顶部端子（输入端子、供电电源及传感器电源）

COM：输入继电器的公共端口。

X0～X27：输入继电器端子，输入信号的接入端。

24＋：内部 24VDC 电源正极，为外部传感器或输入继电器供电。

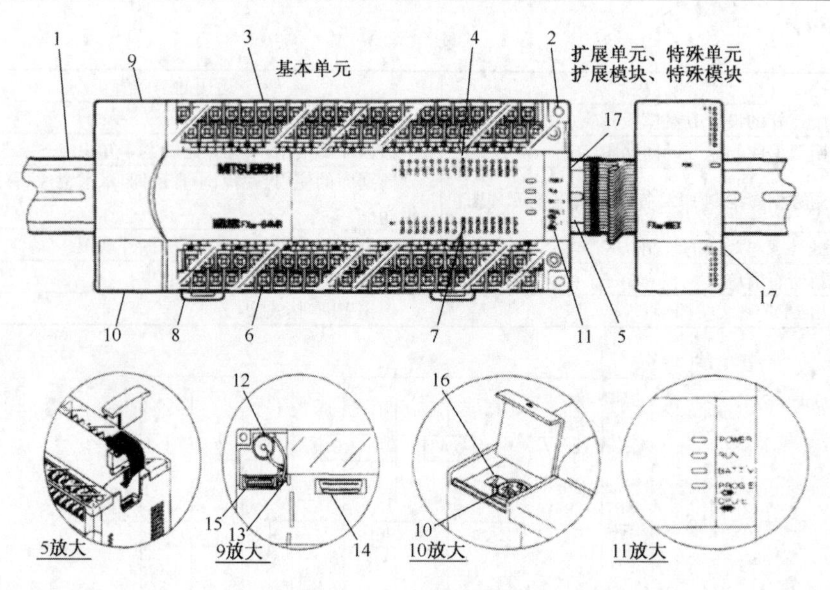

图 6-14 组成部分图解

1—导轨；2—安装孔；3—基本单元；4—输入指示灯；5—扩展单元；6—输出用装卸端子台；7—输出指示灯；8—卡子(装卸用)；9—端盖；10—通信端接口；11—动作指示灯；12—电池；13—电池接口；14—通信接口；15—功能扩展板安装插座；16—内置 RUN/STOP 开；17—扩展单元。

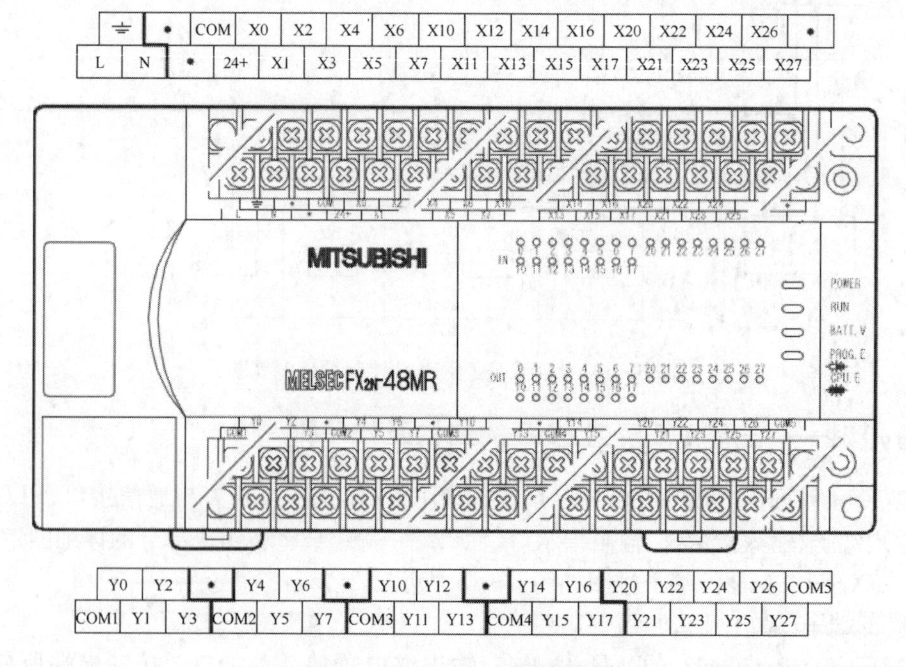

图 6-15 FX_{2N}-48MR 的端子排图

COM：内部 24V DC 电源负极，接外部传感器负极或输入继电器公共端。

交流电源供电：L、N、⏚ 分别表示电源相线、中线和接地线。交流电压为 85～265V。

直流电源供电：24＋、COM 分别表示电源正极、电源负极和接地。直流电压为 24V。

注意：带点的端子上下不要外接导线，以免损坏 PLC。

四、项目实施

（一）调用建好的设计方案模板

打开PCschematic Automation第14版本软件，在菜单栏中点击“文件”-“打开”命令，找到单元五建好的设计方案模板PCSDEMO3.pro，把该设计方案另存为气控机械手的PLC控制系统.pro，保存在合适的盘里。

（二）使用数据库绘制气动回路图

在气控机械手的PLC控制系统.pro设计方案中的页面5中绘制气动回路图。

1. 添加数据库信息

在菜单栏中点击“工具”-“数据库”。进入数据库中，添加数据库信息。首先点击正下方的“+”，插入一条数据库新记录，把对应项全部填好，例如EAN号、类型、描述、电气符号、管脚数据、机械符号及图片等，再点击更新数据，保存刚才的修改，具体操作步骤参见单元四的相关内容。

2. 使用数据库绘制原理图

在页面5中，按键盘上的快捷键[d]，进入数据库中。在数据库中找到需要的元件数据，例如要画双作用气缸时，在数据库中点击选中刚建好的双作用气缸数据，按“确定”按钮后，就会在原理图中弹出该元件的电气原理图，且包含了该元件的数据库信息。

剩下的所有元件都按这个方法使用数据库来绘制，并把找到的符号放置在合适的位置。

3. 整理元件符号及连线

使用数据库，并正确、完整地放置了所有元件符号后，再使用“对齐”、“旋转”、“间隔”、“移动”等编辑命令来整理所有的元件符号的相对位置，再根据气动回路的需要添加相应文本。最后再进行连线，得到如图6-12所示的气控机械手气动回路图。

（三）使用数据库绘制PLC控制系统电气图

在页面6中绘制气控机械手的PLC控制系统电气图。

1. 创建PLC的电气图符号

跟上一项目创建PLC符号的方法一样，在本设计方案中，按快捷键[F8]进入符号菜单，点击“创建新符号”。进入新建符号页面，在程序工具栏中选择“符号数据”和“绘图”，点击参考点，在绘图区域先画上一个参考点，此点作为新建符号的中心点。绘制PLC的时候通过点击“设置”-“指针/屏幕”要先打开栅格的显示。这样做是方便把PLC的每个端子都放在栅格上，这些端子与外部连线的时候才是直线。然后，按所需要的图形符号来进行绘制和创建，如图6-16所示。把新建的电气符号取名为FX_{2N}.sym，并存在USER文件夹里待用。

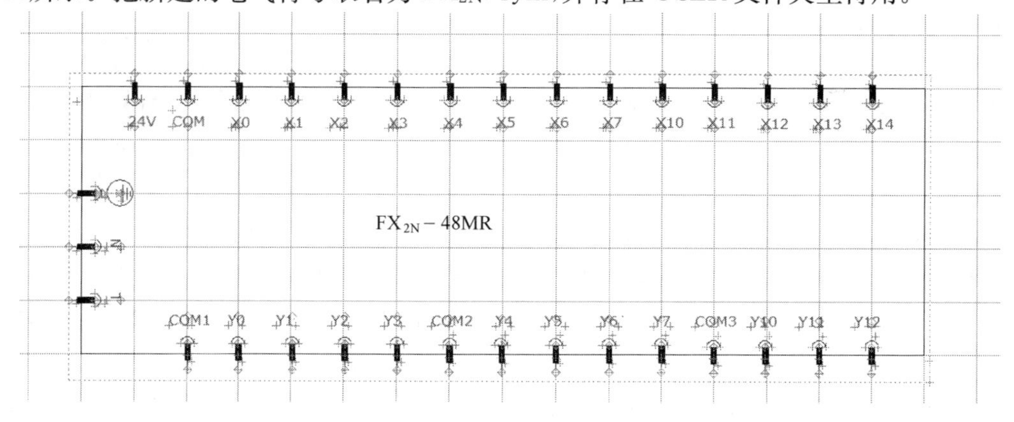

图6-16 需要建的PLC电气符号

2. 添加数据库信息

在菜单栏中点击“工具”-“数据库”。进入数据库中,在这里可以添加数据库信息,首先点击正下方的“+”,插入一条数据库新记录 ,把对应项全部填好后,再点击更新数据,保存刚才的修改,具体操作步骤参见单元四的相关内容。

3. 使用数据库绘制原理图

在页面 6 中,按键盘上的快捷键[d],进入数据库中。在数据库中找到需要的元件数据,例如要画 PLC 时,在数据库中点击选中刚建好的 PLC 数据,按“确定”按钮后,就会在原理图中跳出该元件的电气原理图,且包含了该元件的数据库信息。

剩下的所有元件都按这个方法使用数据库来绘制,并把找到的符号放置在合适的位置。

4. 整理元件符号及连线

使用数据库,并正确、完整地放置所有元件符号,再使用“对齐”、“旋转”、“间隔”、“移动”等编辑命令来整理所有的元件符号的相对位置,以及使用文字编辑功能对原理图中的文字符号进行编辑。最后再进行连线,绘制成如图 6-13 所示的气控机械手 PLC 控制电气图。

(四) 机械外观布局图的绘制

在使用数据库的基础上能够轻松地得到机械外观布局图,数据库的相关知识参见单元四的相关内容。

在本项目中,PLC 控制系统气动回路和电气图中的所有元件都已经使用了数据库,进入到本设计方案中的页面 9,在该页面中的空白处点击鼠标右键,弹出图 3-84 的选项,点击“放置机械符号”。之后,再在空白处点击鼠标左键,所有的机械符号会堆积在一起出现,再使用“间隔”、“对齐”、“移动”等编辑功能,得到类似图 3-85 所示的机械外观布局图。

(五) 更新所有清单

在设计方案中,选择菜单栏中的“清单”-“更新所有清单”,得到所需要的所有清单。

(六) 输出 PDF 格式文档

在菜单栏中点击“文件”-“输出”-“作为 PDF”,如图 6-9 所示。弹出“PDF 输出”对话框,如图 6-10 所示,按下“确定”按钮后,得到本项目的 PDF 文档。打开 PDF 文档后,可以在里面截图使用,这样出来的图形非常清晰。

五、拓展知识

(一) 自动填写 PLC 的 I/O 地址

在设计方案中布置 PLC 符号时,系统可以自动填写 PLC 的 I/O 地址。

布置一个 PLC 符号,或用鼠标右键点击已有的 PLC 符号时,选择“元件数据”,进入图 6-17所示的对话框。点击标签“I/O 地址”,在其中指定如何填写 I/O 地址。如图 6-18 所示,在标签项的左边,输入符号的第一个地址。在右边,可以指定是“从左下角”或是“从右上角”开始。最后,可以选择是根据二进制、八进制、十进制还是十六进制命名。

要应用命名功能,只需激活“申请地址”。每次进入对话框时,检查标记都会被去掉,这是为了防止不小心激活此功能。在对话框中操作完成后,点击“确认”。如果对标签项“I/O 地址”内容作了改动,则会自动激活此功能。

同时改变几个符号的地址:当一个元件的几个符号布置在一起时,如图 6-19 所示,则可以同时重命名这些符号。首先选中这些符号,再点击鼠标右键,选择“符号项目数据”,如图 6-

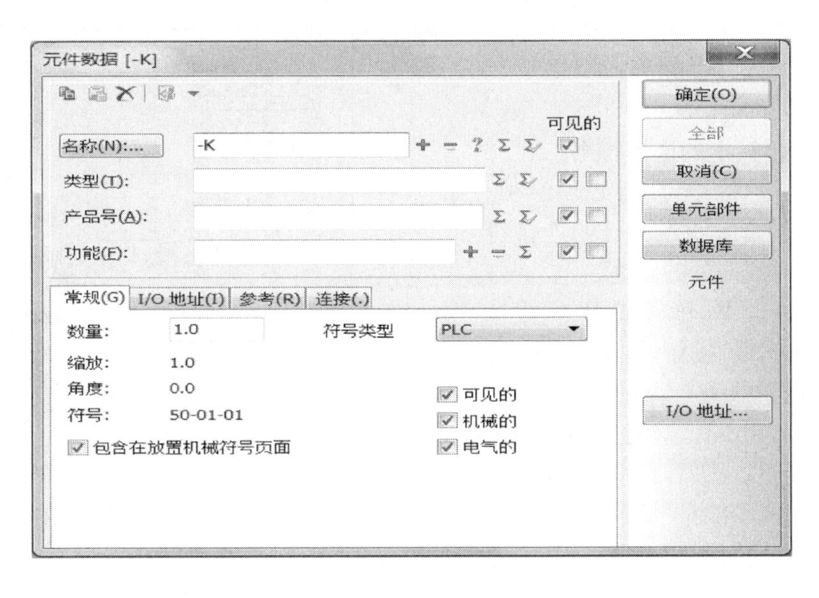

图 6-17　“元件数据”对话框

20 所示。在图 6-21 中指定怎样命名，点击“确认”。现在 PLC 符号被重新命名，如图 6-22 所示。

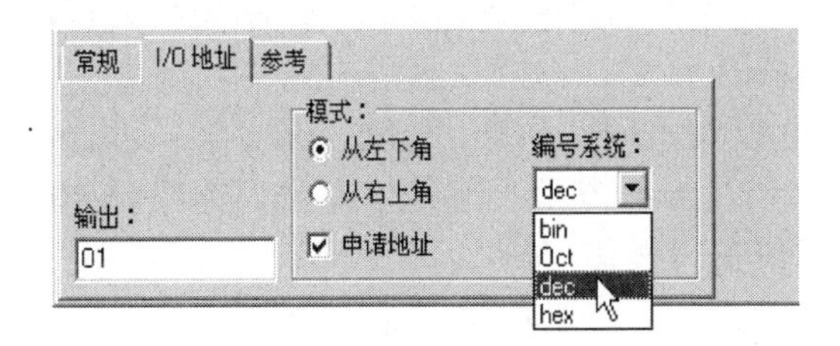

图 6-18　“I/O 地址”标签

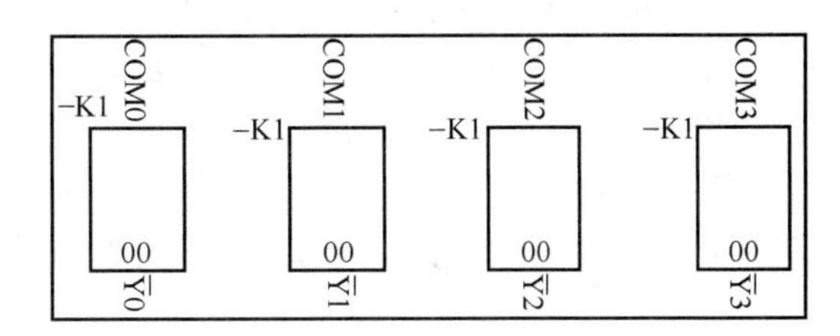

图 6-19

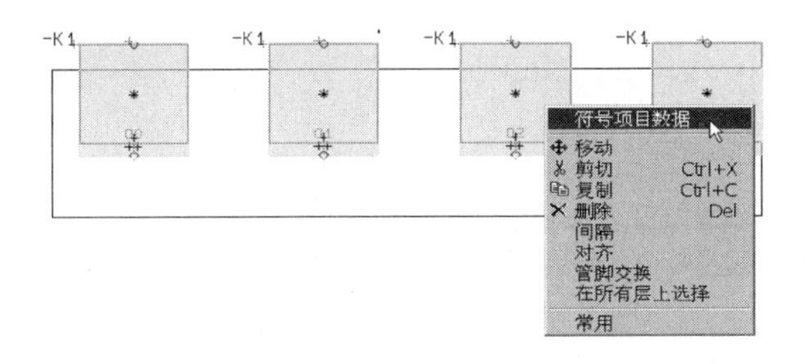

图 6-20　选择“符号项目数据”

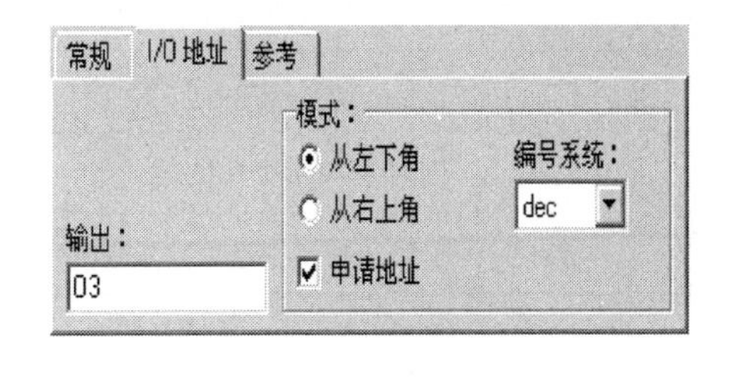

图 6-21　I/O 地址

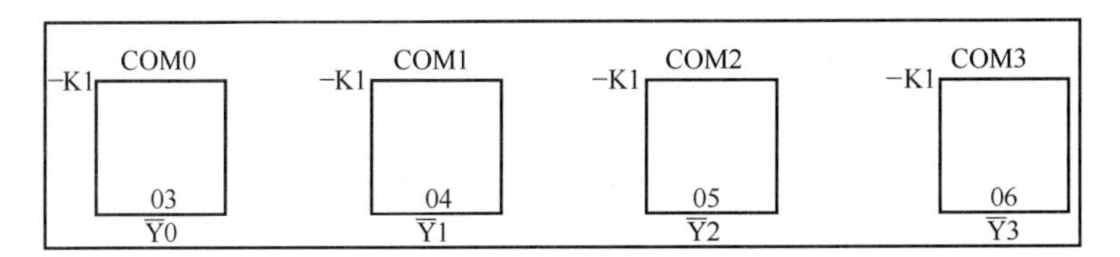

图 6-22　PLC 符号被重新命名

如果这些 PLC 符号没有相同的符号名，则不允许进行上面的操作。相关内容参见“选择区域内的连接点”部分的叙述。

（二）信号母线上的连接符号

要在图中显示信号母线，必须绘制一条宽的非电气线。关于如何创建自己的连接符号，请参考“创建连接符号”部分的叙述。

首先找出一个 IC 符号或 PLC 符号，把它布置到图中。点击“线”按钮，激活“铅笔”，选择一个宽线型，比如设置线宽（A:）为合适的尺寸，在这里可以设置为 2.5mm。这时会画出一条图 6－23 所示的最左边的线，然后，画一条像符号右边的线一样的线，这些线不能是导线（当选中宽线型时，绘制出来的就不是导线）。现在已经画出了两条信号母线。关闭“铅笔”功能，选择一条细的线型，点击回路左边的线，这样就选中此线。然后选择“编辑”-“连接信号”，这时会出现一条线，起点是选中的线，终点是十字线。拖出一个窗口，把回路左边的连接点都包括进去。出现图 6－24 所示的对话框。在该对话框的“信号名称”中，可以输入一个名称，或者选择表 6－3 所列的选项。点击对话框中“信号符号”区域右边的上/下箭头，可以在系统已定义的信号符号中选择。符号自身也会显示在对话框的窗口中。在对话框的左上角，可以标明信号名的命名是“从上到下”或是“从下到上”。要确认这些设置，点击“确认”，否则点击“取消”。按[Esc]键，取消选择线。

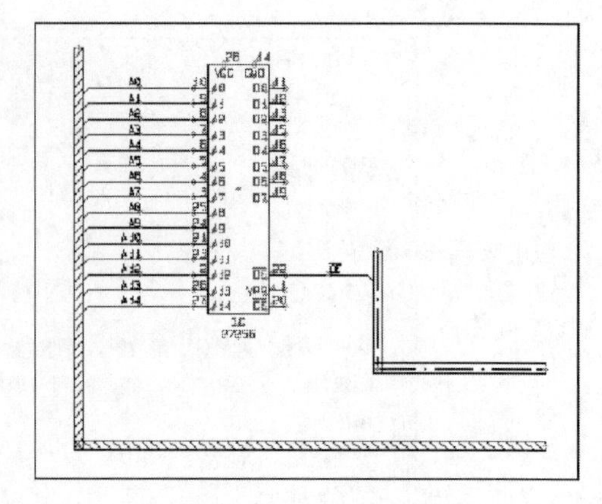

图 6－23　画出线

如果只是要把一个连接点连接到信号符号，可以点击回路右边的粗线，选中它。再选择“编辑”-“连接信号”。现在出现一条橡皮线，起点是粗线，终点是十字线。点击回路中要连接到母线的连接点。出现图 6－24 所示的对话框，继续进行操作。

表 6－3

按钮	功　能
+	每次命名信号名时加一
—	每次命名信号名时减一
?	给出下一个可用的信号名
Σ	给出一个列表，可以从中选取已被使用的信号名

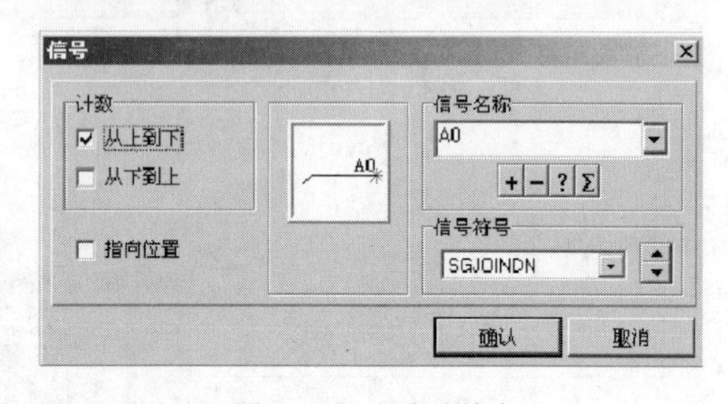

图 6－24　包含连接点

当把第一个连接点连接到信号母线时，从粗线到信号母线的橡皮线仍然存在。如果想连接更多的连接点到信号母线，可以重复进行上述操作。

如果想指定信号符号在线上的位置，可以在对话框中选择“指向位置”，点击“确认”。然后在信号母线和连接点间要布置信号符号的地方点击。

图 6－25　读 PLC I/O 清单

系统会控制信号通过信号名进入和离开信号母线。例如,信号名A0连接到信号母线上时,信号会转到A0连接到信号母线的下一个位置。

(三) 读取PLC I/O清单

可以从PLC程序工具读取PLC I/O清单,相应的改动会直接传送到设计方案的图纸中。

读取的过程是一步一步进行的,只能在每一个对话框中做出一个决定。这样做是为了避免出现错误,因为读取时产生的错误影响会非常严重。

实际的例子,请参考“PLC I/O数据与Excel数据的相互传输”部分的叙述。

1. 选择格式文件

开始读取一个PLC I/O清单,选择“清单”-“读PLC I/O清单”,如图6-25所示。

在第一个对话框(见图6-26)中,选择读PLC I/O清单时,要使用的格式文件。这个格式文件包含了PLC I/O文件的内容如何转换方面的信息。从显示出的列表中选择一个格式文件,或点击“浏览”,选择另一个格式文件。点击“下一步”。

2. 指定文件名

选择格式文件后,接下来会要求指定PLC I/O文件名。为了清楚起见,可以使文件和设计方案同名,但是扩展名是不同的。如果需要查找另一个文件,可以点击“浏览”,再点击“下一步”,如图6-27所示。

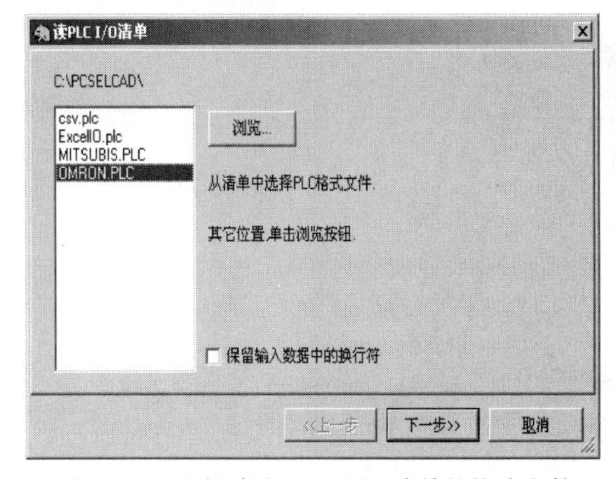

图6-26　选择读取PLC I/O清单的格式文件

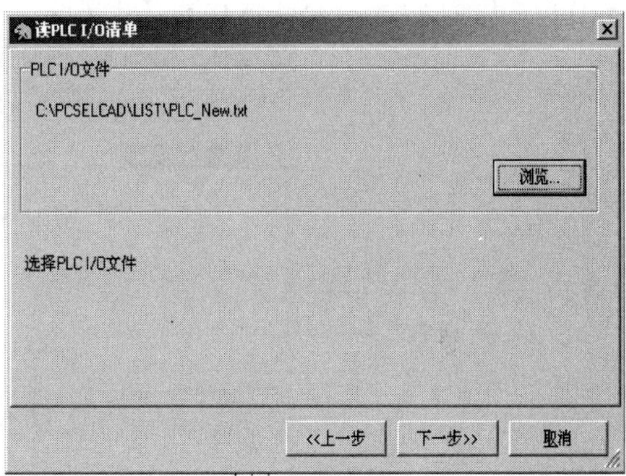

图6-27　选择格式文件后

3. 文件内容

如图6-28所示,可以看到要读取的文件内容,检查一下是否选择了正确的文件。文件的内容会显示在列中。文件可以是一个逗点分隔文件。如果列宽不正确,也会被检查出来。拖动对话框右边的滑动条,可以查看文件的全部内容。

请注意,在这里不能对文件的内容进行改动。如果文件中没有错误,点击“下一步”。如果发现了错误,点击“取消”,就不会读取文件。

4. 如果设计方案中有多个PLC

如果文件中没有指定PLC的名称,而设计方案中又有多个PLC符号,则必须要选择文件内容匹配的是哪一个PLC,如图6-29所示。点击相应的PLC,再点击“确认”。

5. 显示设计方案中的相关改动

对话框中会显示出PLC程序和设计方案中的信息,相比可看出有哪些改动,如图6-30所示。如果符号“~”被用作换行符,程序会计算相应的列宽。程序会把“~”布置到新文本中,使它们有相同的列宽。

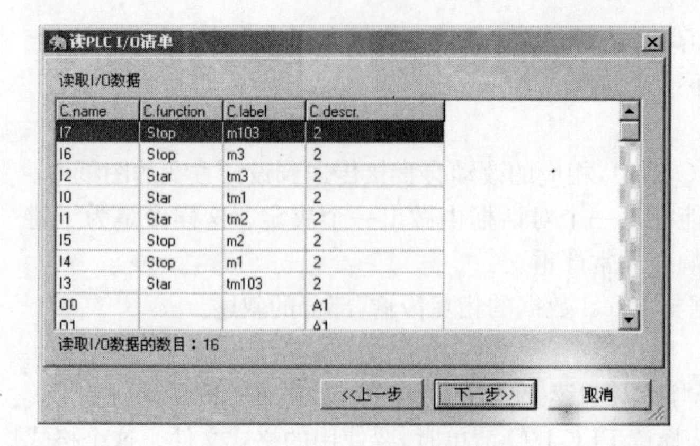

图 6-28 要读取的文件内容

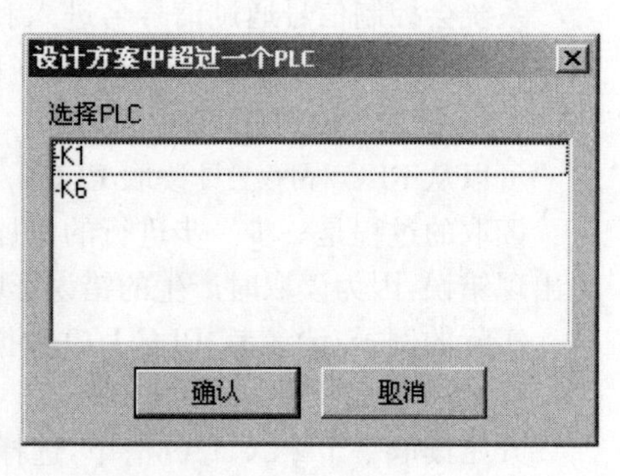

图 6-29 选择 PLC

如果需要，点击“打印”，可以打印出文件内容的改动，或者把它传送到 PLC 编程器。

全部完成后，点击“执行”，程序读取 PLC I/O 清单。

（四）PLC I/O 数据与 Excel 数据的相互传输

可以输出 PLC I/O 数据到一个 Excel 文件，这个文件可以自动在 Excel 中打开。关于单个对话框中的选项信息，请参考“读 PLC I/O 清单”部分的叙述。只有计算机上安装了 Excel 程序时，才能以 Excel 格式保存和打开文件。

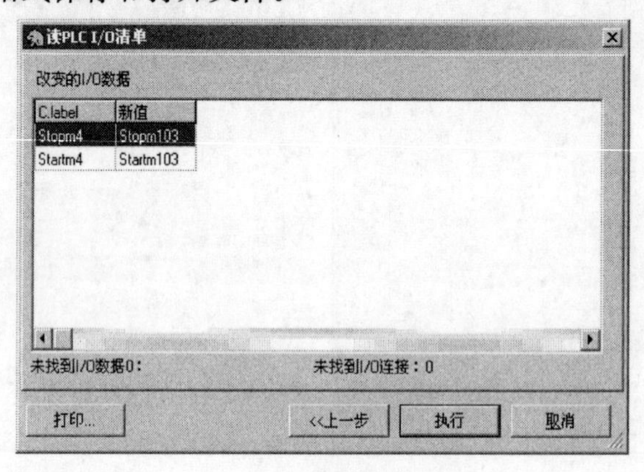

图 6-30 选择匹配的 PLC

1. 输出 PLC I/O 数据到 Excel

在包含 PLC 的设计方案中，比如 Plcdemo. pro，要进行 PLC I/O 数据的输出，可以按以下步骤：

（1）选择“清单”-“PLC 清单文件”，出现图 6-31 的对话框；

（2）点击“打开”，以打开指定了包含在生成的文件中的信息的格式文件（也可以手动在对话框中指定此信息）；

（3）在“打开”对话框中，选择 Pcselcad 文件夹中的格式文件 ExcelIO. plc 或其它要输出的格式文件，点击“确认”；

（4）显示上面对话框的设置，请注意文件格式被设定为 Microsoft Excel(R)，选中“运行 Microsoft Excel(R)”；

（5）在对话框中选择“区域标题”，这样在 Excel 页中得到一个标题，它表明了列中是哪些内容；

（6）点击“确认”；

(7) 如果设计方案中有多个 PLC，必须选择要输出哪个 PLC 的 I/O 数据，或是否输出全部 PLC 的 I/O 数据。如图 6－32 所示，第一行（－K1 的上面一行）的内容为“全部”；

图 6－31　格式文件

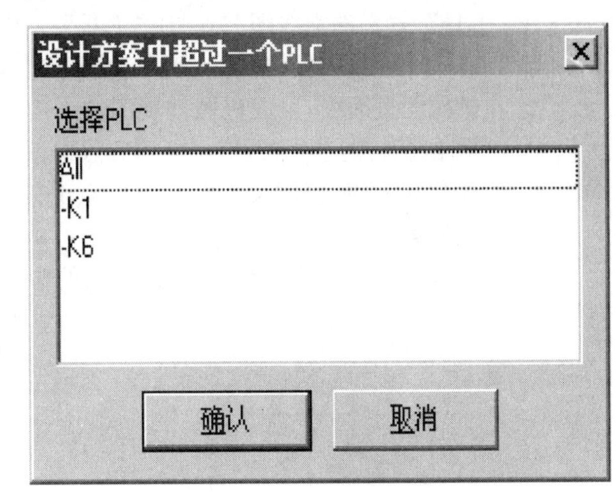

图 6－32　选择 PLC

(8) 点击确认；

(9) 运行 Excel，创建的 PLC I/O 文件会显示在 Excel 中。

2. 从 Excel 输入 PLC I/O 数据

可以更新有 PLC 名称的 I/O 地址，以及 PLC I/O 清单文件中的连接号。要以 Excel 格式输入一个 PLC I/O 清单，按以下步骤：

(1) 选择“清单”-“读 PLC I/O 清单文件”；

(2) 选择格式文件 ExcelIO. plc 或另一个相匹配的文件，点击“下一步”；

(3) 选择 PLC I/O 文件，点击“下一步”；

(4) 显示出文件的 I/O 数据，点击“下一步”；

(5) 如果没有在文件中为 PLC 指定名称，而设计方案中有多个 PLC，则必须选择文件内容要匹配哪个 PLC，如图 6－29 所示；

(6) 点击需要的 PLC，点击“确认”；

(7) 显示出要在读取时改变的 PLC I/O 数据，点击“确认”，如果不想读取的话点击“取消”。

现在从 Excel 文件来的 PLC I/O 数据已经读取到了设计方案中。

六、思考题

(一) 选择题

1. LC1D3201M7 （-K1 A1 A2）图标 A1，A2 代表（　　）

A. 接触器－K1 的 EAN 号　　B. 接触器－K1 的产品号

C. 接触器－K1 的两个管脚　　D. 没有具体意义，只是为了美观

2.  图中，S:1.0 的含义是（　　）

A. 符号缩放比例　B. 符号角度　C. 符号名称　D. 符号类型

3. 需要生成“元件配线图”的正确操作是以下哪一项(　　)

A.“工具”—“元件配线图”　B.“工具”—“电缆示意图”

C.“工具”—“接线端子图”　D.“功能”—“区域”

4. 在机械图页面中,生成机械外观图的正确操作是(　　)

A. 点击鼠标右键选择“线”　B. 点击鼠标右键选择“放置机械符号”

C. 点击鼠标右键选择“文本”　D. 点击鼠标右键选择“圆弧”

(二) 简答题

1. 识别以下电气元件图形符号,把对应的中文名称及文字符号写下来。

2. 说出下列文字符号所标识的含义。

(1)PE　(2)FR　(3)SB　(4)KT　(5)PLC

附　　录

附录 A　PCschematic Elautomation 符号库里的图形符号

1. 文件夹 MISC 里的符号

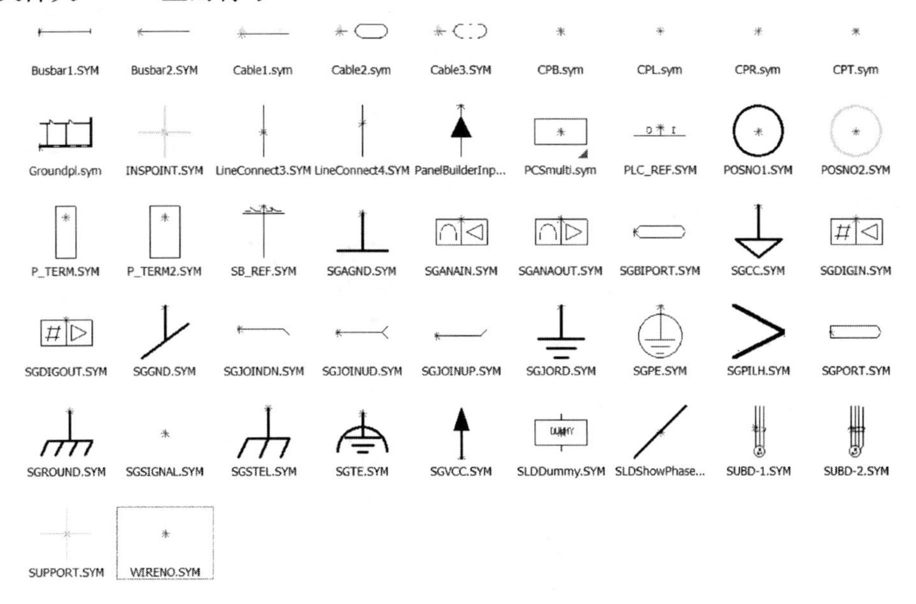

2. 文件夹 60617 里的符号

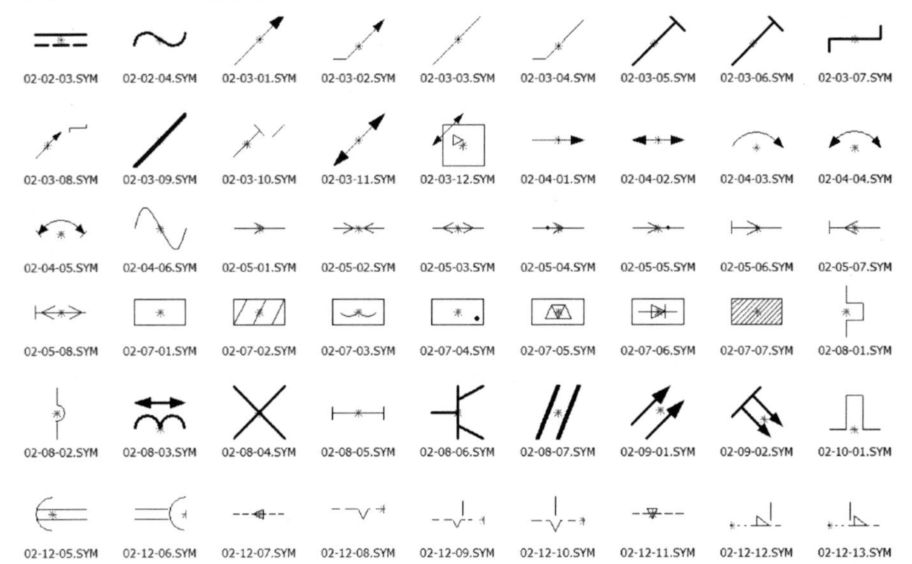

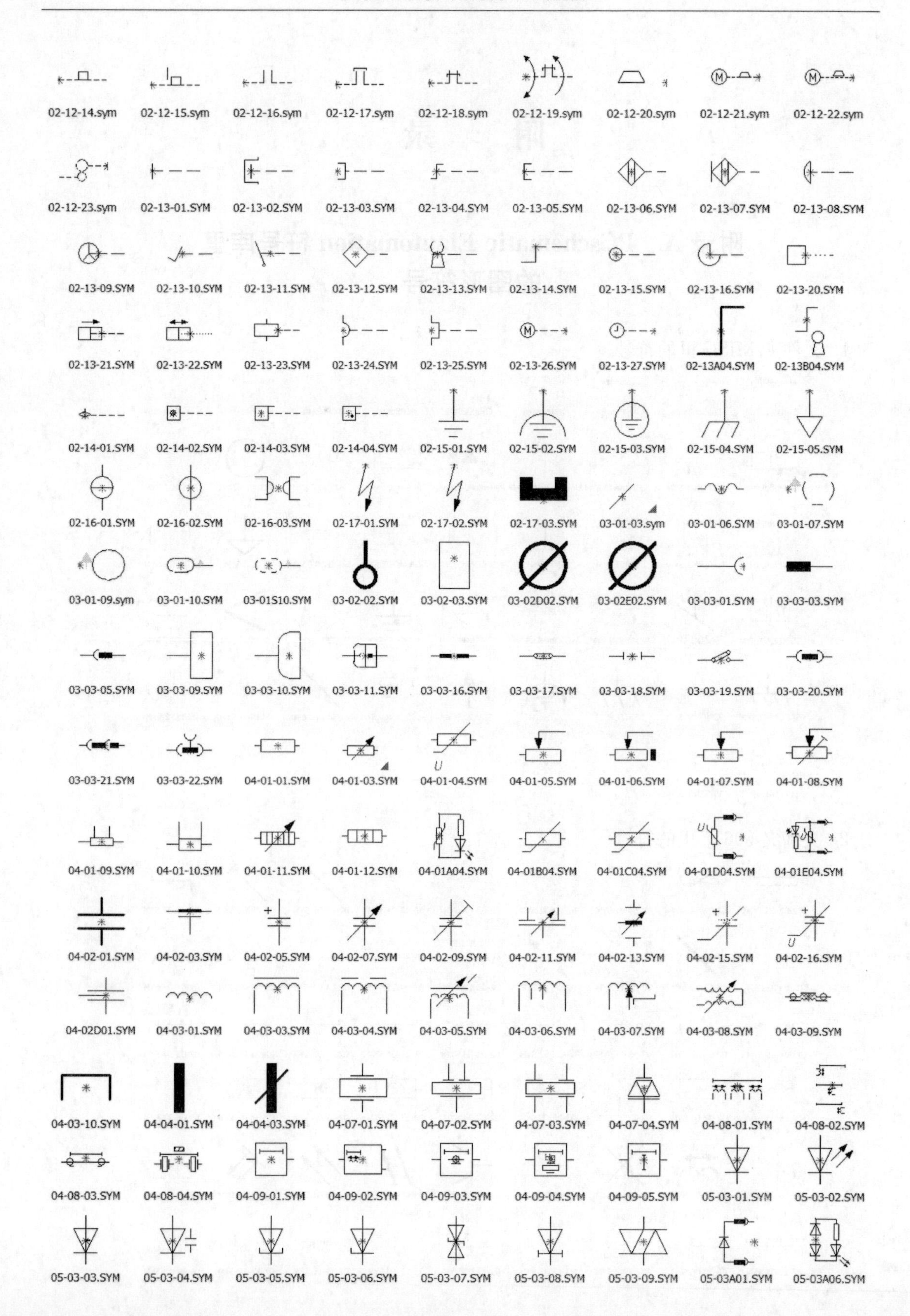

02-12-14.sym
02-12-15.sym
02-12-16.sym
02-12-17.sym
02-12-18.sym
02-12-19.sym
02-12-20.sym
02-12-21.sym
02-12-22.sym
02-12-23.sym
02-13-01.SYM
02-13-02.SYM
02-13-03.SYM
02-13-04.SYM
02-13-05.SYM
02-13-06.SYM
02-13-07.SYM
02-13-08.SYM
02-13-09.SYM
02-13-10.SYM
02-13-11.SYM
02-13-12.SYM
02-13-13.SYM
02-13-14.SYM
02-13-15.SYM
02-13-16.SYM
02-13-20.SYM
02-13-21.SYM
02-13-22.SYM
02-13-23.SYM
02-13-24.SYM
02-13-25.SYM
02-13-26.SYM
02-13-27.SYM
02-13A04.SYM
02-13B04.SYM
02-14-01.SYM
02-14-02.SYM
02-14-03.SYM
02-14-04.SYM
02-15-01.SYM
02-15-02.SYM
02-15-03.SYM
02-15-04.SYM
02-15-05.SYM
02-16-01.SYM
02-16-02.SYM
02-16-03.SYM
02-17-01.SYM
02-17-02.SYM
02-17-03.SYM
03-01-03.sym
03-01-06.SYM
03-01-07.SYM
03-01-09.sym
03-01-10.SYM
03-01S10.SYM
03-02-02.SYM
03-02-03.SYM
03-02D02.SYM
03-02E02.SYM
03-03-01.SYM
03-03-03.SYM
03-03-05.SYM
03-03-09.SYM
03-03-10.SYM
03-03-11.SYM
03-03-16.SYM
03-03-17.SYM
03-03-18.SYM
03-03-19.SYM
03-03-20.SYM
03-03-21.SYM
03-03-22.SYM
04-01-01.SYM
04-01-03.SYM
04-01-04.SYM
04-01-05.SYM
04-01-06.SYM
04-01-07.SYM
04-01-08.SYM
04-01-09.SYM
04-01-10.SYM
04-01-11.SYM
04-01-12.SYM
04-01A04.SYM
04-01B04.SYM
04-01C04.SYM
04-01D04.SYM
04-01E04.SYM
04-02-01.SYM
04-02-03.SYM
04-02-05.SYM
04-02-07.SYM
04-02-09.SYM
04-02-11.SYM
04-02-13.SYM
04-02-15.SYM
04-02-16.SYM
04-02D01.SYM
04-03-01.SYM
04-03-03.SYM
04-03-04.SYM
04-03-05.SYM
04-03-06.SYM
04-03-07.SYM
04-03-08.SYM
04-03-09.SYM
04-03-10.SYM
04-04-01.SYM
04-04-03.SYM
04-07-01.SYM
04-07-02.SYM
04-07-03.SYM
04-07-04.SYM
04-08-01.SYM
04-08-02.SYM
04-08-03.SYM
04-08-04.SYM
04-09-01.SYM
04-09-02.SYM
04-09-03.SYM
04-09-04.SYM
04-09-05.SYM
05-03-01.SYM
05-03-02.SYM
05-03-03.SYM
05-03-04.SYM
05-03-05.SYM
05-03-06.SYM
05-03-07.SYM
05-03-08.SYM
05-03-09.SYM
05-03A01.SYM
05-03A06.SYM

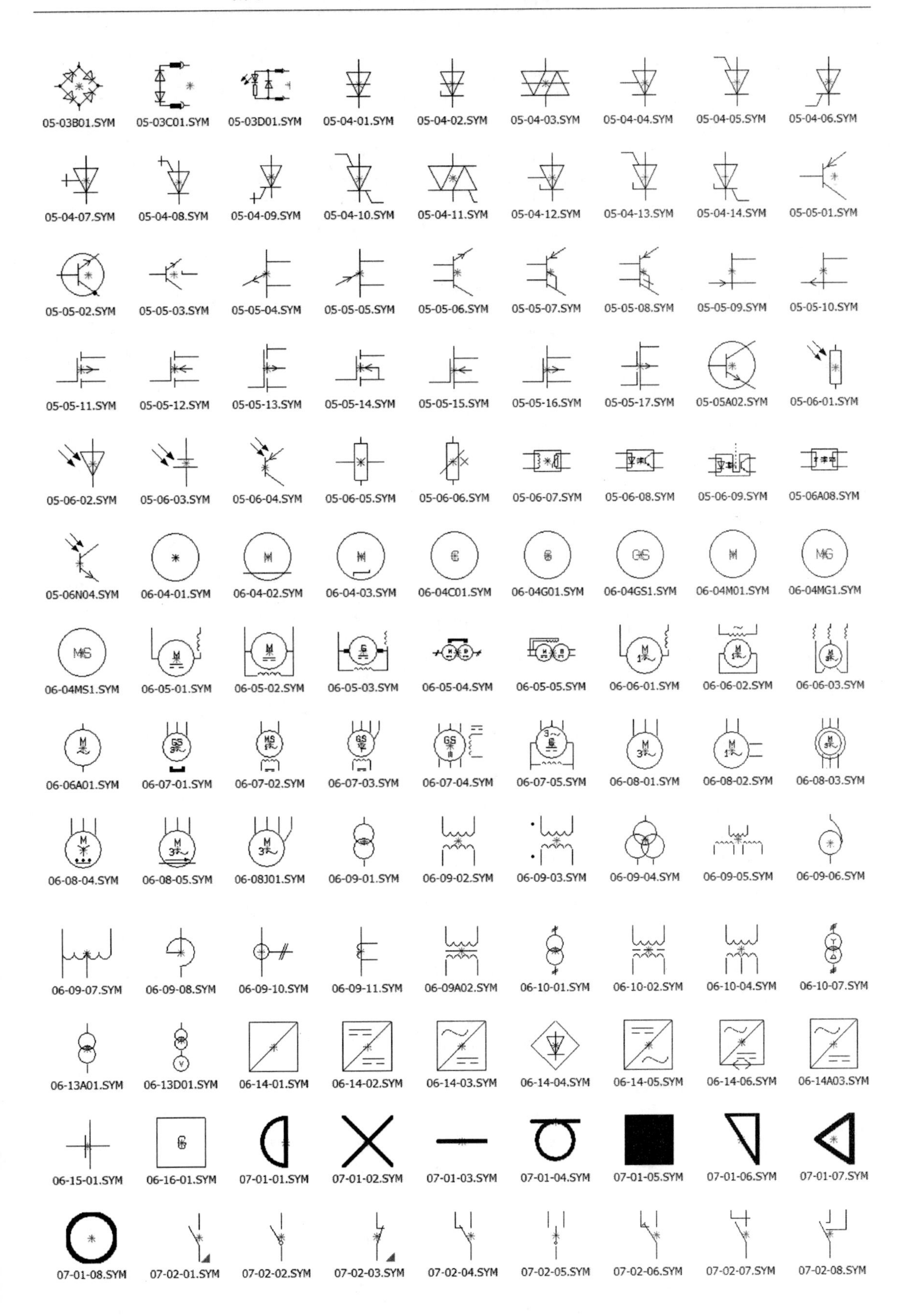
05-03B01.SYM 05-03C01.SYM 05-03D01.SYM 05-04-01.SYM 05-04-02.SYM 05-04-03.SYM 05-04-04.SYM 05-04-05.SYM 05-04-06.SYM
05-04-07.SYM 05-04-08.SYM 05-04-09.SYM 05-04-10.SYM 05-04-11.SYM 05-04-12.SYM 05-04-13.SYM 05-04-14.SYM 05-05-01.SYM
05-05-02.SYM 05-05-03.SYM 05-05-04.SYM 05-05-05.SYM 05-05-06.SYM 05-05-07.SYM 05-05-08.SYM 05-05-09.SYM 05-05-10.SYM
05-05-11.SYM 05-05-12.SYM 05-05-13.SYM 05-05-14.SYM 05-05-15.SYM 05-05-16.SYM 05-05-17.SYM 05-05A02.SYM 05-06-01.SYM
05-06-02.SYM 05-06-03.SYM 05-06-04.SYM 05-06-05.SYM 05-06-06.SYM 05-06-07.SYM 05-06-08.SYM 05-06-09.SYM 05-06A08.SYM
05-06N04.SYM 06-04-01.SYM 06-04-02.SYM 06-04-03.SYM 06-04C01.SYM 06-04G01.SYM 06-04GS1.SYM 06-04M01.SYM 06-04MG1.SYM
06-04MS1.SYM 06-05-01.SYM 06-05-02.SYM 06-05-03.SYM 06-05-04.SYM 06-05-05.SYM 06-06-01.SYM 06-06-02.SYM 06-06-03.SYM
06-06A01.SYM 06-07-01.SYM 06-07-02.SYM 06-07-03.SYM 06-07-04.SYM 06-07-05.SYM 06-08-01.SYM 06-08-02.SYM 06-08-03.SYM
06-08-04.SYM 06-08-05.SYM 06-08J01.SYM 06-09-01.SYM 06-09-02.SYM 06-09-03.SYM 06-09-04.SYM 06-09-05.SYM 06-09-06.SYM
06-09-07.SYM 06-09-08.SYM 06-09-10.SYM 06-09-11.SYM 06-09A02.SYM 06-10-01.SYM 06-10-02.SYM 06-10-04.SYM 06-10-07.SYM
06-13A01.SYM 06-13D01.SYM 06-14-01.SYM 06-14-02.SYM 06-14-03.SYM 06-14-04.SYM 06-14-05.SYM 06-14-06.SYM 06-14A03.SYM
06-15-01.SYM 06-16-01.SYM 07-01-01.SYM 07-01-02.SYM 07-01-03.SYM 07-01-04.SYM 07-01-05.SYM 07-01-06.SYM 07-01-07.SYM
07-01-08.SYM 07-02-01.SYM 07-02-02.SYM 07-02-03.SYM 07-02-04.SYM 07-02-05.SYM 07-02-06.SYM 07-02-07.SYM 07-02-08.SYM

07-02-09.SYM 07-02A01.SYM 07-02A03.SYM 07-02A04.SYM 07-02A05.SYM 07-02B01.SYM 07-02B03.SYM 07-02B04.SYM 07-02C01.SYM

07-02C04.SYM 07-02D01.SYM 07-02P01.SYM 07-02P03.SYM 07-02Q03.SYM 07-02T01.SYM 07-02T03.SYM 07-03-01.SYM 07-03-02.SYM

07-03-03.SYM 07-03D01.SYM 07-04-01.SYM 07-04-02.SYM 07-04-03.SYM 07-04-04.SYM 07-04Q01.SYM 07-04Q03.SYM 07-05-01.SYM

07-05-02.SYM 07-05-03.SYM 07-05-04.SYM 07-05-05.SYM 07-05-06.SYM 07-05A02.SYM 07-05A05.SYM 07-05B02.SYM 07-05B05.SYM

07-05C02.SYM 07-05E02.SYM 07-05F02.SYM 07-05G02.SYM 07-05H02.SYM 07-05I01.SYM 07-05I02.SYM 07-05I03.SYM 07-05J02.SYM

07-05X06.SYM 07-06-01.SYM 07-06-02.SYM 07-06-03.SYM 07-06-04.SYM 07-07-01.SYM 07-07-02.SYM 07-07-03.SYM 07-07-04.SYM

07-07-05.SYM 07-07-06.SYM 07-07A01.SYM 07-07A02.SYM 07-07A03.SYM 07-07B01.SYM 07-07B02.SYM 07-07B03.SYM 07-07B04.SYM

07-07C01.SYM 07-07C02.SYM 07-07C03.SYM 07-07C04.SYM 07-07CB4.SYM 07-07D01.SYM 07-07D03.SYM 07-07D04.SYM 07-07E01.SYM

07-07E02.SYM 07-07E03.SYM 07-07E04.SYM 07-07F03.SYM 07-07F04.SYM 07-07G01.SYM 07-07G02.SYM 07-07G03.SYM 07-07G04.SYM

07-07H04.SYM 07-07I04.SYM 07-07J04.SYM 07-07K04.SYM 07-07N02.SYM 07-07NA2.SYM 07-07NB2.SYM 07-07NC2.SYM 07-07ND2.SYM

07-07NE2.SYM 07-07NF2.SYM 07-07RB1.SYM 07-07SB1.SYM 07-07X04.SYM 07-07Y04.SYM 07-07Z05.SYM 07-07Z25.SYM 07-08-01.SYM

07-08-02.SYM 07-08-03.SYM 07-08-04.SYM 07-09-01.SYM 07-09-02.SYM 07-09-03.SYM 07-09-04.SYM 07-09-BS.SYM 07-09-SW.SYM

07-09BS3.SYM 07-09kb3.sym 07-09KC3.SYM 07-09KD3.SYM 07-09KE3.SYM 07-09KS3.SYM 07-09S03.SYM 07-11-01.SYM 07-11-02.SYM

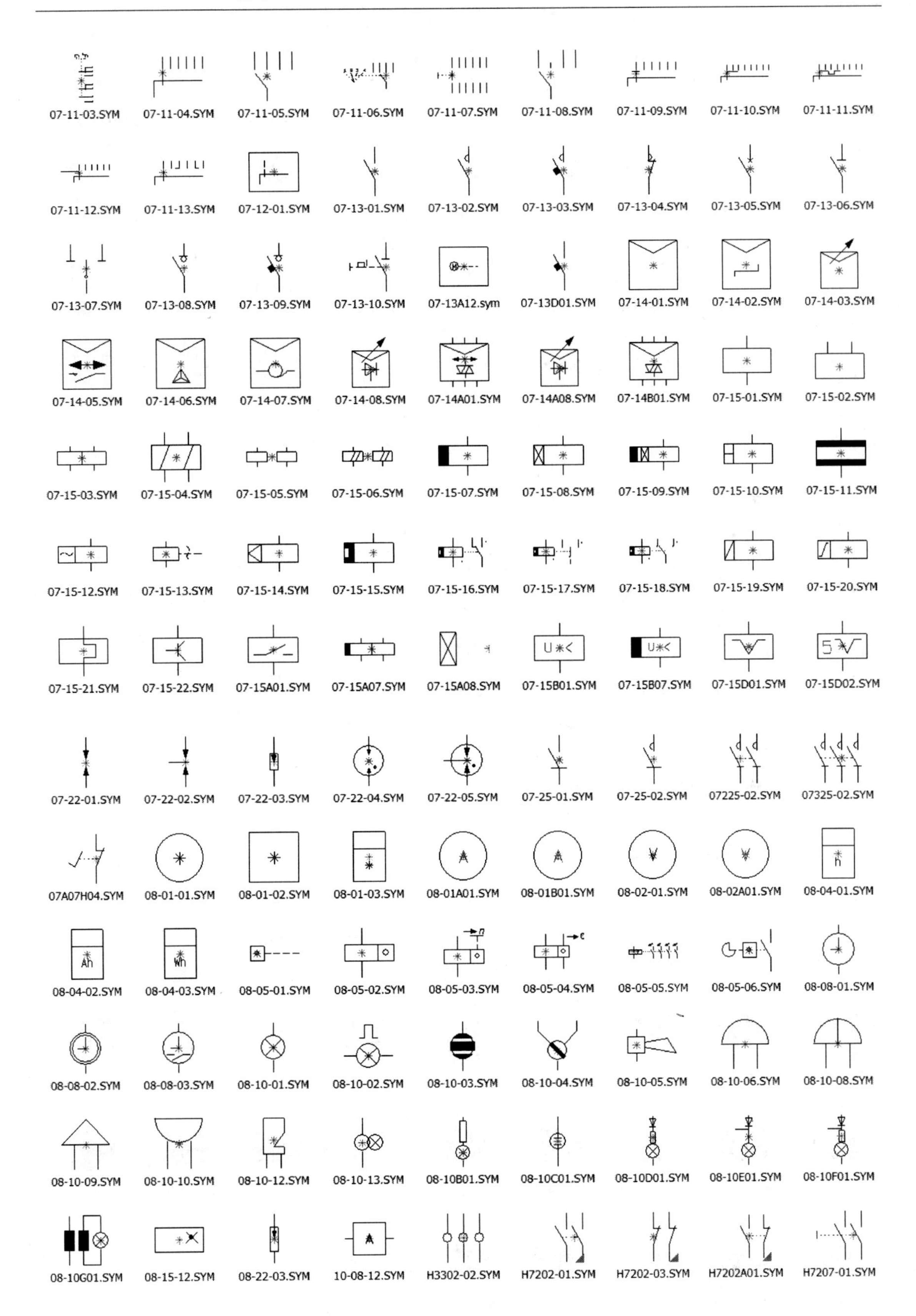
07-11-03.SYM
07-11-04.SYM
07-11-05.SYM
07-11-06.SYM
07-11-07.SYM
07-11-08.SYM
07-11-09.SYM
07-11-10.SYM
07-11-11.SYM
07-11-12.SYM
07-11-13.SYM
07-12-01.SYM
07-13-01.SYM
07-13-02.SYM
07-13-03.SYM
07-13-04.SYM
07-13-05.SYM
07-13-06.SYM
07-13-07.SYM
07-13-08.SYM
07-13-09.SYM
07-13-10.SYM
07-13A12.sym
07-13D01.SYM
07-14-01.SYM
07-14-02.SYM
07-14-03.SYM
07-14-05.SYM
07-14-06.SYM
07-14-07.SYM
07-14-08.SYM
07-14A01.SYM
07-14A08.SYM
07-14B01.SYM
07-15-01.SYM
07-15-02.SYM
07-15-03.SYM
07-15-04.SYM
07-15-05.SYM
07-15-06.SYM
07-15-07.SYM
07-15-08.SYM
07-15-09.SYM
07-15-10.SYM
07-15-11.SYM
07-15-12.SYM
07-15-13.SYM
07-15-14.SYM
07-15-15.SYM
07-15-16.SYM
07-15-17.SYM
07-15-18.SYM
07-15-19.SYM
07-15-20.SYM
07-15-21.SYM
07-15-22.SYM
07-15A01.SYM
07-15A07.SYM
07-15A08.SYM
07-15B01.SYM
07-15B07.SYM
07-15D01.SYM
07-15D02.SYM
07-22-01.SYM
07-22-02.SYM
07-22-03.SYM
07-22-04.SYM
07-22-05.SYM
07-25-01.SYM
07-25-02.SYM
07225-02.SYM
07325-02.SYM
07A07H04.SYM
08-01-01.SYM
08-01-02.SYM
08-01-03.SYM
08-01A01.SYM
08-01B01.SYM
08-02-01.SYM
08-02A01.SYM
08-04-01.SYM
08-04-02.SYM
08-04-03.SYM
08-05-01.SYM
08-05-02.SYM
08-05-03.SYM
08-05-04.SYM
08-05-05.SYM
08-05-06.SYM
08-08-01.SYM
08-08-02.SYM
08-08-03.SYM
08-10-01.SYM
08-10-02.SYM
08-10-03.SYM
08-10-04.SYM
08-10-05.SYM
08-10-06.SYM
08-10-08.SYM
08-10-09.SYM
08-10-10.SYM
08-10-12.SYM
08-10-13.SYM
08-10B01.SYM
08-10C01.SYM
08-10D01.SYM
08-10E01.SYM
08-10F01.SYM
08-10G01.SYM
08-15-12.SYM
08-22-03.SYM
10-08-12.SYM
H3302-02.SYM
H7202-01.SYM
H7202-03.SYM
H7202A01.SYM
H7207-01.SYM

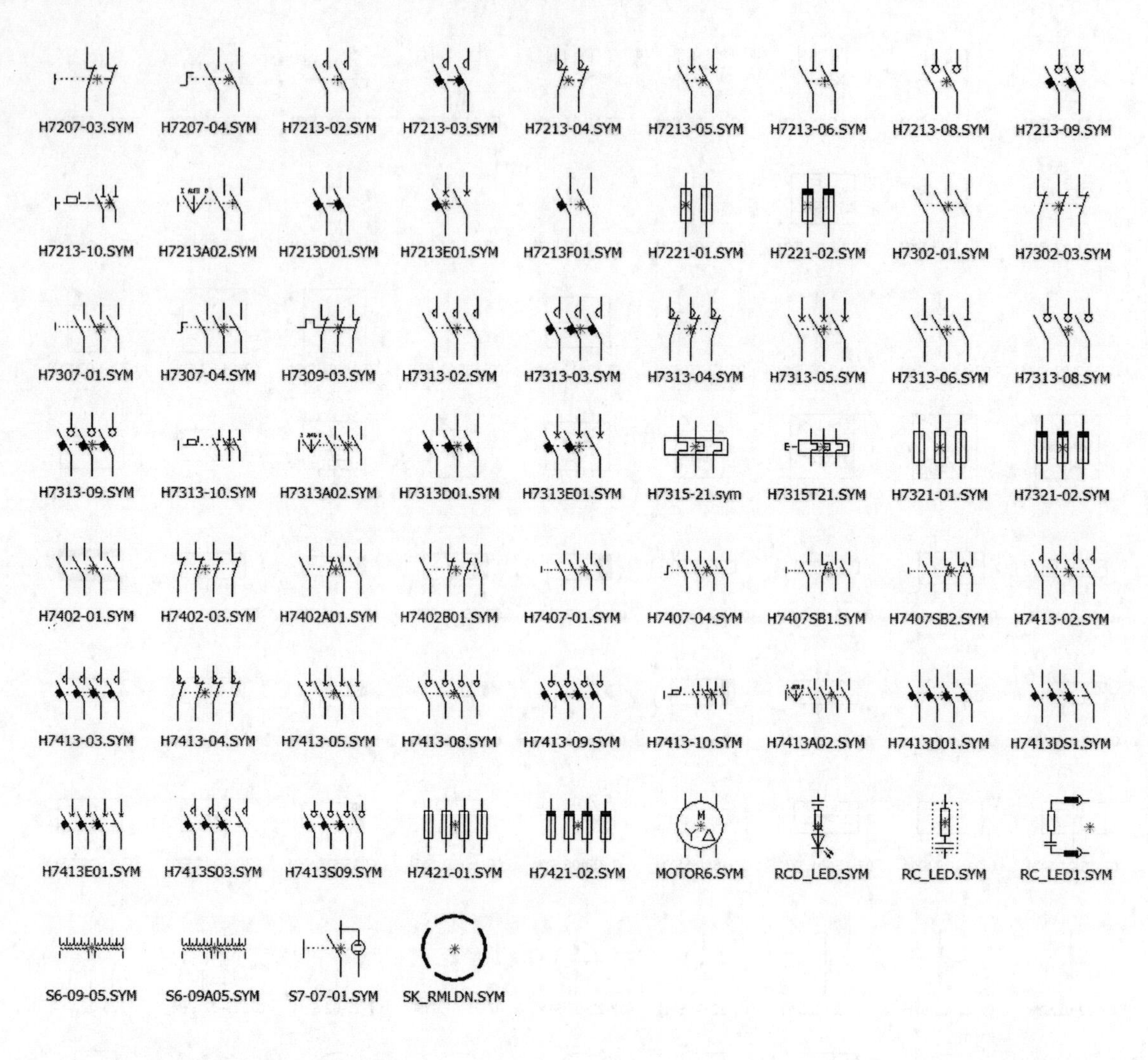

3. 文件夹 HEAD 里的符号

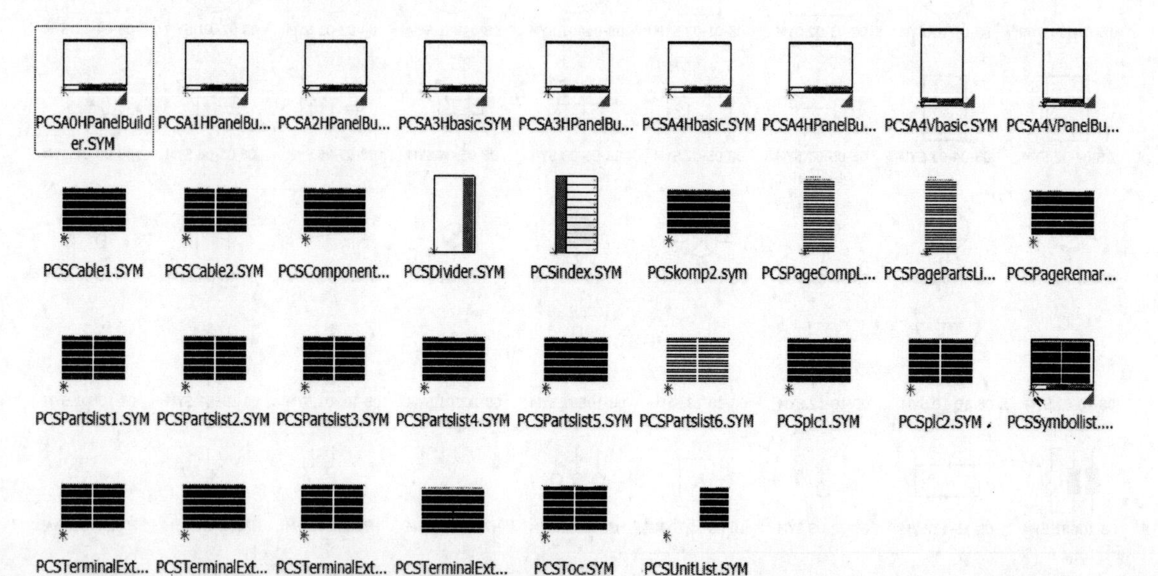

4. 文件夹 MISC _ CN 里的符号

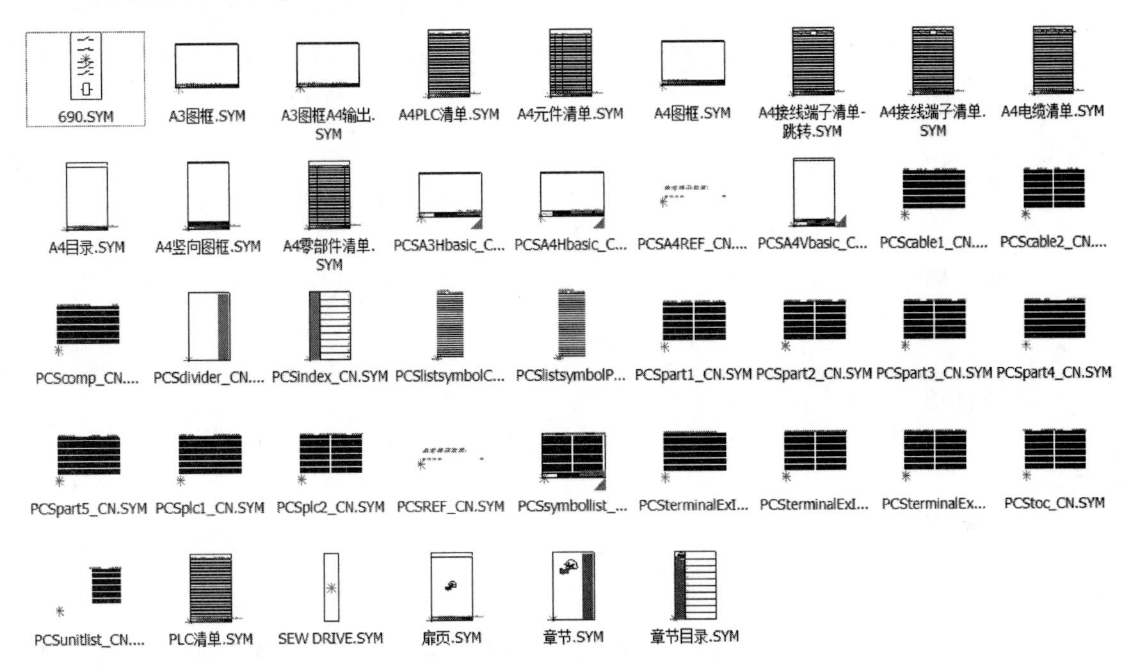

附录B　思考题答案

单元一

(一) 判断题

1.(×)　2.(√)　3.(√)　4.(√)　5.(×)

(二) 填空题

1. 电源、导线、开关、灯具

2.25、10

(三) 选择题

1.(A)　2.(C)　3.(A)　4.(B)

单元二

(一) 判断题

1.(√)　2.(√)　3.(√)　4.(√)　5.(√)

(二) 简答题

1. 答:供配电线路的结构和关系较复杂,在分析识读供配电线路时,首先应了解电路的基本组成和结构形式,即明确线路的主要组成部分有哪些,采用何种结构形式,然后在此基础上,进一步明确该线路所实现的大体功能,即从电源到负载的连接关系入手,搞清供配电线路传输电能的大体过程,以及为负载提供电能的基本情况。

2. 答:我国工矿企业用户的供配电电压有高压和低压两种,高压从电通常指 6～10kV 及以上的电压等级。中、下型企业通常采用 6～10kV 的电压等级,当 6kV 用电设备的总容量较大,选用 6kV 就比较经济合理。对大型工厂,宜采用 35～110kV 电压等级,以节约电能和投资。低压供配电是指采用 1kV 及以下的电压等级。大多数低压用户采用 380V/220V 的电压等级,在某些特殊场合,例如矿井下,因用电负荷往往离变配电所较远,为保证远端负荷的电压水平,要采用 660V 电压等级。

(三) 创建符号操作

略

单元三

(一) 选择题

1.(C)　2.(A)　3.(A)

(二) 项目题

略

单元四

(一) 选择题

1.(A)　(B)　2.(C)　3.(B)　4.(B)

(二) 填空题

1. 车床、磨床、钻床、铣床、刨床

2. 外圆磨床、内圆磨床、平面磨床

3. 钻孔、扩孔、铰孔、镗孔、攻螺纹

4. 立式、卧式、龙门式、仿形、万能

5. 主运动、进给运动

6. 齿轮

单元五

(一) 选择题

1.(D)　2.(B)

(二) 填空题

1. 水泵、风机、机床　2. 变频器

(三) 简答题

答:水泵供水系统由水泵、电机、变频器等电力部件组成变频电力拖动电路,其中电机和变频器构成变频电力拖动电路的动力核心。在供水系统中,最根本的控制对象是流量、因此,想要节能,就必须从考察调节流量的方法入手。采用变频电路的控制法为转速控制法。就是通过改变水泵的转速来调节流量,而阀门开度则保持不变(通常为最大开度)。转速控制法的实质是通过改变水泵的全扬程来适应用户对流量的需求。当水泵的转速改变时,扬程特性将随之改变,而管阻特性则不变。

单元六

(一) 选择题

1.(C)　2.(A)　3.(A)　4.(B)

(二) 简答题

略

参 考 文 献

[1] 深圳比思电子有限公司．专业电气绘图软件 PCschematic ELautomation 中文教程．北京：机械工业出版社，2007.
[2] 韩雪涛，韩广兴，吴瑛．电气线路识图上岗应试必读．北京：电子工业出版社，2011.
[3] 吴卫荣．传感器与 PLC 技术．北京：中国轻工业出版社，2010.
[4] 张昕，徐华，詹庆旋．景观照明工程．北京：中国建筑工业出版社，2006.
[5] 陈亚林．PLC 变频器和触摸屏实践教程．南京：南京大学出版社，2008.
[6] 王建，杨秀双．西门子变频器入门与典型应用．北京：中国电力出版社，2012.
[7] 张宪，张大鹏．电气制图与识图．北京：化学工业出版社，2012.